普通高等教育农业农村部“十三五”规划教材
全国高等农林院校“十三五”规划教材
全国高等农业院校优秀教材
国家精品在线开放课程配套教材
中国农业教育在线数字课程配套教材

植物生理学

Plant Physiology

萧浪涛　王三根　主编

中国农业出版社
北　京

主编

萧浪涛（湖南农业大学）
王三根（西南大学）

副主编

赵德刚（贵州省农业科学院）
李　唯（甘肃农业大学）
赵会杰（河南农业大学）
蔺万煌（湖南农业大学）
林　伟（海南热带海洋学院）

编者（以姓氏笔画为序）

王三根（西南大学）
王若仲（湖南农业大学）
王惠群（湖南农业大学）
刘　伟（华南农业大学）
李　唯（甘肃农业大学）
李关荣（西南大学）
杨艳丽（云南农业大学）
吴　顺（中南林业科技大学）
林　伟（海南热带海洋学院）
赵会杰（河南农业大学）
赵德刚（贵州省农业科学院）
夏石头（湖南农业大学）
黄志刚（湖南农业大学）
萧浪涛（湖南农业大学）
梁　颖（西南大学）
蔺万煌（湖南农业大学）

绿色植物的光合作用是地球上最重要的物质代谢和能量代谢过程，也是人类社会衣食住行的最初物质基础和能量来源。因此植物生理学作为研究植物生命活动规律的科学，对于保障粮食安全、能源安全和生态安全具有极其重要的意义。

植物生理学作为一门独立的学科，其发展已有 200 多年的历史，其研究领域还在不断地扩展，相关研究也不断地深入。目前，很多植物生理现象的分子机理正得到深入解析，相关研究成果被广泛应用于农作物栽培与育种实践。基于服务植物生理学教学科研的需要，湖南农业大学萧浪涛教授和西南大学王三根教授组织国内多所兄弟院校同行编写了普通高等教育农业农村部“十三五”规划教材、全国高等农林院校“十三五”规划教材《植物生理学》。该教材注重理论联系生产实际，体现了高等农林院校特色，从植物细胞生理、代谢生理、生长发育生理和逆境生理等方面对植物生命活动规律进行了阐述，条理性强；注重了前沿知识的介绍，拓宽了知识视野，强调了植物生理学科在解决粮食安全等全球问题中能够担负的社会责任和重要作用；有助于激励高等农林院校相关专业的广大学子学以致用，为实现农林业生产的高产、优质、高效和可持续发展做出贡献。

20 世纪末，湖南农学院参编了全国农业院校统编教材《植物生理学》（农业出版社，1980），并与多所兄弟院校合编过《植物生理学》教材（海南出版社，1992），为高等农业院校人才培养做出了一定的贡献。“十五”期间我校植物生理学科再接再厉，组织编写了全国高等农林院校《植物生理学》《植物生理学实验技术》和《植物生理学学习指导》系列规划教材（中国农业出版社，2004）并进行更新。在普通高等教育农业农村部“十三五”规划教材、全国高等农林院校“十三五”规划教材《植物生理学》出版之际，我很高兴能为本教材写序，也希望相关专业的师生以及相关产业的从业人员均能从中受益。

胡笃敬

胡笃敬（106 岁）

2019 年 2 月

植物生理学是研究植物生命活动规律及其机制的科学，是现代农林业的重要理论基础。它作为一门重要的生物学基础理论课，已成为我国高等农林院校植物生产类专业的主干课程之一。

本教材在编写过程中，对教材所牵涉的知识点进行了全面的梳理、更新和优化，借鉴以往《植物生理学》教材和国外现行教材的优点，也注重联系农林业生产的实际。

本教材由绪论和11章内容组成。绪论由萧浪涛编写；第一章由李关荣和林伟编写；第二章由李唯编写；第三章由王惠群、夏石头和王若仲编写；第四章由刘伟编写；第五章由夏石头编写；第六章由王三根和梁颖编写；第七章由萧浪涛和吴顺编写；第八章由赵会杰编写；第九章由赵德刚和黄志刚编写；第十章由蔺万煌编写；第十一章由王三根和杨艳丽编写。初稿完成后由萧浪涛、王三根和蔺万煌统稿。

本教材的编写得到编写人员所在单位特别是湖南农业大学的大力支持，中国农业出版社高等教育出版分社提供了悉心的指导和帮助。湖南农业大学周朴华教授和彭克勤教授对本教材的编写提供了指导，湖南农业大学植物激素重点实验室李合松教授、贺利雄教授、苏益博士、李海鸥博士、赵静博士、黄超博士、罗洲飞博士等多位研究人员参与了文字和绘图工作。另外，本教材还参考、引用了国内外多本教材与著作，在此一并表示衷心的谢意。虽然我们尽可能对参考资料引用情况进行了标注，但仍可能有遗漏之处，敬请原谅。

由于植物生理学研究不断向深度和广度拓展，特别是近年来众多植物生长发育过程及其调控的分子机制得到解析，本教材虽然力求反映这些新成果，但难免有所偏颇和疏漏。由于编者水平有限，加上时间紧迫，不足之处在所难免，请同行专家和读者批评指正。为此，我们特设立了一永久网址（http://www.hnspb.cn/ppbook）负责收集反馈意见和进行讨论交流，网站还提供中国农业出版社为本教材配套制作的数字资源课程链接，根据书后所附课程码可进行访问学习。同时，网站还提供与本课程密切相关的优质慕课、精品视频公开课等一些在线资源供教学和自学时参考。

编　者

2019年2月

目录
CONTENTS

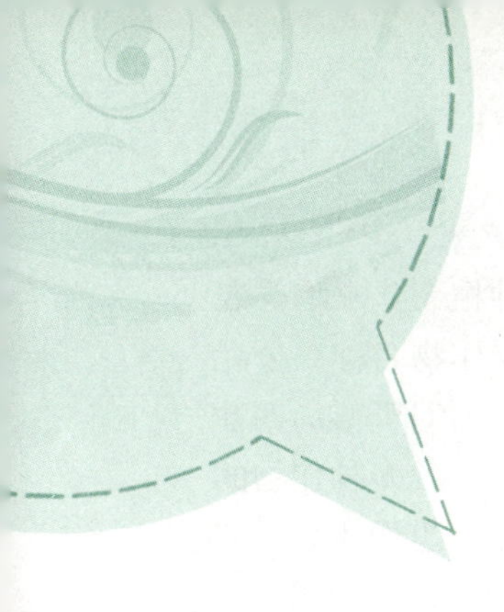

Introduction 绪　论

教学要求： 掌握植物生理学的定义与基本内容，理解植物生理学的应用与展望，了解植物生理学的产生和发展。
建议学时数： 1～2 学时。

植物生理学是一门重要的生物学基础理论学科，也是一门实践性很强的学科。它的诞生和发展都与农业生产有着极为密切的联系，是我国高等农林院校生物学类和植物生产类各专业的主干课程之一。

一、植物生理学的定义与内容（Definition and Contents of Plant Physiology）

植物生理学（plant physiology）是研究植物生命活动规律及其机制的科学，是现代农林业的重要理论基础。植物生理学的主要任务是研究各种环境条件下植物生命活动的规律和机制，并将其应用于生产实践。

植物生命活动是物质代谢、能量转换、形态建成及信息传递的综合体现，也就是植物不断地同化外界物质、利用获得的能量构建自身和繁衍后代，并对环境条件做出响应的过程。植物生理学的基本内容包括细胞生理、代谢生理、生长发育生理和逆境生理 4 个方面。其中，细胞生理主要研究植物细胞的结构与功能、细胞信号转导；代谢生理主要研究植物水分代谢、矿质营养、呼吸作用、光合作用、同化物运输与分配、植物生长物质；生长发育生理主要研究植物生长、分化、发育、生殖、成熟与衰老等过程；逆境生理主要研究植物对各种逆境的适应和抵抗。这 4 个方面各有其宏观和微观的研究领域，并相互紧密联系，构成植物生理学的知识体系。

二、植物生理学的产生与发展（Origin and Development of Plant Physiology）

（一）植物生理学的发展历程

植物生理学的产生和发展与生产实践密切相关。我国古代劳动人民在长期的农林生产实践中总结出许多朴素的植物生理学知识。河南裴李岗、浙江河姆渡等新石器时代遗址的发掘证明，我们的祖先7 000多年前就已在黄河流域和长江流域种植粟、水稻等农作物。3 000多年前的殷代甲骨文中，已经有稻、禾、稷、粟和麦等农作物名称。公元前2世纪的《吕氏春秋》中就有“任地”“变土”“审时”等多篇总结当时对气候周期性与植物生长周期性认识的文献。公元前1世纪氾胜之所著《氾胜之书》涉及多种作物的选种、播种和储种以及“溲种法”等进行种子处理的方法。公元6世纪贾思勰所著《齐民要术》中，有大量涉及水分和肥料、种子处理、繁殖和储藏等方面的知识。例如“美田之法，绿豆为上”就是最早的关于豆科作物和禾本科作物轮作的认识。到南宋陈旉所著《陈旉农书》、元代王祯所著《王祯农书》和明代徐光启所著《农政全书》等农业著作中就有了更多植物生理学方面的内容。此外，其他国家的古籍中也有不少有关植物生理学内容的类似记载。但是上述植物生理学的内容仅是一些散见于不同著作中的零星知识，且多以描述为主。

植物生理学发展成为独立的科学体系是在其大量引入实验手段以后。以实验为主要手段的近代植物生理学始于荷兰van Helmont（1627）的柳条试验，他首次证明了水直接参与植物有机物的形成，这引起了人们对农业灌溉的重视。英国Priestley（1771）观察到植物的绿色部分有放氧的现象。荷兰Ingenhousz（1779）等发现植物的绿色部分只有在光下才能放氧。德国von Liebig（1840）提出的植物矿质营养学说，奠定了施肥的理论基础。18世纪末至19世纪初，德国von Sachs和Pfeffer在植物生长、光合作用和植物矿质营养等方面进行过很多卓有成效的开创性研究，Pfeffer（1904）还撰写了《植物生理学》专著。至此，植物生理学才发展为一门独立的学科。19世纪末至20世纪是植物生理学大发展的时期。这个时期植物生理学在物理、化学、仪器分析和计算机等其他学科成果的支持下不断改进其实验技术。同时，结合细胞学、遗传学、生物物理学、生物化学和分子生物学等新知识，微观上向分子机制深入，宏观上扩展到生态系统，应用上密切联系生产实践，逐渐形成了系统的现代植物生理学知识体系，取得了许多举世瞩目的成就。例如在光合作用研究领域的成果先后6次获得诺贝尔奖，包括1915年Wilstatter对叶绿素的纯化和结构分析、1962年Calvin采用^{14}C示踪技术发现了光合碳循环等。在植物次生代谢领域，中国科学家屠呦呦关于青蒿素的突出研究成果获得了2015年的诺贝尔奖。

（二）植物生理学的发展趋势

回顾植物生理学的发展历程，特别是近年所取得的主要研究成果，当前植物生理学研究呈现以下几个主要的发展趋势。

1. 植物生理学传统领域的深入研究 在植物体内完成的光合作用和生物固氮被誉为地球上最重要的两大生物化学反应，也是植物生理学的传统研究领域。长期以来，植物生理学对这类基本问题的探索从未停止。目前，新型研究手段的引入，使光合作用、生物固氮、植物激素和矿质营养等方面的研究再次成为热点，其相关分子机制与调控网络不断得到解析。

2. 植物生命活动的整体性认识 对生命现象建立整体性认识的渴望推动了各种生物的基因组、蛋白组、代谢组、表型组等组学研究。据不完全统计，已经完成了包括水稻、拟南芥等在内的350多种植物的基因组测序，各种组学方法体现了植物生理学研究方法由单纯的分析向分析与综合相结合的方向发展。信号转导研究已由单个信号途径向多信号途径互作（crosstalk）调控网络方向发展。

3. 物质与能量代谢及其调控 植物能量代谢中光能的吸收与传递、水的光解和氧的释放机制、光合膜4大复合体的结构生物学研究等方面将继续受到关注。近年来人类对植物天然产物的关注和开发正在推动植物次生代谢途径与调控机制等方面的研究。

4. 植物生态生理学研究 传统植物生理学比较注重植物个体的生命活动，现代植物生理学则同时关注群体以及群体中个体与个体之间、群体与群体之间的动态关系。例如利用物联网技术可以通过智能手机实时监控人工气候室、温室甚至大田中植物的生长情况以及各种环境条件参数；利用卫星遥感技术可实现大区域内农作物品种、生育时期、水分与营养状况以及病虫草害情况的监测，其视野甚至可扩展到整个生物圈。此外，植物在指示和修复被污染的生境方面的作用也越来越受到重视。

三、植物生理学的应用与展望（Application and Perspective of Plant Physiology）

农林业生产进步的根本保证是科学技术。人均自然资源较少的国情决定了我国不可能走高能耗的老路，合理运用植物生理学知识以实现农林业生产高产、优质、高效的目标更为重要。植物生理学与农林业生产实践之间是一种紧密的互动关系。植物生理学的发展能够推动农林业生产的进步，植物生理学在解决实际问题时又会发现新的课题而推动植物生理学不断发展。事实上，植物生理学在长期服务于农林业生产的实践中已经有了大量成功的先例，农业生产中许多重大进步均以植物生理学研究为基础。

例如随着植物激素研究的深入，一批调控植物激素生物合成和信号转导的“绿色革命”基因及其作用的分子机制被发现和解析，在推动作物矮化育种、杂种优势利用等“绿色革命”实践中发挥了巨大作用。同时，人们在认识各种植物激素分子结构的基础上，研制出多种植物生长调节剂。植物生长调节剂的使用已成为农林业生产不可或缺的重要措施。应用光合作用知识有利于改进作物的间作、轮作制度和推广合理密植，以提高作物的光能利用率，从而增加复种指数和产量；在作物育种上还可以指导理想株型育种和高光效育种。应用光周期现象和春化作用理论可以指导引种和育种实践；应用逆境生理知识可以指导抗旱、抗涝、抗寒、抗盐和抗病等；应用植物矿质营养知识可以指导营养诊断、合理施肥和无土栽培等；应用植物组织培养知识可以指导作物和林木良种的保存和快速繁殖等。

近年来，植物生理学知识还被用于模拟生物圈以及封闭条件下的生命支持系统、载人航天和太空探测等研究领域，可见植物生理学知识的应用领域非常广阔。

进入 21 世纪以来，植物生理学在宏观方向上朝着植物系统与进化、生态学等综合方面发展，并着眼于全球植物群落和植物区系、景观生态及生物圈的研究；微观上与分子生物学、细胞生物学、微生物学、遗传学等学科高度交叉渗透，植物生理学研究已从植物个体和器官水平进入到细胞和细胞器组成与功能研究，很多植物生长发育过程的分子机制已得到阐明。分子生物学研究推动了植物生理学的迅速发展，并仍将在植物生理学各个研究领域产生重大影响，可望不断获得新的突破。植物代谢，尤其是光合作用和生物固氮的研究在分子水平上已取得重大进展，有关生物膜对离子、分子的吸收转运和调节机制研究方面也将取得新的突破。总之，植物生理学在基础理论上的深入以及在应用上的拓展，将会使其显示出更加蓬勃的活力与生机。

四、植物生理学课程的学习方法（Methods to Learn Plant Physiology Course）

如果理解了植物生理学作为研究植物生命活动规律及其机制的实验性科学以及一门重要的生物学基础理论课的本质，那么就不难掌握学习这门课程的正确方法。

充分认识植物生理学的重要性。了解植物对于人类衣食住行等重大需求的特殊意义和植物生理学在解决农林业生产实际问题时的重要性，培养责任感和使命感。植物生理学知识可以直接为农林业生产实践服务，植物生理学科本身具有很多飞速发展的前沿研究领域。因此，无论是学习植物生理学知识服务于相关产业还是从事植物生理学研究，都将大有可为。

理论学习与实验验证并重。植物生理学是一门实验性科学，其主要研究方法是实验方法。要借助各种可能的物理、化学和生物学方法对植物的各种生命活动进行分析和综合，不仅要联系个体内的各个生理过程，而且要将植物体与其生存环境相联系，以获取关于植物生命活动规律及其机制的正确认识。

密切联系生产实践。植物生理学源于生产实践，而学习植物生理学的根本目的是指导生产实践。生产实践不断向植物生理学提出新的课题，实践经验是植物生理学的宝贵财富。要克服只注重理论学习而轻视实验实习、重生理机制而忽视生产实践、重室内实验而轻田间实验的不良倾向。

不断更新学习方法。植物生理学的新成果不断涌现，内容日新月异，而教学课时数有限，所以在学习本课程时要做到课堂学习与自主学习相结合，尤其是要注重学习方法的多元化。随着教学信息化不断变革，面对“互联网+”新时代的在线开放教育，有效利用慕课、微课、动画、音频、视频、虚拟仿真等在线富媒体资源开展学习。通过翻转课堂，实施“线上与线下”混合式学习，结合移动互联网、App等新技术开展交互测试和交互游戏等互动学习方法，提高学习兴趣与学习效率。

复习思考题

1. 什么是植物生理学？植物生理学的基本内容包括哪些方面？
2. 植物生理学有哪些主要的研究领域？
3. 为什么要学习植物生理学？植物生理学与农林业生产实践有何相互关系？
4. 如何学好植物生理学课程？

Chapter 1 第一章

植物细胞的结构、功能与信号转导

Structure,Function and Signal Transduction of Plant Cells

教学要求： 掌握植物细胞的结构特点、生物膜的结构与功能、植物细胞信号转导的概念；理解细胞壁、胞间连丝和细胞骨架的结构及其功能、细胞信号转导的基本过程；了解细胞信号转导与植物生理响应的关系。

重点与难点： 重点是植物细胞生物膜的结构与功能；难点是植物细胞的信号转导与基因表达。

建议学时数： 3～4 学时。

细胞是由英国博物学家 Hooke 于 1665 年最早在植物薄片中发现并命名的。细胞是植物体结构与功能的基本单位，是植物进行物质代谢、能量代谢、信息传递、形态建成的基础。

第一节　植物细胞
Section 1　Plant Cells

一、植物细胞的结构特点（Structure Characteristics of Plant Cells）

真核细胞是构成高等植物体的基本单位，植物不同器官与组织的细胞，其形态、数目、大小及细胞器等都存在差别。在此以薄壁细胞为代表（图 1-1），介绍植物细胞的结构特点。

成熟的薄壁细胞（例如叶肉细胞），中央往往是 1 个大液泡，在其周围有透明的浆状物，称为细胞质（cytoplasm）或称细胞浆（cytosol）。细胞质中悬浮着 1 个体积较大的圆球状细胞核（nucleus），数十至数百个椭圆形、呈绿色的叶绿体，还有数目更多、体积更小的线粒体以及其他各种形状的有膜或无膜的细胞器。网状结构的内质网，内连核外膜，外接细胞质膜（plasma membrane），常常充当了细胞内物质运转的“桥梁”。

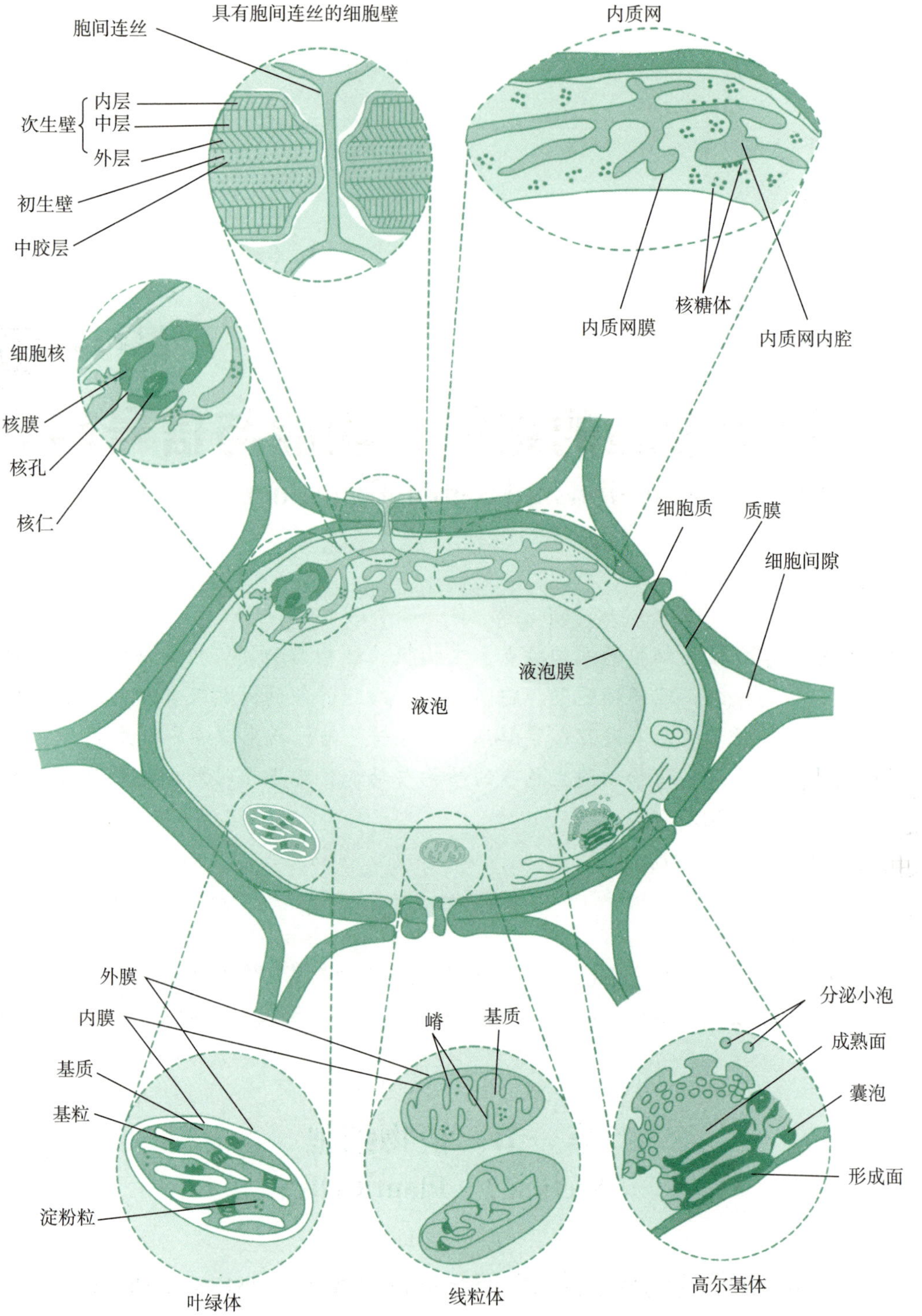

图 1-1　植物细胞的结构

细胞器、细胞质以及其外围的细胞质膜合称为原生质体（protoplast），即除细胞壁以外的细胞所有物质。原生质体外有 1 层坚牢而略有弹性的细胞壁。在植物组织里还可观察到 1 个细胞的原生质膜突出，穿过细胞壁与另外 1 个细胞的原生质膜连在一起，构成相邻细胞的管状通道，称为胞间连丝。大液泡、质体和细胞壁是植物细胞区别于动物细胞的 3 大结构特征。

细胞核、线粒体和质体等具有双层膜，都具有各自的遗传物质，可以进行自我增殖。线粒体和质体的遗传物质可编码自身所需的部分蛋白质，但大部分的蛋白质仍需核遗传物质编码，在细胞质中形成多肽链再进入线粒体或质体，故这两种细胞器仍受核的支配。

有的细胞器（例如微管、微丝、核糖体）没有膜包裹，称为无膜细胞器，但它们仍以明显的形状与周围的细胞质相区别，并且也都能行使独特的生理功能。而液泡、微体等细胞器则多以单层膜与细胞质分开。

二、原生质与原生质体（Protoplasm and Protoplast）

原生质（protoplasm）是构成细胞的生活物质，是细胞生命活动的物质基础。原生质含水量很高，往往占细胞质量的绝大部分，而蛋白质、核酸、糖类和脂类则是有机物质的主体。

细胞是植物体进行生命活动的基本单位，细胞生理功能的实现，与组成它的各种无机分子、有机小分子、生物大分子等的特点有关。

环境中较简单的无机分子，例如 O_2、H_2O、N_2、CO_2 等，经过细胞的同化作用，首先形成有机物单体分子。分析比较各种细胞的单体分子，至少有 30 种单体是共同的，这些分子又称为基本生物分子（basic biomolecule），其中包括 20 种氨基酸、5 种含氮的杂环化合物（嘌呤和嘧啶）、2 种单糖（葡萄糖与核糖）、1 种脂肪酸（棕榈酸）、1 种多元醇（甘油）及 1 种胺类化合物（胆碱）。这些基本生物分子可以相互转变，或者进一步转变为其他的生物分子。例如植物体内已发现的氨基酸达 100 多种，但都是组成蛋白质的 20 种氨基酸及其衍生物，70 多种单糖都来源于葡萄糖，多种脂肪酸可由棕榈酸转变而来。这些单体分子可以聚合成低聚物，乃至生物大分子（biomacromolecule）。不同种类的生物大分子还可以进一步聚合成超分子复合体（supermolecular complex）。原生质的化学组成决定了它既有液体与胶体的特性，又有液晶态的特性，使其在生命活动中起着重要的、复杂多变的作用。

去除细胞壁的植物细胞称为原生质体（protoplast）。原生质体是组成细胞的一个形态结构单位。1880 年 Hanstein 提出"原生质体"一词，但由于细胞（cell）一词出现得更早，故沿用至今。

利用电子显微镜观察，可发现细胞内具有精细的亚显微结构（submicroscopic structure）或超微结构（ultrastructure）。根据这些亚显微结构特点，可将其分为微膜、微梁和微球 3 大基本结构体系。以脂质与蛋白质成分为基础构成生物膜系统（biomembrane system），也称为微膜系统；以一系列特异的结构蛋白构成细胞骨架系统（cytoskeleton system），也称为微梁系统；以 DNA-蛋白质与 RNA-蛋白质复合体形成遗传信息表达系统（genetic expression system），也称为微球系统。这些基本结构体系构成了细胞内部结构精密、分工明确、职能专一的各种细胞器（cell organelle），并以此为基础保证了细胞生命活动具有高度程序化和高度自控性。植物生理过程和代谢反应都是在细胞内各组分相互协调下完成的。

第二节 生 物 膜
Section 2 Biomembrane

生物膜（biomembrane）是构成细胞的所有膜的总称。在细胞内，除微管、微丝、核糖体外，其余细胞器均被膜所包裹。生物膜按照所处的位置可大致分为两种，一种是处于细胞质外面的膜，称为质膜（plasma membrane）；另一种是构成各种细胞器的被膜，称为内膜（endomembrane），又称为内膜系统。

一、生物膜的组分（Composition of Biomembrane）

生物膜一般只有几个分子的厚度，为 5.0～10.0 nm。生物膜主要由蛋白质和脂类组成，此外还含有少量的多糖、微量的核酸与金属离子以及水分。生物膜干物质中，蛋白质占 60%～75%，脂类占 25%～40%，糖等占 5%左右。在膜中，脂类起骨架作用，蛋白质决定膜功能的特异性。不同的膜所含蛋白质和脂类的比例不同，功能较复杂的膜（例如线粒体内膜）蛋白质含量较高。

在细胞中，95%以上的脂类集中于膜上。植物细胞膜中的脂类以磷脂和糖脂含量为主，甘油酯含量较低，固醇含量极少，此外还含有少量的硫脂。膜脂是双亲媒分子，在极性介质中倾向于形成双分子层结构，是膜的基本组成部分。

生物膜上存在着特殊的蛋白质，能在膜中移动，决定膜的特殊功能，并与膜的透性有关。此外，分布在质膜外表面的多糖是细胞具有各自抗原性的分子基础，也是各种细胞之间相互识别的标记，并以此进行信息交换。

水约占膜质量的 30%，大部分是呈液晶态的结合水。水分的存在与磷脂、蛋白质的极性基团有序排列相关。金属离子在蛋白质和脂类中可起盐桥的作用。例如 Mg^{2+} 对 ATP 酶复合体与脂类结合有促进作用，Ca^{2+} 对调节膜的生理功能具有相当重要的作用。

二、生物膜的结构（Structure of Biomembrane）

关于生物膜的分子结构，较为公认的是 Singer 和 Nicolson（1972）提出的流动镶嵌模型（fluid mosaic model）（图 1-2）。

根据流动镶嵌模型，生物膜的基本结构有如下特征：

1. 脂质以双分子层形式存在 构成膜骨架的脂质双分子层中，脂类分子疏水基团向内，亲水基团向外。

2. 膜蛋白存在多样性 膜蛋白并非均匀地排列在膜脂两侧，而是有些位于膜的表面，以静电相互作用的方式与膜脂亲水性头部相结合，称为外在蛋白（extrinsic protein）或周边蛋白（peripheral protein）；有些嵌入膜脂之间甚至穿过膜的内外表面，称为内在蛋白（intrinsic protein）或整合蛋白（integral protein），在膜脂的疏水区，蛋白质以表面的疏水基团与膜脂的烃链形成较强的疏水键而结合。

3. 膜的不对称性 这主要表现在膜脂和膜蛋白分布的不对称性：① 在膜脂的双分子层中，外层以磷脂酰胆碱为主，而内层则以磷脂酰丝氨酸和磷脂酰乙醇胺为主；不饱和脂肪酸主要存在于外层；② 膜脂内外两层所含外在蛋白与内在蛋白的种类及数量不同，膜蛋白分布的不对称性是膜功能具有方向性的物质基础；③ 生物膜糖蛋白与糖脂只存在于膜的外层，而且糖基暴露于膜外，呈现出分布的绝对不对称性，这是膜具有对外感应与识别等功能的物质基础。

4. 膜的流动性 膜的不对称性决定了膜的流动性，磷脂和蛋白质都具有流动性。磷脂分子小于蛋白质分子，流动性比蛋白质的扩散速度大，这是因为膜内磷脂的凝固点较低，通常呈液晶态。膜脂流动性的大小取决于脂肪酸的不饱和程度与脂肪酸链长度，不饱和程度愈高，流动性愈强；脂肪酸链愈短，流动性愈强。

Gain 和 White（1977）提出的板块镶嵌模型（plate mosaic model）认为，膜中高度流动性的区域和非随机分布的低流动性区域同时存在，生物膜是由具有不同流动性

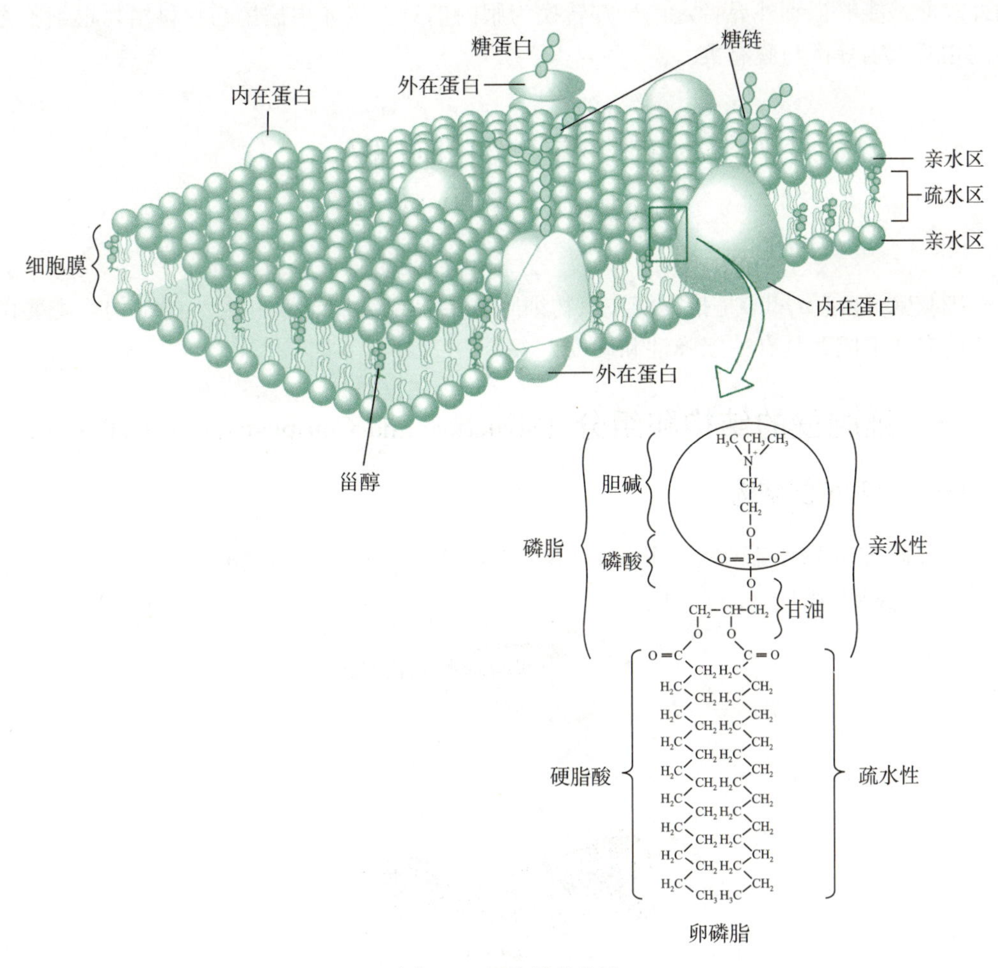

图 1-2 细胞膜的构造

的"板块"镶嵌而成的动态结构。这些板块可随生理状态和环境条件的变化而发生晶态和非晶态的相互转化，使生物膜各区的流动性处于不断变化的动态之中。板块模型有利于解释膜功能多样性及调节机制的复杂性，是对流动镶嵌模型的补充和发展。

三、生物膜的功能（Functions of Biomembrane）

1. 分室作用 细胞的膜系统不仅把细胞与外界环境隔开，而且把细胞内部的空间分隔成许多微小的区域，即形成各种细胞器，从而使细胞的生命活动能够分室进行。同时，膜系统又将各个细胞器联系起来，共同完成各种连续的生理生化反应。例如光呼吸的生物化学过程就是在叶绿体、过氧化体和线粒体 3 个细胞器内共同完成的。

2. 生物化学反应场所 细胞内存在许多生物化学反应，生物膜常为反应场所，例如在线粒体和叶绿体内进行的特定生物化学反应就是在膜上完成的。

3. 能量转换的场所 生物膜是细胞进行能量转换的场所，光合电子传递、呼吸电子传递以及与之相偶联的光合磷酸化和氧化磷酸化都发生在膜上。

4. 吸收与分泌功能 细胞膜可通过扩散作用、离子通道、主动运输（通过膜中的离子载体、离子泵等）等方式进行各种物质的吸收与转移。细胞膜对物质的透过具有选择性。

5. 识别与信号传递功能 某些膜蛋白的识别结构域及糖蛋白的多糖残基分布在膜

的外表面，能够识别外界特定信号并转换为胞内信号。例如根瘤菌与豆科植物根细胞之间的相互识别等都与膜有关。

第三节 细胞壁
Section 3 Cell Walls

细胞壁（cell walls）是指围绕在植物细胞外层界定细胞形状和大小的结构，主要由复杂的多糖组成，具有一定弹性和硬度。

一、细胞壁的结构和组分（Structure and Composition of Cell Walls）

（一）细胞壁的结构

典型的细胞壁由胞间层（intercellular layer）、初生壁（primary wall）以及次生壁（secondary wall）组成（图 1-3）。

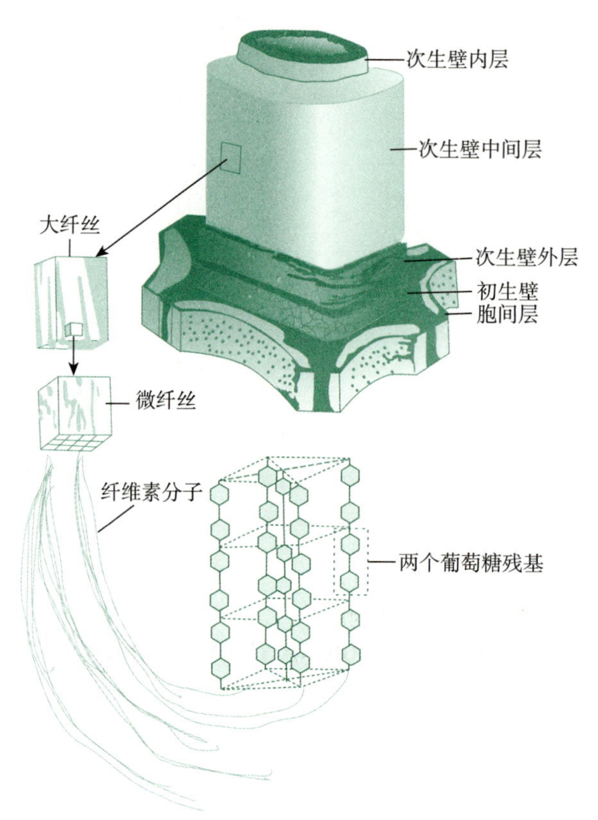

图 1-3 细胞壁的亚显微结构

细胞在分裂时，最初形成一层由果胶质组成的细胞板（cell plate），它把两个子细胞分开，这层就是胞间层，又称为中胶层（middle lamella）。随着子细胞的生长，原生质向外分泌纤维素，纤维素定向地交织成网状，而后分泌的半纤维素、果胶质以及结构蛋白填充在网眼之间，形成质地柔软的初生壁。很多细胞只有初生壁，例如分生组织细胞、胚乳细胞等。但是某些特化的细胞（例如纤维细胞、管胞、导管等）在生长接近定型时，在初生壁内侧沉积纤维素、木质素等次生壁物质，且层与层之间经纬交错。由于次生壁质地的厚薄与形状的差别，分化出不同的细胞，例如薄壁细胞、厚壁细胞、石细胞等。

（二）细胞壁的化学组成

构成细胞壁的成分中，约90%是多糖，约10%是蛋白质、脂肪酸等。细胞壁中的多糖主要是纤维素、半纤维素和果胶类，由葡萄糖、阿拉伯糖、半乳糖醛酸等聚合而成，次生壁中还有大量木质素。

1. 纤维素 纤维素（cellulose）是由1 000～10 000个β-D-葡萄糖残基以β-1,4-糖苷键相连的无分支的长链，为植物细胞壁的主要成分。纤维素内葡萄糖残基间形成大量氢键，而相邻分子间氢键使其排列成立体晶格状，组合成微纤丝（microfibril），微纤丝又组成大纤丝（macrofibril），因而纤维素的这种结构非常牢固，使细胞壁具有高机械强度和抗化学降解的能力（图1-3）。

纤维素是自然界最丰富的多糖。据推算，每年地球上由绿色植物光合作用生产的纤维素可达10^{11} t之多，如何把纤维素转化成为人类可利用的食物或者有效能源，是人们长期渴望解决的重大课题。

2. 半纤维素 半纤维素（hemicellulose）是结合在纤维素表面的一层长的线性多糖的总称，侧翼常带有一些短的分支，可溶于碱。半纤维素的结构比较复杂，不同来源半纤维素的成分各不相同。有的由1种单糖缩合而成，例如聚甘露糖；有的由几种单糖缩合而成，例如木葡聚糖等。

3. 果胶物质 果胶物质（pectic substance）是由半乳糖醛酸组成的多聚体，为胞间层的主要成分，使相邻的细胞黏合在一起。根据其结合情况及理化性质，可分为果胶酸（pectic acid）、果胶（pectin）和原果胶（protopectin）。

4. 木质素 木质素（lignin）是由苯基丙烷衍生物单体构成的聚合物，不属于多糖。在木本植物成熟的木质部中，其含量达18%～38%，主要分布于纤维、导管和管胞中。木质素可以增加细胞壁的抗压强度，正是细胞壁木质化的导管和管胞构成了木本植物坚硬的茎干，并作为水和无机盐运输的输导组织。

5. 蛋白质与酶 伸展蛋白（extensin）是细胞壁中最早被发现的一类富含羟脯氨酸的糖蛋白（hydroxyproline-rich glycoprotein，HRGP），大约由300个氨基酸残基组成，其中羟脯氨酸含量可高达30%～40%。伸展蛋白是植物（尤其是双子叶植物）初生壁中广泛存在的结构成分，参与植物细胞防御和抗病抗逆等生理活动。另外，在细胞壁中发现数十种酶，大部分是水解酶类，其余则多属于氧化还原酶类。例如果胶甲酯酶、酸性磷酸酯酶、过氧化物酶、多聚半乳糖醛酸酶等。

6. 矿质元素 细胞壁的矿质元素（mineral element）中最重要的是钙。细胞壁中Ca^{2+}浓度远远大于胞内，为10^{-5}～10^{-4} mol·L^{-1}，所以细胞壁为植物细胞最大的钙库。钙调素或称钙调蛋白（calmodulin，CaM）也存在于细胞壁中，例如在小麦细胞壁中已检测出水溶性及盐溶性两种钙调素。

二、细胞壁的功能（Functions of Cell Walls）

1. 维持细胞形状与控制细胞生长 细胞壁增加细胞的机械强度，并承受着内部原生质体由于液泡吸水而产生的膨压，维持器官与植株的固有形态。另外，细胞壁控制着细胞的生长，因为细胞要扩大和伸长的前提是要使细胞壁松弛和不可逆伸展。

2. 参与物质运输与信号传递 细胞壁参与物质运输、减少水分损失（次生壁、表面的蜡质等）、调节植物水势等一系列生理活动。另外，细胞壁也是化学信号（例如植物生长物质）、物理信号（例如压力）传递的介质与通路。

3. 调控防御与抗性 细胞壁中存在具有调节活性的寡聚糖片段，称为寡糖素

(oligosaccharin)。寡糖素的功能复杂多样，例如能诱导植物保卫素(phytoalexin)的形成，在植物抵抗病虫害中起作用；参与调控植物的形态建成。另外，细胞壁中的伸展蛋白也有防病抗逆的功能。

4. 其他功能 细胞壁中的酶类广泛参与细胞壁高分子的合成、转移、水解以及细胞外物质输送到细胞内和防御作用等。例如细胞壁中的多聚半乳糖醛酸酶和凝集素参与砧木和接穗嫁接过程中的识别反应。

第四节 胞间连丝和细胞骨架
Section 4 Plasmodesma and Cytoskeleton

一、胞间连丝(Plasmodesma)

(一)胞间连丝的结构

胞间连丝(plasmodesma)是指穿越细胞壁、连接相邻细胞原生质的管状通道(图1-4)。由胞间连丝把原生质体连成一体的体系称为共质体(symplast)。与之对应，由细胞壁、细胞间隙等连成一体的体系称为质外体(apoplast)。共质体与质外体都是植物体内物质运输和信息传递的通路。胞间连丝的数量和分布与细胞的类型、所处的位置、细胞的生理功能密切相关。通常 1 μm^2 面积的细胞壁有 1～15 条胞间连丝，筛管分子和某些传递细胞(transfer cell)之间胞间连丝密度更高。

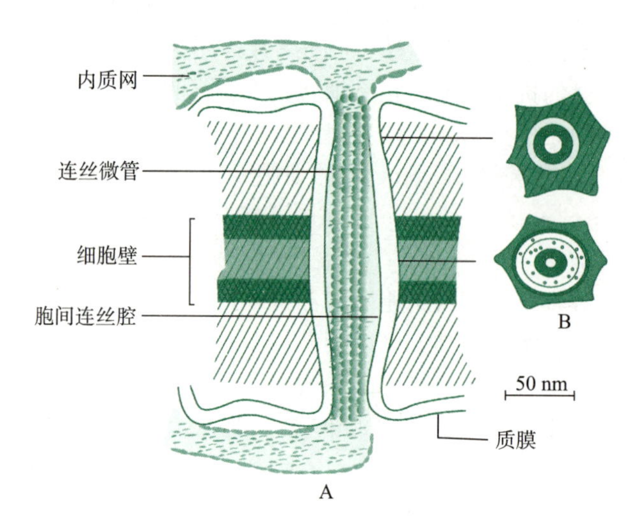

图 1-4 胞间连丝的超微结构
(引自 Robards，1971)
A. 纵剖面 B. 横剖面

(二)胞间连丝的功能

1. 物质交换 相邻细胞的原生质可通过胞间连丝进行交换，使可溶性物质(例如电解质和小分子有机物)和生物大分子物质(例如蛋白质、核酸、蛋白核酸复合物)甚至细胞器发生胞间运输。

2. 信号传递 通过胞间连丝可进行体内信号传递，物理信号、化学信号都可通过共质体传递。

二、细胞骨架（Cytoskeleton）

细胞骨架（cytoskeleton）是蛋白质纤维构成的三维网状系统，由微管（microtubule）、微丝（microfilament）和中间纤维（intermediate filament）组成，也称为微梁系统（microtrabecular system）。

1. 微管 微管是外径约 25 nm、中心直径约 12 nm 的管状结构，主要成分是球形微管蛋白（tubulin），包括 α 亚基和 β 亚基，通过非共价的相互作用形成稳定的 αβ 异源二聚体，为细胞骨架系统的主要成员。此外，植物微管还有很多运动方面的功能，包括细胞内囊泡和蛋白质颗粒的转运、有丝分裂过程中染色体的运动和细胞极性的确定等。

2. 微丝 微丝是一种实心的类肌动蛋白丝，直径为 5～8 nm，长数微米，常呈束状排列，与肌球蛋白密切结合。每束由数条到 20 条以上的微丝组成，其排列方向常与细胞长轴或细胞质环流方向平行。微丝在植物细胞的生命活动中执行多种功能，例如维持细胞的正常形状、利用 ATP 驱使原生质流动、细胞器运动、有丝分裂、顶端生长、花粉粒萌发、花粉管伸长等。

3. 中间纤维 中间纤维是一类组成不一，形态结构非常相似，长而不分支的中空胞内纤维，直径为 7～10 nm。中间纤维可以从核骨架向细胞膜延伸，起到支架作用，还与细胞的发育和分化、mRNA 的运输有关。

第五节 细胞信号转导
Section 5 Cellular Signal Transduction

植物为了适应不断变化着的外部环境，必须不断地做出相应的响应（应答），这需要植物细胞能够感知外部环境信号，并转化为可被细胞生理生化机制识别的内部信号，以引起相应的反应，这个过程就是细胞信号转导（signal transduction）。

动画：植物细胞信号转导过程

根据植物细胞对外部信号的转导过程，可把信号转导过程分为如下几个阶段：胞外信号（环境刺激和胞间信号）感受、膜上信号转换、胞内信号传递，最终引起生理反应与植物生长发育的变化。它们之间的关系如下：

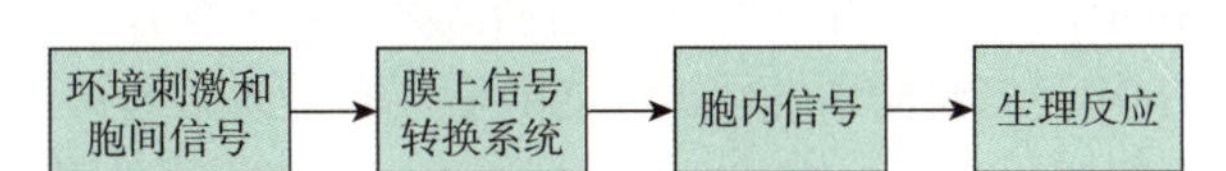

通过细胞信号转导系统可使环境刺激信号和胞间信号级联放大，通过调控基因表达最终影响酶的活性和物质合成，导致一系列生理生化反应，从而引起植物生长发育的变化。

一、胞外信号（Extracellular Signal）

胞外信号包括环境刺激和体内其他细胞产生的胞间信号。

1. 环境刺激 环境因素包括光、温、水、气、矿质元素、重力、风、触碰、伤害等，都可作为信号影响基因表达和酶活性，引起植物代谢和生长发育变化。

2. 胞间信号 当环境刺激作用位点与效应位点处于植物的不同部位时，需要作用位点细胞产生信号传递给效应位点引起细胞反应，这个作用位点细胞产生的信号就是胞间信号，也称为第一信使。例如在植物的向重力反应中，重力的作用位点根冠产生生长素传递到根的伸长区，引起向重力弯曲；土壤轻微干旱引起叶片气孔关闭的主要信号是脱落酸；而有些植物叶片被虫咬后引起防御反应的信号分子是茉莉素。

植物激素是植物自身合成的植物生长物质，是植物体内最重要的胞间信号。植物激素可直接调节基因转录、mRNA 翻译、酶活性和物质跨膜运输，也可通过胞内信号对上述过程进行调节。胞间信号除化学信号外，还有物理信号（例如电信号等）。

二、膜上信号转换系统（Membrane Signal Exchange System）

细胞感受环境刺激或胞间信号后，需要转换为可调节细胞生理生化反应的胞内信号，这种转换由质膜上的信号转换系统完成。在动物细胞中，由受体、G 蛋白等完成信号的转换，而在植物细胞中，多由双元系统（又称为二元组分系统，two component system）和受体激酶（receptor kinase）介导跨膜信号转换。

（一）膜上受体及其类型

1. 受体的概念 受体（receptor）是一类特殊的蛋白质，能够感受特异性环境刺激或与特异性胞间信号结合。

2. 受体与胞间信号反应的特点 受体与胞间信号的反应具有以下几个重要特点。

（1）高度亲和性 二者结合迅速而灵敏，使细胞能够感受低浓度信号的轻微改变。

（2）可逆性 二者以非共价的离子键、氢键、范德华力（van der Waal's force）等结合。

（3）饱和性 由于受体蛋白在膜上的数量有限，反应可达到饱和。

3. 膜上受体的类型 已经发现的植物细胞膜表面受体有 G 蛋白偶联受体、酶联受体、离子通道偶联受体等。

（1）G 蛋白偶联受体 G 蛋白（G protein）全称为 GTP 结合蛋白（GTP-binding protein），位于质膜内侧可与 GTP 结合并具有 GTP 水解酶活性。G 蛋白由 3 个亚基（α、β、γ）组成，其中 α 亚基可与 GTP 结合并有 GTP 水解酶活性。在膜信号转换过程中，当受体被环境刺激或胞间信号激活后，诱导 G 蛋白的 α 亚基与 GTP 结合而被活化，活化的 α 亚基与 β 亚基和 γ 亚基分离而呈游离状态，活化的 α 亚基使效应酶或离子通道活化产生胞内信号。当 α 亚基将结合的 GTP 水解后，恢复原有状态并与 β 亚基和 γ 亚基结合形成复合体。首先在动物细胞中发现 G 蛋白并证实其参与跨膜信号传递，现已确认 G 蛋白也存在于植物中，并参与光和植物激素的调节作用。从黄化豌豆幼苗中分离的 G 蛋白 α 亚基的 GTP 水解酶活性可被蓝光激活；赤霉素引起黄化小麦原生质体的吸胀，受 G 蛋白抑制剂的抑制；蚕豆保卫细胞膜上的内向钾离子通道受 G 蛋白的调控。

（2）酶联受体 酶联受体（enzyme-coupled receptor）是一种具有跨膜结构的酶蛋白，其胞外域与配体结合而被激活，通过细胞内侧激酶反应将胞外信号传至细胞内。这个结构域既具有受体的功能，又具有把胞外信号转换为胞内效应的功能，是一种“经济有效”的信号跨膜转换方式，例如拟南芥中的乙烯受体蛋白（ETR1）。

（3）离子通道偶联受体 离子通道偶联受体（ion-channel-coupled receptor）是由多个亚基组成的受体-离子通道复合体，除了具有信号接收部位以外，还是离子通道。其跨膜信号转导无需中间步骤，反应快，一般只需几秒。

（二）膜上受体介导的跨膜信号转换

细胞表面受体结合胞外信号分子后，只有将其转换为胞内信号，才能影响靶细胞的行为。膜上受体将胞外信号转换为胞内信号的方式有产生胞内第二信使和酶促信号直接跨膜转换两种。其中产生胞内第二信使是最主要的跨膜信号转换方式，胞外配体与质膜表面受体结合后，产生环腺苷酸（cAMP）、环鸟苷酸（cGMP）、三磷酸肌醇（IP_3）等多种胞内第二信使。而酶联受体接收信号后激活胞内具有蛋白激酶活性结构域，进而在细胞内形成信号转导途径，调节某种生理反应，例如植物双元系统介导的信号转换。

植物双元系统的受体由杂合感应组氨酸激酶（histidine kinase，HK）、组氨酸磷酸转移酶（HPT）与响应调节子（response-regulator，RR）构成（图 1-5）。

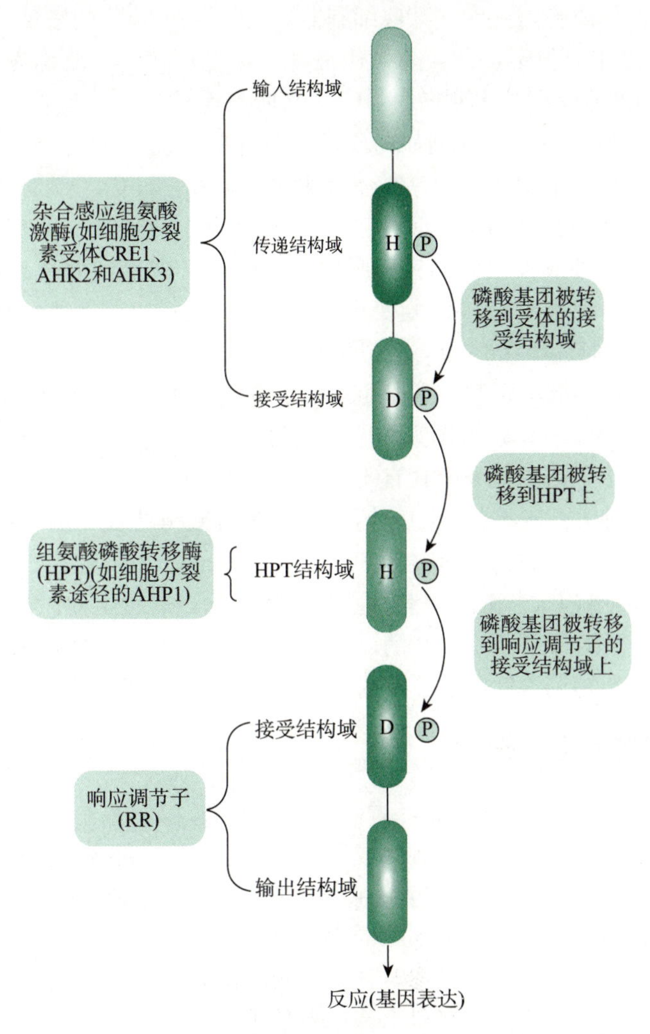

图 1-5　双元系统受体介导的跨膜信号转换
（引自 Taiz 和 Zeiger，2010）

组氨酸激酶位于质膜，分为感受胞外刺激的信号输入结构域和具有激酶性质的传递结构域和接受结构域。当组氨酸激酶输入结构域接收信号后，传递结构域的组氨酸残基磷酸化，并且将磷酸基团传递给下游的组氨酸磷酸转移酶。组氨酸磷酸转移酶接受组氨酸激酶传来的磷酸基团后，进一步将其传递给下游的响应调节子。响应调节子分两部分，一部分为接受结构域，由天冬氨酸残基接受磷酸基团；另一部分为信号输出结构域，将信号输出给下游的组分，通常是转录因子，以此调控基因的表达。例如细胞分裂素受体与乙烯受体均以复杂的双元系统传递植物激素信号。

三、胞内信号（Intracellular Signal）

胞内信号是由膜上信号转换系统产生的、有生理调节活性的细胞内因子，也称为第二信使（second messenger）。植物体内主要有 3 种重要的胞内信号系统：钙信号系统、肌醇磷脂信号系统和环腺苷酸信号系统。

（一）钙信号系统

1. 钙作为信号分子的基础 植物细胞在未受到外部刺激时（静息态），细胞质中 Ca^{2+} 浓度一般在 10^{-7}～10^{-6} mol·L^{-1}，而质外体空间中的 Ca^{2+} 浓度在 10^{-4}～10^{-3} mol·L^{-1}，因此在细胞质与胞外或胞内钙库（某些细胞器）之间存在 Ca^{2+} 的浓度梯度。一般来说，细胞质中 Ca^{2+} 浓度十分稳定，即使有微小波动，也是短暂的，故称为钙稳态（calcium homeostasis）。当细胞受到外界刺激时，Ca^{2+} 从两条途径进入细胞质，即从质外体进入质膜内侧以及从细胞内储钙库（例如内质网、液泡等）流向细胞质，从而使细胞质中 Ca^{2+} 浓度升高。这样，细胞质中的钙受体（例如钙调素）与 Ca^{2+} 结合，这种 Ca^{2+}-钙受体复合物再与一些功能蛋白作用而引起相应的生理生化反应。当完成信息传递后，Ca^{2+} 又被迅速泵出胞外或被胞内储钙库吸收，细胞质又恢复到静息态，Ca^{2+} 与受体蛋白分离。因此，通过细胞质 Ca^{2+} 浓度变化可把细胞外的信息传递给细胞内部。

2. 钙调素 钙调素（calmodulin，CaM）为钙结合蛋白，对 Ca^{2+} 有很高的亲和力和专一性。钙调素是由 148 个氨基酸残基组成的单链蛋白质，是一种耐热的酸性小分子球状蛋白（等电点 p*I* 3.9～4.3）。作为细胞钙信号的受体蛋白，钙调素只有与 Ca^{2+} 结合才具有生理活性，每个钙调素分子具有 4 个 Ca^{2+} 结合位点。

钙调素可以 3 种方式发挥作用：①钙调素直接与靶酶结合，诱导靶酶的活性构象，从而调节靶酶的活性，例如钙调素对质膜（Ca^{2+} + Mg^{2+}）-ATP 酶、NAD 激酶活性的调节；②钙调素使依赖 Ca^{2+} 和钙调素的蛋白激酶活化，然后蛋白激酶催化靶酶的磷酸化而影响其活性，例如质子泵 ATP 酶、1,5-二磷酸核酮糖羧化酶/加氧酶（Rubisco）小亚基等的活化；③钙调素使胞质或核内转录因子磷酸化，引起相应基因表达。

（二）肌醇磷脂信号系统

肌醇磷脂主要分布在质膜内侧，占膜磷脂总量的 10%左右，为肌醇分子六碳环上的羟基被不同数目磷酸酯化而形成的一类化合物。主要有 3 种：磷脂酰肌醇（phosphatidylinositol，PI）、4-磷酸磷脂酰肌醇（phosphatidylinositol-4-phosphate，PIP）和 4,5-二磷酸磷脂酰肌醇（phosphatidylinositol-4,5-biphosphate，PIP_2）（图 1-6）。

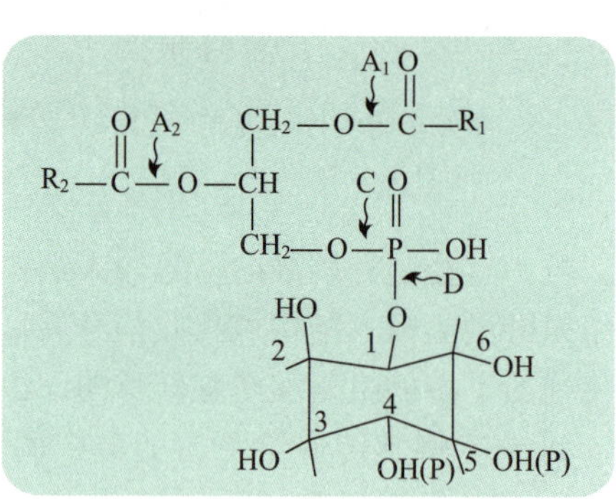

图 1-6　肌醇磷脂的分子结构

（A_1、A_2、C、D 箭头所指为不同磷脂酶的作用位点，肌醇环上 4 位和 5 位的羟基可在专一性激酶的作用下被磷酸化）

在以肌醇磷脂代谢为基础的细胞信号系统中，当膜受体感受胞外信号后，由 G 蛋白介导而使 4,5-二磷酸磷脂酰肌醇（PIP_2）水解产生二脂酰甘油（diacylglycerol，DG）和 1,4,5-三磷酸肌醇（inositol-1,4,5-triphosphate，IP_3），催化该反应的酶是磷脂酶 C (phospholipase C，PLC)。

1,4,5-三磷酸肌醇作为信号分子，在植物中一般认为其作用的靶细胞器为液泡。1,4,5-三磷酸肌醇作用于液泡膜上的受体后，使 Ca^{2+} 从液泡中释放出来，引起胞内 Ca^{2+} 水平升高，启动胞内 Ca^{2+} 信号系统，从而调节依赖 Ca^{2+}、钙调素的酶类活性变化。二脂酰甘油（DG）作为信号分子的功能是由于蛋白激酶 C（protein kinase C，PKC）的发现而阐明的。蛋白激酶 C 是一种依赖 Ca^{2+} 和磷脂的蛋白激酶，可催化蛋白质的磷酸化。在正常情况下，细胞膜上不存在游离的二脂酰甘油，二脂酰甘油只是细胞在受外界刺激时肌醇磷脂水解而产生的瞬时产物。当有 Ca^{2+} 和磷脂存在时，二脂酰甘油、Ca^{2+}、磷脂与蛋白激酶 C 分子相结合，使蛋白激酶 C 激活，从而对某些底物蛋白质或酶类进行磷酸化，最终导致一定的生理反应。当胞外刺激信号消失后，二脂酰甘油首先从复合物上解离下来而使酶钝化，与二脂酰甘油解离后的蛋白激酶 C 可以继续存在于膜上或进入细胞质。

（三）环腺苷酸信号系统

环腺苷酸（cyclic AMP，cAMP）信号系统是建立最早，也是目前最完善的细胞信号传递模型。Sutherland 发现了环腺苷酸在糖代谢中的重要作用，并提出了第二信使学说而获 1971 年诺贝尔奖。几乎在同年代，Krebs 和 Fischer 阐明了蛋白质磷酸化在糖代谢中的调节作用，并提出了以环腺苷酸为基础的第二信使系统。腺苷酸环化酶是一个跨膜蛋白，它被激活时可催化胞内的 ATP 分子转化为环腺苷酸分子，细胞内微量环腺苷酸（约为 ATP 的 0.1%）在短时间内迅速增加数倍至数十倍，从而形成胞内信号。

环腺苷酸信号系统不但调节胞内的物质代谢，还在转录水平上调节基因表达。如图 1-7 所示，环腺苷酸通过激活环腺苷酸依赖型蛋白激酶 A（protein kinase A，PKA）而磷酸化某些特异的转录因子，转录因子再与被调节的基因特定部位结合，从而调控基因的转录。其中，研究较多的是环腺苷酸响应元件结合蛋白（cAMP response element binding protein，CREB）。环腺苷酸响应元件结合蛋白被磷酸化后与被其调节的基因特定部位结合，从而调节这些基因的表达。

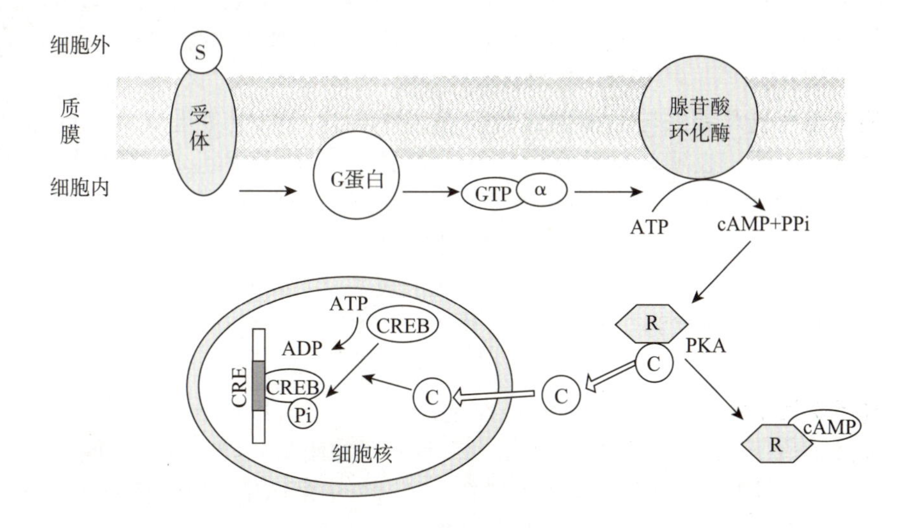

图 1-7 cAMP 信号转导途径

［胞外刺激信号激活质膜上受体 R，受体激活与其偶联的下游 G 蛋白，激活的 G 蛋白 α 亚基作用于质膜连接的腺苷酸环化酶，cAMP 被合成。cAMP 作用于蛋白激酶 A（PKA），被激活的 PKA 的催化亚基 C 和调节亚基 R 相互分离。C 亚基进入细胞核，催化 cAMP 响应元件结合蛋白 CREB 的磷酸化，磷酸化后的 CREB 与核染色体 DNA 上的 cAMP 响应元件 CRE 结合，调控基因的表达］

四、蛋白质的可逆磷酸化（Reversible Phosphorylation of Proteins）

（一）蛋白质磷酸化与去磷酸化

细胞内许多功能蛋白的活性是通过磷酸化和去磷酸化调节的。磷酸化与去磷酸化是细胞内普遍存在的、共价修饰的生理调节方式，它几乎涉及所有的生理及病理过程。蛋白质的磷酸化过程是由蛋白激酶催化的。蛋白激酶是胞内信号直接的或间接的靶酶，通过控制信号转导途径中其他酶的活性来调节和控制细胞对外界信号做出相应的反应，在细胞信号转导中具有重要的作用。

蛋白激酶（protein kinase，PK）催化 ATP 或 GTP 的磷酸基转移到底物蛋白质氨基酸残基上，使蛋白质磷酸化。蛋白质的去磷酸化由蛋白磷酸酶（protein phosphatase）催化。整个反应过程可用下式表示。

$$\text{蛋白质}+n\text{NTP}\xrightarrow{\text{蛋白激酶}}\text{蛋白质-P}_n+n\text{NDP}$$

$$\text{蛋白质-P}_n+n\text{H}_2\text{O}\xrightarrow{\text{蛋白磷酸酶}}\text{蛋白质}+n\text{Pi}$$

式中，NTP 代表三磷酸核苷，NDP 代表二磷酸核苷，P_n 代表与底物蛋白质氨基酸残基连接的磷酸基团及其数目。蛋白质被磷酸化的氨基酸残基主要是丝氨酸和苏氨酸，有时为酪氨酸。底物蛋白质上被磷酸化的氨基酸残基可能是 1 个，也可能是 2 个或多个。

（二）蛋白质可逆磷酸化的意义

1. 引起蛋白质之间的相互作用 细胞信号通过蛋白质的磷酸化转导时，存在酶与底物的相互作用，但是这种相互作用并不是磷酸化反应中蛋白质之间唯一的作用方式。与被磷酸化的蛋白质结合的可能并不是催化这个反应的酶，或者与酶结合的并不一定是将要被其磷酸化的底物蛋白质。

2. 形成信号模块 一般认为，在可逆磷酸化反应中，底物蛋白质在被修饰之后就与酶解离。但越来越多的证据表明，底物蛋白质与修饰它的酶相互结合可以是酶与底物的直接结合，也可以是间接结合，形成的超分子复合物称为信号模块（signaling module）。这种超分子复合物的存在使得信号转导过程中各成分可以被协调有效地激活，从而保证了信号通路和信号转导的完整性与高效性。

3. 调节信号转导蛋白与质膜的结合 信号转导途径中很多蛋白质成员都定位在质膜上。但序列分析表明，这些蛋白质并非都具有跨膜结构域。无跨膜结构域的蛋白质还可以通过豆蔻酰化（myristoylation）、棕榈酰化（palmitoylation）、异戊二烯化（isoprenylation）等方式结合到质膜上，这些修饰和结合往往是信号蛋白行使功能所必需的。这种与膜的可逆结合可使信号转导途径的成员与质膜上受体直接结合，而且还能将其他信号蛋白带到质膜上。蛋白质通过修饰的脂肪酸链与质膜可逆结合的调节机制之一就是磷酸化。

4. 进行交互作用 在细胞的生长调控过程中，多个信号转导途径同时存在，并且交互作用（cross-talk），甚至共用某些成分。许多蛋白激酶可以磷酸化不同信号转导途径的成员，这使得由单一信号引起的刺激在转导过程中多样化，同种信号可以产生多种不同的下游反应，使得细胞内的生理反应能够协调有序地进行。

五、信号转导的生理响应（Physiological Response of Signal Transduction）

信号转导的最终结果是导致一系列细胞的生理生化反应，从而引起植物生长发育的变化。细胞反应涉及众多生理过程，例如细胞代谢，使细胞摄入并代谢营养物质，提供细胞生命活动所需能量；细胞分裂，使与DNA复制相关的基因表达，调节细胞周期，使细胞进入分裂和增殖阶段；细胞分化，使细胞内的遗传程序有选择地表达，使细胞最终不可逆地分化成为有特定功能的成熟细胞；细胞功能，使细胞能够进行正常的代谢活动等；细胞死亡，在局部范围内和一定数量上发生细胞程序性死亡，以维护多细胞生物的整体利益或减轻不良环境的危害。总之，整合所有细胞的生理生化反应最终表现为植物体的生理效应，包括组织生长、器官运动、花芽分化、形态建成等。

本章内容概要

细胞是构成高等植物体的基本单位，大液泡、质体和细胞壁是植物细胞区别于动物细胞的3大结构特征。细胞核、线粒体和质体等具有双层膜，液泡、微体等细胞器则多以单层膜与细胞质分开，微管、微丝、核糖体等则没有膜包裹。原生质是细胞生命活动的物质基础。原生质中水分含量很高，往往占细胞总质量的绝大部分，而蛋白质、核酸、糖类和脂类则是有机物质的主体。细胞生理功能的实现，与组成它的各种无机分子、有机小分子、生物大分子等的特点有关。植物生理过程和代谢反应都是在细胞内各组分相互协调下完成的。

生物膜主要由蛋白质和脂类组成，解释其基本结构较为公认的是流动镶嵌模型。生物膜的功能包括分室作用、生物化学反应与能量转换的场所、吸收与分泌、识别与信号传递等。典型的细胞壁是由胞间层、初生壁和次生壁组成，细胞壁的成分主要是多糖，另外还有蛋白质、酶类、脂肪酸等。细胞壁的功能包括维持细胞形状与控制细胞生长、物质运输与信号传递、防御与抗性等。胞间连丝具有物质交换和信号传递作用。细胞骨架对维持细胞形态并使细胞得以行使各种功能起着重要作用，包括微管、微丝和中间纤维。

细胞信号转导过程分为胞外信号感受、膜上信号转换、胞内信号传递，最终引起生理反应与植物生长发育的变化。胞外信号包括环境刺激和胞间信号。植物细胞膜上的信号转换系统大多数是由双元系统和受体激酶介导。生物体内主要有3种重要的胞内信号系统：钙信号系统、肌醇磷脂信号系统和环腺苷酸信号系统。蛋白质的可逆磷酸化在细胞信号传递中具有重要作用。信号转导的最终结果是导致基因表达和一系列生理生化反应，进而调控植物的生长发育过程。

复习思考题

1. 为什么说真核细胞比原核细胞进化程度高？
2. 典型的植物细胞与动物细胞在结构上有何差异？这些差异对植物生理活动有什么影响？
3. 生物膜在结构上的特点与其功能有什么联系？
4. 细胞壁中蛋白质与细胞壁功能有何关系？
5. 植物细胞的胞间连丝有哪些功能？
6. 植物细胞信号转导可分为哪几个阶段？
7. 信号转导最终导致哪些细胞的生理生化反应？

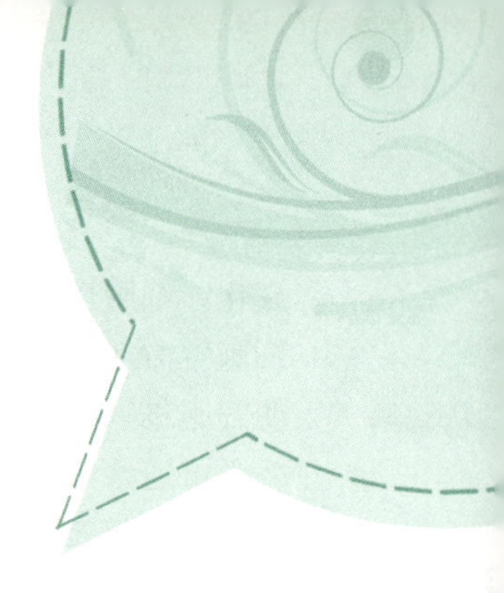

第二章 Chapter 2
植物的水分生理
Water Physiology of Plants

教学要求： 掌握水在植物中的存在状态及其生理作用、植物细胞水势及其组成、蒸腾作用及其影响因素；理解植物细胞和根系对水分的吸收、植物中水分运输的途径与机制；了解作物的需水规律及合理灌溉的生理基础。

重点与难点： 重点是植物细胞与根系对水分的吸收、蒸腾作用及其生理意义。难点是植物细胞水势的概念、气孔运动的机制。

建议学时数： 4～5 学时。

没有水就没有生命。水分是植物体的重要组成成分之一。植物从环境中不断地吸收水分，以满足正常生命活动的需要，同时又通过蒸腾作用将大量水分散失到环境中。植物对水分的吸收、运输、利用和散失的过程称为植物的水分生理，也称为水分代谢(water metabolism)。

第一节　水在植物生命活动中的作用
Section 1　Roles of Water in Plant Life

一、植物体内的水分（Water in Plants）

（一）植物的含水量

水是植物体的重要组成成分，其含量因植物种类、组织器官和生育期的不同而异。植物的含水量有以下特点。

1. 植物种类不同含水量不同　水生植物的含水量显著大于陆生植物。例如水浮莲、满江红、金鱼藻等水生植物的含水量可达鲜物质量的 90％以上，而在干旱环境中生长的地衣、藓类等植物含水量仅为 6％左右。草本植物体内的含水量通常达 70％～85％，大于木本植物。生长在荫蔽潮湿环境中的植物含水量也大于生长在向阳、干燥环境中的植物。

2. 同一植物的不同器官和组织含水量不同 例如根尖、茎尖、嫩梢、幼苗和绿叶的含水量为60%～90%，而树干则为40%～55%，休眠芽约为40%，风干的种子为10%～14%。可见，凡植物生长活跃的部位，含水量都较高，这是植物生命活动强弱的一个重要标志。

3. 同一植物的同一器官和组织在不同的生育期含水量也不同 一般在幼苗期含水量较高，生长后期含水量下降，甚至一天之内早晨含水量高而下午含水量低。

（二）植物体内水分存在的状态

被植物吸收的水分在体内以两种状态存在：束缚水和自由水。

1. 束缚水 束缚水（bound water）又称为结合水，是存在于细胞原生质胶体颗粒周围或存在于大分子结构空间中，被牢固吸附着的水分。这部分水不易流动和流失，其含量变化较小，不起溶剂作用，很少受外界环境的影响。

2. 自由水 自由水（free water）是存在于细胞间隙、原生质胶粒间、液泡中、导管和管胞内以及植物体其他间隙中的水分。这部分水分不受细胞原生质和溶质的吸附，能在植物体内自由移动，起溶剂作用，在维持细胞膨压、物质代谢与运输、蒸腾作用等过程中具有重要功能，其含量易受环境变化的影响。

自由水与束缚水比值的大小往往决定着细胞原生质的状态和代谢活动的强弱。当植物体内水分充足时，自由水含量大，自由水与束缚水比值增大，细胞原生质胶粒水化膜（shell of hydration）厚，完全分散于液体介质之中，呈溶胶状态，细胞中各种代谢活动旺盛，但植物的抗逆性降低。当植物体内水分不足时，自由水与束缚水比值减小，细胞内原生质胶粒水化膜变薄，相互靠近而结为网状，液体介质则分布于网眼之间，胶体便失去流动性，凝结为近似固体状态，即成为凝胶态。这时细胞中各种代谢活动减弱，植物抗逆性增强。

二、水的生理作用（Physiological Functions of Water in Plants）

水分子是一种极性分子（图2-1）。相邻水分子间、水分子与相邻的带有极性基团（如—OH、—NH_2和 $O{=}\overset{|}{C}$—）的其他分子间可形成一种微弱的静电吸引力，即氢键（hydrogen bond）。因此水分子具有活跃的化学性质，在植物生命活动中具有重要生理作用。

1. 水是构成植物细胞原生质的主要成分 细胞的原生质就是蛋白质等分子分散于细胞水相而形成的一种水溶性胶体。水分子通过氢键与大分子上极性基团定向结合，从而在大分子表面形成水化膜，构成植物细胞原生质的主要成分。

2. 水是植物体内物质吸收运输的重要介质 水是植物体内各种矿物质和大多数有机物质的良好溶剂，这些物质必须溶解在水中才能被吸收和运输。氢键的存在产生的表面张力、内聚力和附着力是植物体内水分沿着导管源源不断向地上部运输的重要原因之一。

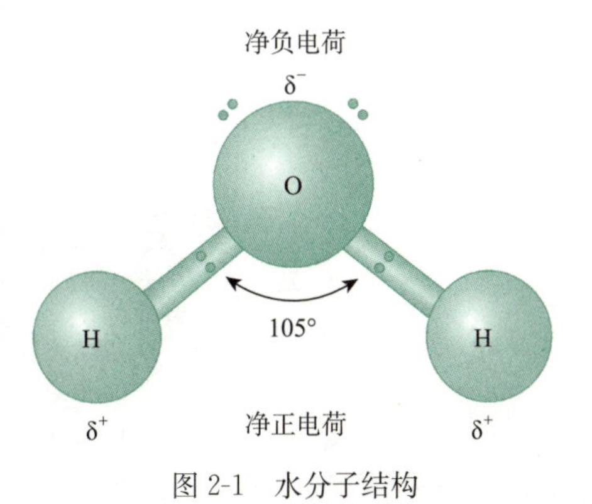

图2-1 水分子结构

3. 水是植物体内各种生物化学反应的重要介质与原料 植物体内各种生物化学反应都是在以水为介质的环境中完成的。同时水作为反应物直接参与光合作用、呼吸作用等生理过程，是植物体内代谢活动不可缺少的重要物质。

4. 水能够有效调节植物的体温 水分子具有较高的比热容和汽化热。汽化热在植物蒸腾过程中，也称为蒸发潜热（latent heat of vaporization），是指恒温状态下分子从液体变成气态时所需要的能量。25 ℃时水的汽化热高达 44 kJ·mol^{-1}，其大部分用来断裂水分子间的氢键。这也是为什么植物能够通过叶片气孔开闭的大小控制蒸腾，从而达到有效调节体温的一个重要原因。

5. 水在保持植物固有形态中起着关键作用 具有细胞壁的植物细胞，能够吸收大量的水分而膨胀，以维持植物细胞的紧张度。这使植物能够枝叶挺立、气孔张开，便于接受阳光和进行气体交换等；也可以使植物根系在土壤中伸展，有利于对营养物质的吸收。植物缺水萎蔫而失去固有形态，就是水分能够保持植物形态最好的例证。

此外，水分还有调节大气湿度和温度、改善田间小气候、影响植物蒸腾作用、促进土壤中养分的释放和利用等重要的生态作用，对于植物的正常生长发育不可或缺。

第二节 植物细胞的吸水
Section 2 Absorption of Water by Plant Cells

细胞对水分的吸收主要有渗透吸水和吸胀吸水两种方式，成熟细胞主要靠渗透吸水，风干种子等的无液泡细胞主要靠吸胀吸水。

一、植物细胞的渗透吸水（Osmotic Absorption of Water by Plant Cells）

（一）渗透作用

将长颈漏斗口用选择透性膜（selectively permeable membrane）密封，倒置于盛有清水的烧杯中，然后从颈口加入一定浓度和体积的蔗糖溶液。由于选择透性膜只允许水分子通过而不允许蔗糖分子通过，所以烧杯中的水分子就通过漏斗口的选择透性膜进入漏斗，使漏斗中溶液的体积增加，液面就沿着长颈上升，直到液柱静水压与溶液的渗透压相等（图 2-2）。这种溶剂分子通过选择透性膜扩散的现象就称为渗透作用（osmosis），是扩散作用的一种特殊形式。在渗透过程中，系统中的水分发生了有限的定向移动。这种移动是由烧杯中水与漏斗中溶液间的水势差决定的。

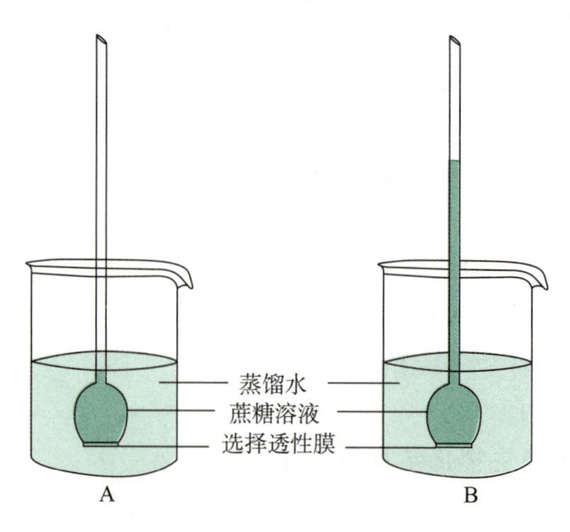

图 2-2 选择透性膜的渗透作用

A. 渗透作用发生前（烧杯中的纯水和漏斗内液面相平） B. 渗透作用后（漏斗内液面上升）

（二）渗透吸水原理

1. 水势的概念 水势（water potential）由 Slatyer 和 Taylor（1960s）在研究植物体内水分运动时首先提出，源于热力学中化学势（chemical potential）的概念，即在恒温恒压及其他组分不变的条件下，体系自由能对某组分的物质的量（n_j，mol）取偏微分或偏导数，用希腊字母 μ 来表示，即

$$\mu_j=\left(\frac{\partial G}{\partial n_j}\right)_{T,p,n_i} \quad (n_i \neq n_j)$$

式中，G 为体系自由能，T、p 和 n_i 分别为体系的温度、压强及其他组分的物质的量（mol）。也就是在恒温恒压及其他组分不变的条件下，在一个无限大的体系中加入 1 mol的 j 物质所引起体系自由能的改变量，即组分 j 的偏摩尔自由能。

在一个含水体系中，水参与化学反应或在两相中移动的能力也可用水的化学势（μ_w）来表示，即在恒温恒压及体系其他组分不变的条件下，由水的物质的量（n_w，mol）变化所引起体系自由能（G_w）的变化量，即

$$\mu_w=\left(\frac{\partial G_w}{\partial n_w}\right)_{T,p,n_i} \quad (n_i \neq n_j)$$

体系中水的化学势绝对值一般无法确定，通常用水的化学势（μ_w）与同条件下纯水的化学势（μ_w^0）之差值来表示，即

$$\Delta\mu_w=\mu_w-\mu_w^0$$

纯水的化学势比任何其他体系中水的化学势都要高。因为水是极性分子，容易与体系中其他物质（例如无机离子、多糖、蛋白质等）相互作用，使水分子的活动能力减弱，水分子所具有的自由能就降低。所以纯水中水分子的自由能最大，化学势也最高。在热力学中，纯水的化学势规定为零，那么溶液中的水与纯水的化学势差就等于水的化学势，即 $\Delta\mu_w=\mu_w$，而且任何溶液中水的化学势都必然小于零。水通常总是从化学势高的区域移向化学势低的区域。

化学势的单位为 $J \cdot mol^{-1}$（$J=N \cdot m$，即 1 焦耳=1 牛顿·米），是能量单位。由于测定压力变化比测定能量变化更方便，植物生理学中采用了水势（Ψ_w）的概念，即水的化学势差除以水的偏摩尔体积所得的商，也就是"每偏摩尔体积水的化学势差"，即

$$\Psi_w=\frac{\mu_w-\mu_w^0}{V_w}=\frac{\Delta\mu_w}{V_w}$$

式中，V_w 为水的偏摩尔体积（$m^3 \cdot mol^{-1}$），指在一定温度、一定压力和浓度下，1 mol的水在均匀混合体系中所占的有效体积，或在无限大体系中加入 1 mol 水时导致体系体积的增加量，通常要小于恒温、恒压条件下 1 mol 纯水的体积。这样，水势（Ψ_w）的单位为 $J \cdot mol^{-1}/(m^3 \cdot mol^{-1})=J \cdot m^{-3}=N \cdot m^{-2}=Pa$（帕）。由于 Pa 的值过小，常用兆帕（MPa）作为水势的基本单位。MPa 与其他压力单位巴（bar）和大气压（atm）的换算关系为：1 MPa=10^6 Pa=10 bar=9.87 atm，1 atm=1.013 bar=0.1013 MPa=1.013×10^5 Pa。

利用水势的概念就很容易解释图 2-2 所述的渗透现象及渗透作用。在这个过程中，水分移动的方向和限度决定于选择透性膜两边水势的高低，烧杯中水分的水势高，漏斗中蔗糖溶液的水势低，烧杯中的水分就通过漏斗选择透性膜不断进入漏斗，使漏斗中溶液的体积增加，液面也就沿着漏斗颈上升，静水压（hydrostatic pressure）也随之增加，水势逐渐增高。当通过选择透性膜进出漏斗的水分子数量相同时，膜两侧水势趋于相等，漏斗颈液面也不再上升，达到渗透平衡。

2. 植物细胞的渗透系统 植物细胞的质膜、液泡膜及二者之间的原生质层具有选择透性，所以可以把细胞看作一个近似的渗透系统。当把植物组织细胞置于不同浓度的溶液中时，便会发生渗透现象。如果外液浓度大于细胞液的浓度，细胞内的水分就会向外液渗透，细胞体积缩小，就会发生质壁分离（plasmolysis）；如果将发生质壁分离的细胞重新置于比细胞液浓度低的外液中时，外液水分便通过渗透作用进入细胞，细胞又会逐渐恢复原状，这种现象称为质壁分离复原（deplasmolysis）。细胞质壁分离和质壁分离复原现象不仅能说明细胞原生质具有选择透性膜的性质，而且能用来确定细胞是否存活、测定组织的渗透势以及测定不同物质进入细胞的难易程度。在植物细胞的渗透性吸水过程中，水分总是从高水势向低水势部位移动。

3. 水分子跨膜运输的通道 水分子之所以能够在水势差存在的条件下以扩散的方式进入细胞，与水分子和细胞质膜的结构密切相关。水分子极小，在水势差存在的情况下，不仅能以单个分子的形式直接从膜的脂质部分缓慢扩散透入细胞，而且可通过存在于质膜上的水通道（water channel）以水分集流（mass flow）的形式快速进入细胞。如图 2-3 所示，水通道是由质膜上的一些特殊蛋白质所构成、调节水分以集流的方式快速进入细胞的选择性微细孔道，构成这些孔道的蛋白质称为水通道蛋白（water channel protein）或水孔蛋白（aquaporin，AQP）。

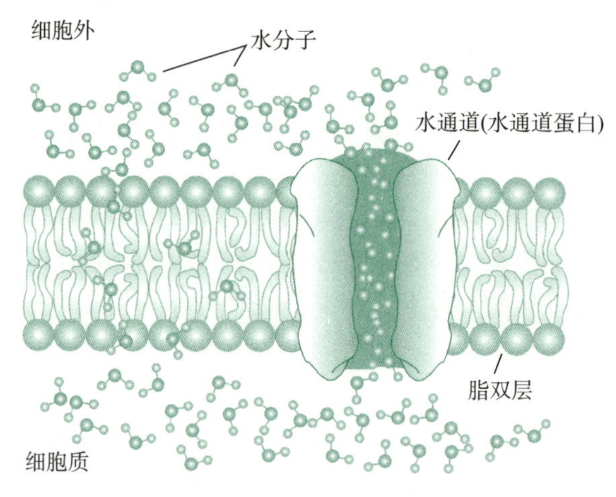

图 2-3 水分跨膜运输
（引自 Taiz 和 Zeiger，2010）

水通道蛋白具有较高的水通道活力和很高的水分运输效率，在 1 MPa 压力下，每秒能运输 10^9 个水分子。同时它还具有离子选择性，具有透过甘油、尿素、甲酰胺、乙酰胺、甲基胺等中性分子和硼、硅等营养元素的功能，但是能完全阻止 H^+ 透过，维持膜两侧形成的跨膜质子梯度。水通道蛋白可以改变水分跨膜运输的速度，但不会改变水分运输的方向和动力。细胞内的 pH、Ca^{2+} 等通过水通道蛋白的门控结构机制（gating mechanism）来控制水分集流的速度。因此水通道蛋白在维持细胞水分稳态和调节植物生长发育过程中具有重要作用。

（三）植物细胞的水势

在植物细胞这个渗透系统中，除水以外的组分还有各种无机盐、有机物以及由这些物质所产生的吸附力、毛管力、渗透力、电场力、表面张力、重力等，此外当细胞吸水膨胀时还有膨压和壁压。根据热力学原理，这些力同样会产生一定的化学势，这些化学势相互作用，相互制约，共同决定细胞的水势，控制着细胞的水分代谢。

按照水势的热力学性质，植物细胞的水势主要由溶质势（Ψ_s）、衬质势（Ψ_m）、压力势（Ψ_p）和重力势（Ψ_g）组成。

$$\Psi_w = \Psi_s + \Psi_m + \Psi_p + \Psi_g$$

1. 溶质势（Ψ_s）　溶质势（solute potential）也称为渗透势（osmotic potential），是由于溶质颗粒与水分子作用而引起细胞水势降低的数值，与溶液中溶质颗粒的数量呈反比，即溶质越多，溶质势越小。如果溶液中存在多种溶质，则溶液的溶质势就等于各种溶质分势之和。由于纯水的水势为零，所以溶质势必然为负值。一般来说，生长在温带较湿润地区的植物因体内水分含量较高，其细胞的溶质势也较高（－1.0～－2.0 MPa）；而旱生植物细胞的溶质势因体内含水量较低，其渗透势也较低（可达－10.0 MPa以下）。稀溶液中的溶质势可由范特霍夫（Vant Hoff）公式来计算，即

$$\Psi_s = -iRTC_s$$

式中：i 为溶质的解离常数，非电解质为1；R 为摩尔气体常数（8.32 $J \cdot mol^{-1} \cdot K^{-1}$）；$T$ 为热力学温度（K）；C_s为质量摩尔浓度（$mol \cdot kg^{-1}$），即1 kg水溶解溶质的物质的量（mol）。

2. 衬质势（Ψ_m）　衬质势（matrix potential）是指细胞中的亲水物质（例如蛋白质、淀粉粒、纤维素、核酸等大分子）对水分子的束缚而引起水势下降的数值，因此也为负值。未形成液泡的分生组织细胞具有较浓的细胞质，因此具有一定的衬质势。干燥的种子、干旱荒漠植物组织衬质势的绝对值较大，是细胞水势重要的构成因素。而对于植物组织中已形成液泡的成熟细胞，衬质势的绝对值较小，通常可忽略不计。

3. 压力势（Ψ_p）　压力势（pressure potential）也指溶液的静水压（hydrostatic pressure），是由于细胞吸水膨胀时原生质向外对细胞壁产生膨压，而细胞壁向内产生的反作用力——壁压的存在使细胞水势增加的数值，一般为正值。但在植物缺水萎蔫的情况下，细胞膨压降低，压力势则为负值。草本植物叶组织的压力势在温暖天气的午后为0.3～0.5 MPa，夜间约为1.5 MPa。

4. 重力势（Ψ_g）　重力势（gravitational potential）是指水分在重力场中由于存在高度差而受重力作用使水势增加的数值，即一种推动水分向低处移动的潜势。重力势的大小取决于水分距离参照水面的高度（h）、水的密度（ρ_w）及重力加速度（g），即$\Psi_g = \rho_w gh$。依据这个公式，水每上升10 m，水势增加0.1 MPa。在大多数农作物和草本植物中，通常植株高度远不足10 m，体内水分的高度差不足以引起明显的水势变化，故Ψ_g常忽略不计。

总之，不同植物组织细胞，由于所处的状态不同而有不同的水势组成。对于分生组织的细胞，其含水体系主要由细胞质构成，在细胞质中除了小分子溶质外还存在许多大分子衬质，吸水膨胀也会引起一定的壁压，所以分生组织细胞的水势应为

$$\Psi_w = \Psi_{细胞质} = \Psi_s + \Psi_m + \Psi_p$$

对于形成液泡的成熟细胞，其水势应该等于体系中的液泡、细胞质以及各细胞器组分水势之和。但这样测定比较麻烦，况且此时的细胞质较少，衬质势常忽略不计，而液泡较大，含水较多，且易因环境水分的变化而变化，水势也较易测定，所以成熟细胞的水势由液泡水势来代替，即

$$\Psi_w = \Psi_{液泡} = \Psi_s + \Psi_p$$

对于无液泡的风干组织等细胞的水势，由于$\Psi_s = 0$、$\Psi_p = 0$，所以其水势就等于衬质势，即

$$\Psi_w = \Psi_m$$

（四）植物细胞水势各组分的变化关系

植物进行光合作用和叶片水分蒸腾会引起细胞水势的变化。图2-4反映了一个成熟

细胞吸水与失水过程中水势、溶质势、压力势及细胞体积变化的相互关系。图中以横坐标表示细胞相对体积，以纵坐标表示水势。横坐标 1.0 处表示细胞开始质壁分离或细胞萎蔫点的体积，即初始质壁分离，此时压力势 $\Psi_p=0$，细胞水势就等于溶质势，即 $\Psi_w=\Psi_s$，约为 −2.0 MPa。当把处于这种状态的组织细胞置于高水势环境中时，细胞迅速吸水膨胀。胞内水分的不断增加使细胞液浓度降低，水势和溶质势逐渐增大，同时由于膨压的增加，也引起压力势增大。当细胞继续吸水导致相对体积扩大到 1.5 时，由于细胞壁的束缚，细胞不再吸水，水势达到最大，即完全膨胀，此时 $\Psi_w=0$，Ψ_s 与 Ψ_p 的绝对值相等，即 $|\Psi_s|=|\Psi_p|$。

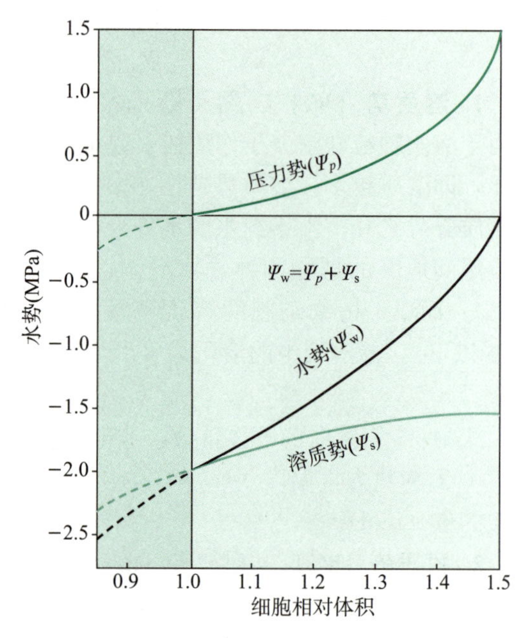

图 2-4 细胞相对体积与水势组分的变化关系

图 2-4 中虚线部分表示压力势呈负值时，水势与溶质势的变化情况。在植物蒸腾强烈或将细胞置于高浓度溶液中时，细胞失水，膨压降低，细胞体积收缩而萎蔫，压力势变为负值，溶质势（Ψ_s）与压力势（Ψ_p）之和将变得更小，因此水势比溶质势更低，细胞的吸水力也更强。

（五）植物体内的水分移动

植物细胞与环境进行水分交换是依照从高水势到低水势的规律。同理，在植物体内相邻细胞之间、组织与器官之间的水分移动仍然是依照这个规律，而且相邻组织或细胞间的水势差越大，水分移动的速度就越快。这里需要注意的是，确定细胞与组织间水分运动的因素一定是水势而不是溶质势，更不是压力势（图 2-5）。

一般来说，同一植株的地下器官水势高于地上器官。就地下器官细胞而言，表皮和皮层细胞水势高于中柱内细胞水势。地上器官的叶肉组织细胞水势则低于叶脉组织细胞水势，叶脉组织细胞的水势又低于叶柄组织细胞的水势。依此形成土壤-植物-大气水分连续系统（soil-plant-atmosphere continuum，SPAC），相互间存在有序的水势梯度差，植物正是依据这个梯度差进行水分的吸收和运输。

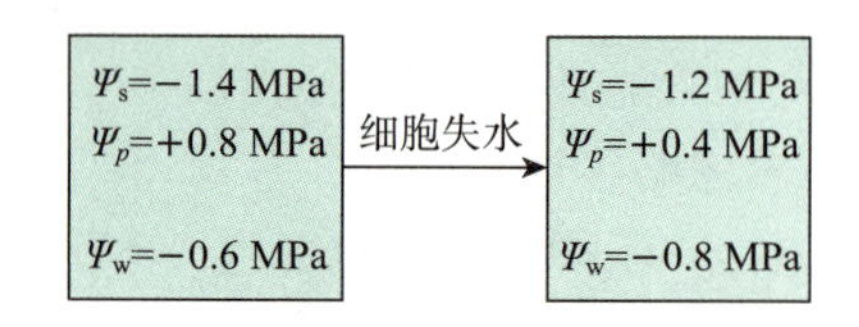

图 2-5 细胞水分相对运动与水势的关系

表 2-1 土壤-植物-大气水分连续系统（SPAC）各部分的水势状态

部 位	土 壤（近根处）	根系木质部（近地表）	叶肉细胞液泡（地上 10 m）	气孔中的空气（相对湿度 95%）	气孔外空气（相对湿度 60%）
Ψ_w（MPa）	−0.5	−0.6	−0.8	−6.9	−70.1

二、植物细胞的吸胀吸水（Imbibing Absorption of Water by Plant Cells）

植物细胞壁中的纤维素以及原生质中的蛋白质、淀粉等大分子物质都具有亲水性，能与极性水分子以氢键结合而引起细胞吸水膨胀，这种现象称为细胞的吸胀吸水(imbibing absorption of water)。风干种子在萌发初期的吸水就属于典型的吸胀吸水。

通常细胞在未形成液泡前的吸水主要是吸胀吸水。除风干种子萌发时的吸水外，在植物分生组织细胞和果实种子形成过程中的吸水，也有较强的吸胀吸水作用。吸胀吸水力的大小，实质上就是衬质势（Ψ_m）的大小，这是因为这些组织细胞尚未形成液泡或无液泡，所以其溶质势与压力势均等于零，那么细胞的水势就等于衬质势，即 $\Psi_w=\Psi_m$。一般干燥种子的 Ψ_m常低于－10.0 MPa，一些生长在极干旱条件下的植物组织细胞的 Ψ_m甚至低至－100.0 MPa。

第三节　植物根系的吸水
Section 3　Water Absorption by Plant Roots

一般来说，植物表面都能吸收水分，特别是水生植物。与水生植物不同，陆生植物的地上部完全暴露在大气之中，而且表面被角质层覆盖，尽管水分可以通过角质层缝隙透入而吸收，但与气孔蒸腾所引起的大量水分消耗相比则微不足道。因此陆生植物的吸水主要是靠根系。

一、根系吸水的区域（Zones for Water Absorption in Roots）

植物具有庞大的根系，其伸长迅速和分支众多。但植物根系各部分吸水能力不同，一般认为根尖是吸水的主要区域。在根尖，位于伸长区后的根毛区表皮细胞凸起，形成大量根毛，是根系吸水最活跃的部位。

根毛区的面积处于一种动态平衡之中，即在根系的生长过程中不断地形成，也在不断地消失。在春夏较温暖的季节中，土壤通气良好，且水分充足时，根系生长快，根毛面积大，植物吸水能力强；当土壤通气不良或温度下降时，根系生长减慢，根毛面积减小，植物吸水能力下降。

二、根系吸水的途径（Water Absorption Pathways in Roots）

植物根系吸收水分的过程是指根细胞表面的水分从根的表皮到皮层，再到达中柱木质部导管的过程。按照水分通过的路径划分，这一过程可分为共质体途径（A）和质外体途径（B）（图 2-6）。共质体是指细胞质通过胞间连丝相互连通所构成的一个连续体系。共质体途径也称为细胞-细胞途径，又可分为胞间连丝途径（A_1）和非胞间连丝途径（A_2）。在胞间连丝途径中，水流通过胞间连丝从一个细胞转运至另一个细胞，直至内皮层到达中柱的木质部。在非胞间连丝途径中，水流直接穿越液泡和细胞膜。质外体是指由细胞壁、细胞间隙和无细胞质的细胞内腔（例如木质部导管和纤维）等组成的连续系统，是水流由根皮层到达内皮层快速扩散的通道。但水分要达到木质部的导管，必须跨越质膜，经共质体穿过具有凯氏带（Casparian strip）的内皮层（endodermis）。

共质体途径和质外体途径在不同植物根系的水分转运中所占比例是不同的。例如在玉米和棉花中是以质外体途径为主，而在大麦和菜豆中则是以共质体途径为主。

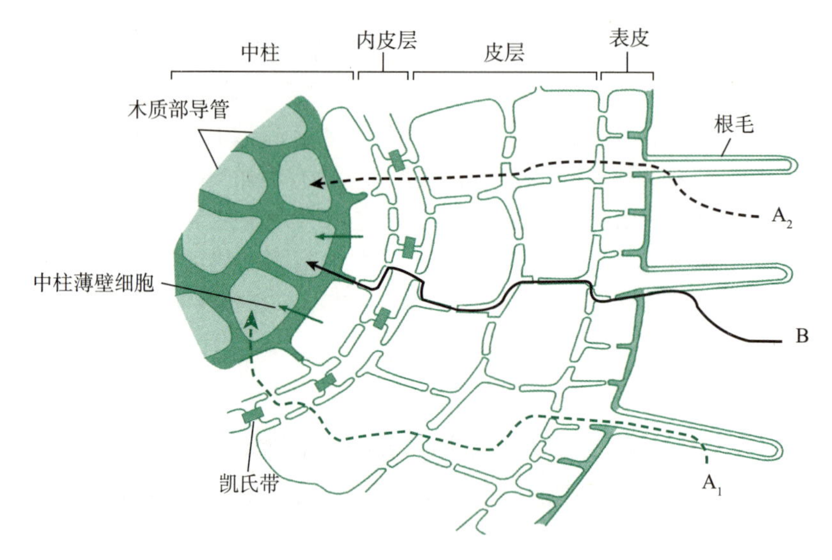

图 2-6 根内水分和溶质径向运输途径

A_1. 胞间连丝途径 A_2. 非胞间连丝途径 B. 质外体途径

（引自 Garland，2010）

三、根系吸水的方式和动力（Water Absorption and Its Driving Forces in Roots）

根据代谢能的需要与否，可将根系吸水分为主动吸水和被动吸水两种方式，其动力分别是根压和蒸腾拉力。植物以何种方式吸水取决于蒸腾的强弱，蒸腾很弱时，主要是主动吸水；蒸腾很强时，主要是被动吸水。

（一）主动吸水

1. 主动吸水及其成因 主动吸水（active absorption of water）也称为代谢性吸水，是由植物根系本身代谢活动引起的吸水，又称为根压吸水。根压（root pressure）是由于植物根系生理活动而促使液流从根部上升的压力，是主动吸水的动力。植物的根压通常为 0.1 MPa 左右，其产生的主要原因是木质部中溶质的积累导致水势降低，根内皮层与中柱导管之间产生水势差，使水分向木质部导管移动，导管中压力势增大，水分沿导管不断上升。

2. 根压存在的证据

（1）伤流 把植物从基部切断或植物受到创伤时，就会从断口和伤口处溢出液体，这种现象称为伤流（bleeding），流出的液体称为伤流液（bleeding sap）。如果将植物的切口处与微型压力计相连接，就可测出伤流液从伤口流出时的压力。伤流液中含有多种无机盐和有机物质，其数量和成分可以作为根系生命活动强弱的指标。

（2）吐水 在土壤水分充足、空气比较潮湿的环境中生长的植物，其叶片可直接向外泌溢水分，这种现象称为吐水（guttation）（图 2-7）。这是根压推动植物以液体的形式向体外散失水分的一种特殊方式，主要通过尖端和边缘的水孔来完成（图 2-8）。

（3）根系提水作用 在土壤表层干旱的条件下，当植物蒸腾作用降低时，处于深层湿润土壤中的根系吸收水分，并通过输导组织运至浅层根系进而释放到周围干燥土壤中的现象，称为植物根系提水作用（hydraulic lift）。根系提水作用的实质是因为在蒸腾作用降低时，根压吸水导致浅层根细胞水势大于浅层土壤水势时发生的水分外渗现象（图 2-9）。根系提水作用能够在干旱条件下使干燥的浅层根际土壤变得湿润，使浅层根系不至于在干旱胁迫时大量死亡，是植物一种重要的抗旱机制；同时，也有利于维系植物根际共生微生物的生存；此外，还能够增加浅层土壤水分，有利于提高干旱条件下浅层土壤养分的利用率。

图 2-7 植物叶片的吐水现象
（引自 Garland，2010）

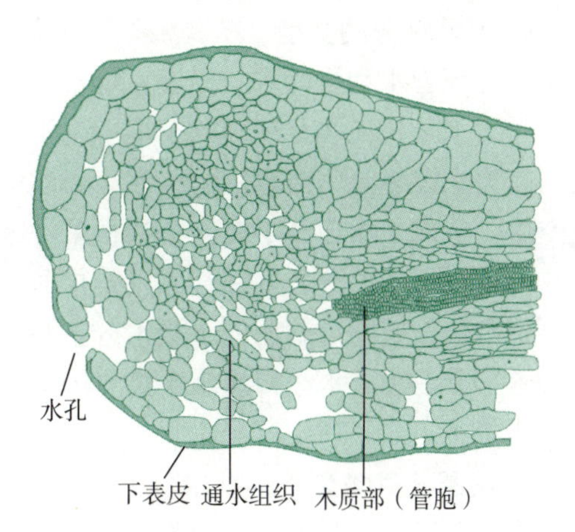

图 2-8 植物叶尖水孔结构

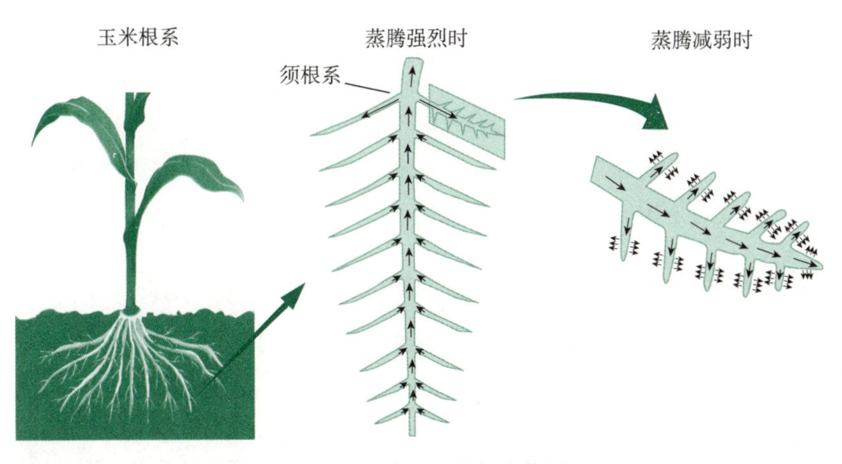

图 2-9 玉米根系的提水作用

（二）被动吸水

依靠枝叶的蒸腾作用引起植物体产生一个连续的水势梯度差而促使水分沿导管上升的力量称为蒸腾拉力（transpirational pull）。通过蒸腾拉力进行的吸水称为被动吸水（passive absorption of water），这是一个纯物理过程，不需要代谢能量的参与。早春未长出叶片的植物或夜间蒸腾作用较弱时，被动吸水能力较低。但在正常生长的植物中，被动吸水是植物吸水的主要方式，尤其是高大的树木。当植物蒸腾时，叶片气孔下腔周围叶肉细胞中的水分以水蒸气的形式散失，导致其水势降低，从而引起一系列相邻组织细胞间的水分运动，即叶肉细胞向叶脉导管细胞吸水，叶脉导管细胞又向叶柄导管细胞吸水，叶柄导管细胞再向茎导管细胞吸水，以此类推，最后根皮层细胞从土壤吸水。

四、影响根系吸水的土壤因素（Soil Factors Affecting Water Absorption by Plant Roots）

根据植物根系吸水的机制，凡影响土壤水势和蒸腾的因素都会影响根系的吸水，但根系生长在土壤中，土壤因素是影响根系吸水的直接因素。

（一）土壤水分

1. 土壤水分的类型 植物根系吸水与土壤水分状况密切相关。土壤水分可分为束缚水、毛细管水和重力水。土壤束缚水是指被土壤颗粒或胶体的亲水表面紧紧吸附的水分。重力水是指在水分饱和的土壤中由于重力作用而渗漏出来的水分。对于陆生植物来说，重力水因易流失而利用价值不大，即使在不流失的情况下，也会因其存在而堵塞土壤空隙，造成土壤通气不良，植物根系呼吸受阻。重力水和束缚水这两部分土壤水分为植物不可利用的水分。毛细管水则是指通过毛细管孔隙所接纳并保持在土壤颗粒间的水分。通常认为植物可利用的土壤水分主要是毛细管水，特别是田间持水量至萎蔫系数之间的这部分毛细管水。田间持水量（field water capacity）是指当土壤排除重力水后的土壤含水量。

2. 萎蔫及其类型 土壤水分不足时，土壤水势与植物根系中柱细胞的水势差减小，根系吸水变慢，引起地上部细胞膨压降低，植株就会出现萎蔫。萎蔫分下述两种情况。

（1）暂时性萎蔫 植物仅在白天蒸腾强烈时叶片出现萎蔫，当经过夜间和蒸腾降低后即可恢复的现象，称为暂时性萎蔫（temporary wilting）。这种现象多发生在夏季的中午前后，是由于气温过高或湿度较低，植物蒸腾失水大于根系吸水，造成体内暂时的水分亏缺而引起的，对植物生长不会造成本质上的伤害。

（2）永久性萎蔫 当植物经过夜间和降低蒸腾之后，萎蔫仍不能恢复的现象，称为永久性萎蔫（permanent wilting）。萎蔫系数（permanent wilting coefficient）则是指植物发生永久萎蔫时土壤中尚存留的水分占土壤干物质量的比例（%）。最适宜植物根系吸水的土壤含水量约为田间持水量的70%，其水势约为−0.3 MPa。

（二）土壤温度

在一定土壤温度范围内，根系吸水速率随土壤温度的升高而加快，但温度过高或过低均不利于根系吸水。例如将冰块放在植物的根系周围，植株很快就会出现萎蔫；当移去冰块后，植株很快恢复原状。低温影响根系吸水的原因：①低温使土壤溶液的黏滞性增加，降低水分向根际周围扩散的速率；②低温使根细胞原生质黏性增加，从而降低水分通透的速度，减小根压；③低温使根系的生理代谢活动降低，呼吸作用减弱，从而使主动吸水减慢；④低温使根系生长速率降低，根尖高效吸水的根毛区域缩小。土壤温度过高引起根系吸水降低，其原因主要是加快根细胞中各种酶蛋白变性失活的速度，提高根系木质化的程度，加速根系老化的进程。根系对土壤温度的反应与植物的原产地和生长状态有关，喜温的植物和生长旺盛的植物通常易受低温的影响。

（三）土壤通气状况

土壤通气状况取决于土壤水分的多少。如果土壤中水分过多，就会占去大量的土壤孔隙，造成土壤通气不良，导致根系无氧呼吸，产生和积累乙醇，使根细胞原生质变性中毒，根系吸水能力下降。若土壤中水分过少，虽然通气良好，氧气充足，但土壤水势过低，根系难于正常吸水而影响生长。

在水分适宜的情况下，土壤气体交换畅通，有氧呼吸不仅可以抑制乙醇的产生，而且能产生更多的能量，既有利于根细胞的分裂，也有利于根系生长和吸水表面积的增加，促进根系吸水。土壤通气状况还与土壤结构有关，具有团粒结构的土壤疏松多孔，不但通气良好，而且具有较强的保水能力，在作物栽培中具有重要意义。

(四) 土壤溶液浓度

土壤溶液浓度决定土壤的水势，从而影响植物根系吸水的速率。一般土壤溶液的浓度都较低，水势较高，不会影响根系的正常吸水。生产实践中造成土壤溶液浓度增大，水势降低，影响植物根系吸水的因素通常有两种：①使用化肥过于集中或过多，造成局部土壤水势降低，使植物根系无法吸水而导致“烧苗”现象；②盐碱地，由于土壤溶液中有较多的盐分，导致土壤溶液浓度升高而水势降低，使植物根系难以吸水而不能正常生长。

第四节 植物体内水分的运输
Section 4 Water Transport in Plants

植物通过根系从土壤中吸收大量水分，经细胞和维管束系统的运输，最后到达叶片气孔的气孔下腔，并通过气孔散失到大气之中。

一、植物体内水分运输的途径与速度（Pathway and Speed of Water Transport in Plants）

水分在植物体内的运输是指水分进入根系至蒸腾部位的运输路线和过程，即土壤水分被根系表皮和根毛吸收→根皮层细胞→中柱薄壁细胞→根导管（管胞）→茎导管（管胞）→叶柄导管（管胞）→叶脉导管（管胞）→叶肉细胞→叶肉细胞间隙→气孔下腔→通过气孔逸出（图 2-10）。在这个过程中，水分运输通过了下述两种途径。

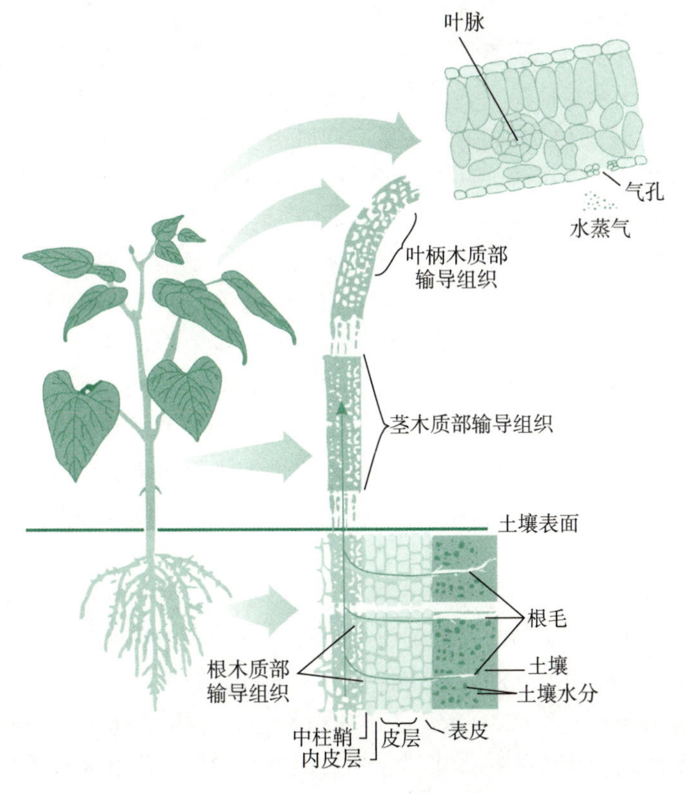

图 2-10 植物体内水分向上运输的途径
（引自 Thomas 等，1979）

1. 经活细胞的短距离运输 这个途径包括水分进入根表皮至中柱薄壁细胞和靠近叶脉的叶肉细胞至气孔下腔两段。在这两段中，水分又经过了质外体和共质体两种不同方式的运输。质外体的运输包括水分从根表皮到内皮层之间，以及水分在叶肉细胞的胞间自由空间中的扩散运输，其速度较快。而共质体运输则包括根皮层到中柱薄壁细胞，以及靠近叶脉的叶肉细胞到叶肉细胞之间通过原生质体的运输。这两段共质体运输，在植物体内的长度不过几毫米，但水分运输的阻力却很大，运输速度极慢。有人在常青藤中测定，水分在叶肉细胞内每移动 1 mm 的距离就受到约 0.1 MPa 的阻力，1 h 大约运输 10^{-3} cm。可见，水分不可能通过生活的原生质进行长距离的运输，这就是为什么没有真正输导系统的植物（例如苔藓和地衣等）不能长得高的原因。

水分在活细胞中运输速度极慢，主要是细胞原生质是由许多大分子亲水物质所组成，很容易与极性水分子发生水合作用，因此有把流动的水分子吸引并保持在其周围的倾向（形成水化膜），导致水分子在其中移动极慢。

2. 通过导管或管胞的长距离运输 这个途径包括水分在根、茎、叶柄和叶脉的导管或管胞等死细胞中的运输。植物成熟的导管细胞几乎无原生质，且细胞间横壁基本消失殆尽，并相互连接形成一种中空的管道，对水分子的阻力很小，适宜于水分的长距离运输，速度极快，为 3～45 m・h^{-1}。管胞由于细胞间横壁未完全消失，水分要经过纹孔才能在管胞间移动，所以运输阻力较大，运输速度低于导管。

二、水分沿导管上升的机制（Mechanism of Water Ascent Along Vessel）

植物种类不同，水分运输的距离就不同。尤其是高大的乔木，例如红杉和桉树等，高度可达百米以上。水分沿其导管上升的机制至少涉及两个方面，一是上升的动力，二是导管中水分的连续性。水分在导管中的运输是一种集流（mass flow 或 bulk flow），也就是成群水分子在压力梯度或水势梯度作用下共同移动的现象。其上升的动力一个是根压，另一个是蒸腾拉力。蒸腾拉力会使水分沿导管源源不断地上升，导管的水分必须形成连续的水柱。如果水柱受重力的作用或受细胞代谢产生的气体而中断，那么蒸腾拉力将无法使水分上升到植物所需的高度。1914 年爱尔兰学者迪克逊（Dixon）提出的蒸腾流-内聚力-张力学说（transpiration-cohesion-tension theory），也称为内聚学说（cohesion theory），较好地解释了导管中水柱保持连续不断的机制。在植物体内，水分沿导管上升受以下几种力的共同影响：①水柱向上的蒸腾拉力。②水分子的重力，其随着导管水柱的上升而逐渐增大。蒸腾拉力与重力的方向相反，形成了一种使水柱断裂的力，即张力（tension）。张力与水柱的高度有关，在高大的树木中可达 3.0 MPa。③氢键，其存在于极性水分子之间，具有较大的内聚力，可达 20～30 MPa。④水分子与导管或管胞壁的纤维素分子间的吸附力。由于水分子的内聚力可高达数十兆帕（MPa），远大于张力，更由于亲水的纤维素分子与水分子产生比张力和内聚力更大的吸附力，所以可以使导管中的水柱保持连续不断。这样，导管中的水分就源源不断地在蒸腾拉力作用下运往植物的各个部分。

然而，植物导管或管胞中并非完全没有气体，少量气体的存在也不会完全中断导管中水分的运输。例如插花时就有空气通过切口进入花枝的导管而形成气泡，但花朵仍能吸水和开放。当水柱张力增大时，溶解在水分中的气体逸出也会形成气泡，这种现象称为气穴现象（cavitation）。气穴现象会影响水分沿导管上升的速度。植物克服气穴现象的可能途径有 3 种：①通过某些方式消除气穴现象，例如气泡在某处形成后，被导管分子相连处的纹孔阻拦，局限在一定的空间。当水分移动遇到气泡阻挡时，可以横向进入相邻导管分子，绕过气泡而形成一条旁路，从而保证导管水柱的连续性。又如当夜间蒸腾作用降低时，导管中水柱张力也随之减小，气泡中水蒸气或空气又重新溶入溶液使气穴现象消除。②通过质外体途径排散气体，即导管和管胞周围的活细胞通过代谢作用吸收导管和管胞中的气泡气体，并将这些气体逐渐排入胞间质外体，再通过组织附近的皮孔和气孔，与水蒸气一起排出体外。③直接通过导管排出。导管系统对于气体而言，可以说是一种封闭体系，因此当导管中仅有少量气泡出现时，水柱会推动气泡上升，其速度不至于受到很大影响。当导管中有大量气泡，致使水柱中断时，尽管水柱上升的速度会减慢，但由于蒸腾拉力的存在，土壤水分仍可不断进入导管，所以间断的导管水柱仍可缓慢上升，直到气体通过气孔排出。这些观点尚需要更多的实验来进一步证实。

第五节　植物的蒸腾作用
Section 5　Plant Transpiration

土壤水分通过根系进入植物体以后，只有1%～5%用于代谢，而绝大部分都散失到了体外，其散失途径有两种：一种是以液态水形式通过吐水直接排出体外，这部分水分仅占植物散失水分的极少部分；另一种则是通过气孔、皮孔及角质层缝隙，以气体的形式散失到体外，即蒸腾作用（transpiration），这是植物散失水分的主要方式。蒸腾作用是受植物蒸腾器官形态结构和生理机能调节的一种生理过程，因此比一般的物理蒸发过程要复杂得多。

动画：蒸腾与吸水

一、蒸腾作用的生理意义（Physiological Significance of Transpiration）

蒸腾作用是植物生命活动的重要组成部分，其在不可避免地将根系吸收的大量水分散失到体外的同时，推动了植物整体代谢活动的正常进行，具有重要的生理意义：①蒸腾作用是植物水分和矿物质吸收与运输的主要动力。蒸腾拉力能够使植物吸收水分和矿物质并运输到地上部的各个部分，保证植物生长发育对水分和矿质营养的需求。②蒸腾作用有利于光合作用。气孔是植物进行气体交换的主要器官，在气孔张开进行蒸腾作用的同时，也为二氧化碳（CO_2）通过气孔进入植物体内提供通道，促进光合作用的进行。③蒸腾作用是植物维持体温的重要机制。水分子具有较高的汽化热，通过蒸腾作用可以有效散失植物体内过多的热量，维持植物正常的体温，保证各种代谢顺利进行。

二、蒸腾作用的度量指标（Measurable Indexes for Transpiration）

蒸腾作用在植物生命活动中的重要作用显而易见，而蒸腾作用的强弱在很大程度上反映了植物生长发育的状况和对水分利用的效率。度量蒸腾作用强弱的指标通常有以下几个。

（一）蒸腾速率

蒸腾速率（transpiration rate）也称为蒸腾强度或蒸腾率，指植物单位叶面积在一定时间蒸腾散失水分的数量，一般用$g \cdot m^{-2} \cdot h^{-1}$或$mg \cdot dm^{-2} \cdot h^{-1}$表示。大多数植物白天的蒸腾速率为15～250 $g \cdot m^{-2} \cdot h^{-1}$，夜间为1～20 $g \cdot m^{-2} \cdot h^{-1}$。

（二）蒸腾效率

蒸腾效率（transpiration ratio）也称为水分利用率（water use efficiency），指植物每蒸

腾 1 kg 水所生成干物质的质量（g），单位是 $g \cdot kg^{-1}$。植物的蒸腾效率为 1～8 $g \cdot kg^{-1}$。

（三）蒸腾系数

蒸腾系数（transpiration coefficient）也称为需水量（water requirement），为蒸腾效率的倒数，指植物每制造 1 g 干物质所消耗水的质量（g），单位为 $g \cdot g^{-1}$。蒸腾系数是衡量植物水分利用率的重要指标，通常为125～1 000 $g \cdot g^{-1}$，其数值越小，表明水分利用率越高。

三、蒸腾作用及其调节（Plant Transpiration and Its Regulation）

一般来说，植物地上部全部表面都能进行蒸腾。蒸腾有多种方式，木栓化的茎枝通过皮孔蒸腾，幼嫩的部位和叶片通过角质层和气孔蒸腾。

（一）植物蒸腾的方式及其特点

1. 皮孔蒸腾 皮孔（lenticel）是树木木栓化茎枝表面一些具不同颜色与形状的裂缝状可见空隙或突起（图 2-11）。皮孔蒸腾（lenticular transpiration）是木本植物体内的水分通过皮孔散失的过程。一般皮孔蒸腾量很小，仅占植物总蒸腾量的 0.1%左右。

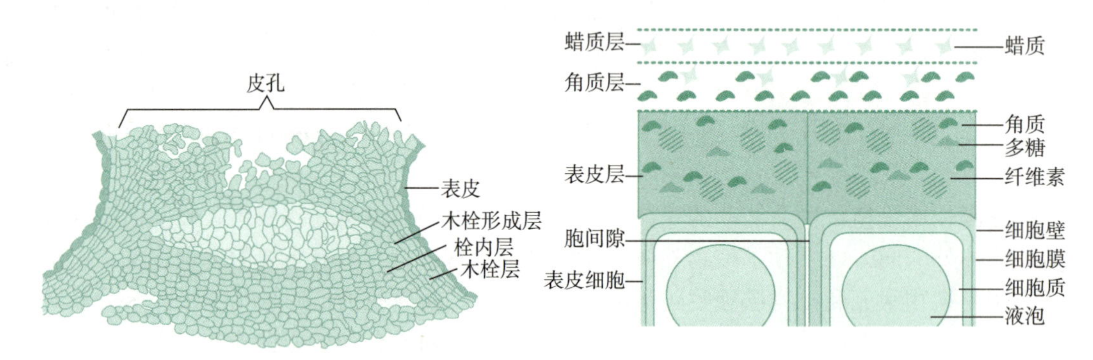

图 2-11 李属植物茎外周皮孔切面　　图 2-12 植物角质层及其结构模式

2. 角质蒸腾 角质层（cuticula）由角质、蜡质和纤维素等构成（图 2-12），覆盖在植物地上部表面，具有防止体内营养物质外渗和抵御病原微生物入侵的作用，也能够减少植物体内水分的散失。植物通过角质层散失水分的现象，称为角质蒸腾（cuticular transpiration）。角质蒸腾与角质层的厚薄有关。成熟植株或成熟叶片，其角质层较厚，角质蒸腾较弱，通常仅占植株蒸腾量的 3%～5%。但幼苗角质层较薄，角质蒸腾比较强烈，可占植株总蒸腾量的 1/3～1/2。

3. 气孔蒸腾 气孔蒸腾（stomatal transpiration）是指植物通过叶面气孔以气体的方式散失水分的过程，是植物蒸腾作用的主要方式。

（1）气孔的结构与特点 气孔是由一对特化的表皮细胞围绕而成的，这对特化的表皮细胞称为保卫细胞（guard cell）。不同植物的保卫细胞在结构上有很大差异，例如大多数双子叶植物（例如大豆、杨树等）的气孔由两个半月形或肾形保卫细胞构成（图 2-13 B）。禾本科植物（例如水稻、小麦、玉米等）的气孔由两个哑铃形的保卫细胞构成，在保卫细胞的外侧还有两个副卫细胞（subsidiary cell）与之结合（图 2-13 A），构成 1 个气孔复合体（stomatal complex）。

气孔保卫细胞最显著的特征是其细胞壁各部分不均匀加厚，最厚可达 5 μm，是普通表皮细胞壁的 2.5～5.0 倍。保卫细胞通常是内侧壁（孔壁）较厚，而外侧壁较薄。

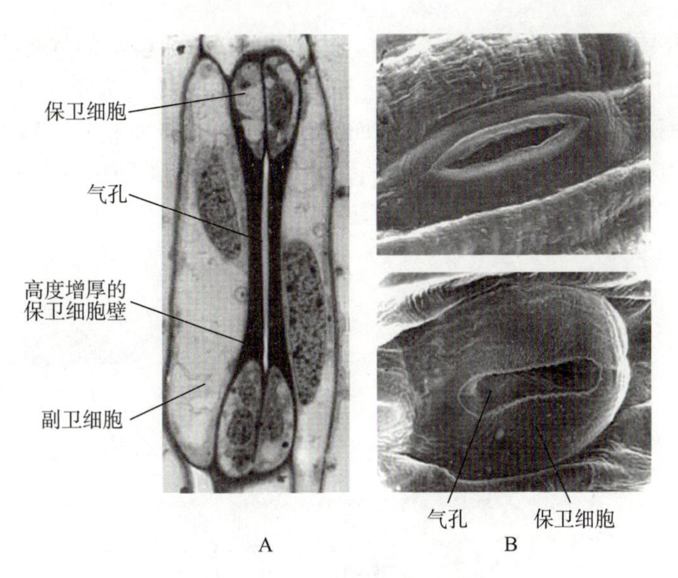

图 2-13　植物气孔的电子显微镜照片

（引自 Taiz 和 Zeiger，2006）

A. 禾本科植物气孔［每个哑铃形保卫细胞中间有高度增厚的壁，气孔将两个保卫细胞的中间部分分开（2 560×）］　B. 洋葱表皮气孔［上图为叶的外表面，在角质层中有 1 个气孔；下图为 1 对内陷的保卫细胞（1 640×）］

双子叶植物肾形保卫细胞与相邻表皮细胞通过胞间连丝联通，其质膜上存在着质子泵（H^+-ATP 酶）、K^+通道等，以便与表皮细胞进行物质交换。单子叶植物气孔保卫细胞则通过副卫细胞直接与叶脉维管束连接，更有利于物质的交换。保卫细胞纤维素微纤丝的排列也呈有利于气孔开闭运动的方式，在肾形保卫细胞中是从孔壁处向外呈辐射状排列（图 2-14），而在哑铃形保卫细胞中则平行于气孔缝隙向两端辐射。这样的排列方式就像扇子的扇骨一样，在气孔开闭运动中起着骨架的作用。保卫细胞还含有一般表皮细胞没有的叶绿体（图 2-15）、淀粉体和线粒体，能够在照光的时候进行光合作用，制造有机物以及进行物质的转化，是气孔开闭的重要机制之一。

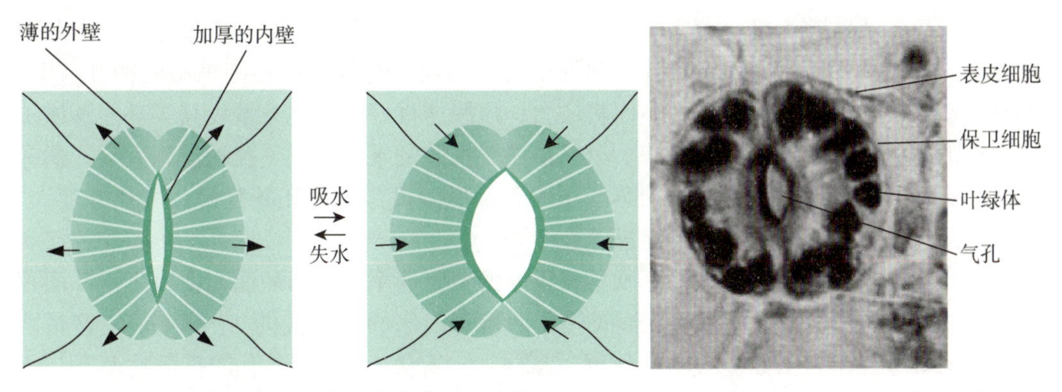

图 2-14　肾形保卫细胞纤维素微纤丝的排列

图 2-15　甜菜叶片下表皮气孔保卫细胞中的叶绿体

由于气孔气室空间的隔离，一个成熟的保卫细胞只与很少的叶肉细胞直接连接。保卫细胞比表皮细胞小得多，一片叶子所有保卫细胞的体积仅为表皮细胞体积的 1/13 或更小。因此只要有少量的溶质进入保卫细胞，就会引起保卫细胞膨压（turgor pressure）明显变化，有利于迅速调节气孔的开闭。

（2）气孔的分布、大小和数目　气孔大小、数目及分布因植物种类和生长环境而异。一般单子叶植物的上下表皮均有气孔分布，而双子叶植物的气孔主要分布在下表皮，浮水植物的气孔都分布在上表皮。气孔很小，一般长为 7～38 μm，宽为 1～12 μm，每个面积为 10～300 μm^2，其总面积占叶面积的 1%左右。每平方毫米叶面积上气孔数目为 40～500 个，一般称此为气孔频度（stomatal frequency），即单位叶面积上气孔的数目。气孔频度越高，蒸腾速率越快。气孔开放时，很容易进行气体交换（图 2-16），因为水（H_2O）和二氧化碳（CO_2）分子的直径分别只有 0.54 nm 和 0.46 nm。

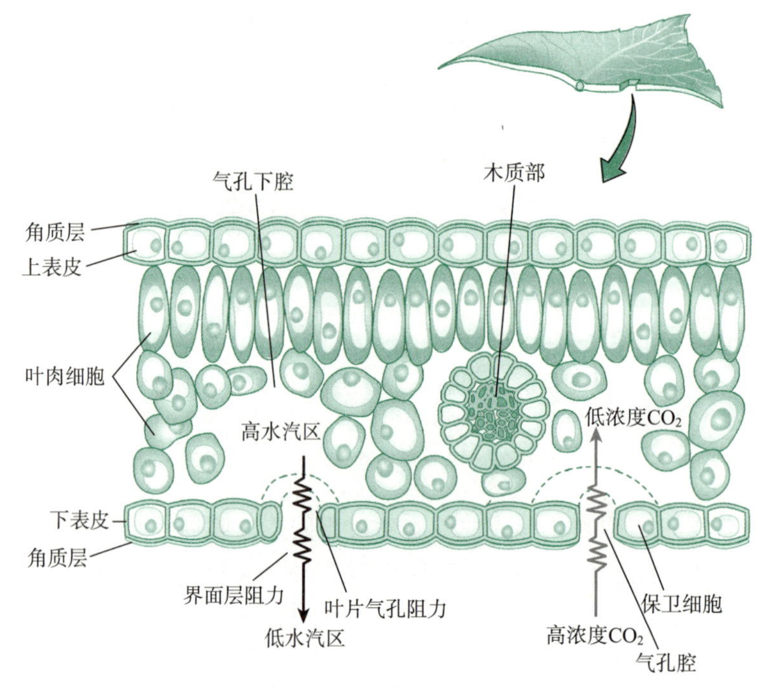

图 2-16 植物水分蒸腾与二氧化碳交换途径

（引自 Taiz 和 Zeiger，2006）

[水从木质部到达叶肉细胞的细胞壁，通过细胞壁蒸发到叶片内的细胞间隙中。随后水汽通过叶片的角质层和气孔，穿过叶片表面的界面层扩散。二氧化碳沿着浓度梯度（内部低，外部高）降低的方向扩散]

（3）气孔蒸腾的步骤　植物气孔蒸腾过程分为两步，第一步是叶肉细胞中的水分通过气孔腔周围的细胞壁表面向气孔腔蒸发。蒸发的快慢与气孔腔周围细胞的特性有关，如细胞壁表面粗糙、有褶皱等使表面积增大、质膜透性好、细胞充水度高等都能够增加气孔腔的蒸气压，有利于气孔蒸腾。第二步是气孔腔的水汽通过气孔扩散到大气，这一步主要决定于气孔腔与大气之间的蒸气压差。环境湿度小、气孔频度高、气孔开度大、叶面少茸毛等，均有利于扩散，促进气孔蒸腾。

（4）气孔蒸腾的速率　气孔蒸腾具有很高的蒸腾速率。气孔的面积通常仅占叶面积的 1%左右，但其蒸腾量可相当于相同气孔面积自由水面蒸发量的 40～50 倍，这是因为气孔蒸腾遵循小孔扩散律（small pore diffusion law），即通过小孔的扩散速率不与小孔面积呈比例，而与其周长呈正比，也称为小孔扩散原理或周长扩散。因此气孔的蒸腾速率远高于同面积自由水面。

小孔边缘效应的大小与气孔频度有关。气孔频度过高，扩散出来的水分子之间相互干扰，边缘效应不显著。气孔频度过低，扩散速率自然也低。当小孔间的距离为小孔直径 10 倍左右时，边缘效应较为显著，而大部分植物叶片气孔的分布均在这个范围。

（二）气孔运动及其调控

保卫细胞能够灵敏感受来自体内外的各种信号而迅速调节自身行为以控制植物与环

境之间的水分、气体等的交换。高等植物气孔运动在时间上有很大差异，有些是昼开夜闭，与光照有关，大多数植物属于这种类型。但也有少数植物（例如仙人掌、菠萝、兰花、百合等）气孔昼闭夜开。所以气孔开闭的机制较为复杂。现已明确大多数植物气孔昼开夜闭的原因是由于气孔保卫细胞膨压改变引起的，而保卫细胞感受环境信号的诱导是引起膨压变化的第一步。

1. 光对气孔运动的调控 对大多数气孔昼开夜闭的植物来说，光是控制气孔运动的关键环境信号，即气孔的开闭运动依赖于保卫细胞的光合作用。保卫细胞中含有一定数量的叶绿体，虽然其体积较小，基粒片层结构不发达，但能够进行光化学反应生成ATP，并有1,5-二磷酸核酮糖（RuBP）羧化酶参与进行光合作用，同时在淀粉磷酸化酶的作用下，光合作用产生的可溶性单糖与淀粉相互转化，使淀粉含量昼减夜增。有些植物所含有的磷酸烯醇式丙酮酸羧化酶（PEP carboxylase，PEPC）也能催化磷酸烯醇式丙酮酸（PEP）与二氧化碳（CO_2）反应生成苹果酸（malic acid，Mal），苹果酸解离出H^+，有利于保卫细胞与副卫细胞或表皮细胞进行H^+/K^+交换，调节气孔的运动。目前关于光调节气孔运动的机制有以下假说。

（1）淀粉-糖转化理论 淀粉-糖转化理论（sugar-starch interchangeable theory）由植物生理学家Lloyd在1908年提出，认为气孔运动是由于保卫细胞中淀粉与糖间的相互转化导致渗透压改变而造成的，气孔张开时保卫细胞中淀粉含量下降，而在气孔关闭时淀粉含量则上升。当保卫细胞照光后，淀粉在淀粉磷酸化酶作用下转化为1-磷酸葡萄糖，为保卫细胞膨压的改变提供了渗透溶质，使其渗透势降低，水分进入细胞而膨压增加，气孔张开。反之，当淀粉合成时可溶性糖含量降低，保卫细胞渗透势增高，细胞失水，膨压下降，气孔关闭。这个理论可用下式表示。

$$\underset{\text{（气孔关闭）}}{\text{淀粉＋磷酸}} \underset{\text{暗中：pH 降低}}{\overset{\text{光下：pH 升高}}{\underset{\text{淀粉磷酸化酶}}{\rightleftharpoons}}} \underset{\text{（气孔开放）}}{\text{1-磷酸葡萄糖}}$$

（2）钾离子渗透调节理论 植物在照光后气孔张开过程中，有大量K^+进入保卫细胞，其浓度可达400～800 mmol·L^{-1}。而当气孔关闭时，K^+从保卫细胞中流出，其在保卫细胞中的浓度降至约100 mmol·L^{-1}。由于K^+有较大的水合度，K^+大量进入保卫细胞使保卫细胞水势降低，引起保卫细胞吸水而膨压增大，气孔张开。相反，当K^+从保卫细胞流出后，水势升高，保卫细胞失水使膨压降低，气孔关闭。

在光下保卫细胞叶绿体进行光合作用消耗二氧化碳，使胞质pH逐渐升高，引起磷酸烯醇式丙酮酸羧化酶活性增强（最适pH为8.0～8.5），催化磷酸烯醇式丙酮酸与二氧化碳结合形成草酰乙酸，再经苹果酸脱氢酶作用而还原为苹果酸。苹果酸易解离为苹果酸根离子和H^+，H^+浓度的增加，驱动保卫细胞质膜质子泵（H^+-ATP酶）利用光合作用光反应提供的ATP将H^+泵到质膜外，形成跨膜的电化学势梯度，促进K^+通过K^+内向整流通道（inwardly rectifying channel）迅速进入保卫细胞，Cl^-与H^+经共向转运体导致保卫细胞吸水而膨压增加（图2-17）。而在暗中，保卫细胞光合作用下降，细胞质CO_2积累使pH降低，磷酸烯醇式丙酮酸羧化酶活性随之下降，苹果酸氧化为草酰乙酸，保卫细胞质膜H^+-ATP酶功能下降，跨膜的电化学势梯度消失，胞内高浓度的K^+依浓度梯度通过K^+外向整流通道（outwardly rectifying channel）迅速流出保卫细胞，导致保卫细胞失水而膨压下降，气孔关闭。

由于钾离子渗透调节理论涉及保卫细胞质膜质子泵（H^+-ATP酶）和苹果酸代谢，所以这个理论也曾被称作无机离子泵学说（inorganic ion pump theory）和苹果酸代谢学说（malate metabolism theory）。

（3）蓝光调节理论 蓝光在促进植物气孔运动方面有着相对独立的作用。用红光使

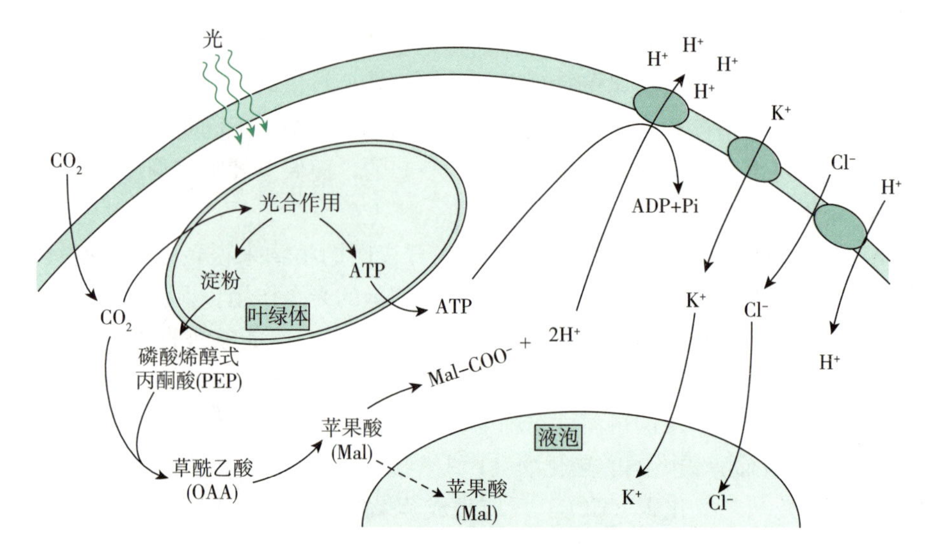

图 2-17 植物气孔运动的钾离子渗透调节机制

［由光合作用生成的 ATP 驱动质子泵（H^+-ATP 酶），向质膜外泵出 H^+，建立膜内外的 H^+ 梯度，在 H^+ 电化学势的驱动下，K^+ 经 K^+ 通道、Cl^- 与 H^+ 经共向转运体进入保卫细胞。另外，光合作用生成苹果酸。K^+、Cl^- 和苹果酸进入液泡，降低保卫细胞的水势］

光合反应饱和后再加蓝光照射，气孔开度会进一步增大，而单独红光照射则无此效果，这显然不能仅用光合作用来解释，说明在保卫细胞中还存在一个由蓝光激发的气孔运动的调控系统。例如用红光饱和照光时再加蓝光照射，会引起蚕豆保卫细胞原生质体的质子外流，导致细胞外液酸化。

类胡萝卜素中的玉米黄质是蓝光受体之一，其功能是参与气孔运动调控。保卫细胞中具有典型的玉米黄质组分和叶黄素循环，而且气孔对蓝光反应的强度取决于保卫细胞中玉米黄质的含量和入射蓝光的总强度。在光合作用过程中，质子在类囊体腔中积累使 pH 降低时，会加速玉米黄质的生成。反之，玉米黄质向紫黄质转化。蓝光信号被保卫细胞叶绿体中的玉米黄质接收并引起其构象发生变化，其后通过活化叶绿体膜上的 Ca^{2+}-ATP 酶，吸收细胞质中的钙使细胞质中的钙浓度降低，从而激活质膜质子泵（H^+-ATP 酶），最终改变保卫细胞溶质势，引起气孔运动（图 2-18）。

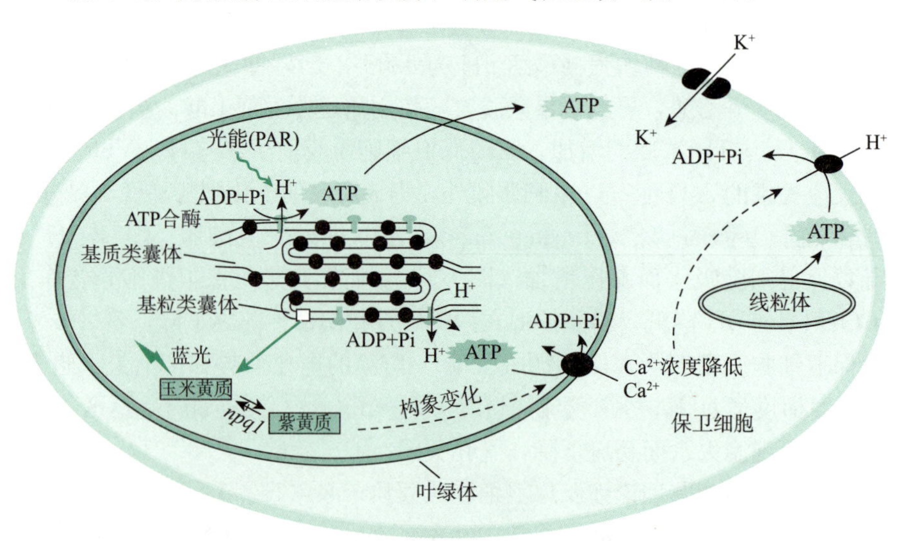

图 2-18 蓝光调节气孔运动的机制

（引自 Taiz 和 Zeiger，2010）

2. 水分对气孔运动的调控　植物气孔运动对环境水分尤其是土壤水分的变化非常敏感。当土壤水分出现亏缺时，根系就能“感知”这种变化，并将脱落酸（ABA）等相关信号传递到地上部，使尚未发生水分亏缺的叶片气孔关闭，以避免植物过多失水，从而保持体内水分平衡。

（三）蒸腾作用的影响因素

植物的蒸腾作用是一种复杂的生理现象，不但受气孔特性的限制，也受植物代谢的调节，同时还受多种环境条件变化的影响。这些影响因素可分为内在因素和环境因素两类。

1. 内在因素

（1）气孔因素　蒸腾速率取决于气孔腔内水汽向外的扩散力和扩散途径的阻力。扩散力与气孔腔内外的蒸汽压差（C_i-C_a）有关，而扩散途径阻力则由气孔阻力（R_s）和界面层阻力（R_e）构成。气孔阻力受气孔腔周围细胞的特性和气孔的特征与分布影响。例如气孔腔周围细胞的含水量高低、质膜的透性强弱、细胞壁粗糙或褶皱的程度、气孔腔容量大小等，均能影响气孔腔内蒸汽压的大小以及内外的蒸汽压差，影响气孔蒸腾。外阻力主要受气孔的类型、气孔大小与频度、气孔在叶表面下陷或叶面密生茸毛等所处位置、叶面环境等因素的影响，因为这些因素会影响气孔内外蒸汽压差的大小，进而影响蒸腾效率。植物蒸腾速率与各气孔因素间的相互关系可由下式表示。

$$\text{蒸腾速率}\propto\frac{\text{扩散力}}{\text{扩散途径阻力}}\propto\frac{\text{内蒸汽压}-\text{外蒸汽压}}{\text{气孔阻力}+\text{界面层阻力}}=\frac{C_i-C_a}{R_s+R_e}$$

（2）其他内在因素　植物昼夜节律和植物激素也影响蒸腾作用。例如将植物放置在连续光照或连续黑暗的环境中时，气孔仍会保持随着昼夜更替而昼开夜闭的运动节律，并可持续数天才会消失。植物激素具有明显的调节气孔运动的作用，例如一定浓度的细胞分裂素（CTK）和生长素（IAA）能促进气孔张开，而低浓度的脱落酸（ABA）却能明显促进气孔关闭。

2. 环境因素

（1）光照　光是气孔运动的主要调节因素。光照不但可以促进保卫细胞光合作用和促进气孔开放，减少气孔阻力，加快蒸腾，而且还可以通过提高气温和叶温，增加气孔腔与叶片表面的蒸气压差，加快蒸腾。

（2）温度　温度直接影响气孔下腔内蒸汽压的大小。温度升高可以使细胞液的黏滞性降低，增加质膜的透性和气孔腔周围细胞壁表面的蒸发，增大内蒸汽压而加快蒸腾。在一定温度范围内，温度越高，蒸汽压差越大，越有利于蒸腾。但温度过高时，叶片失水会引起保卫细胞的膨压降低，导致气孔关闭，使气孔阻力增大，降低蒸腾速率。若温度过低，则降低细胞和质膜的透性，也会使蒸腾速率降低。温度过高或过低还可以通过影响代谢酶的活性来间接影响蒸腾。

（3）二氧化碳浓度　二氧化碳是光合作用的反应物，低浓度的二氧化碳促进气孔张开，促进蒸腾；而高浓度的二氧化碳能降低气孔开度或引起气孔关闭，降低蒸腾速率。其可能原因是：高浓度二氧化碳会使质膜透性增加，导致 K^+ 渗漏，消除质膜内外的溶质势梯度。同时二氧化碳使细胞内环境酸化，影响跨膜质子梯度的建立。

（4）水分　水分是气孔运动的直接调节者。当干旱引起土壤水分不足和蒸腾过强时，往往会因为植物体内水分收支不平衡而使保卫细胞膨压降低，气孔开度减小或关闭。这是植物在干旱胁迫时自身的一种调节机制。而当久雨造成土壤水分过多时，会引起表皮细胞过度充水膨胀，挤压体积较小的保卫细胞迫使气孔关闭。水分还直接影响大气的湿度，空气湿度增大则蒸汽压升高，就会减小气孔内外的蒸汽压差，使蒸腾速率降低。

(5) 风速 一定的风速可以吹散气孔外的蒸气扩散层，并带来相对湿度较小的空气。这样既减小了扩散的外阻力，又增大了气孔内外的蒸汽压差而加快蒸腾。但强风往往会降低叶片温度，使气孔开度减小或关闭，降低蒸腾速率。

蒸腾作用是影响植物物质吸收和分配的重要生命活动之一。因此气孔蒸腾的调控具有重要的理论与实践意义，是植物生理学研究的重要内容之一。一般在水分充足的情况下，应促进作物蒸腾作用以获得高产。但在环境水分不足和体内水分亏缺的情况下，则应采取必要的措施，例如使用脱落酸等促进气孔关闭、用抗蒸腾剂（antitranspirant）等降低蒸腾速率，以保持作物体内的水分平衡，稳定作物生长。

第六节 合理灌溉的生理学基础
Section 6 Physiological Basis for Rational Irrigation

我国人均水资源仅为世界平均数的26%，属水资源缺乏的国家。在我国年均用水量中，农业灌溉用水比例最高。因此通过了解和掌握植物生长发育的需水规律，科学地确定适宜的灌溉时期、灌溉指标和方法，实行科学用水和节约用水，就成为迫切需要植物生理学来参与解决的重大课题。

合理灌溉是根据作物的生理特点和土壤的水分状况，及时供给作物正常生长发育所必需的水分，以最小的灌溉量获得最大的经济效益。长期农业生产实践中总结出的“看天、看地、看庄稼”灌溉原则充分地体现了合理灌溉的深刻内涵。

一、作物的需水规律（Water Requirement of Crops）

灌溉对象的主体是作物，了解和掌握作物的需水规律是合理灌溉的重要前提。

（一）作物的需水量

植物需水量因种类不同而有较大差异，例如水稻需水量较多，小麦和甘蔗次之，高粱和玉米较少。需水量较少的植物具有较高的水分利用率。通常把作物的生物产量乘以蒸腾系数作为理论最低需水量，并以此作为确定最小灌溉量的理论参考依据。例如某作物的生物产量为15 000 $kg \cdot hm^{-2}$，其蒸腾系数为500 $g \cdot g^{-1}$，则该作物的理论需水量就为7 500 000 $kg \cdot hm^{-2}$。在具体的灌溉方案中应该结合当地土壤的保水能力、蒸发量、降水量等因素，对理论需水量进行综合测算，然后确定适合的灌溉量。

同种作物在不同发育阶段的需水量也不同。以禾本科作物为例，一般在幼苗期耗水量较少，主要原因是蒸腾面积较小。到抽穗开花期，叶面积达到最大，代谢活动也最旺盛，所以耗水也最多，需水量最大。成熟期以后，叶片逐渐衰老脱落，水分消耗又逐渐减少。

（二）作物的水分临界期

作物在不同的生长发育时期具有不同的生长中心，比如在幼苗期主要是长叶和长根，在拔节期主要是长茎，而在进入生殖生长期后主要是形成种子和果实。在不同的生育时期，作物体内代谢反应的性质不同，所以对水分缺乏的敏感程度就不同。水分临界期（critical period of water requirement）是指植物在生命周期中对水分缺乏最敏感和最易受伤害的时期。在农业生产中，这个概念具有相对性，一般因生产收获的经济器官而异。例如甘蔗是以收获茎秆为生产目标，水分临界期为其分蘖期和拔节期。小麦收获的是籽粒，水分临界期为其孕穗期、灌浆期到乳熟期。孕穗期细胞代谢旺盛，细胞质浓度低，缺水会导致生殖器官发育不良，影响有效穗粒数目。灌浆期到乳熟期是营养物质从作物各营养器官集中运往籽粒的时期，此时缺水不仅会直接减少营养物质的运输，造成灌浆困难，还会降低叶片光合作用的速率，减少光合产物的制造，最终导致空瘪粒增加，产量降低。同理，玉米的水分临界期在开花至乳熟期、向日葵在花盘形成至灌浆期、马铃薯在开花至块茎膨大期、棉花在开花结铃期。油菜、花生、大豆、荞麦等作物的水分临界期均在开花期。在水分临界期应注意保持土壤水分，以保证作物稳产高产。

二、合理灌溉的指标（Indexes for Rational Irrigation）

合理灌溉必须明确灌溉时期和灌溉量。灌溉的对象不是土壤而是植物，植物的长势、长相和生理代谢的变化是各种环境条件综合作用的集中表现，所以植物的形态指标和生理指标可用于指导合理灌溉。

（一）形态指标

灌溉的形态指标是指用来确定植物需水状况的某些形态特征。植物幼嫩的茎叶在中午前后出现萎蔫、生长缓慢、叶色呈暗绿色或茎叶变红等现象时，通常表示体内水分不足，需要灌溉。例如棉花在开花结铃时若叶片呈暗绿色，白天萎蔫不易折断，或者棉株嫩茎上部3～4节间开始变红，即应灌溉；花生心叶呈暗绿色也表示应灌溉等。然而当植物出现这些缺水形态特征的时候，在体内代谢方面往往已受到干旱的损伤，例如棉花嫩茎变红，是由于多糖大量分解，细胞内可溶性糖积累而形成花色素的缘故。形态指标容易观察，但较难准确掌握，需要反复实践。

（二）生理指标

灌溉的生理指标是指能够灵敏地反映植物体内水分状况的某些生理特性。例如叶组织的相对含水量，叶细胞的浓度、渗透势、水势、气孔开度等是比较准确实用的灌溉生理指标。因为叶片是植物体对水分缺乏最敏感的部位，土壤水分不足时，首先使叶片含水量降低，细胞质浓度升高、水势下降、气孔开度减小或关闭。叶组织的相对含水量（relative water content，*RWC*）通常用叶片的实际含水量（W_{act}）占其饱和含水量（W_s）的比例（%）来表示，即

$$RWC=W_{act}/W_s\times100\%$$

在实际应用中，只需要将具体测定的数值与相关的临界值进行比较，即可确定灌溉的时间和数量。

作物灌溉的生理指标会因不同作物种类、生育时期、测定部位以及不同地区和时间而有差异，在实际应用中需结合当地具体情况，校正临界值，以便有效指导灌溉实践（表2-2）。

表2-2 不同作物主要灌溉指标的临界值

作物生育时期	叶片渗透势（MPa）	叶片水势（MPa）	叶片细胞质浓度（%）	气孔开度（μm）
冬小麦				
分蘖至孕穗期	−1.1～−1.0	−0.9～−0.8	5.5～6.5	
孕穗至抽穗期	−1.2～−1.1	−1.0～−0.9	6.5～7.5	

（续）

作物生育时期	叶片渗透势（MPa）	叶片水势（MPa）	叶片细胞质浓度（%）	气孔开度（μm）
灌浆期	−1.5～−1.3	−1.2～−1.1	8.0～9.0	
成熟期	−1.6～−1.3	−1.5～−1.4	11.0～12.0	
春小麦				
分蘖至拔节期	−1.1～−1.0	−0.9～−0.8	5.5～6.5	6.5
拔节至抽穗期	−1.2～−1.0	−1.0～−0.9	6.5～7.5	6.5
灌浆期	−1.5～−1.3	−1.2～−1.1	8.0～9.0	5.5

本章内容概要

植物对水分的吸收、运输和散失构成了植物水分代谢的主要内容。水是植物体的重要组成部分，但其含量不是恒定的。水分在植物体内以束缚水和自由水两种状态存在，二者比值的大小决定着细胞原生质的状态和代谢的强弱。水分子的极性使其成为一种良好的溶剂和细胞原生质的主要成分；其较强的表面张力和内聚力，是植物体内水分运输的重要机制；其稳定的热力学特性，是植物能够有效维持体温的直接原因；水分在保持植物固有形态中起着关键作用；水分子是植物各种生物化学反应的重要介质与原料；水分还有调节大气温度和湿度、改善田间小气候等生态作用。

植物细胞对水分的吸收主要有两种方式：渗透吸水与吸胀吸水。植物细胞水势主要由溶质势（Ψ_s）、衬质势（Ψ_m）、压力势（Ψ_p）和重力势（Ψ_g）组成。在植物细胞的吸水过程中，水分总是从高水势向低水势部位移动。陆生植物的吸水主要是靠根系。植物根系吸收水分的过程，就是根细胞表面的水分从根的表皮到皮层，再到达根中柱木质部导管的过程。根据根系吸水是否需要消耗代谢能，分为主动吸水和被动吸水两种方式。根压是主动吸水的动力，被动吸水由蒸腾拉力引起。凡影响土壤水势和蒸腾的因素都会影响根系的吸水。

植物蒸腾作用不可避免地将根系吸收的大量水分散失到体外，但同时推动了植物整体代谢的进行，具有重要的生理意义。植物蒸腾有多种方式，木栓化的茎枝通过皮孔蒸腾，幼嫩的部位和叶片通过角质层和气孔进行蒸腾。气孔蒸腾是植物蒸腾作用的主要方式。光是控制气孔运动最主要的环境信号。气孔运动理论有淀粉-糖转化理论、钾离子渗透调节理论、蓝光调节理论等。水分对气孔运动有直接的调控作用。影响蒸腾作用的环境因素包括光照、温度、二氧化碳浓度、水分、风速等。

水分运输有两种途径，一种是经活细胞的短距离运输；另一种则是通过导管或管胞的长距离运输，包括水分在根、茎、叶柄和叶脉导管或管胞中的运输。蒸腾拉力-内聚力-张力学说也称为内聚力学说，较好地解释了导管中水柱保持连续不断的机制。

合理灌溉是实现科学用水的重要环节。不同作物的需水量不同，同种作物在不同的生长发育阶段的需水量也不同。水分临界期指植物在生命周期中对水分缺乏最敏感和最易受伤害的时期。植物本身的形态和生理状况是指导合理灌溉的重要指标。

复习思考题

1. 水在植物生命活动中有哪些生理作用?

2. 植物体内水分存在状态与细胞的代谢活动及植物的抗逆性有何关系?

3. 植物细胞的水势由哪些组分构成?各组分间的关系如何?

4. 水分通过水孔进入细胞的速度为什么会远快于通过膜双脂层的水分扩散速度?

5. 植物根系吸水主要有哪些方式?各有何特点?

6. 在根系吸水的渗透理论中,皮层与中柱的水势差是如何形成的?

7. 植物吸水的蒸腾拉力是如何形成的?

8. 水分在木质部中的运输为什么比在活细胞中的运输快?

9. 植物气孔为何会做开闭运动?在协调二氧化碳吸收与水分蒸腾散失的矛盾中有何作用?

10. 什么是合理灌溉?如何做到合理灌溉?

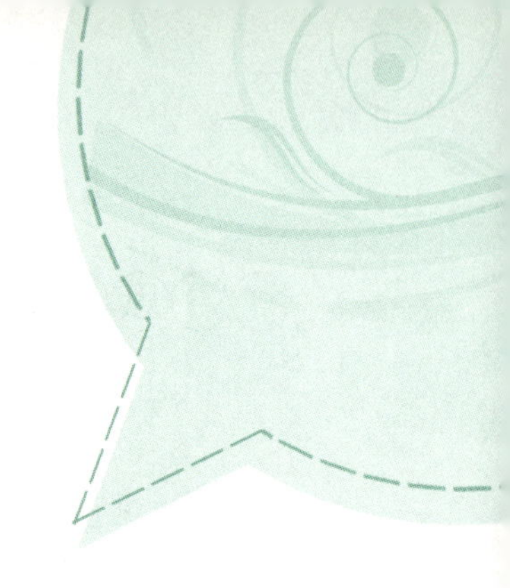

第三章 Chapter 3
植物的矿质营养
Plant Mineral Nutrition

教学要求： 掌握植物必需元素种类及其生理功能、植物矿质营养的研究方法、植物吸收矿质元素的特点；理解矿质离子跨膜运输的机制、根系吸收矿质元素的影响因素；了解作物需肥规律、合理施肥的指标与发挥肥效的措施。

重点与难点： 重点是植物必需元素及其确定标准、植物吸收矿质元素的特点和影响因素、必需矿质元素的生理功能及缺乏症；难点是植物细胞吸收矿质元素的机制。

建议学时数： 4～5 学时。

植物正常的生理活动除需要大量的水分外，还需要多种矿质元素。植物所需的矿质元素主要通过根系从土壤中吸收。植物矿质营养（mineral nutrition）是指植物对矿质元素的吸收、运输和利用，掌握矿质营养相关知识对指导农作物科学施肥、提高产量和改进品质具有重要意义。

第一节 植物必需的矿质元素
Section 1 Essential Mineral Elements for Plants

一、植物体内的元素（Elements in Plants）

植物所处的大环境包括岩石圈（lithosphere）、水圈（hydrosphere）和大气圈（atmosphere），其中岩石圈和水圈是植物体内矿质元素的主要来源。分析植株所含的元素是研究植物营养时常用的方法之一，现已发现在植物中有 70 多种元素。将植物烘干后充分灼烧，除植物体所含的 C、H、O、N 等元素以二氧化碳、水、氮气和氮氧化物等形式挥发外，仍有一部分残余物质不能挥发，称为灰分（ash），灰分中存在的元素称为灰分元素（ash element），它们直接或间接地来自土壤矿质，故又称为矿质元素

(mineral element)。灰分分析(ash analysis)是采用物理和化学手段对植物材料的干物质充分燃烧后的灰分进行分析。虽然灰分中不存在氮，但植物通常是以 NH_4^+ 或 NO_3^- 的形式从土壤中吸收氮，这与吸收其他矿质元素相同，所以通常把氮归于矿质元素一起讨论。

不同种类的植物其体内的矿质元素含量差异很大，表现出基因型差异。各种元素在营养介质中的有效性也是影响植物矿质元素含量的重要因素。植物不同器官的矿质元素含量也各不相同。一般说来，营养器官矿质元素变幅较大，而生殖器官变幅较小。矿质元素含量与植株的年龄也有很大关系，一般幼龄植株或组织的氮、磷和钾含量高，而较老植株或组织中的钙、锰、铁和硼含量较高。

二、植物的溶液培养 (Solution Culture of Plants)

由于植物体内所含的元素并不一定都是植物必需的营养元素，因此分析植物灰分中的各种元素组成并不能确定某种矿质元素是否为必需元素。对于需要量很少的铜、锌、钼和硼等几种元素，一些种子较大的植物，种子中所含的量就足够满足植物的需求，在一般土壤栽培条件下，很难证明这些元素对这些植物的必要性。早在 19 世纪，Sachs 和 Knop 就设计了水培法(hydroponics)，也称为溶液培养法(solution culture)。即用纯化了的化合物配制成水溶液来培养植物，以确定植物必需的矿质元素种类和数量。后来又出现了以石英砂等惰性基质作为支持物的砂培法(sand culture)，例如使用洗过的石英砂或者珍珠岩(perlite)作为培养介质。这种技术虽不适于某些特别精细的研究，但操作方便，常用于蔬菜和经济作物的大规模无土栽培或反季节栽培。

不同的植物对营养液的要求不完全一致，目前已针对不同植物或不同用途设计了许多有效的营养液配方，例如经修改的 Hoagland 溶液配方、Knop 溶液配方、木村 B 营养液配方等。一种植物的理想营养液对另一种植物不一定完全适合，这在选择营养液时值得注意。

溶液培养技术也常常被用于研究和生产实践，包括营养薄膜技术(nutrient film technique，NFT)、雾培(aeroponics)等技术。其中，营养薄膜技术使流动的营养液在植物根系表面形成一层营养液薄膜而向植物提供养分，而雾培则是通过超声波等手段使营养液细化成雾弥漫于根系而向植物提供养分。

用各种溶液培养法人工培养植物时，要注意如下事项：①营养液中必须含有植物必需的各种矿质养分；② 各养分必须以植物可利用的形态存在；③ 各种养分构成的比例要合理；④ 营养液的水势不能太低，以防植物失水；⑤ 使营养液保持与植物相适应的 pH；⑥ 注意给根系通气以保持适当的根系活力；⑦ 定期更换营养液。

三、植物的必需元素 (Essential Elements of Plants)

植物的必需元素(essential element)是指植物正常生长发育必不可少的元素。判断某种元素对于植物是否必需，可依据由 Arnon 和 Stout (1939) 提出且已得到国际植物生理学界普遍认可的 3 个标准：①缺乏该元素，植物就不能完成生活史；②该元素的功能不能被其他元素代替；③该元素与植物代谢有直接关系，例如是植物必要组分的成分或酶的成分，或者是某个酶促反应的活化剂等。

根据上述标准，现已确定植物的必需元素有碳(C)、氢(H)、氧(O)、氮(N)、磷(P)、钾(K)、钙(Ca)、镁(Mg)、硫(S)、铁(Fe)、硅(Si)、铜(Cu)、硼(B)、锌(Zn)、锰(Mn)、钼(Mo)、氯(Cl)、钠(Na)和镍(Ni)。其中碳、氢、

氧3种元素是植物从大气和水中摄取的非矿质必需元素。根据植物对必需元素的需求量，将其分为两大类：①大量元素（macroelement，major element），包括碳、氢、氧、氮、磷、钾、钙、镁和硫，此类元素占植物体干物质量的0.01%～10%；②微量元素（microelement，minor element，trace element），包括铁、硅、铜、硼、锌、锰、钼、氯、钠和镍，此类元素需求量很少，占植物体干物质量的0.000 01%～0.01%，缺乏时植物不能正常生长，过量也会有害。

按上述标准，如果某元素只是抵消其他元素的毒害效应，或者只是在某些元素不太专一的方面（如维持渗透势）有利于植物生长，那么该元素不属于植物的必需元素，称为有益元素（beneficial element），例如钴（Co）、铝（Al）、硒（Se）和碘（I）等元素以及镧（La）、铈（Ce）等稀土元素。例如 Al^{3+} 浓度在0.2～5.0 mg·L^{-1} 时对甜菜、玉米和某些热带豆科植物有促进生长的作用；在茶树中，Al^{3+} 浓度高达27 mg·L^{-1} 仍有促进生长的作用，但可能主要是用于防止高浓度铜（Cu）、锰（Mn）和磷（P）的毒害，或者对某些根系病害有杀菌作用。

表3-1列出了19种必需元素在植物中维持正常生长所需要的近似浓度和每种元素对于钼（Mo）的相对原子数。随着去污技术和高灵敏分析技术的发展，今后仍有可能发现更多的必需元素和有益元素。

表3-1　植物必需元素及其可利用态和相对原子数

（改编自 Taiz 和 Zeiger，2010）

元素	化学符号	植物可利用态	占干物质比例（%）	与钼（Mo）相比的相对原子数
钼	Mo	MoO_4^{2-}	0.000 01	1
镍	Ni	Ni^{2+}	0.000 01	2
铜	Cu	Cu^{2+}	0.000 6	100
锌	Zn	Zn^{2+}	0.002	300
钠	Na	Na^{+}	0.001	400
锰	Mn	Mn^{2+}	0.005	1 000
硼	B	H_3BO_3	0.002	2 000
铁	Fe	Fe^{3+}、Fe^{2+}	0.01	2 000
氯	Cl	Cl^{-}	0.01	3 000
硅	Si	SiO_3^{2-}	0.1	30 000
硫	S	SO_4^{2-}	0.1	30 000
磷	P	$H_2PO_4^{-}$、HPO_4^{2-}	0.2	60 000
镁	Mg	Mg^{2+}	0.2	80 000
钙	Ca	Ca^{2+}	0.5	125 000
钾	K	K^{+}	1.0	250 000
氮	N	NO_3^{-}、NH_4^{+}	1.5	1 000 000
氧	O	O_2、H_2O、CO_2	45	30 000 000
碳	C	CO_2	45	40 000 000
氢	H	H_2O	6	60 000 000

四、植物必需矿质元素的生理功能及缺素症（Physiological Functions of Essential Mineral Elements and Deficiency Symptoms）

（一）植物必需矿质元素的生理功能

氮和硫是有机物的成分，蛋白质平均含氮（N）量约为16%，所有的酶都含氮。巯基（—SH）参与氧化还原过程，如两个半胱氨酸分子形成一个胱氨酸分子。所以氮和硫与植物基本的生物化学反应过程密切相关。

磷、硅和硼都以无机离子或酸的形式被吸收并存在于植物细胞中，磷和硼为糖的羟基所酯化，硅常以二氧化硅水合物的形式存在于细胞壁中。

钾、钙、镁、氯、锰和钠都是以离子形式存在的元素。钾是至少40种酶所需的辅助因子，钾离子是建立细胞膨压和维持细胞电中性所需的最重要的阳离子。钙是细胞壁的组分，是一些参与ATP和磷脂水解的酶所需的辅助因子，在代谢调节过程中作为第二信使。镁是参与磷酸转移的许多酶所必需的，是叶绿素分子的组成部分。氯参与光合放氧反应。锰是一些脱氢酶、脱羧酶、激酶、氧化酶和过氧化物酶的活性所必需的，参与其他阳离子活化酶的构成和光合反应中与氧释放有关的反应。钠参与C_4植物和景天酸代谢（CAM）植物中磷酸烯醇式丙酮酸的再生反应，有时可替代钾离子的一些功能。

铁、铜、锌、钼和镍常以螯合态存在于植物中。血红素是一些酶（例如过氧化物酶、过氧化氢酶和细胞色素氧化酶）的辅基，在血红素中Fe^{2+}释放1个电子变成Fe^{3+}，传递电子。铜和钼在酶系统中的作用方式类似于铁。锌是色氨酸合成酶、碳酸酐酶等酶的辅基。镍是脲酶的组成元素。

植物必需矿质元素的可利用态与生理功能见表3-2。

表3-2　植物矿质元素的可利用态与生理功能

（引自Marschner，2012）

营养元素	可利用态	主要生理功能
N、S	NO_3^-、NH_4^+、N_2、SO_4^{2-}、SO_2。离子来自土壤溶液，气体来自大气	有机物的重要成分；是与酶促反应有关的原子团的必要成分；经氧化还原反应进行的同化作用
P、Si、B	来自土壤溶液的磷酸盐、硅酸盐、硼酸或硼酸盐	在储存能量、维持细胞完整中起关键作用
K、Na、Mg、Ca、Mn、Cl	来自土壤溶液的离子	非专一功能是建立渗透势，平衡阴离子，控制膜透性和电势；专一的功能是促进形成蛋白质的最适构象（酶活化），连接反应物
Fe、Cu、Zn、Mo、Ni	来自土壤溶液的离子或螯合物	主要在辅基中以螯合物形态存在，借化合价改变传递电子

（二）植物缺素症及中毒症

1. 氮　植株缺氮的主要症状是生长缓慢，植株矮小，茎秆纤细，叶小且早衰，根的生长特别是根的分支受阻。缺氮影响叶绿体发育或使叶绿体破坏，叶片表现出均匀缺绿。在缺氮后期或严重缺氮时，叶片或叶的一部分坏死。缺氮症状首先从老叶开始。谷类作物缺氮时分蘖不良，单位面积穗数和每穗粒数减少，籽粒变小。氮肥过量则植株易倒伏，或贪青旺长，推迟成熟而导致减产。

大气中含有约78%的氮气，植物不能直接利用氮气，主要靠微生物的生物固氮将氮气转变为结合态氮才能被利用。土壤中的结合态氮素主要有 3 种形态：有机态氮、铵态氮和硝态氮。土壤中总氮的 90%是有机态氮，有机态氮主要由动植物和微生物残体分解产生，其中小部分形成氨基酸、尿素等被植物直接吸收，尿素也可以分解为氨（NH_3）和二氧化碳（CO_2），大部分有机态氮通过氨化作用转变为氨。铵态氮包括氨（NH_3）和铵（NH_4^+），氨可与土壤中其他物质反应再形成铵盐，或通过硝化作用氧化成亚硝酸盐和硝酸盐。硝酸盐又可通过反硝化作用形成氮气等气体返回大气。植物从土壤中吸收的硝酸盐必须经硝酸还原酶和亚硝酸还原酶等还原成铵态氮才能被利用。

2. 硫 硫（S）是半胱氨酸、甲硫氨酸、谷胱甘肽、蛋白质的必要成分，缺硫导致蛋白质合成受阻，因此缺硫植株蛋白质含量低、体内有机态 N/S 之比高（可达 70～80∶1），导致硝态氮（NO_3^--N）的积累。缺硫植株生长慢，一般地上部受到的影响比根大；幼叶首先缺绿，这是与缺氮不同之处；茎细硬而脆。介质中 SO_4^{2-} 浓度超过 50 $mmol \cdot L^{-1}$时，会严重影响植物生长，但大气中 SO_2 浓度如果达到 0.5～0.7 $mg \cdot m^{-3}$或以上，就会使叶片坏死，这是因为 SO_2气体和 HSO_3^- 积累，使光合磷酸化解偶联，破坏叶绿体膜。

3. 磷 磷（P）的供给量是植物生长的一个主要限制因素。磷酸盐的主要功能是在不同的细胞区间精确地调控磷酸盐水平来协调细胞内各种过程。例如许多种子和营养组织储存不溶性磷酸盐即晶体植酸盐（肌醇六磷酸盐），在种子萌发的时候，储存在植酸盐中的磷酸部分被植酸酶逐级水解而释放出来。在液泡中的磷酸盐作为一个缓冲剂来调节细胞内其他区域磷酸盐水平。在质体膜上磷酸盐可以交换磷酸化的中间物例如磷酸丙糖。磷酸盐水平调节磷酸蔗糖合酶等重要酶和三磷酸肌醇（IP_3）等信号分子的活性，从而提高对磷酸盐含量和代谢之间的偶联敏感度。

植物体内的主要能量介质是高能磷酸化合物。磷酸盐的主要作用是为叶绿体产生高能化合物提供磷，许多其他代谢过程也直接或间接地依赖这种能量。磷供应不足会影响各种代谢过程，包括蛋白质和核酸合成。缺磷时，植株生长缓慢，谷类作物的分蘖受影响；果树新梢生长缓慢，芽发育不良，果实和种子形成受阻，因此不仅产量低，而且品质差。一般缺磷症状首先出现在老叶上，呈暗绿色；许多一年生植物茎呈红色。介质中磷酸盐水平过高时会降低锌（Zn）、铁（Fe）、铜（Cu）等微量元素的吸收和运输，从而抑制生长。

4. 钾 缺钾（K）植株膨压降低，在水分胁迫下易萎蔫、不抗旱，易受盐害、霜害和真菌感染。缺钾还导致生长缓慢，木质部和韧皮部形成及维管束木质化作用受阻，因此易倒伏。缺钾也使叶绿体和线粒体破坏。

5. 钙 缺钙（Ca）植株分生组织生长缓慢，生长点和最嫩的叶片首先变形和缺绿，细胞壁分解，组织变软。细胞内和维管组织中积累褐色物质，影响运输。大多数土壤含有丰富的有效钙，不易发生缺钙症，但因钙在植株体内不易运输，如果木质部汁液中 Ca^{2+}少，或蒸腾不强，就可能发生缺钙。在水果和蔬菜中已发现数十种由于缺钙而引起的生理病害，例如番茄和辣椒的蒂腐病以及芹菜的黑心病等。此外，土壤水分和盐分胁迫等因素都导致缺钙症发生。

6. 镁 镁（Mg）是叶绿素的必要成分，在植株中易移动，因此缺镁症状首先发生在老叶上，呈现缺绿，严重时叶尖坏死。实际上，在肉眼可见的缺镁症状出现之前，细胞内的叶绿体就已发生明显变化：基粒减少，基粒分室程度降低或破坏，有时积累淀粉粒。缺镁也可导致线粒体嵴不发育。

7. 铁 缺铁（Fe）症状首先在幼叶发生，最嫩的叶常为白色，没有叶绿素。谷类作物缺铁时叶片表现出黄绿相间的条纹。由于叶绿体需铁多，因此缺铁时基粒的数量和大小都会减少。由于三羧酸（TCA）循环中催化柠檬酸转化成乌头酸的乌头酸酶需 Fe^{2+}，缺铁时该过程不易进行，使植株积累有机阴离子，特别是柠檬酸根离子，影响糖的分解，植株能量代谢受到破坏。水稻缺铁症的发生常与缺钾有关，因为缺钾时根系不能把 Fe^{2+} 氧化成 Fe^{3+}。水稻中也存在铁毒害的问题，淹水几周后土壤中可溶性铁含量就可达 50～100 $mg \cdot L^{-1}$

8. 锰　叶绿体对缺锰（Mn）很敏感。缺锰症首先发生在幼叶，组织细胞变小而细胞壁占的比例大，表皮间的组织皱缩，叶脉间缺绿。高水平锰对植物有毒害。在大豆叶片中，锰浓度过高发生毒害时，老叶中出现褐色斑点（氧化锰沉淀）。锰中毒是由于吲哚乙酸（IAA）氧化酶活力高引起生长素缺乏，导致钙向生长点的移动受阻。锰过量也诱使缺铁，曾发现菠萝、水稻等因此受害。硅可以抵消锰中毒，在水稻中硅可以抑制锰吸收，菜豆中硅使锰在叶中分布更均匀。

9. 锌　缺锌（Zn）植株常表现脉间缺绿，叶绿体基粒不能正常发育，基粒中产生囊泡，玉米叶中脉两侧形成缺绿带。果树缺锌使叶发育不良，在幼枝端部形成不均匀分布的小而挺直的叶簇，枝条死亡，叶早衰（小叶症），因此产量大大减少。蔬菜缺锌大多表现为老叶缺绿。缺锌和 RNA 合成受抑制有关，也影响吲哚乙酸（IAA）生物合成。生长在锌矿附近的植株易发生锌中毒，根的生长和叶的扩展受阻。高浓度锌也抑制磷和铁吸收。

10. 铜　谷类作物缺铜（Cu）时叶尖变白，叶片扭曲变窄，节间变短，小穗不能形成，植株成丛生状。缺铜使植株木质素合成受抑制，细胞壁和导管发育不良，因此铜营养状况和谷类作物秸秆稳定性有密切关系。铜含量太高有毒，因为铜可以取代一些重要生理活性分子中的其他金属离子，特别是铁。铜中毒症状是缺绿，类似缺铁，最初反应是抑制根的生长。铜中毒还能伤害膜结构。高水平钙可以减轻铜中毒。

11. 钼　大多数土壤中所含的钼（Mo）能够满足植物需要，但 pH 5.5 以下的酸性土会固定钼，使其变成无效态。缺钼类似缺氮，但症状首先是叶缘坏死，这是因为积累 NO_3^- 造成的。缺钼植株生长受阻，叶色淡，萎蔫，花的形成受抑制。十字花科植物需钼多，缺钼使脉间缺绿，胞间层不完整，甚至不能形成完整叶片。在柑橘叶中，叶片上黄色斑点是典型缺钼症状。施用足量石灰可防止缺钼。

12. 硼　缺硼（B）首先表现为顶端生长异常缓慢，幼叶畸形、皱缩，茎叶变脆、呈暗蓝绿色。缺硼严重时，顶端生长点死亡，花和果实形成受到抑制，花药败育。硼可促进花粉萌发，因此缺硼时，花粉萌发受到抑制，果实不能形成。在某些植物中，缺硼使花粉管生长受影响，产生无籽果实，且果实发育不良。缺硼还引起绿原酸等酚类化合物含量过高，顶芽坏死，根发育受抑制。

13. 氯　缺氯（Cl）的普通症状是萎蔫，此外还有叶片缺绿。生产实践中很少缺氯，因为大气和雨水中所含的氯通常足以满足作物需要。植株中氯过量时产生毒害，叶尖或叶缘焦枯，叶早衰、褐变甚至脱落。甜菜、大麦、玉米、菠菜和番茄对高氯有一定抗性，而烟草、柑橘、莴苣和一些豆科植物易发生氯中毒，对这类植物应施用硫酸盐肥料，忌用氯化物。油棕和椰子需要较多的氯，施氯后生长良好。

14. 镍　镍（Ni）是脲酶的成分，而脲酶催化脲水解成 CO_2 和 NH_4^+。缺镍时由于叶尖处积累过量脲而出现黄化坏死现象，有些植物（例如大麦）在缺镍条件下产生的种子不能萌发。

15. 硅　硅（Si）在禾本科、木贼科植物中的含量很高。禾本科植株内的硅含量可占其干物质量的 1%～20%。硅在细胞壁和创伤部位沉淀，可降低蒸腾作用，增强植株抗倒伏和抗病的能力。硅酸根能将土壤胶粒表面吸附的磷酸根置换，提高土壤磷的有效性。

16. 钠 钠（Na）有利于许多植物的正常生理活动。C_4植物缺钠时会严重缺绿，有时叶缘和叶尖坏死。Na^+可能参与C_4植物光合作用中丙酮酸从维管束鞘进入叶肉细胞叶绿体的过程。钠能促进滨藜属盐生植物的糖酵解。Na^+在鸭跖草中可代替K^+调节气孔开闭。土壤中缺钾但有钠时，甜菜、芹菜、棉花、亚麻、番茄等农作物仍可较好地生长。

第二节 植物对矿质元素的吸收
Section 2 Absorption of Mineral Elements by Plants

一、植物吸收矿质元素的特点（Characteristics of Mineral Element Absorption by Plants）

Hoagland等（1948）用淡水丽藻和海水法囊藻进行的系列试验表明，丽藻细胞中K^+、Na^+、Ca^{2+}和Cl^-浓度高于淡水中的，但两种环境中各离子间的浓度比不相同。在法囊藻细胞中，只有K^+浓度比海水中的高得多，而Na^+和Ca^{2+}浓度比海水中的低（表3-3）。

表3-3 介质中离子浓度与丽藻和法囊藻细胞中离子浓度的关系

（引自Hoagland等，1948）

离子	丽藻			法囊藻		
	淡水中的浓度（$mmol\cdot L^{-1}$）	细胞质中的浓度（$mmol\cdot L^{-1}$）	细胞质/淡水	海水中的浓度（$mmol\cdot L^{-1}$）	细胞质中的浓度（$mmol\cdot L^{-1}$）	细胞质/海水
K^+	0.05	54	1 080	12	500	42
Na^+	0.22	10	45	498	90	0.18
Ca^{2+}	0.78	10	13	12	2	0.17
Cl^-	0.93	91	98	580	597	1.0

高等植物吸收离子也有类似特点。把植物移入培养液后，几天之内培养液中的K^+、$H_2PO_4^-$和NO_3^-浓度显著降低，而Na^+和SO_4^{2-}浓度变化不大，甚至有所提高，说明离子吸收有选择性，同时植物对水分和离子的吸收相对独立。植物对不同离子吸收速率不同，例如对K^+和Ca^{2+}的吸收速率差异很大。此外，根组织中的离子浓度一般比营养液中的高，特别是K^+、NO_3^-和$H_2PO_4^-$，说明植物具有逆浓度梯度积累离子的能力。植物吸收离子有如下特点。

1. 选择性 植物能选择性地吸收离子。植物细胞可以从环境中吸收某些离子，而把另外一些离子排斥在细胞之外，这种现象称为离子吸收的选择性。例如植物对某种盐中的阳离子和阴离子的选择性吸收使吸收的速率不一样，导致植物生长的土壤pH发生变化。因植物对某种盐的阳离子的选择性吸收导致土壤pH下降的盐称为生理酸性盐（physiologically acidic salt），例如K_2SO_4；植物对某种盐的阴离子的选择性吸收导致土壤pH上升的盐称为生理碱性盐（physiologically alkaline salt），例如$NaNO_3$；植物对某种盐的阳离子和阴离子均衡吸收而不改变土壤pH的盐称为生理中性盐（physiologically neutral salt），例如KNO_3。

2. 积累效应 细胞中有些离子的浓度比外液中的高，这说明在离子吸收过程中发生了逆浓度梯度的积累。

3. 需要能量 植物能逆浓度梯度积累矿质元素，这是一个非自发的需能过程，表明离子吸收与能量代谢有直接关系。离子吸收需要能量的试验证据有：用氰化物（CN^-）、二硝基苯酚（DNP）等呼吸作用抑制剂抑制 ATP 形成时，离子吸收也受到抑制；离子吸收需要氧气；离子吸收随根中糖类含量增加而增加。

4. 基因型差异 在不同植物种间，甚至同种植物的不同品种间，植物吸收的矿质种类和吸收速率以及利用效率等方面都有明显的差异。

5. 单盐毒害和离子颉颃 某溶液若只含有 1 种盐时，该溶液称为单盐溶液。若将植物培养在单盐溶液中，植物不久即中毒甚至死亡，这种现象称为单盐毒害（toxicity of single salt）。如将海生植物放在与海水的 NaCl 浓度一样或更低的纯 NaCl 溶液中，就会发生单盐毒害。在发生单盐毒害时若加入少量含其他金属离子的盐类，单盐毒害现象就会减弱或消除。离子间的这种作用称为离子对抗或离子颉颃（ion antagonism）。一般在元素周期表中不同族金属元素的离子之间才会有颉颃作用，例如 Na^+ 或 K^+ 可以对抗 Ba^{2+} 和 Ca^{2+}。因此植物只有在含有适当比例和浓度的多盐分溶液中才能正常生长发育，这样的溶液称为平衡溶液（balanced solution）。

二、植物细胞吸收矿质元素的机制（Mechanism of Mineral Element Absorption by Plant Cells）

（一）跨膜运输蛋白

参与矿质元素跨膜运输的跨膜运输蛋白有离子通道（ion channel）、离子载体（ion carrier）和离子泵（ion pump）3 种（图 3-1）。

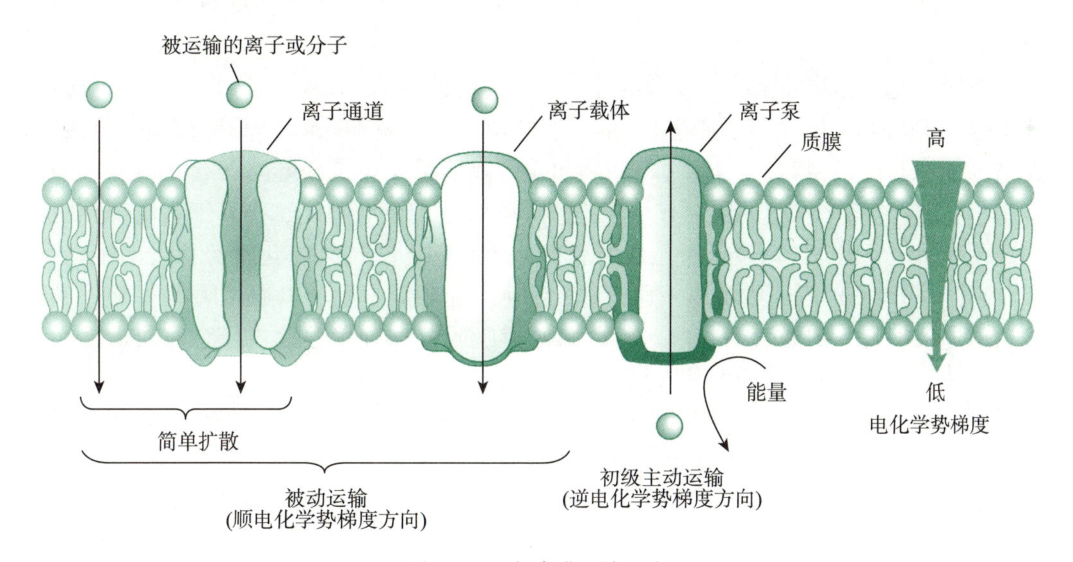

图 3-1 3 类跨膜运输蛋白
（改编自 Taiz 和 Zeiger，2010）

1. 离子通道 离子通道是一类膜蛋白，它们在膜上形成选择性孔道，可以使特定离子或分子通过这些孔道扩散过膜。孔的大小、孔内部表面电荷的密度和性质决定了离子通道运输的特异性。离子通道运输通常是不需要能量的被动运输，并且运输的特异性更多地取决于孔的大小和电荷。所以离子通道运输的主要是离子。只要离子通道开放，进入孔的溶质就迅速地扩散跨膜，每个离子通道每秒可通过约 10^8 个离子。离子通道的开或关是受外部信号（例如电压、植物激素、光、转录后修饰等）

调控的，即具有门控机制（gating mechanism）。例如电压门控离子通道可响应膜电势的改变而开或关。

常见的离子通道有钾离子通道、氯离子通道、叶绿体外膜中的磷酸转运器（一种多肽）、真菌膜中结合 SO_4^{2-} 的蛋白质（硫酸透过酶）等。德国科学家 Neher 和 Sakmann 因发现了细胞离子通道而荣获 1991 年诺贝尔生理学或医学奖。

2. 离子载体 生物膜上能把离子或分子运输过膜的蛋白质分子称为离子载体。离子载体具有被运输离子或分子的特异性结合部位，能选择性地把离子或分子运输过膜。与离子通道不同，离子载体没有形成完全延伸跨膜的孔道结构。这些离子载体与被运输的特定离子或分子结合后，构象发生改变，将被运输物质暴露于膜的另一侧溶液中，物质从离子载体结合部位分离释放出去，以完成整个运输过程。

由于运输每个分子或离子时，离子载体的构象需要发生变化，所以离子载体运输的速率比离子通道慢得多。典型的离子载体每秒可运送 100～1 000 个离子，是离子通道运输的 $1/10^6$～$1/10^5$。离子载体运输中，蛋白质的特异位点与被运输物质的结合和释放，与酶促反应中酶和底物的结合及对产物的释放情况类似。因此通过酶促动力学可以对离子载体进行定性分析。

离子载体介导的运输可以是不需能量的被动运输，也可以是需要能量的主动运输。通过离子载体的被动运输有时又称为协助扩散（facilitated diffusion），这是不需要能量的顺电化学势梯度的运输过程。

3. 离子泵 需要能量的离子载体运输必须与一个释放能量的过程相偶联，这些能量来源于 ATP 水解、氧化还原反应（线粒体和叶绿体中的电子传递）或通过色素蛋白（如盐细菌紫红质）吸收的光能。初级主动运输（primary active transport）是直接与能量相偶联的，执行初级主动运输功能的膜蛋白称为离子泵（H^+ 泵），大部分离子泵运输离子（例如 H^+ 或 Ca^{2+}），因离子泵属于ABC（ATP binding cassette）转运体，也可以转运有机大分子。

在所有高等植物细胞的质膜和液泡膜上都发现了 ATP 酶（H^+-ATP 酶），而且 K^+ 能增强 ATP 酶活力，同时促进 K^+ 的吸收。离子泵假说（ion pump hypothesis）认为，膜结合的 ATP 酶，特别是质膜 ATP 酶起着致电质子泵（electrogenic proton pump）的作用，在催化 ATP 水解的同时，可以把 H^+ 单向地排出细胞，这样，细胞内部相对于外部便带负电，且 H^+ 浓度低，造成跨膜电化学势差，在这种电化学势梯度的推动下，K^+ 或其他阳离子可以通过阳离子通道进入细胞，而阴离子则可以通过阴离子-质子共运输通道进入细胞。例如大麦根吸收 Cl^- 和浮萍吸收硫酸盐都是靠与 H^+ 协同运输实现的。图 3-2 是关于质子泵（H^+-ATP 酶）的功能与位置的模型。

而 Ca^{2+}-ATP 酶［也称钙泵（calcium pump）或 Ca^{2+} 泵］通过催化 ATP 水解，驱动细胞内 Ca^{2+} 逆浓度梯度泵出细胞或泵入液泡和内质网等 Ca^{2+} 库。Ca^{2+}-ATP 酶可分为细胞质膜上受钙调素激活的细胞质型 Ca^{2+}-ATP 酶和分布于内质网上无钙调素结合部位的内质网型 Ca^{2+}-ATP 酶。Ca^{2+}-ATP 酶在将 1 个 Ca^{2+} 转出细胞质的同时，也可将 2 个 H^+ 运入细胞质，从而维持电荷平衡，这种情况下，转运 Ca^{2+} 和 H^+ 的 ATP 酶称为 Ca^{2+}/H^+-ATP 酶。

此外，H^+-焦磷酸酶（H^+-PPase）也普遍存在于植物细胞的液泡膜上，依赖水解无机焦磷酸（PPi）获取能量来跨膜运输质子。在未成熟组织中，H^+-焦磷酸酶活性比质子泵活性高，而在成熟组织中则相反。ABC 转运体（ATP binding cassette transporter），即三磷酸腺苷结合转运体，是一组定位于内质网、液泡、线粒体等细胞器上的跨膜蛋白，与 ATP 结合后能介导无机离子、氨基酸、糖类、脂类、脂多糖和多肽等分子的跨膜运输。因此离子载体、离子通道和离子泵统称为植物细胞膜的溶质转运系统。根据运

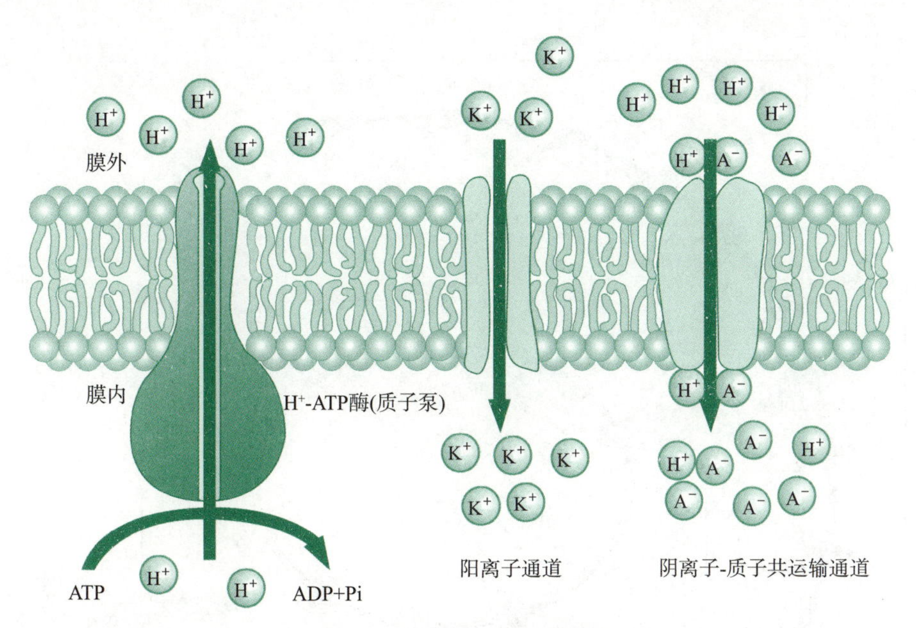

图 3-2 H^+-ATP 酶的工作机制
（H^+-ATP 酶起着致电质子泵的作用，推动 K^+ 或其他阳离子通过阳离子通道）

输方向，可分为单向转运体（uniporter）、同向转运体（symporter）和反（逆）向转运体（antiporter）。单向转运体能单方向跨膜运输离子或分子，可分为主动单向转运体和被动单向转运体，例如质膜上有运输 Fe^{2+}、Zn^{2+}、Mn^{2+}、Cu^{2+} 等的单向转运体。同向转运体是指转运体与细胞膜一侧的 H^+ 结合的同时，又与同侧的另一个离子或分子（如 Cl^-、K^+、氨基酸、蔗糖等）结合，同方向运输。反向转运体是指转运体与细胞膜一侧的 H^+ 结合的同时，又与另一侧的离子或分子（如 Na^+ 等）结合，二者朝相反的方向运输。图 3-3 为植物细胞质膜和液泡膜上的几种跨膜转运系统。

（二）离子跨膜运输机制

离子跨膜运输有被动运输（passive transport）和主动运输（active transport）两种方式。被动运输是离子或分子顺电化学势梯度透过膜、不需代谢能直接驱动的过程。主动运输是离子或分子逆电化学势梯度透过膜、需要代谢能才能驱动的过程。

1. 被动运输 胞外溶液中的离子至少受到两种物理力的作用，一个产生于细胞内外离子浓度差的化学势梯度，另一个是由于细胞内外电势差而产生的电势梯度。离子沿化学势梯度的运动，是从高浓度向低浓度的扩散；受电势梯度作用的离子，则是阳离子向负电势方向移动，而阴离子向正电势方向移动。离子运动取决于其电化学势梯度，在离子运动达到平衡状态时，膜内外离子的电化学势必定相等；膜内与膜外的电势差可用能斯特（Nernst）方程表示，即

$$\Delta E = E_{内} - E_{外} = (RT/ZF)\ \ln\ (a_{内}/a_{外})$$

式中，R 为摩尔气体常数（0.008 3 J·mol^{-1}·K^{-1}），T 为热力学温度（K），a 为离子的化学活度（mol·L^{-1}），Z 为离子的化合价，F 为法拉第常数（96.485 C·mol^{-1}），E 为电势（mV），ΔE 为离子的 Nernst 电势（mV）。

为简便起见，把 RT/F 数值化，方程右侧变换成常用对数，在 18 ℃时，Nernst 方程变成

$$\Delta E = (58/Z)\ \lg\ (a_{内}/a_{外})$$

对于一价阳离子来说，$Z=+1$，所以 $\Delta E=58\ \lg\ (a_{内}/a_{外})$。对于一价阴离子来说，

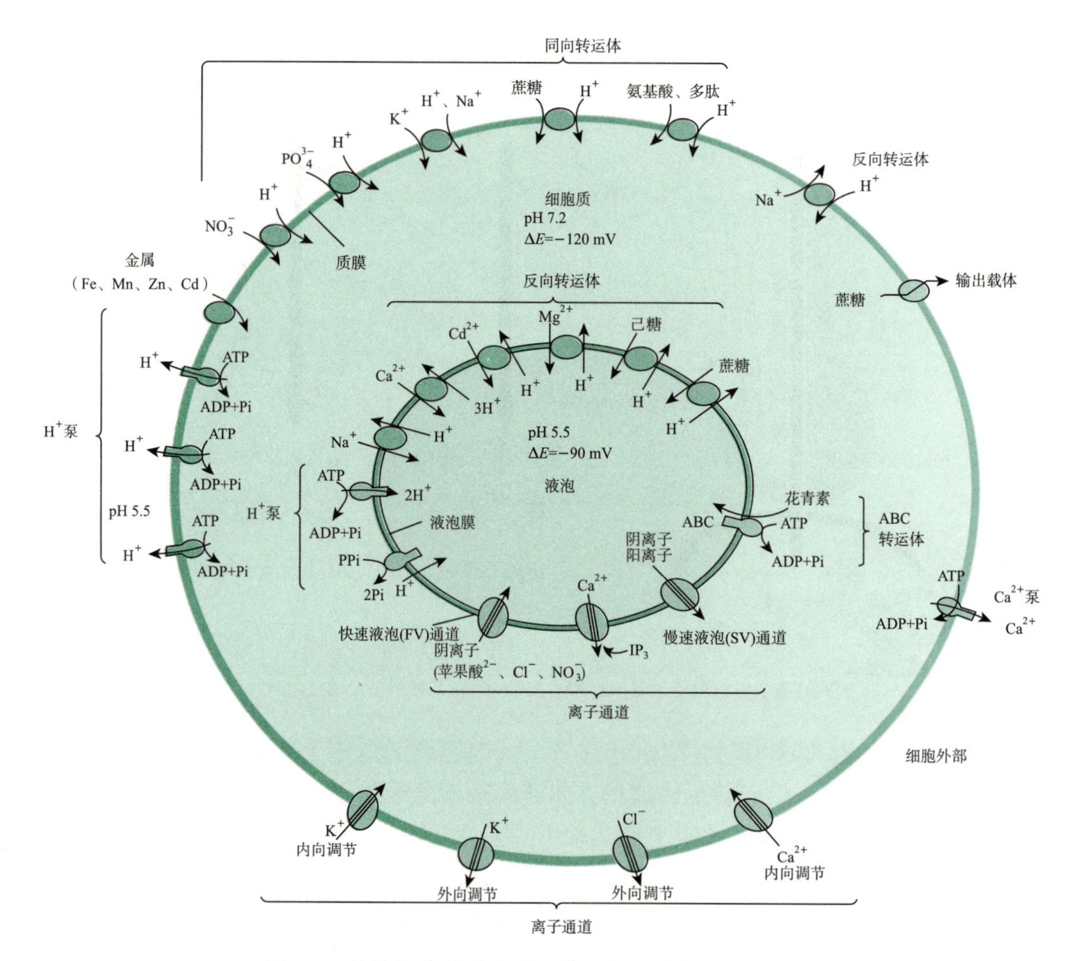

图 3-3　植物细胞质膜和液泡膜上的几种跨膜转动系统
（引自 Taiz 和 Zeiger，2010）

$Z=-1$，所以 $\Delta E=58\ \lg\ (a_{外}/a_{内})$。对于稀溶液来说，活度系数近于 1，所以常用浓度代替活度。

Nernst 方程可用于判别离子的主动运输和被动运输。只有在细胞内的离子浓度高于 Nernst 方程所预测的浓度时，才是逆电化学势梯度的主动运输，反之则为被动运输。

例如在 25 ℃下，细胞内的 K^+ 浓度（$mmol \cdot L^{-1}$）是细胞外液的 10 倍，据公式计算，ΔE 是－59.2 mV，而通常植物细胞的 Nernst 电势在－180～－100 mV。因此活细胞不需要外部供应能量就可以积累远高于 10 倍以上 K^+。这说明细胞中 K^+ 以及其他阳离子借助物理力就可以实现相当的积累。

在符合 Nernst 方程的平衡条件下，膜内阳离子和阴离子浓度积等于膜外阳离子和阴离子浓度积，这种平衡又称为道南平衡（Donnan equilibrium）。大多数生物膜两边都有电势差，通常胞内对胞外呈负电性，这种膜电势差是由离子的不均等分布建立起来的。

2. 主动运输　在离子的主动运输过程中，离子的跨膜运输与消耗 ATP 相偶联，而且离子跨膜运输逆电化学势梯度进行。植物活细胞膜内总是带负电，因此阴离子跨膜运输大多是主动运输，如 NO_3^-、Cl^-、SO_4^{2-} 和 $H_2PO_4^-$ 等。对于阳离子，如果其在细胞内积累的浓度超过 Nernst 方程平衡时的浓度，属于主动运输。

三、植物根系对矿质元素的吸收（Mineral Element Absorption by Plant Roots）

植物根系吸收矿质元素的区域与吸收水分一样，主要在根尖，其中根毛区是吸收矿质元素最活跃的部位。

（一）土壤溶液中溶质的向根运输

土壤溶液中的养分以集流（mass flow）和扩散（diffusion）两种方式向根表面运输。集流是溶质借水分向根流动，扩散是离子靠无规则的分子运动从高浓度向低浓度移动。

能较快被根吸收并且土壤溶液中的浓度较低的养分，例如NH_4^+、K^+和磷酸盐，集流方式的运输远远不能满足植物的需要，主要靠扩散运输，另外，蒸腾强度较低时，扩散也起主要作用。对于在土壤溶液中浓度较高的溶质，并且蒸腾强度很大时，集流起主要作用，例如Ca^{2+}、高浓度的NO_3^-的运输。

（二）矿质离子从外液进入根的途径

小分子溶质借扩散或集流到达根的表皮细胞后被吸收到根细胞中，也可以直接进入根皮层的细胞壁和充水的细胞间隙。因为细胞的初生壁是由纤维素、半纤维素、果胶和糖蛋白等物质组成的网，网眼的大小足够让离子自由通过，比如萝卜根毛细胞壁的孔隙直径为3.5～3.8 nm，而K^+和Ca^{2+}等水合离子的直径分别只有0.66 nm和0.82 nm。而且这个网中富含由聚半乳糖醛酸构成的果胶类物质，它们有许多游离的羧基，起交换阳离子的作用，因此阳离子可以非代谢地积累在这些部位。

动画：植物根系吸收矿质离子过膜的方式

（三）矿质离子在根内的径向运输

矿质离子通过皮层向中柱的运输有质外体途径和共质体途径。矿质离子通过质外体的运输中止于内皮层凯氏带，从皮层到中柱的溶质运输，基本上通过内皮层原生质膜来进行。在共质体中的细胞间运输需通过胞间连丝，它们穿过细胞壁连接相邻细胞的细胞质。

外液浓度低时，矿质离子在液泡中的积累与共质体运输存在竞争。在短期试验中，这种竞争反映在向地上部的运输推迟，表现在当某种营养供应不足时，根中所含的该种营养通常比地上部多。皮层细胞的液泡与共质体间的离子交换是通过液泡膜进行的。对于K^+来说，这种交换十分迅速，Na^+或SO_4^{2-}则很慢。

（四）矿质离子运输到木质部中

矿质离子由共质体径向运输到中柱以后，大多数将被释放到木质部中。木质部导管无细胞质，属质外体空间，因此中柱中的水和矿质离子释放到木质部导管是从共质体向质外体的转移。

矿质离子主要通过主动运输进入木质部。因此中柱组织的钾离子浓度比皮层中的高得多；代谢抑制剂（如蛋白质合成抑制剂环己亚胺），可抑制离子向木质部中释放，但不抑制其在根中的积累。人们根据这些现象提出了一个双泵模型（double-pump model）（图3-4）。在这个模型中，主动运输部位是在根表皮和皮层共质体的外表面，以及中柱共质体和木质部界面处。木质部薄壁细胞在矿质离子运输中起关键作用，在木质部薄壁细胞中发现了类似转移细胞的结构是对这种假说的支持。

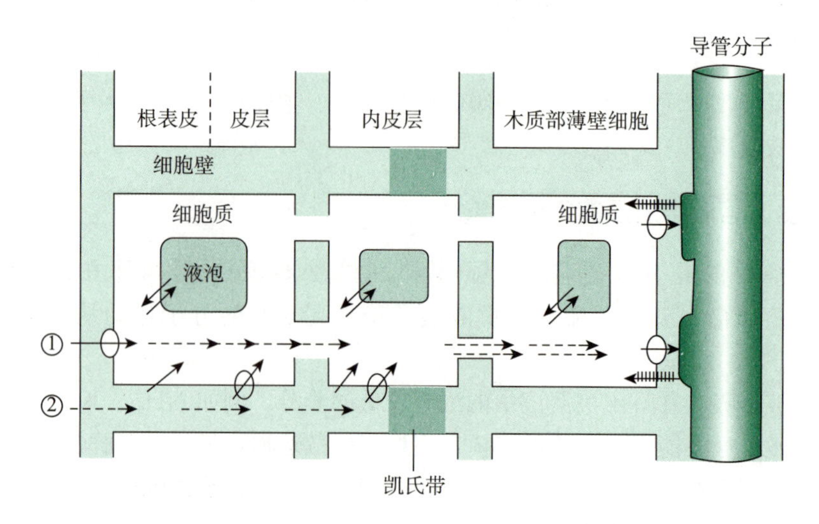

图 3-4　离子穿过根径向运输到导管分子中的共质体和质外体途径模型
（引自 Marchner，1995）
主动运输　再吸收　①共质体运输　②质外体运输

（五）根系吸收矿质离子的外界影响因素

1. pH　pH 是影响根吸收矿质离子的重要外界因子之一，其作用是多方面的。

（1）*影响土壤中矿质元素的浓度*　低 pH 有利于矿质风化，释放矿物质中的多种离子，如 K^+、Mg^{2+}、Mn^{2+}、Cu^{2+} 和 Al^{3+}。碳酸盐、磷酸盐和硫酸盐等多种盐类在低 pH 时溶解度较高。酸性土中有更多被吸附在黏土矿物上的 Al^{3+} 变成可溶态进入土壤溶液中。而 pH 6.5～7.0 范围内，可溶性 Al^{3+} 显著降低。因为过量的可溶性 Al^{3+} 对作物生长有毒害，因此黏重土壤的 pH 应保持在 pH 6.5 以上。但在 pH 较高的有机质土壤中，应适当降低 pH，因为高 pH 会降低磷酸盐、硼酸盐、锰（Mn）、铜（Cu）和锌（Zn）等营养的有效性（图 3-5）。

（2）*影响矿质离子的吸收速率*　一般来说，在弱酸性范围内，阴离子吸收速率较高。对磷酸盐而言，pH 可调节土壤溶液中 $HPO_4^{2-}/H_2PO_4^-$ 的比例，$H_2PO_4^-$ 在低 pH 时占主要地位，而 HPO_4^{2-} 在高 pH 时占主要地位。

$$H_2PO_4^- \underset{+H^+}{\overset{-H^+}{\rightleftharpoons}} HPO_4^{2-}$$

pH 5.5～8.5 时，外液中 $H_2PO_4^-$ 的比例和磷酸盐吸收速率之间呈负相关。硼酸的吸收也有类似情况，pH 调节硼酸（H_3BO_3）和硼酸根阴离子（BO_3^{3-}）的比例，在 pH 高于 8 时，硼酸根阴离子占主要地位。由于植物更易吸收硼酸分子，所以提高 pH 会降低硼的吸收。NH_4^+ 的吸收在中性 pH 时吸收最多，这可能是由于分子态（NH_3 和 NH_4OH）比例增加。在 pH 很低（pH<3.0）时，细胞膜受到破坏，K^+ 等离子从根细胞扩散到土壤溶液中。Ca^{2+} 可以部分抵消低 pH 对生物膜的不良影响。

（3）*影响土壤微生物种群及其活力*　一般说来，在 pH 较低（pH<5.5）时土壤和根际的真菌占主要地位，而在高 pH 时细菌更多。由亚硝酸菌属（*Nitrosomonas*）和硝酸杆菌属（*Nitrobacter*）引起的 NH_4^+ 分别氧化为 NO_2^- 和 NO_3^- 的硝化作用对土壤 pH 的依赖性很大，因为这些细菌更喜欢中性环境，因此强酸性土壤中天然硝酸盐含量极低。起固氮作用的土壤微生物以及反硝化细菌更适合中性的土壤环境。

pH 在影响矿质离子吸收的同时影响植物的生长。不同植物对土壤 pH 变化的适应

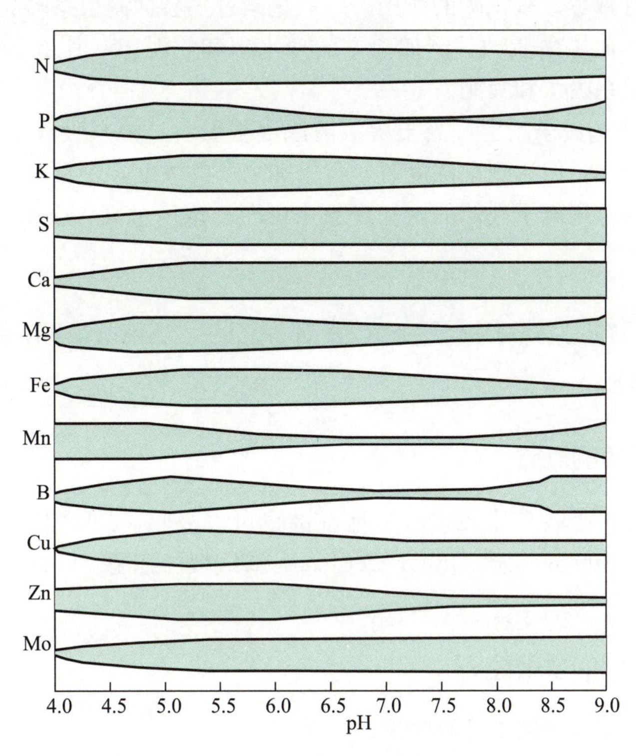

图 3-5 土壤 pH 与主要元素有效性间的关系

能力不同，因此各种作物生长的最适 pH 不同。植物生长对土壤 pH 的依赖是由于 pH 引起的一种或多种次生因素影响了植物的生长。

2. 土壤离子间的相互作用 土壤离子间的相互作用包括离子竞争、离子增效和同种盐的阴阳离子间互作。细胞对矿质离子的吸收并不表现高度特异选择性。例如 K^+ 与 Rb^+、Cl^- 与 Br^-、Ca^{2+} 与 Sr^{2+}、SO_4^{2-} 与 SeO_4^{2-} 之间存在竞争性抑制。这说明细胞对这些离子的吸收机制相似，或者这些离子对在膜上有相同的结合位置。美国科学家 Viets（1944）最先发现了低浓度的 Ca^{2+} 有促进 K^+、Rb^+、Br^- 等一价离子的吸收的作用，这种离子间的增效作用称为维茨效应（Viets effect）。同种盐的阳阴离子间的相互作用导致植物对同种盐的阳阴离子的吸收速率不一样，吸收速率小的离子通常会抑制相伴的吸收速率大的离子的吸收。

3. 温度 在一定范围内，根系吸收矿质元素的速度随温度的升高而加快，当超过一定温度时，吸收速度反而下降。这是由于温度能通过影响根系活力来影响根系对矿质元素的主动吸收。温度也影响酶的活性，在适宜的温度下，各种代谢加强，需要矿质元素的量增加，根系吸收也相应增多。原生质胶体状况也能影响根系对矿质元素的吸收，低温下原生质胶体黏度增加，透性降低，吸收减少；而在适宜温度下原生质黏度降低，透性增加，对离子的吸收加快。40 ℃以上的高温可使根系吸收矿质元素的速度下降，其原因可能是高温使酶钝化，从而影响根部代谢；高温还导致根尖木栓化加快，减少吸收面积；高温还能引起原生质透性增加，使根系中的矿质元素渗漏到环境中。

4. 通气状况 土壤通气状况直接影响根系的呼吸作用，通气良好时根系吸收矿质元素速度快。水稻离体根在含氧量达 3%时吸收钾的速度最快，而番茄在含氧量达到 5%～10%时才出现吸收高峰。若再增加氧浓度时，吸收速度不再增加。但缺氧时，根系的生命活动受到影响，矿质元素的吸收降低。因此增施有机肥料、改善土壤结构、加强中耕松土等改善土壤通气状况的措施能增强植物根系对矿质元素的吸收。土壤通气除增加氧气外，还有减少二氧化碳的作用。二氧化碳过多会抑制根系呼吸，影响根系对矿质元素的吸收和其他生命活动。例如南方的冷水田和烂泥田，其地下水位高而通气不良，影响了水稻根系吸水和吸肥。

5. 土壤溶液中的离子浓度 当土壤溶液浓度很低时，根系吸收矿质元素的速度随着浓度的增加而增加，但达到某浓度时，再增加离子的浓度，根系对离子的吸收速度不再增加。这种现象可用离子载体的饱和现象来说明。浓度过高，会引起水分的反渗透，导致“烧苗”。

四、植物地上部对矿质元素的吸收（Absorption of Mineral Elements by Shoots）

（一）根外营养的概念

植物除了根部可吸收矿质元素外，地上部也可以吸收矿质元素，后者称为根外营养，其施肥方法称为叶面施肥（foliar fertilization）或根外施肥。叶面施肥的突出的优点是速效、高效。

（二）根外施肥的适用性

根外施肥主要适合于以下几种情况。

1. 土壤中营养有效性低时 在土壤营养有效性低的情况下适合进行叶面施肥。例如在钙质土中，铁的有效性很低，缺铁普遍，叶面施铁螯合物比土施更有效，同时也是一种缓解锰中毒的方法。在高 pH 和富含有机质的土壤中，叶面施锰肥可以有效地克服缺锰症。在酸性土壤中，钼被牢固固定，因此在增加谷类作物（如玉米）籽粒钼含量方面，叶面施比土壤施更有效。

2. 上层土壤干燥时 在上层土壤缺少有效水的旱季或半干旱地区，营养有效性低是普遍的现象，即使下层土壤含有效水，矿质营养仍是生长的限制因子，此时，叶面施营养比土壤施有效。

3. 生殖阶段根系活力降低时 由于库争夺糖类，从生殖阶段开始，根系活力逐渐降低，根对营养的吸收能力下降。叶面施营养可以补偿这种下降。在共生固氮的豆科植物中，发育的种子和根瘤之间争夺糖类会引起固氮明显减弱，因此叶面施氮肥（比如尿素）可有效增加作物产量。

4. 对某类养分有特殊要求时 在小麦生长后期叶施氮肥，可以增加籽粒蛋白质含量，提高其营养和加工品质。叶面供应的氮易从叶再运输到正在发育的籽粒中。在某些作物中，与钙有关的失调症很普遍。因为 Ca^{2+} 在韧皮部移动性很小，叶面施效率低，在生长季反复喷施钙肥可缓解钙失调症。对苹果的苦痘病，可直接向正在发育的果实表面喷施钙肥。

（三）根外施肥的缺点

尽管根外（叶面）施肥有许多优点，但其肥效短促，也还有其他一些缺点：①穿透速度低，特别是叶的角质层厚的时候（比如柑橘和咖啡）易从疏水表面滴落下来；②遇降雨时易受雨水冲刷；③高温时喷施的溶液易迅速干燥而影响吸收；④某些营养再运输的速率低，例如 Ca^{2+} 不易从吸收地点（主要是成熟叶）向其他器官再运输；⑤一次供应的大量元素有限；⑥浓度过高时易发生伤叶（坏死和“焦枯”）。

第三节　矿质元素在植物体内的长距离运输与再分配
Section 3　Long Distance Transport and Redistribution of Mineral Elements in Plants

一、矿质元素在植物体内的长距离运输 (Long Distance Transport of Mineral Elements in Plants)

植物从土壤溶液中吸收的矿质元素，在植物体内从根到地上部的长距离运输主要发生在木质部导管中，在乔木类植物中尤其如此。矿质元素随水流运输的动力是根压、叶片蒸腾拉力和导管水柱内聚力。在木质部中从根到地上部的矿质元素流动是单向的，但在根中矿质元素可以进入韧皮部，并且在有筛管的韧皮部可进行双向运输，其运输的量和方向与各器官和组织的营养需求有关。

在矿质元素的运输途径中，输导组织周围的细胞能主动地从导管中选择性吸收溶质。也可从导管中吸取水分或向其中分泌水分，故导管液的组成成分在运输过程中也在不断发生变化。导管周围的细胞从导管中选择性吸收的离子可运输到叶片的叶肉细胞，也可能在中途通过邻近的薄壁细胞而进入共质体。

二、矿质元素在植物体内的再分配 (Redistribution of Mineral Elements in Plants)

根部或叶片吸收的矿质元素，一部分留在吸收部位，大部分运输到植物体的其他部位完成相应的生理功能。如果器官中的矿质输出速率超过输入，净含量就降低，这种现象称为矿质元素的再分配（又称为再动员）。

有些矿质元素被吸收后，始终以离子状态存在（例如 K^+）；有些元素主要以形成不稳定的化合物的形式被植物利用（如氮、磷和硫），这些化合物不断分解，释放出的离子又转移到其他需要的组织和器官中；另一些矿质元素在细胞内形成难溶解的稳定化合物（例如钙、铁、锰、硼等）而难以参与再分配，例如老叶中的钙含量通常大于嫩叶。

在生殖阶段中，种子、果实和储藏器官形成期间，矿质元素的再分配最为重要。玉米、燕麦等开花结实时所需要的氮大部分来自营养体，尤其是叶片。在完全培养液中培养的番茄，如果在开花时被移到缺磷的培养液中，则果实形成所需要的磷可由叶和茎供应，所以仍能结实，但产量减少。落叶植物在落叶前，其中的氮和磷等元素可运输到其他部位特别是储藏和繁殖器官中再利用。有的从衰老器官转移到幼嫩器官，有的从衰老叶片转入休眠芽或根茎中，待来年再利用，有的则从叶、茎、根转入种子中。

植物缺乏不同的必需元素时，最先出现缺素症的部位会有所不同，其原因在于各元素再利用程度不同。容易被再利用的元素，其缺素症发生于老叶；难以被再利用的元素，其缺素症表现在幼叶。例如铜和锌在一定程度上可被再利用，其缺素症首先发生在老叶；硫、锰和钼较难被再利用，而钙和铁几乎不能被再利用，因此它们的缺素症首先出现在幼嫩的茎尖和幼叶。

第四节　合理施肥的生理学基础
Section 4　Physiological Basis of Rational Fertilization

施肥是农业生产的一项重要措施，其目的是满足作物对矿质元素的需要。合理施肥要求根据矿质元素的生理功能，并结合作物的需肥规律施肥，做到适时、适量、低耗和高效。

一、作物的需肥特点（Crop Requirement for Fertilizer）

1. 不同作物对矿质元素的需求不同 禾谷类作物（例如水稻、小麦和玉米等），其产量构成因素包括单位面积穗数、每穗粒数和千粒重。其中穗数决定于播种密度和分蘖能力，在其生长前期供应足够的氮肥有利于分蘖和成穗，若磷肥和钾肥供应不足，则降低单位面积穗数及每穗粒数。千粒重的大小，受灌浆过程的影响，上部叶片的光合产物大量运往籽粒，特别是旗叶（剑叶）。所以禾谷类作物需氮肥较多，同时又需供给足够的磷肥和钾肥。

对于薯类作物，其营养生长和储藏组织充实过程之间将会争夺糖类。例如马铃薯的产量因素是单位面积株数、每株块茎数和块茎的大小。块茎的生长和糖类的供应有密切关系。这依赖于地上部二氧化碳同化强度和光合产物从叶向块茎的运输，同化强度随植物叶面积及光合能力的变化而变化。叶面积主要依赖于营养生长期植株的发育，足够的营养（尤其是氮素营养）、有利的气候及水分供应都有利于叶片的旺盛生长。叶的同化能力在很大程度上依赖于钾和磷营养水平，施钾可提高产量。

豆类作物能固定空气中的氮素，故需钾和磷较多，但在根瘤尚未形成的幼苗期也需少量氮肥。叶菜类则需要多施氮肥。油料和棉花等作物对氮、磷和钾的需要量都很大。另外，油料作物对镁有特殊需要，而甜菜、苜蓿和亚麻则对硼有特殊要求。以果实为收获对象的作物（例如葡萄等），其特点也是花后才开始充实过程，果实附近的叶片是果实生长过程所需光合产物的主要供应者，因此在葡萄生产中，增大叶面积非常重要。在果实发育早期主要是增加果重，以后则主要是增加糖含量，所以果树在开花后就要注重追施氮肥。

2. 不同作物的需肥形态不同 烟草和马铃薯施钾肥不宜用氯化钾，因为氯会降低烟草的燃烧性和马铃薯的淀粉含量。水稻宜施铵态氮而不宜施硝态氮，因稻株中硝酸还原酶活性低而难以利用硝态氮。而烟草施用 NH_4NO_3 效果好，因既需要铵态氮，又需要硝态氮。硝态氮有利于有机酸的形成而加强烟叶的燃烧性。铵态氮有利于烟叶芳香油的形成。另外，黄花菜、苜蓿及紫云英吸收磷的能力弱，以施用水溶性的过磷酸钙为宜。荞麦吸收磷的能力强，施用难溶解的磷矿粉和钙镁磷肥有较好效果。

3. 同种作物在不同生育期需肥不同 在不同的生育阶段，作物对矿质元素的需求、吸收情况也不同。一般在种子萌发期间，因种子本身有储藏养分，不需要吸收外界肥料。随着幼苗的长大，吸肥能力增强，将近开花结实时，矿质元素吸收最多。以后随着生育期的延长吸收下降，至成熟期则停止吸收，衰老时甚至有部分矿质元素排出体外。

作物在不同的生育期中各有明显不同的生长中心，即代谢强、生长旺盛的部位。例如水稻、小麦等分蘖期的生长中心是腋芽，拔节孕穗期的生长中心是发育中的幼穗，结实期的生长中心是种子。养分一般优先分配到生长中心，所以在不同生育时期施肥（包括肥料的种类和用量），对生长的影响不同，其增产效果有很大的差别。其中施用肥料的营养效果最好的时期称为最高生产效率期或营养最大效率期。一般以种子和果实为经济器官的作物，其营养最大效率期是在生殖生长时期。

二、合理施肥的指标（Indexes for Rational Fertilization）

作物对矿质元素的吸收随自身的生育时期不同而有很大的改变，合理施肥应充分考虑作物不同生育时期的需肥特点。所以应在施足基肥的基础上，分期追肥以及时满足作物不同生育时期的需要。追肥要根据具体情况来确定其方法和用量。作物生长发育易受环境（土壤与气候）的影响，而环境条件多变，所以植物生长状况实际上是环境对植物影响的综合反映，因此在确定具体施肥时期和数量时，要分析土壤养分、作物生长发育进程和生理生化指标变化等情况，并以此作为合理施肥的指标和依据。

（一）土壤肥力指标

通过土壤理化性状分析可以了解土壤肥力（即土壤中全部养分和有效养分的储存量），为配施基肥提供依据。土壤分析的局限是无法了解作物从土壤中吸收养分的实际数量。

（二）作物营养指标

由于土壤营养不能完全反映作物对肥料的要求，而植物自身与营养状态相关的表征，是作物需肥情况的直接指标。

1. 形态指标 能够反映作物需肥情况的植株外部形态称为施肥形态指标。作物的表型是很好的施肥形态指标。一般来说，氮肥多，作物生长快，叶片大，叶色浓，株型松散；氮肥不足时，作物生长缓慢，叶短而直，叶色变淡，株型紧凑。叶色也是一个很好的施肥形态指标。功能叶的叶绿素含量与氮含量相关，叶色深，则表示氮和叶绿素含量都高；叶色浅，则二者含量均低。其次，叶色可反映植株代谢类型。叶色深，反映体内蛋白质合成多，以氮代谢为主；叶色浅，反映体内蛋白质合成少，糖类合成多，植株以碳代谢为主。在正常营养状况下，作物的叶色在其各生育时期会呈现规律性变化，这往往是营养生长和生殖生长进行转折的表现，也是氮代谢与碳代谢进行转变的表现。了解其变化规律，有助于通过肥水措施调控其代谢类型（控制叶色变化），以达到高产优质的目的。

2. 生理指标 能够反映植株需肥情况的生理生化变化称为施肥生理指标，一般以功能叶作为测定对象。一般在可见的缺素症出现之前，生理指标就已经出现异常，所以生理指标常用于早期诊断潜在的缺素。

（1）叶片营养元素含量 叶片营养元素诊断是研究植物营养状况较有效的途径之一。该方法就是在不同施肥水平下，分析不同作物或同种作物的不同组织、不同生育时期营养元素的浓度（或含量）与作物产量之间的关系。通过分析可在严重缺乏与适量浓度之间，找到临界浓度（critical concentration），即作物获得最高产量时组织中营养元素的最低浓度。若组织中养分浓度低于临界浓度，就预示着应及时补充肥料。组织中养分浓度在适量或以上，则不必施肥，否则反而浪费甚至有害。

（2）酰胺含量 作物吸收氮素较多时，会以酰胺的形式储存起来，顶叶内如含有酰胺，表示氮素营养充足；若不含酰胺，则说明氮素营养不足。这个指标特别适合作为水稻等作物施用穗肥的依据。

（3）酶活性 一些矿质元素可作为某些酶的激活剂或组成成分，缺乏这些元素时，相应的酶活性就会下降。例如缺铜时，抗坏血酸和多酚氧化酶的活性下降；缺钼时，硝酸还原酶活性下降；缺锌时，碳酸酐酶和核糖核酸酶活性降低；缺铁时，可引起过氧化物酶和过氧化氢酶活性下降。根据这些酶活性的变化，便可推断植物体内的营养水平，从而指导施肥。

三、矿质营养和产量效应（Mineral Nutrition and Yielding Effect）

作物的生长发育和产量形成与其体内矿质元素含量关系密切（图 3-6）。通常在缺乏区浓度范围内，随矿质元素浓度在植物组织中的增加，生长速度受到明显促进。在临界浓度（产生最大生长的最低浓度）之后，浓度增加（施肥）并不显著影响生长速度（足量区），足量区表示该元素奢侈消耗。对大多数元素来说，足量区浓度范围较大，而硼、锌、铁、钙、锰和钼等微量元素足量区范围较小。超过足量区继续增加浓度通常产生毒性，并降低生长速度（毒性区）。营养元素过量产生毒性的原因，包括营养元素本身的毒性和其他营养的缺乏等。例如过量施用氮肥影响植物激素水平，导致成熟延迟和产量降低。因此施肥要适量和适时，不是越多越好。

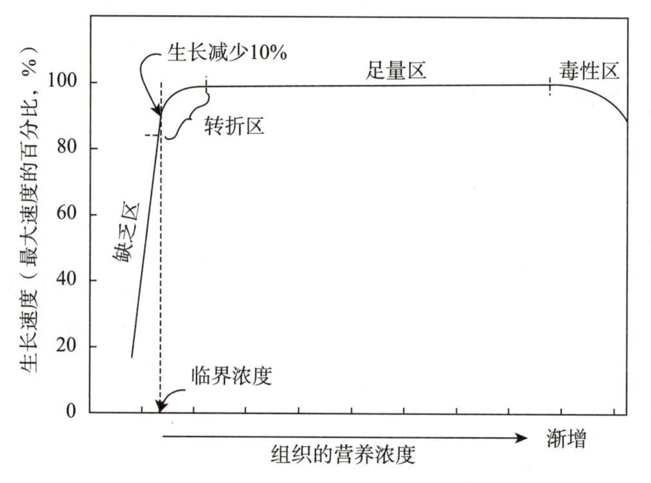

图 3-6　生长随植物组织中的营养浓度的变化

（引自 Epstein，1972）

在施肥时还要考虑矿质元素之间的相互作用。产量反应曲线（图 3-7）说明，在钾水平较低时，作物对增施氮的反应很小；大量供氮时产量严重下降。籽粒和秸秆的产量反应不同，在高钾水平时尤其如此。供高氮时，籽粒产量提高很少，而秸秆则可继续增加，反映出库的限制（比如每穗粒数少）、库的竞争（比如分蘖增多）或源的限制（比如叶片相互遮阴）。

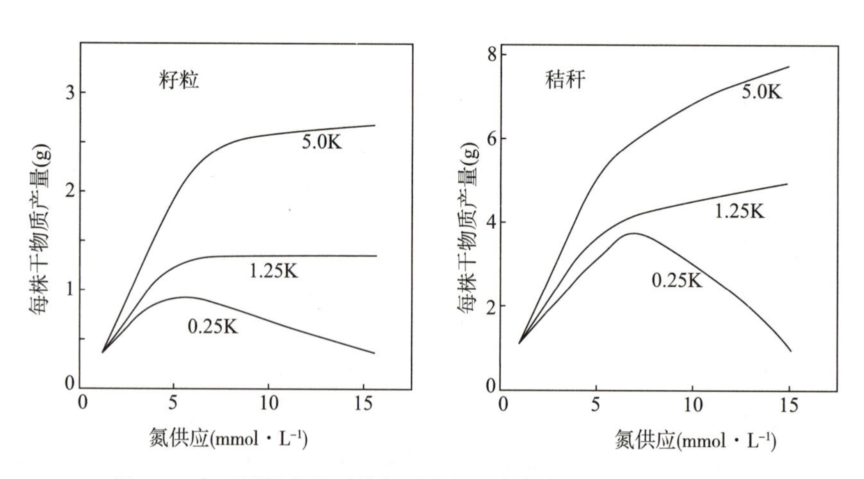

图 3-7　在不同钾水平下供氮对水培大麦籽粒和秸秆产量的影响

（引自 Marschner，2013）

营养元素和水分等其他因素之间的相互作用对产量反应曲线有强烈影响。在大田条件下，水分和供氮之间的相互作用特别重要。例如在不同土壤水分条件下，玉米籽粒产量随供氮增加的反应曲线类似于大麦在不同钾水平下的情况。在低土壤水分时，大量供氮引起产量降低，这可能是因为氮对气孔在水分缺乏时的反应有不良影响，而且由于营养生长水分消耗较大，在籽粒形成临界期的水分胁迫也较大。

矿质营养也可以影响作物产品的品质。产量反应曲线不仅在营养器官和生殖器官之间不同，而且所收获的产物成分之间也不同。在大多数作物中，数量（例如单位面积的干物质产量）和品质（例如糖或蛋白质含量）都是重要的农艺性状。

四、发挥肥效的配套措施（Joint Measures to Ensure Fertilization）

为充分发挥肥效，除矿质元素种类、用量和施用时期以外，施肥时还要配合其他措施。

1. 适当灌溉　水是作物吸收和运输矿质元素的介质，又能显著地影响作物生长。因此合理灌溉会直接或间接地影响作物对矿质元素的吸收和利用。

2. 适当深耕　适当深耕能使土壤容纳更多的水分和肥料，而且也促进根系生长，以增大吸收面积。

3. 改善光照条件　改善光照条件，提高作物光合效率，是充分发挥肥效的关键因素。合理密植，通风透光，使作物获得更多的有机物质和合理的群体结构，从而达到高产高效的目的。

4. 改进施肥方式　作物施肥的方式很多，例如根外施肥法、深层施肥法、叶面施肥以及目前正在推广的省工高效一次性全层施肥法等。肥料的种类也很多，例如单质化肥、专用复混肥、包膜控释肥等。由于各种作物营养特性各异，故应视具体情况而选择最适宜的施肥方式和肥料种类。

本章内容概要

植物矿质营养是指植物对矿质元素的吸收、运输和利用。溶液培养可以确定植物的必需矿质元素种类。迄今已发现至少有19种元素是植物的必需元素。必需元素过少或过多对植物生长发育、产量形成都有不利的影响。

植物吸收矿质离子的特点包括选择性、积累效用、吸收过程需要消耗能量以及存在基因型差异。此外，还存在单盐毒害和离子颉颃现象。细胞吸收矿质元素的过程有主动吸收和被动吸收两种方式。参与矿质离子跨膜运输的运输蛋白有离子通道、离子载体和离子泵3种。植物根系对离子的吸收受到pH、土壤离子间的相互作用、温度、通气状况和土壤溶液中的离子浓度等影响。植株地上部也可以吸收矿质营养，称为根外营养。矿质元素或无机离子在植物体内主要由导管或管胞运输，有些离子也可以由韧皮部运输。矿质元素还可进行再分配和再利用。

合理施肥的指标包含土壤肥力指标和作物营养诊断指标。为充分发挥肥效，除矿质元素种类、用量和施用时期以外，施肥时还要结合灌溉、光照和耕作措施等进行。

复习思考题

1. 植物必需元素有哪些主要生理功能？
2. 高等植物吸收矿质离子有何特点？
3. 植物缺素症有的出现在幼嫩枝叶上，有的出现在下部老叶上，为什么？试举例说明。
4. 土壤中氮素过多或不足对植物的生长发育各有何影响？
5. 矿质离子间的相互作用包括哪些内容？举例说明它在生产中的实用价值。
6. 在什么情况下进行叶面施肥能取得较好的效果？
7. 为什么说阴离子的积累过程都是主动运输？
8. 为什么说合理施肥可以增加作物产量？

Chapter 4 第四章
植物的呼吸作用
Plant Respiration

教学要求： 掌握呼吸作用的概念、类型和生理意义，高等植物呼吸代谢的多样性特点及其进化意义，呼吸作用的指标及其影响因素；理解呼吸作用与作物栽培、种子和果蔬储藏的关系；了解呼吸代谢化学途径、呼吸链电子传递系统和末端氧化酶系统的多样性。

重点与难点： 重点是高等植物呼吸代谢的多样性特点及其进化意义，影响呼吸作用的因素及其与农产品采后储藏的关系。难点是呼吸代谢途径的相互关系、呼吸链电子传递与氧化磷酸化的功能、呼吸链与末端氧化酶系统的多样性。

建议学时数： 5～6 学时。

能量是植物进行生命活动的基础，植物通过光合作用捕获太阳能，合成有机物，再通过呼吸作用将有机物分解为简单的无机物，同时把储藏在有机物中的能量释放出来，为植物的生命活动提供能量。呼吸代谢既是植物能量代谢的核心，也是植物体内有机物转换的枢纽。因此了解呼吸作用的规律，对于调控植物的生长发育、指导农业生产有着重要的理论意义和实践意义。

第一节　植物呼吸作用的概念及生理意义
Section 1　Concepts and Physiological Roles of Plant Respiration

一、呼吸作用的概念（Concepts of Respiration）

呼吸作用（respiration）是指活细胞内的有机物在一系列酶的催化下，逐步氧化分解，产生二氧化碳（CO_2）和水（H_2O），同时释放能量的过程。根据呼吸过程中是否有氧的参与，可将呼吸作用分为有氧呼吸和无氧呼吸两大类型。

(一) 有氧呼吸

有氧呼吸 (aerobic respiration)是指活细胞在氧气 (O_2) 的参与下，通过多种酶的催化作用，将某些有机物彻底氧化分解，产生二氧化碳 (CO_2) 和水 (H_2O)，同时释放能量的过程。这些被呼吸作用氧化分解的有机物称为呼吸底物 (respiratory substrate)，例如糖类、有机酸、蛋白质、脂肪等。其中，葡萄糖是主要的呼吸底物。

有氧呼吸的总反应方程式为

$$C_6H_{12}O_6+6\ O_2 \xrightarrow{\text{酶}} 6\ CO_2+6\ H_2O+\text{能量}\ (\Delta G^{\ominus\prime}=-\ 2\ 870\ \text{kJ}\cdot\text{mol}^{-1})$$

$\Delta G^{\ominus\prime}$指 pH 7 时标准自由能的变化。

上列总反应式表明，有氧呼吸时，呼吸底物被彻底氧化成 CO_2 和 H_2O，O_2 被还原为水 (H_2O)。在呼吸作用中，能量是逐步释放的，有相当一部分的能量以热能的形式释放出来，其余的能量则储藏于 ATP 和 NAD (P) H 分子中，可被其他生理活动利用。

有氧呼吸是高等植物进行呼吸的主要形式，通常所说的呼吸作用就是指有氧呼吸。

(二) 无氧呼吸

无氧呼吸 (anaerobic respiration)是指活细胞在无氧条件下，通过多种酶的催化作用，将呼吸底物分解成为不彻底的氧化产物 (乙醇、乳酸等)，同时释放能量的过程。高等植物无氧呼吸可产生乙醇，此过程与微生物中的乙醇发酵 (fermentation)相似，其总反应式为

$$C_6H_{12}O_6 \xrightarrow{\text{酶}} 2\ C_2H_5OH+2\ CO_2+\text{能量}\ (\Delta G^{\ominus\prime}=-226\ \text{kJ}\cdot\text{mol}^{-1})$$

除乙醇外，有些植物 (例如马铃薯块茎、甜菜块根、玉米胚等) 进行无氧呼吸时产生乳酸，反应式为

$$C_6H_{12}O_6 \xrightarrow{\text{酶}} 2\ CH_3CHOHCOOH+\text{能量}\ (\Delta G^{\ominus\prime}=-197\ \text{kJ}\cdot\text{mol}^{-1})$$

从进化角度看，有氧呼吸是从无氧呼吸进化而来的。无氧呼吸所释放的能量远不能满足高等植物进行各种生理活动的需要，同时无氧呼吸积累的乙醇等会使植物中毒。因此高等植物的呼吸作用以有氧呼吸为主，但仍保留着在特定条件下进行无氧呼吸的能力，例如种子吸水萌动，胚根、胚芽突破种皮之前，主要进行无氧呼吸；一些沼泽植物仍保留无氧呼吸系统。这些都是植物适应生态多样性的表现。

二、呼吸作用的生理意义 (Physiological Roles of Respiration)

呼吸作用对植物生命活动具有十分重要的意义，主要表现在以下 3 个方面。

1. 为植物生命活动提供所需的大部分能量 除了绿色细胞可直接利用光能进行光合作用外，其他一切生命活动所需的能量都依赖于呼吸作用。呼吸过程中释放的能量一部分以热能的形式散失，另一部分以 ATP、NADH、NADPH 等形式储存 (图 4-1)。呼吸作用是衡量生命活动与代谢能力强弱的重要标准，呼吸作用停止通常意味着生命的终止。

2. 为其他有机物合成提供原料 呼吸过程中产生一系列中间产物，其中一些中间产物的化学性质十分活跃，如丙酮酸、α-酮戊二酸、苹果酸等，是合成植物体内各种重要化合物 (核酸、氨基酸、蛋白质、脂肪、有机酸等) 的原料。因此呼吸作用是植物体内物质代谢的枢纽。

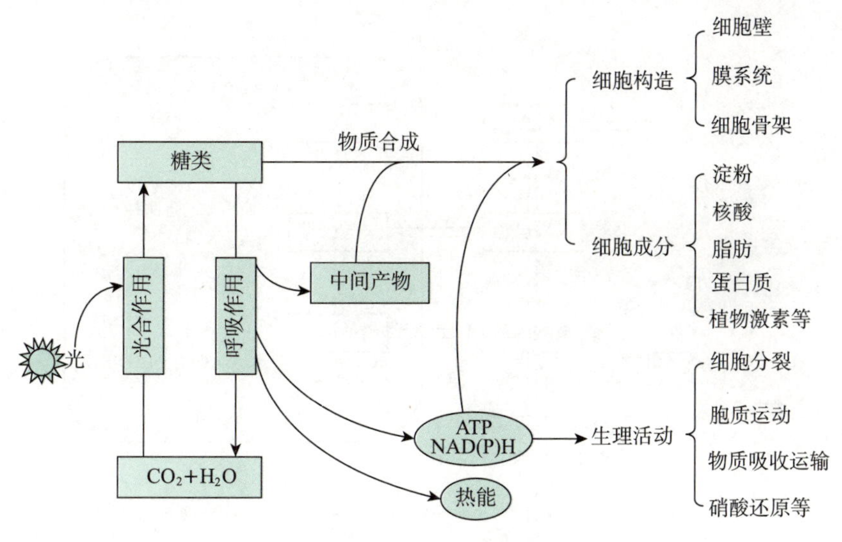

图 4-1 呼吸作用的主要功能

3. 提高植物抗病、抗伤害的能力 植物受到病菌侵染或受伤时，呼吸速率升高，加速木质化或木栓化，促进伤口愈合，以减少病菌的侵染。此外，呼吸作用加强还可促进绿原酸、咖啡酸等抑菌物质的合成，能增强植物的免疫力。

第二节 高等植物呼吸代谢的多样性
Section 2 Diversity of Respiratory Metabolism in Higher Plants

高等植物呼吸代谢具有以下特点：①复杂性，呼吸作用的整个过程是一系列复杂的酶促反应，是物质代谢和能量代谢的中心，其中间产物又是合成多种重要有机物的原料，起到物质代谢的枢纽作用；②多样性，表现在呼吸代谢化学途径的多样性、呼吸链电子传递系统的多样性和末端氧化酶系统的多样性。

一、呼吸代谢化学途径的多样性（Diversity of Respiratory Chemical Pathways）

高等植物体内存在着多条呼吸代谢的化学途径，这是植物在长期进化过程中形成的对多变环境的一种适应（图 4-2）。呼吸底物（糖）通过糖酵解降解为丙酮酸，在无氧条件下进行酒精发酵和乳酸发酵。在有氧条件下丙酮酸进入三羧酸循环彻底氧化分解。己糖也可不经糖酵解而由磷酸戊糖途径直接氧化分解。此外，还有乙醛酸循环和乙醇酸氧化途径等。

（一）糖酵解

1. 糖酵解的化学途径 糖酵解（glycolysis）是指葡萄糖和其他己糖经过一系列生化反应分解为丙酮酸并产生 ATP 和 NADH 的过程，又称为 Embden-Meyerhof-Parnas 途径，简称 EMP 途径（图 4-3），以纪念研究贡献较大的德国生物化学家 Embden、Meyerhof 和 Parnas。

糖酵解是有氧呼吸和无氧呼吸必须经历的共同阶段，在细胞质中进行。糖酵解的化学历程包括以下 3 个阶段。

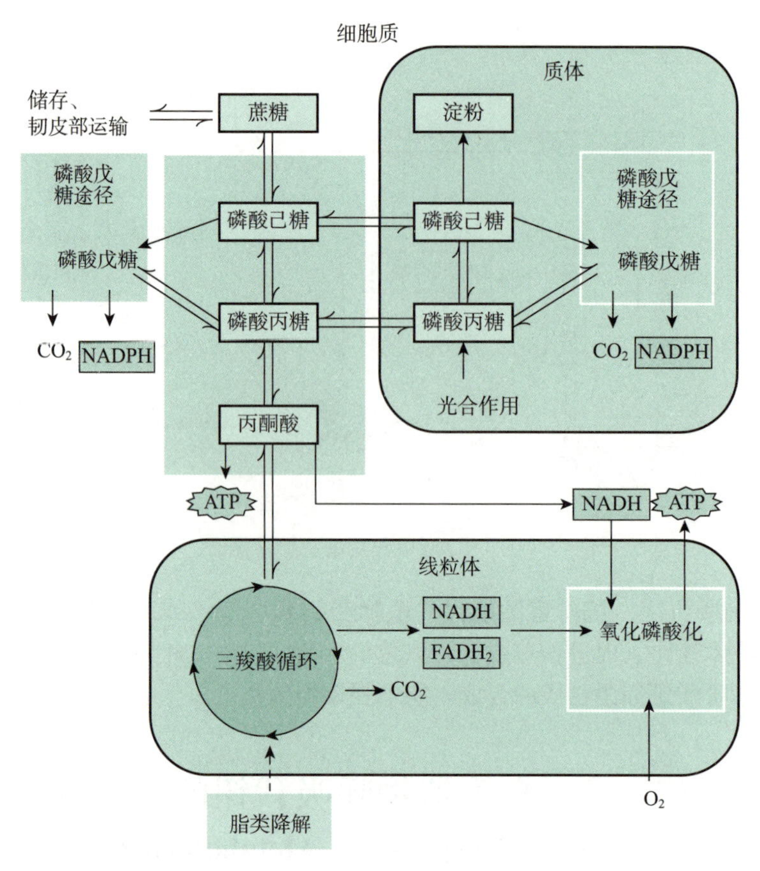

图 4-2 植物体内主要呼吸作用途径
（引自 Taiz 和 Zeiger，2010）

（1）己糖的活化 己糖消耗 2 分子 ATP 经两步反应转化成 1,6-二磷酸果糖，为裂解成 2 分子丙酮酸做准备。

（2）磷酸己糖的裂解 1,6-二磷酸果糖在醛缩酶的催化下，裂解成 2 分子的磷酸丙糖，即 3-磷酸甘油醛和磷酸二羟丙酮，且二者之间可相互转化。

（3）丙糖的氧化 3-磷酸甘油醛氧化释放能量，经过磷酸甘油酸、磷酸烯醇式丙酮酸，生成丙酮酸，产生 ATP 和 NADH。

糖酵解总反应为

$$C_6H_{12}O_6 + 2\ NAD^+ + 2\ ADP + 2\ Pi \longrightarrow 2\ CH_3COCOOH + 2\ NADH + 2\ H^+ + 2\ ATP + 2\ H_2O$$

2. 糖酵解的生理学意义 ①糖酵解普遍存在于生物体中，是有氧呼吸和无氧呼吸经历的共同阶段。②糖酵解过程中产生的一系列中间产物，在不同外界条件和生理状态下，可以通过各种代谢途径，产生不同的生理反应，在植物体呼吸代谢和有机物转化中起着枢纽作用。③糖酵解为生命活动提供部分能量。对厌氧生物来说，糖酵解是糖分解和获取能量的主要方式。

此外，对于高油脂种子，一些非糖物质通过糖酵解途径的逆向反应可形成葡萄糖（糖异生作用，gluconeogenesis），在萌发和幼苗生长中发挥作用。

（二）三羧酸循环

1. 三羧酸循环的化学途径 三羧酸循环（tricarboxylic acid cycle），简称 TCA 循环，是指有氧条件下糖酵解的产物丙酮酸进入线粒体经脱氢脱羧形成乙酰辅酶

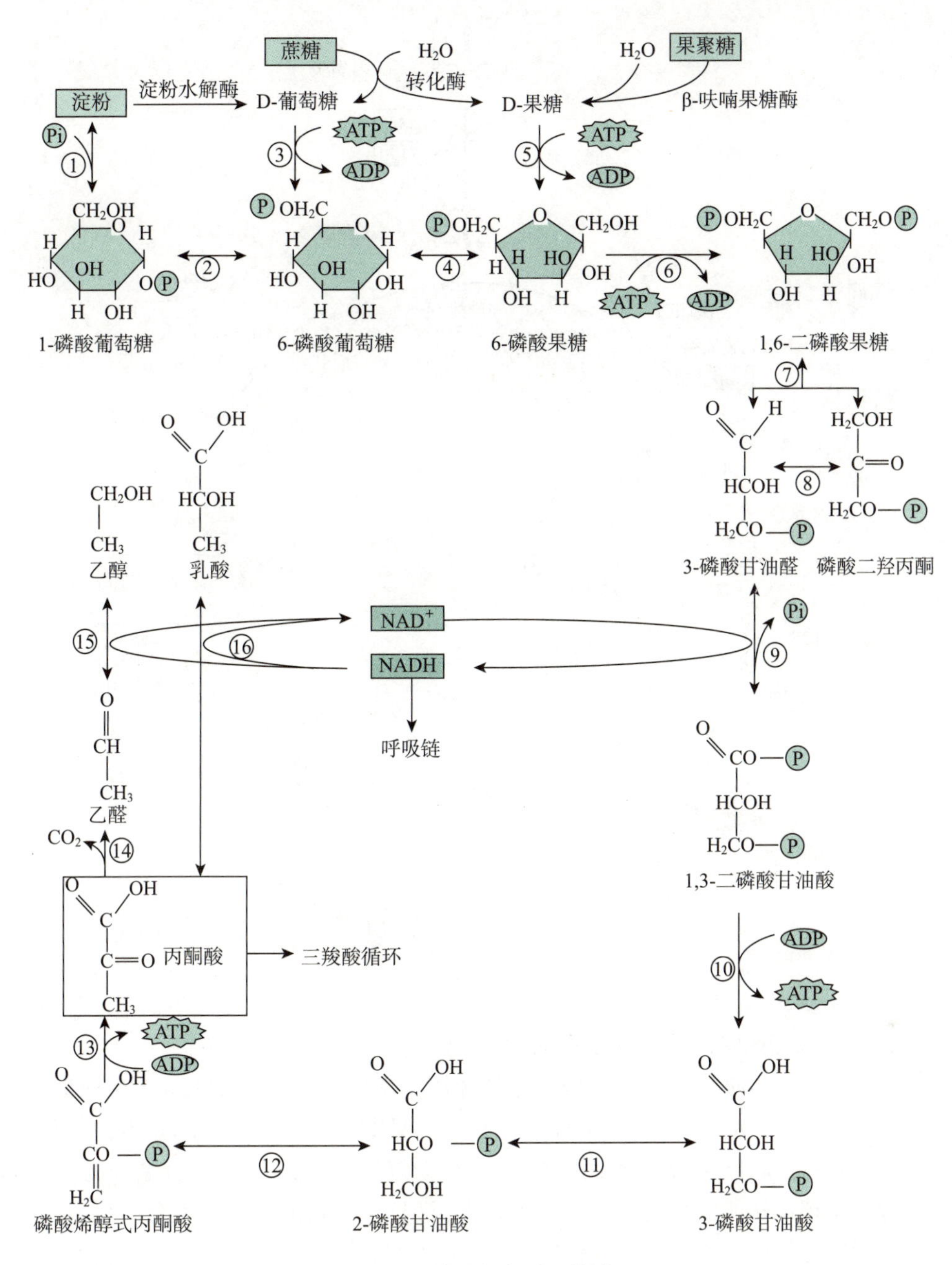

图 4-3 糖酵解与呼吸代谢

①淀粉磷酸化酶 ②磷酸葡萄糖变位酶 ③己糖激酶 ④磷酸己糖异构酶 ⑤果糖激酶 ⑥磷酸果糖激酶
⑦醛缩酶 ⑧磷酸丙糖异构酶 ⑨磷酸甘油醛脱氢酶 ⑩磷酸甘油酸激酶 ⑪磷酸甘油酸变位酶 ⑫烯醇化酶
⑬丙酮酸激酶 ⑭丙酮酸脱羧酶 ⑮乙醇脱氢酶 ⑯乳酸脱氢酶

A (CoA)后，与草酰乙酸缩合形成柠檬酸，逐步脱氢脱羧，并释放二氧化碳的过程。这个循环首先由英国生物化学家 Hans Krebs 发现，所以又称为 Krebs 循环。因为柠檬酸是这个循环中的最初产物，所以也称为柠檬酸循环（citric acid cycle）。三羧酸循环普遍存在于植物、动物和微生物中，是在线粒体基质中进行的。

动画：三羧酸循环

丙酮酸途径三羧酸循环整个化学历程如图 4-4 所示。整个过程包括柠檬酸生成、氧化脱羧和草酰乙酸再生 3 个阶段，其总反应式为

$$CH_3COCOOH + 4\ NAD^+ + FAD + ADP + Pi + 2\ H_2O \longrightarrow 3\ CO_2 + 4\ NADH + 4\ H^+ + FADH_2 + ATP$$

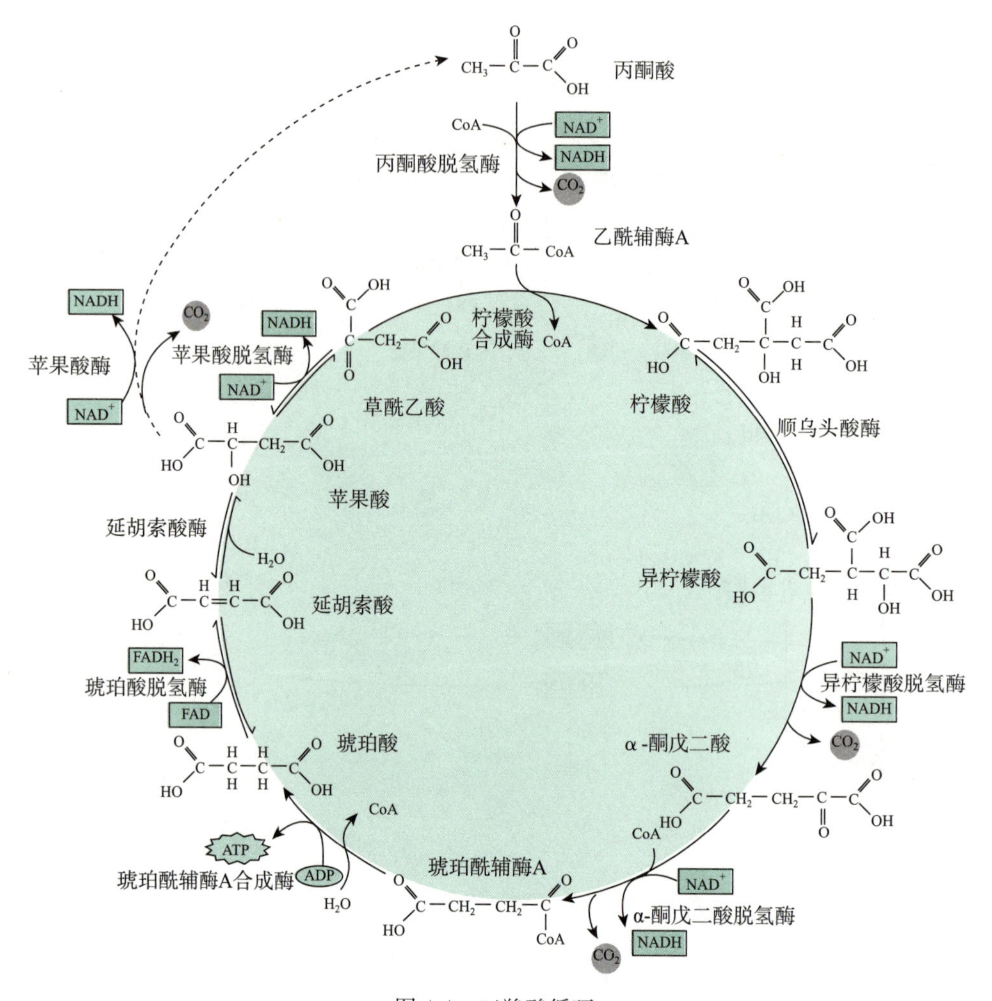

图 4-4　三羧酸循环

2. 三羧酸循环的特点及生理学意义

（1）三羧酸循环的特点　①三羧酸循环经历 1 次底物水平磷酸化、4 次脱氢过程，脱下 4 对氢原子，生成 4 分子 NADH 和 1 分子 $FADH_2$，经呼吸链将 H^+ 和电子传递给氧生成水，同时偶联氧化磷酸化生成 ATP；②三羧酸循环必须在有氧条件下才能进行，因为三羧酸循环运转所依赖的氢受体 NAD^+ 和 FAD 再生需要氧，但氧分子没有直接参与三羧酸循环各反应，所释放二氧化碳（CO_2）中的氧不是来源于大气，而是底物和水分子中的氧。

（2）三羧酸循环的生理学意义　①三羧酸循环是生物体利用糖和其他物质氧化获得能量的主要途径；②三羧酸循环是生物体糖和其他物质彻底氧化的共同末端；③三羧酸循环是糖类、脂肪、蛋白质及次生物质代谢和转化的共同枢纽。

（三）磷酸戊糖途径

1. 磷酸戊糖途径的化学过程　20 世纪 50 年代初 Racker 等和 Gunsalus 等的研究发现，在高等植物中还存在糖酵解（EMP）、三羧酸循环（TCA 循环）之外的糖类氧化途径，即由 6-磷酸葡萄糖转变成 5-磷酸核酮糖和二氧化碳（CO_2）的磷酸戊糖途径（pentose phosphate pathway，PPP），又称为磷酸己糖途径（hexose monophosphate pathway，HMP）。磷酸戊糖途径在细胞质中完成，该途径可分为氧化（不可逆）和非氧化（可逆）两个阶段（图 4-5）。

在氧化阶段，6-磷酸葡萄糖（G6P）经两次脱氢氧化和一次脱羧生成5-磷酸核酮糖（Ru5P）、2分子NADPH和1分子CO_2。在非氧化阶段（葡萄糖再生阶段），5-磷酸核酮糖经一系列转化，形成6-磷酸果糖（F6P）和3-磷酸甘油醛（GAP），2分子GAP转变为6-磷酸果糖，最后6-磷酸果糖又转变为6-磷酸葡萄糖重新循环。

磷酸戊糖途径的总反应式为

$$6\ G6P + 12\ NADP^+ + 7\ H_2O \longrightarrow 6\ CO_2 + 12\ NADPH + 12\ H^+ + 5\ G6P + Pi$$

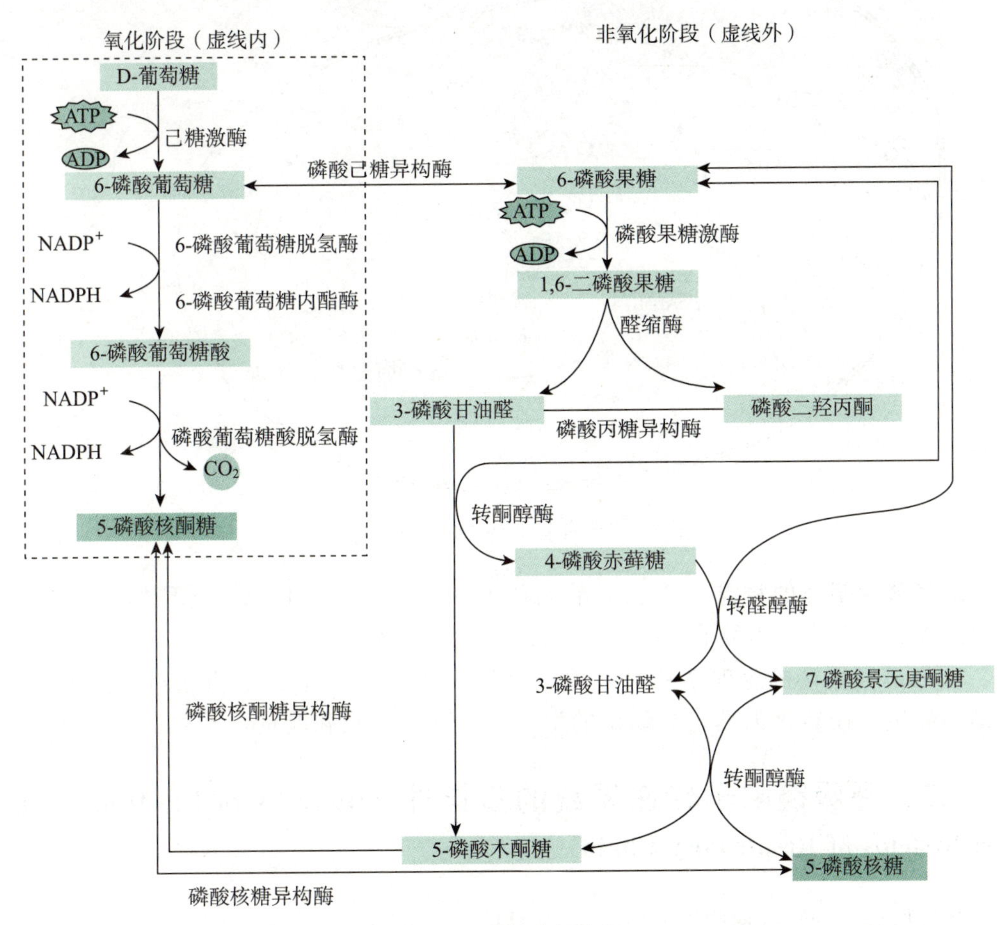

图4-5 磷酸戊糖途径

2. 磷酸戊糖途径的特点及生理学意义

（1）磷酸戊糖途径的特点 葡萄糖经由6-磷酸葡萄糖直接氧化，具有较高的能量转化效率。

（2）磷酸戊糖途径的生理学意义 ①该途径是众多代谢过程所需氢供体$NADPH + H^+$的主要来源；②其中间产物为许多化合物的合成提供原料，特别是5-磷酸核糖和5-磷酸核酮糖为核酸合成提供原料，这是由葡萄糖向核酸合成的唯一代谢途径；③非氧化阶段的一系列中间产物及酶类与光合作用中的卡尔文循环的大多数中间产物和酶相同，从而把光合作用和呼吸作用联系起来；④该途径与植物的抗性密切相关，逆境条件下该途径占全部呼吸的比重上升，抗性增强。

（四）乙醛酸循环

1. 乙醛酸循环的化学过程 高油脂种子（例如花生、油菜等）萌发时，脂肪酸通过β氧化分解生成乙酰辅酶A（CoA），再在乙醛酸体内通过乙醛酸循环（glyoxylic acid cycle，GAC）生成琥珀酸和乙醛酸，乙醛酸和乙酰辅酶A缩合生成苹果酸；苹果酸

经苹果酸脱氢酶催化，重新生成草酰乙酸，构成1个循环（图4-6）。其结果是2分子乙酰辅酶A生成1分子琥珀酸，总反应式为

$$2\text{乙酰 CoA} + NAD^+ \longrightarrow \text{琥珀酸} + 2\ CoA + NADH + H^+$$

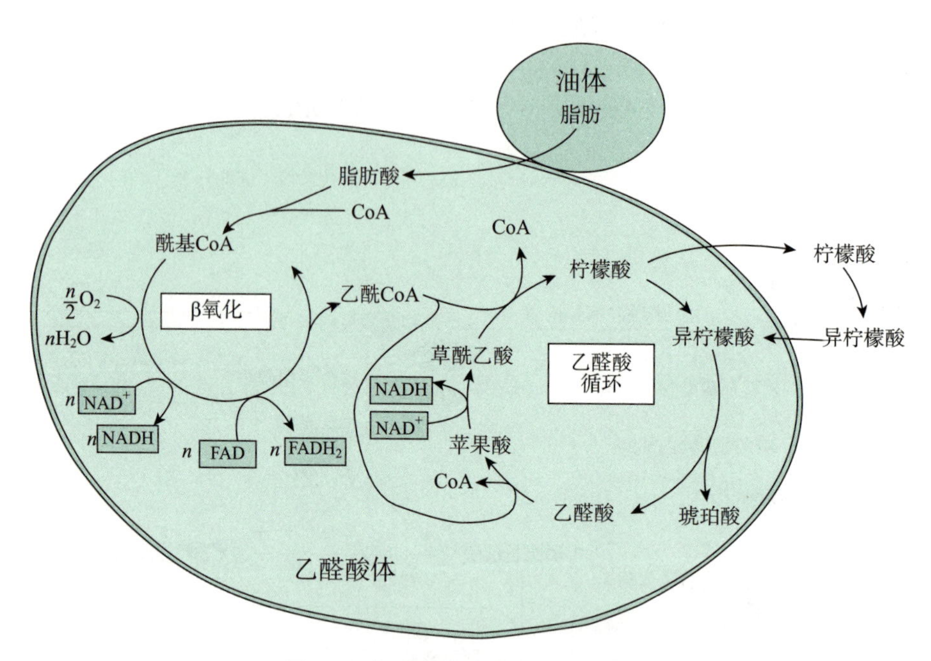

图4-6 高油脂种子中的乙醛酸循环

2. 乙醛酸循环的特点 ①乙醛酸循环可视为三羧酸（TCA）循环的一个支路；②乙醛酸循环是高油脂种子萌发时特有的一种呼吸代谢途径。

3. 乙醛酸循环的生理学意义 将高油脂种子储藏的脂类物质通过乙醛酸循环借助糖异生作用转化为糖，为幼苗的生长提供物质基础和能量。

二、呼吸链电子传递系统的多样性（Diversity of Electron Transport Systems of Respiratory Chain）

动画：呼吸链电子传递系统

有机物氧化分解过程脱下的氢生成NADH、$FADH_2$和$NADPH+H^+$等还原态氢，这些氢不直接与氧分子结合，需经过呼吸链传递后才能与氧结合。当电子传递过程与ADP磷酸化相偶联时，通过氧化磷酸化生成ATP。呼吸链电子传递系统也具有多样性，是植物长期适应多变环境的结果。

（一）呼吸链的概念及组成

1. 呼吸链的概念 呼吸链（respiratory chain）又称为电子传递链（electron transport chain），是指线粒体内膜上按氧化还原电位高低顺序排列相互衔接的一系列传递体组成的传递途径，负责传递质子和电子到分子氧。

2. 呼吸链的组成 组成呼吸链的传递体分为两大类：电子传递体和氢传递体。电子传递体包括细胞色素体系和某些黄素蛋白、铁硫蛋白，只传递电子；氢传递体包括一些脱氢酶的辅助因子，主要有烟酰胺腺嘌呤二核苷酸（NAD^+）、黄素单核苷酸（FMN）、黄素腺嘌呤二核苷酸（FAD）、泛醌（ubiquinone，UQ）等，既传递质子又传递电子。这些传递体除了泛醌和细胞色素c（Cyt c）外，共构成4种蛋白复合体（图4-7）。

（1）复合体Ⅰ 复合体Ⅰ又称为NADH：泛醌（UQ）氧化还原酶（NADH：ubiquinone

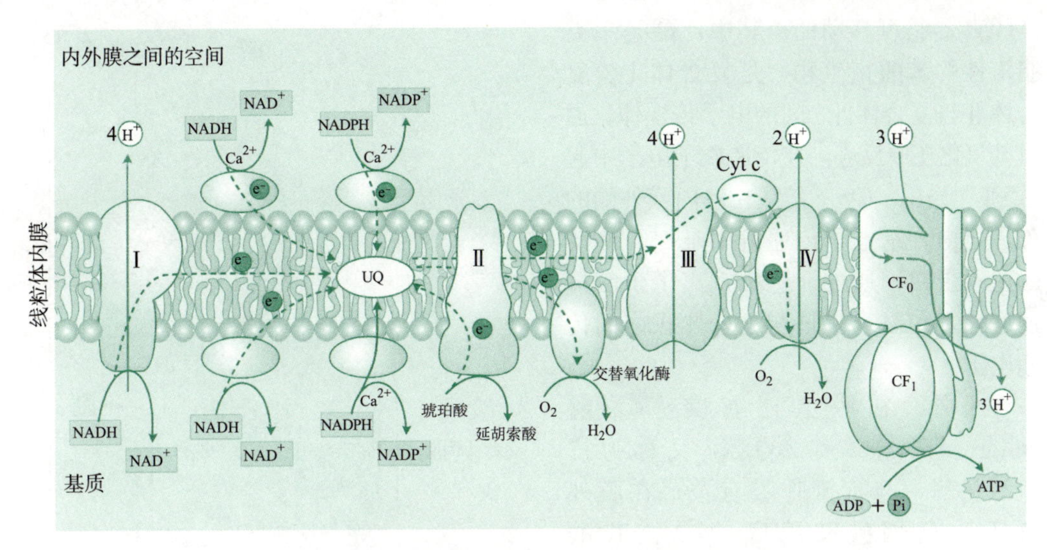

图 4-7　植物线粒体内膜上的复合体及其电子传递

（引自 Taiz 和 Zeiger，2010）

oxidoreductase)。植物呼吸链中的复合体Ⅰ比动物和微生物大得多，有近 50 种蛋白质亚基，包括以黄素单核苷酸（FMN）为辅基的黄素蛋白和多个 Fe-S 蛋白、UQ、磷脂以及植物特有的碳酸酐酶亚基。复合体Ⅰ催化 $NADH+H^+$ 的 4 个 H^+ 从线粒体内膜基质经 FMN 转运到膜间空间，同时 2 个电子经 Fe-S 蛋白传给 UQ。

（2）复合体Ⅱ　复合体Ⅱ又称为琥珀酸:泛醌氧化还原酶（succinate:ubiquinone oxidoreductase)，其相对分子质量约为 140 000，是呼吸链蛋白复合体中最小的。植物的复合体Ⅱ中含有 8 个蛋白质亚基（SDH_1～SDH_8），其中 4 个亚基（SDH_5～SDH_8）功能未确定。复合体Ⅱ主要成分有琥珀酸脱氢酶（succinate dehydrogenase)、黄素腺嘌呤二核苷酸（FAD)、细胞色素 b 和 3 个 Fe-S 蛋白，位于线粒体内膜内侧的亲水层表面，1 对泛醌位于线粒体内膜的疏水层。复合体Ⅱ的功能是催化琥珀酸氧化为延胡索酸，并将 H 转移到黄素腺嘌呤二核苷酸（FAD）生成还原态黄素腺嘌呤二核苷酸（$FADH_2$)，然后再把 H 转移到 UQ 生成还原态泛醌（UQH_2)。

（3）复合体Ⅲ　复合体Ⅲ又称为还原态泛醌（UQH_2）:细胞色素 c 氧化还原酶（ubiquinone:cytochrome c oxidoreductase)，其相对分子质量约为 250 000，含有 9～10 种不同的蛋白质，包括 2 个 Cyt b（Cyt b_{560}和 Cyt b_{565}）、Cyt c_1和 Fe-S。复合体Ⅲ的功能是催化电子从 UQH_2经 Cyt b→Fe-S→Cyt c_1传递到 Cyt c。

（4）复合体Ⅳ　复合体Ⅳ又称为细胞色素 c 氧化酶（cytochrome c oxidase)，其相对分子质量为 160 000～170 000，含有多种不同的蛋白，主要成分是 Cyt a 和 Cyt a_3和 2 个铜原子（Cu_A和 Cu_B)，组成两个氧化还原中心即 Cyt a、Cu_A和 Cyt a_3、Cu_B。第一个中心是接受来自 Cyt c 的电子受体，第二个中心是氧还原的位置。复合体Ⅳ的功能是把 Cyt c 的电子传给 O_2，激活 O_2，并与基质中 H^+结合，形成 H_2O。

3. 其他组分　ATP 合酶（ATP synthase)由 8 种不同亚基组成，它们又分别组成两个主要蛋白复合体（CF_0和 CF_1)，相对分子质量分别是 82 000 与55 200（图 4-8)。CF_0 疏水，嵌入线粒体内膜磷脂之中，内有质子通道。CF_1 为 α 亚基和 β 亚基以交替形式组成的六聚体，构成 3 个催化 ATP 合成部位（αβ)，突出于线粒体内膜表面，具有亲水性。CF_1 利用质子通过 CF_0通道时释放的能量，经 3 个 ATP 合成部位的顺序相变，催化 ATP 的合成，即吸收与储存能量。

线粒体内膜上的UQ和细胞色素c（Cyt c）是可移动的。其中泛醌是一类脂溶性的苯醌衍生物，是复合体Ⅰ、复合体Ⅱ与复合体Ⅲ之间的电子传递体，通过其氧化还原反应，在传递质子电子中起“摆渡”作用。Cyt c是线粒体内膜外侧的外周蛋白，是电子传递链中唯一可移动的色素蛋白，通过辅基中铁离子价的可逆变化，在复合体Ⅲ与复合体Ⅳ之间传递电子。

此外，在膜上还有交替氧化酶（alternative oxidase，AOX），又称为抗氰氧化酶，与抗氰呼吸有关；在膜外有还原态烟酰胺腺嘌呤二核苷酸（NADH）脱氢酶和还原态烟酰胺腺嘌呤二核苷酸磷酸（NADPH）脱氢酶，氧化NADH和NADPH，与UQ还原相联系。

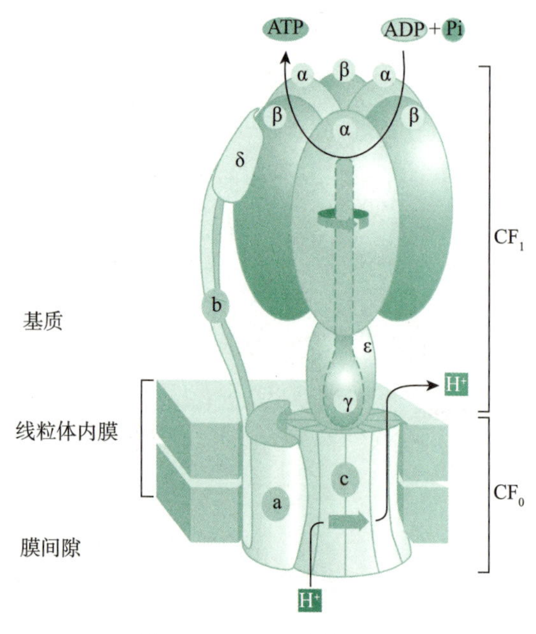

图4-8　ATP合酶结构

4. 电子传递抑制剂　在研究电子传递顺序时，常使用专一性的电子传递抑制剂以阻断呼吸链中某一部位的电子传递。例如鱼藤酮（rotenone）、阿米妥（amytal）等阻断电子从NADH到UQ的传递；丙二酸（malonate）阻断电子从琥珀酸传到FAD；抗霉素A（antimycin A）抑制电子从Cyt b/c_1传递到Cyt c；CO、氰化物（cyanide，CN^-）、叠氮化合物（azide，N_3^-）阻断电子由Cyt a/a_3传递给氧；水杨基氧肟酸（salicylhydroxamic acid，SHAM）阻止电子由UQ向交替氧化酶传递。

（二）生物氧化与ATP合成

1. 生物氧化　细胞将有机物（糖、脂、蛋白质等）氧化分解，最终生成二氧化碳和水，并逐步放出能量的过程，称为生物氧化（biological oxidation）。生物氧化过程中释放的能量，一部分转化成热能，一部分通过磷酸化作用使ADP形成ATP。

2. ATP合成　ATP合成的方式有两种：底物水平磷酸化和氧化磷酸化。

（1）底物水平磷酸化　底物水平磷酸化（substrate-level phosphorylation）指底物氧化（脱氢或脱水）过程中，分子内部所含的能量重新分布，生成某些高能中间代谢物，再通过酶促磷酸基团转移反应直接偶联ATP的生成。例如在糖酵解过程中，生成的1，3-二磷酸甘油酸和磷酸烯醇式丙酮酸，以及在三羧酸循环中生成的琥珀酰CoA都是高能化合物，这些化合物在酶的催化下将释放的能量（磷酸基团）传递给ADP形成ATP。

（2）氧化磷酸化　氧化磷酸化（oxidative phosphorylation）指电子从NADH或$FADH_2$经电子传递链传递给分子氧生成水，并偶联ATP合成的过程。它是有氧条件下生物合成ATP的主要途径。

关于生物氧化和磷酸化如何偶联的机制，目前公认的是Mitchell（1961）提出的化学渗透假说（chemiosmotic hypothesis）。该假说认为，线粒体基质中的NADH、$FADH_2$传递电子给O_2的同时，也将基质中的H^+由内膜内侧泵到膜间空间。由于内膜不让泵出的H^+自由返回基质，因此内膜外侧的H^+浓度高于内侧而形成跨膜pH梯度（ΔpH）和膜电位差（ΔE），二者构成跨膜的电化学势梯度（$\Delta\mu_{H^+}$）。于是内膜外侧H^+

通过ATP合酶（CF_0-CF_1）的H^+通道（CF_0）进入线粒体基质，驱动ATP酶的CF_1发生构象变化，催化ADP和磷酸（Pi）形成ATP（图4-9）。

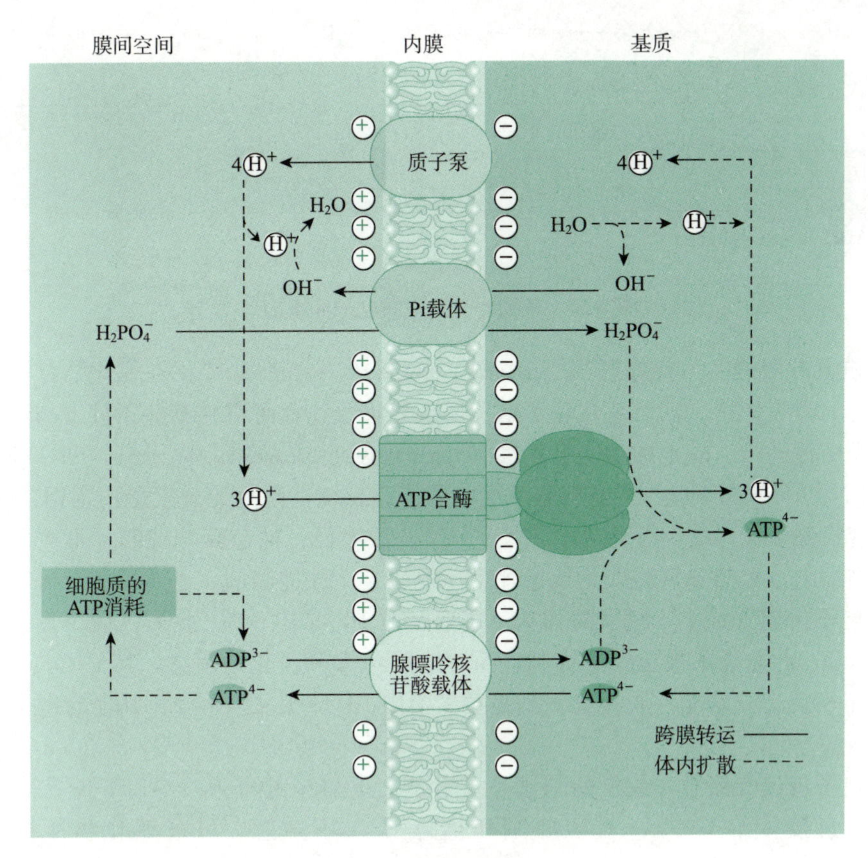

图4-9 化学渗透假说

（3）氧化磷酸化的评价指标 氧化磷酸化作用的评价指标为磷氧比（P/O），指每消耗1个氧原子所消耗的磷酸或产生ATP的分子数。在呼吸链中，1对电子从氢受体NADH传递到氧生成3分子的ATP，其P/O理论值为3（氢受体为$FADH_2$时，P/O为2），通常P/O实测值略低于理论值。

（4）氧化磷酸化解偶联 由于氧化磷酸化是氧化（电子传递）和磷酸化的偶联反应，磷酸化作用所需的能量由氧化作用提供，氧化作用所产生的能量通过高能磷酸键储存。用2,4-二硝基苯酚（2,4-dinitrophenol，DNP）等可抑制ADP形成ATP的磷酸化作用，但不抑制电子传递，使偶联反应遭到破坏，即氧化磷酸化解偶联现象，这类物质称为解偶联剂（uncoupling agent）。当植物遭受干旱、寒冷或缺钾等条件也会发生氧化磷酸化解偶联现象，抑制ATP生成，但氧化过程照样进行，呼吸产生的自由能以热能的形式散失掉，称为“徒劳”呼吸。

（三）呼吸链电子传递的多条途径

高等植物中的呼吸链电子传递具有多种途径（图4-10）。现已知至少有下列5条，各自具有不同的组成与特性（表4-1）。

1. 细胞色素系统途径 细胞色素系统途径在生物界分布最广泛，为植物、动物和微生物所共有。其特点是电子通过泛醌（UQ）及细胞色素（Cyt）系统到达O_2。细胞色素系统途径对鱼藤酮、抗霉素A、氰化物（例如KCN）、叠氮化物（如NaN_3）、CO敏感。每传递1对电子可产出10个H^+，$P/O \leqslant 3$。

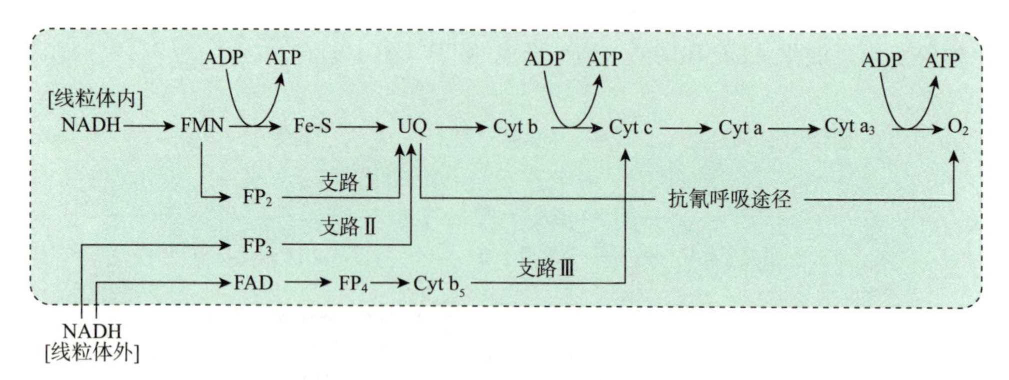

图 4-10 植物呼吸链不同电子传递途径

2. 抗氰呼吸途径 抗氰呼吸（cyanide-resistant respiration）指在氰化物存在的条件下仍进行的呼吸作用，即对氰化物不敏感。抗氰呼吸途径可以在某些条件下与细胞色素系统途径交替运行，故也称为交替途径（alternative pathway）。电子自 NADH 脱下后，传给 FMN、Fe-S 和 UQ，不经细胞色素电子传递系统，而是经黄素蛋白（FP）和交替氧化酶传给分子氧（O_2）生成水，其 P/O≤1。该途径可被鱼藤酮抑制，不被抗霉素 A 和氰化物抑制，水杨基氧肟酸是抗氰呼吸途径的专一性抑制剂。

3. 电子传递支路Ⅰ 脱氢酶辅基是黄素蛋白 FP_2。电子从 NADH 脱下后经 FP_2 直接传到 UQ。此途径不被鱼藤酮抑制，而对抗霉素 A 和氰化物敏感，其 P/O≤2。

4. 电子传递支路Ⅱ 脱氢酶辅基是黄素蛋白 FP_3，其 P/O≤2。其他与电子传递支路Ⅰ相同。

5. 电子传递支路Ⅲ 脱氢酶辅基是黄素蛋白 FAD，电子从 NADH 脱下后经 FAD 和 Cyt b_5 直接传给 Cyt c。对鱼藤酮和抗霉素 A 不敏感，可被氰化物所抑制，其 P/O≤1。

表 4-1 植物呼吸链不同电子传递途径的性质比较

途径	定位	NADH 来源	NADH 脱氢酶辅基	对鱼藤酮	对抗霉素 A	对 CN^-	P/O
细胞色素系统途径	内膜	线粒体内	FMN	敏感	敏感	敏感	≤3
抗氰呼吸途径	内膜	线粒体内	FP	敏感	不敏感	不敏感	≤1
电子传递支路Ⅰ	内膜内侧	线粒体内	FP_2	不敏感	敏感	敏感	≤2
电子传递支路Ⅱ	内膜内侧	线粒体外	FP_3	不敏感	敏感	敏感	≤2
电子传递支路Ⅲ	外膜	线粒体外	FAD	不敏感	不敏感	敏感	≤1

三、末端氧化酶系统的多样性（Diversity of Terminal Oxidase Systems）

末端氧化酶（terminal oxidase）是指处于一系列生物氧化反应的最末端，能将底物脱下的电子传给分子氧，并形成水（H_2O）或过氧化氢（H_2O_2）的氧化酶。根据它们在细胞内的分布，分为线粒体内末端氧化酶和线粒体外末端氧化酶两大类。

（一）线粒体内末端氧化酶

1. 细胞色素 c 氧化酶 细胞色素 c 氧化酶是植物体内最主要的末端氧化酶，其作用是将 Cyt a_3 中的电子传递给分子氧（O_2）生成水。细胞色素 c 氧化酶在幼嫩组织中较活跃，在成熟组织中活性较低，与氧的亲和力高，易受 CN^-、CO 和 N_3^- 的抑制。

2. 抗氰氧化酶　抗氰氧化酶（交替氧化酶）的作用是将还原态泛醌（UQH_2）的电子传递给分子氧生成水。交替氧化酶与氧的亲和力高，不受 CN^-、CO 和 N_3^- 的抑制，易被水杨基氧肟酸所抑制。在一些天南星科和睡莲科等植物的花和花粉、禾本科植物的种子以及薯类植物的块茎块根中，抗氰氧化酶活性较高，可增加放热，具有促进花序发育和授粉、促进果实成熟及增强抗逆性等生理作用。

（二）线粒体外末端氧化酶

线粒体外末端氧化酶系统的特点是催化某些特殊底物的氧化还原反应，但不能产生可利用的能量。

1. 酚氧化酶　酚氧化酶是一类含铜的氧化酶，存在于质体、微体中，可分为单酚氧化酶（monphenol oxidase）和多酚氧化酶（polyphenol oxidase）。酚氧化酶在植物体内普遍存在。酚氧化酶和酚类通常存在于细胞的不同分室中，如果分隔被破坏，酚氧化酶可催化多种酚类的氧化，生成棕褐色的醌。例如马铃薯块茎、苹果、梨削皮或受伤后出现褐色。在绿茶生产工艺中，高温杀青使多酚氧化酶失活，可制成绿茶。在红茶生产工艺中，酚类和多酚氧化酶发生充分接触，酚类被氧化而制成红茶。在烤烟加工时，通过烟叶脱水措施抑制多酚氧化酶的活性，可防止烟草中的酚类物质氧化，使烟叶呈现亮黄色而提高烤烟的品质。当植物细胞受伤或衰老时结构被破坏，伤口释放的酚类被多酚氧化酶氧化成醌，具有抑菌作用。

2. 抗坏血酸氧化酶　抗坏血酸氧化酶（ascorbic acid oxidase）是一种含铜的氧化酶，在植物体中存在于细胞质或细胞壁。抗坏血酸氧化酶可通过谷胱甘肽与某些脱氢酶相偶联，催化抗坏血酸氧化生成脱氢抗坏血酸，其反应历程见图 4-11。抗坏血酸氧化酶参与植物的受精过程，有利于胚珠的发育；防止含巯基蛋白质的氧化，延缓衰老进程。

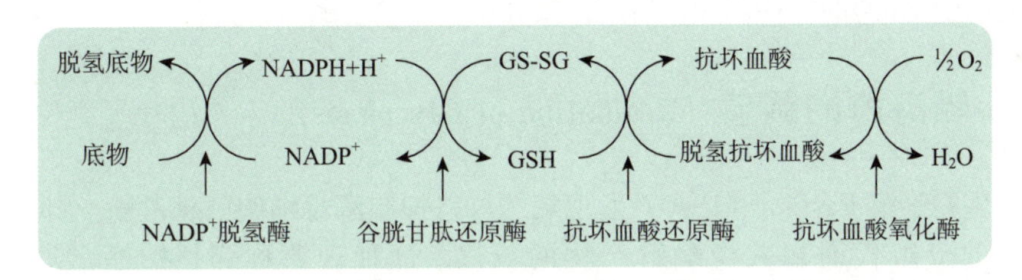

图 4-11　抗坏血酸氧化酶体系与其他氧化还原体系相偶联

3. 乙醇酸氧化酶　乙醇酸氧化酶（glycolate oxidase）催化乙醇酸氧化为乙醛酸并产生 H_2O_2。该反应可与某些氧化还原过程相偶联，例如植物的光呼吸（见第五章）由乙醛酸还原酶、乙醇酸氧化酶和过氧化氢酶所组成的氧化还原酶体系完成。此外，水稻根部也存在乙醇酸氧化酶，所产生的 H_2O_2 在过氧化氢酶催化下产生具有强氧化能力的活性氧，使根系周围保持较高的氧化状态，用于氧化多种还原物质（例如 H_2S、Fe^{2+} 等）、抑制土壤中还原性物质对水稻根系的毒害，以保持根系正常的生理机能。

线粒体外的氧化酶由于不偶联氧化磷酸化，与氧的亲和力都较低，因此不是主要的末端氧化酶。植物体内含有多种具有不同生物化学特征的末端氧化酶，使植物在一定的范围内能适应不同的环境条件。以对氧浓度的要求来说，细胞色素 c 氧化酶对氧的亲和力较高，所以能在低氧浓度下起作用；酚氧化酶对氧亲和力低，只能在较高氧浓度下起作用。

植物末端氧化酶系统及其多样性见图 4-12。

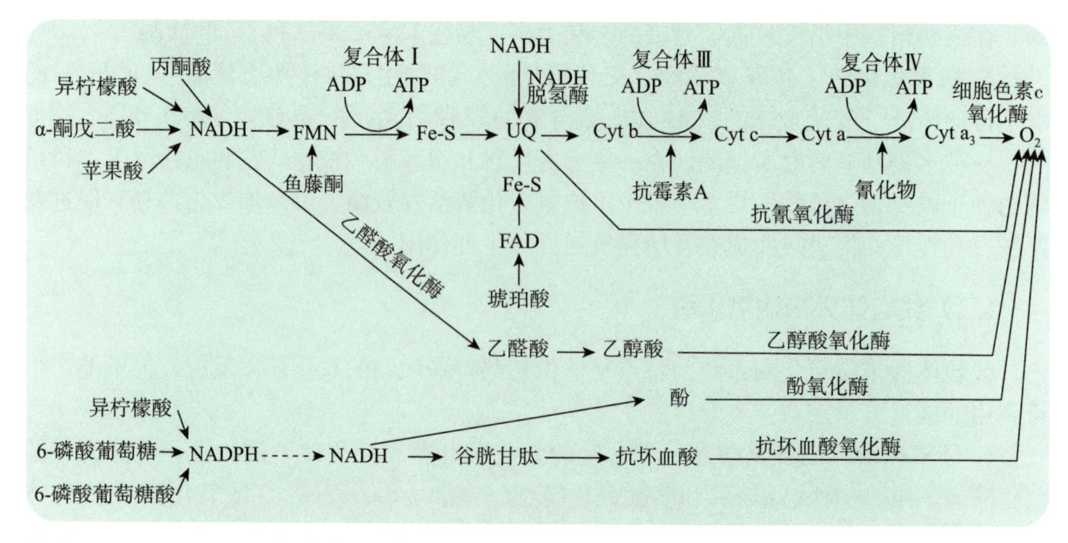

图 4-12 植物末端氧化酶系统及其多样性

第三节 植物呼吸代谢的调节
Section 3 Regulation of Plant Respiratory Metabolism

呼吸代谢是植物体的重要生命活动，是在细胞的机能结构和环境因素的相互作用下进行的。植物呼吸代谢可以通过细胞中的呼吸酶系统来调节，其机制主要是反馈调节（feedback regulation），即反应体系中某些中间产物或终产物对其前面某步酶促反应速度的影响。凡是能加速反应的均称为正效应物（positive effector），反之，称为负效应物（negative effector）。呼吸代谢的反馈调节主要是效应物对酶的调控，包括酶的形成（基因的表达）和酶的活性调控，本节主要介绍反馈调节酶活性。

一、糖酵解的调节（Regulation of Glycolysis）

法国生物学家 Pasteur（1860）发现氧气可以抑制酵母细胞的糖酵解，即氧气可以降低糖类的分解代谢和减少酵解产物的积累，这种现象称为巴斯德效应（Pasteur effect）。植物中的糖酵解也存在类似的调节机制（图 4-13）。

植物糖酵解途径受 6-磷酸果糖的磷酸化和磷酸烯醇式丙酮酸（PEP）周转速率的调控，2 个限速酶是磷酸果糖激酶和丙酮酸激酶。其调控方式是“自下而上”的连续反馈抑制调控模式。在有氧条件下，三羧酸（TCA）循环和氧化磷酸化产生大量的柠檬酸和 ATP，作为负效应物抑制磷酸果糖激酶和丙酮酸激酶活性，从而减缓糖酵解速率。丙酮酸激酶活性下降造成磷酸烯醇式丙酮酸、2-磷酸甘油酸和 3-磷酸甘油酸的积累，从而反馈抑制磷酸果糖激酶活性。Ca^{2+}、ATP 和柠檬酸是负效应物，ADP、Pi、K^+、Na^+、Mg^{2+} 等是正效应物。

二、三羧酸循环的调节（Regulation of TCA Cycle）

调节三羧酸循环的 4 个限速酶是丙酮酸脱氢酶、柠檬酸合成酶、异柠檬酸脱氢酶和 α-酮戊二酸脱氢酶。$NADH/NAD^+$ 的比值、ATP/ADP 的比值、草酰乙酸和乙酰 CoA 等代谢物浓度是主要的调控因素。过高浓度的 NADH 会抑制丙酮酸脱氢酶、异柠檬酸

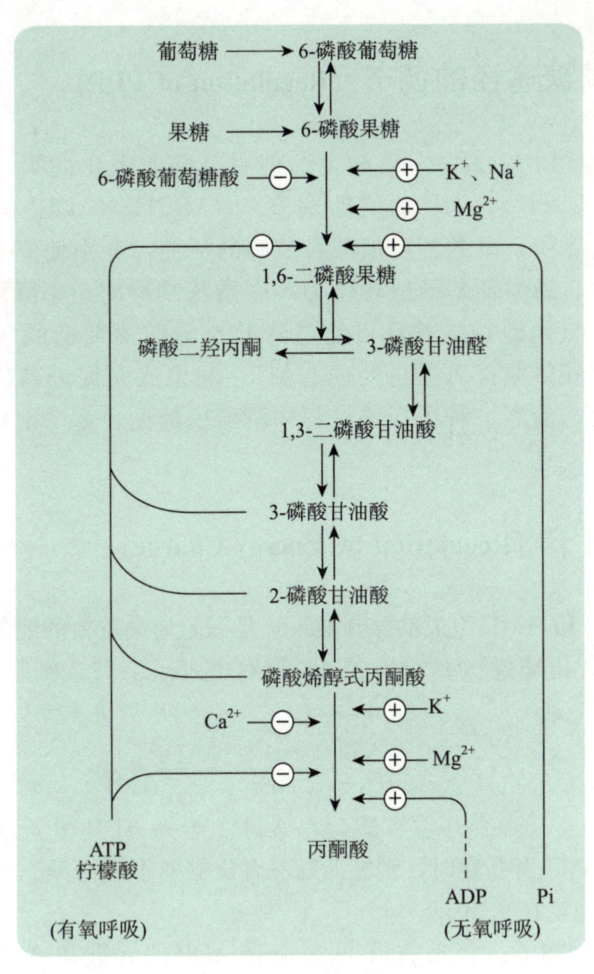

图 4-13 糖酵解的调节

⊕正效应物（positive effector） ⊖负效应物（negative effector）

脱氢酶、苹果酸脱氢酶和苹果酸酶等的活性，而 NAD^+ 为上述酶的变构激活剂。ATP 对异柠檬酸脱氢酶、α-酮戊二酸脱氢酶和苹果酸脱氢酶有抑制作用，而 ADP 对这些酶有促进作用。AMP 对 α-酮戊二酸脱氢酶有促进作用，CoA 对苹果酸酶有促进作用。此外，柠檬酸含量可调节丙酮酸进入三羧酸循环的速度，柠檬酸含量高时反馈抑制丙酮酸激酶，减少柠檬酸的合成（图 4-14）。

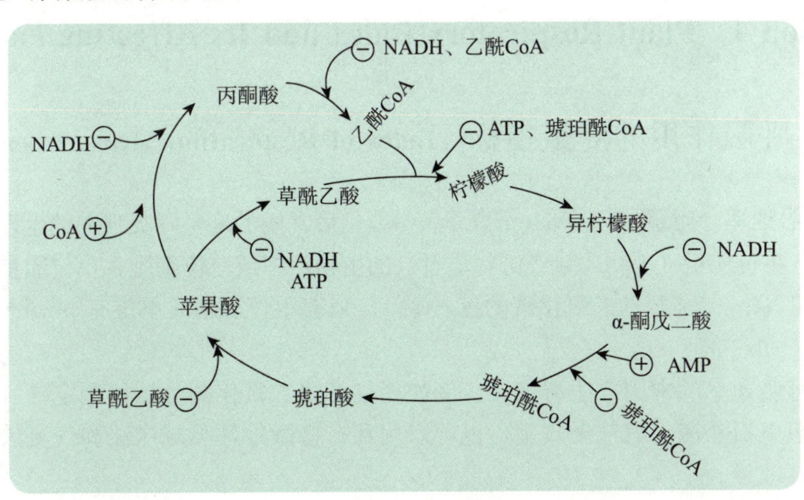

图 4-14 三羧酸循环中的调节部位和效应物

⊕促进作用 ⊖抑制作用

三、磷酸戊糖途径的调节（Regulation of PPP）

磷酸戊糖途径（PPP）中，6-磷酸葡萄糖脱氢酶所催化的第一步反应是其调控位点，主要受 $NADPH/NADP^+$ 比值的调节。$NADPH/NADP^+$ 比值过高时，抑制6-磷酸葡萄糖脱氢酶和6-磷酸葡萄糖酸脱氢酶的活性，分别使6-磷酸葡萄糖转化为6-磷酸葡萄糖酸和6-磷酸葡萄糖酸转化为5-磷酸核酮糖的速率降低，从而抑制磷酸戊糖途径。另外，氧化型谷胱甘肽可通过降低6-磷酸葡萄糖脱氢酶活性而抑制磷酸戊糖途径。光照和供氧都可通过促进 $NADP^+$ 的生成而促进磷酸戊糖途径。植物在干旱、机械损伤、衰老、种子成熟过程中磷酸戊糖途径都明显增强，在总呼吸中的比例升高。

四、能荷调节（Regulation by Energy Charge）

由ATP、ADP和AMP组成的腺苷酸系统是细胞内最重要的能量转换与调节系统。Atkinson（1968）提出能荷（energy charge，*EC*）的概念，代表细胞中腺苷酸系统的能量状态，其计算公式为

$$EC=\frac{[ATP]+1/2[ADP]}{[ATP]+[ADP]+[AMP]}$$

从上式可以看出，当细胞中腺苷酸全为ATP、全为ADP和全为AMP时，其能荷分别为1、0.5和0；三者并存时，则能荷随三者比例的不同而异。通过细胞反馈调节，活细胞的能荷一般稳定在0.80。

能荷调节的机制如下：合成ATP的反应受ADP的促进和ATP的抑制，而利用ATP的反应则受到ATP的促进和ADP的抑制。如果在一个组织中其需能过程加强时，便会大量消耗ATP，ADP增多，呼吸速率增高，氧化磷酸化作用加强，大量产生ATP满足生理需求；相反，当需能降低时，ATP积累，ADP处于低水平，呼吸速率就下降、氧化磷酸化作用减弱。因此细胞内的能荷水平可以调节植物呼吸代谢的全过程。

第四节　植物呼吸作用的指标及影响因素
Section 4　Plant Respiratory Index and Its Affecting Factors

一、呼吸作用的度量指标（Index of Respiration Measurement）

1. 呼吸速率　呼吸速率（respiratory rate）是最常用的度量呼吸强弱的生理指标，用单位时间、单位质量（干物质量或鲜物质量）的植物组织或单位细胞、单位质量氮所吸收的氧气的量（Q_{O_2}）或释放二氧化碳的量（Q_{CO_2}）来表示，常用的单位有 $\mu mol \cdot g^{-1} \cdot h^{-1}$ 或 $\mu L \cdot g^{-1} \cdot h^{-1}$ 等。

测定呼吸速率的常用方法有多种，例如用红外线二氧化碳分析仪测定二氧化碳的释放量，用氧电极法测定氧气吸收量，也可以用瓦布格微量呼吸减压法和气流法等测定二氧化碳的释放量。

2. 呼吸商　植物组织在一定时间内的二氧化碳释放量与氧气吸收量的比值，称为呼吸商（respiratory quotient，*RQ*），又称为呼吸系数（respiratory coefficient）。

$$RQ=\frac{CO_2\text{释放量}}{O_2\text{吸收量}}$$

呼吸底物种类不同，呼吸商也不同。例如以葡萄糖作为呼吸底物，且完全氧化时，呼吸商是1。

$$C_6H_{12}O_6+6\ O_2 \longrightarrow 6\ CO_2+6\ H_2O \qquad RQ=6/6=1$$

一些富含氢的物质（例如脂肪、蛋白质）为呼吸底物时，则呼吸商小于1。例如

$$C_{16}H_{32}O_2\text{（棕榈酸）}+23\ O_2 \longrightarrow 16\ CO_2+16\ H_2O \qquad RQ=16/23=0.7$$

以富含氧的有机酸为底物时，则呼吸商大于1。例如

$$C_4H_6O_5\text{（苹果酸）}+3\ O_2 \longrightarrow 4\ CO_2+3\ H_2O \qquad RQ=4/3=1.33$$

呼吸商的大小与呼吸底物的性质关系密切，故可根据呼吸商的大小大致判断呼吸底物及其性质的改变。氧气供应状况也影响呼吸商的变化，例如在无氧条件下的乙醇发酵，只有二氧化碳释放，无氧的吸收，呼吸商远大于1。如果在呼吸进程中呼吸底物不能完全被氧化，其结果使呼吸商增大；如果有羧化作用发生，则呼吸商减小。

二、呼吸速率的内部影响因素（Internal Factors Affecting Respiratory Rate）

不同的植物种类具有不同的呼吸速率。一般而言，生长快的植物呼吸速率高，生长慢的植物呼吸速率低。通常喜温植物呼吸速率高于耐寒植物，草本植物呼吸速率高于木本植物。同一植物的不同器官或组织，因代谢不同呼吸速率也有明显差异（表4-2）。例如生殖器官的呼吸速率比营养器官要高。同一朵花内以雌蕊最高，雄蕊次之，花萼最低。生长旺盛、幼嫩的器官的呼吸速率比成熟器官高。形成层的呼吸速率最高，韧皮部次之，木质部则较低。

表4-2 植物不同种类、器官、组织的呼吸速率（以鲜物质的放氧量计）

植物种类	呼吸速率 (μmol·g^{-1}·h^{-1})	植物器官、组织	呼吸速率 (μmol·g^{-1}·h^{-1})	植物器官、组织	呼吸速率 (μmol·g^{-1}·h^{-1})
仙人鞭	3.00	海芋佛焰花序	2 000	苹果果肉	30
景 天	16.60	豌豆种子	0.005	苹果果皮	95
云 杉	44.10	甜菜叶片	50	胡萝卜根	25
蚕 豆	96.60	马铃薯块茎	0.3～0.6	胡萝卜叶	440
小 麦	251.00	南瓜雌蕊	29～48	大麦胚	715
仙人掌	6.80	丝瓜花瓣	44～67	大麦胚乳	76

同一器官在不同的生长时期，呼吸速率也有巨大的变化。例如幼嫩叶片呼吸速率高，而后随着成熟而下降，到衰老时呼吸又上升，到衰老后期，蛋白质分解，呼吸则极其微弱。一些果实（苹果、香蕉等）在幼果期呼吸速率高，而后随年龄增加而降低，但在后期呼吸速率会突然增高，出现呼吸跃变，因此时果实内部产生乙烯，促使呼吸加速。

三、呼吸速率的外界影响因素（External Factors Affecting Respiratory Rate）

（一）温度

温度对呼吸作用的影响主要在于对呼吸代谢相关酶的影响。呼吸作用有温度三基

点，即最低温度、最适温度和最高温度。最适温度是指保持稳定的最高呼吸速率的温度。在一定范围内，呼吸速率随温度的增高而增高，温度每升高 10 ℃而引起的呼吸速率增加的倍数，称为温度系数（Q_{10}）。在 0～35 ℃生理温度范围内，植物呼吸作用的温度系数为 1.5～3.0，随着温度的进一步升高，Q_{10} 值逐渐减小（图 4-15）。达到最高温度后，呼吸速率则会随着温度的增高而下降。

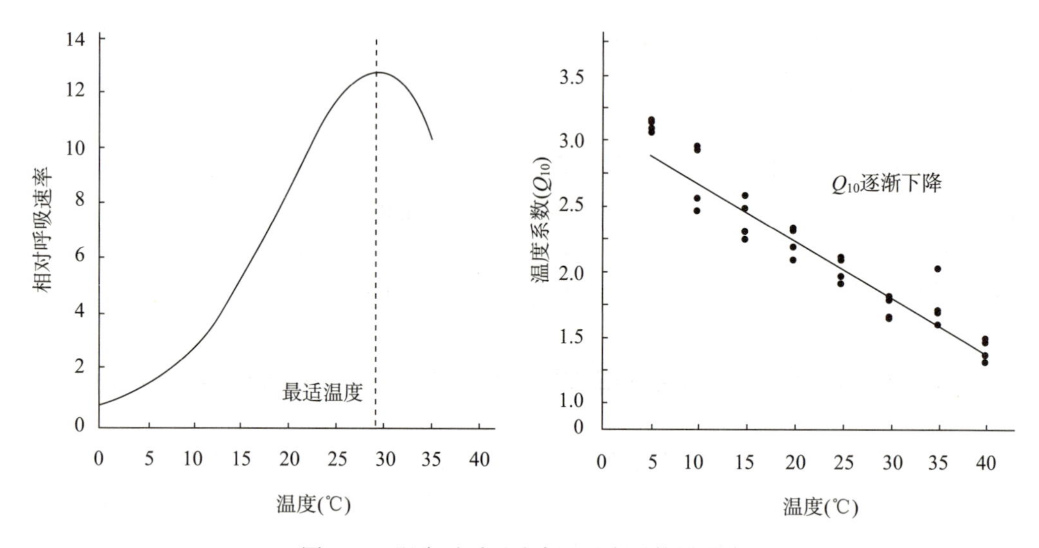

图 4-15　温度对呼吸速率和温度系数的影响

（改编自 Atkin 和 Tjoelker，2003）

温带植物呼吸速率的最适温度通常为 25～35 ℃，而呼吸的最适温度总是高于光合最适温度（20～30 ℃），因此温度过高或光线不足时，呼吸作用强，光合作用弱，对植物生长不利。最低温度和最高温度的范围，也与植物的种类和生理状态有关。植物在接近 0℃时，呼吸作用通常很弱，喜温植物（如黄瓜）在低于 5 ℃就表现出受害现象，而冬小麦在－7～0 ℃时仍可进行呼吸，耐寒的松树针叶在冬季－25 ℃时仍未停止呼吸，但在夏季温度降到－5～4 ℃，呼吸便会停止。呼吸作用的最高温度一般在 35～45 ℃，呼吸速率在达到最高温度后急剧下降（图 4-16）。这是因为高温加速了酶的钝化或失活。温度越高，时间越长，破坏就越大，呼吸速率下降越快。

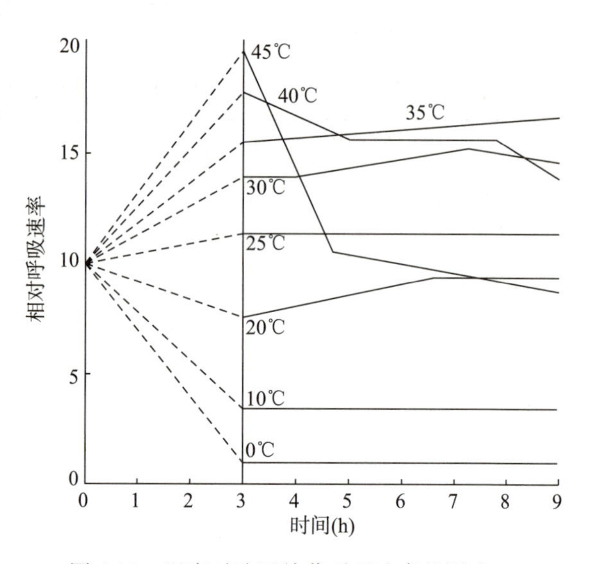

图 4-16　温度对豌豆幼苗呼吸速率的影响

（二）氧气

氧气是植物正常呼吸的重要因子，氧气不足直接影响呼吸速率和呼吸途径。当氧浓度下降时，有氧呼吸迅速降低，而无氧呼吸逐渐增高。当氧气含量较低（例如<10%）时，苹果中有氧呼吸和无氧呼吸同时进行，呼吸商大于 1。当氧气含量较高时（例如>10%），无氧呼吸消失，只进行有氧呼吸，其呼吸商等于 1。无氧呼吸停止时的最低氧气含量称为无氧呼吸消失点（anaerobic respiration extinction point），也称为熄灭点（图 4-17）。植物如长时间进行无氧呼吸，必然要消耗更多的养料以维持正常的生命活动，甚至产生酒精中毒现象，使蛋白质变性而导致植物受伤而死亡。氧气浓度过高也会产生危害，例如线粒体膜、原生质膜受损，蛋白质合成受阻，细胞分裂受抑制等，这可能与活性氧代谢形成自由基有关。

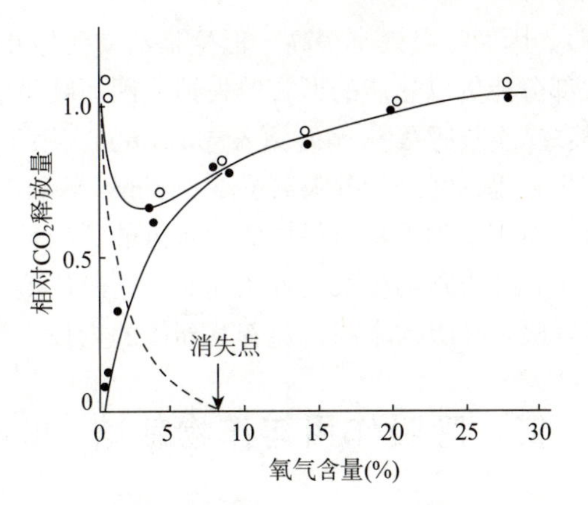

图 4-17　苹果在不同氧气含量下的相对气体交换
[实点（•）为有氧条件下的耗氧量，圆圈（○）为 CO_2 释放量，虚线为低氧条件下 CO_2 的释放量，消失点表示无氧呼吸停止]

（三）二氧化碳

二氧化碳是呼吸作用的最终产物，当外界环境中的二氧化碳浓度增加时，呼吸速率便降低。在二氧化碳的体积分数升高到 10%以上时，呼吸作用被明显抑制。

（四）水分

水分是保证植物正常呼吸的必备条件。在一定范围内，呼吸速率随含水量的增加而升高。干燥的种子，呼吸作用很微弱；当干燥种子吸水后，呼吸速率则迅速上升。对于整株植物来说，接近萎蔫时，呼吸速率有所增加，如萎蔫时间较长，细胞含水量则成为呼吸作用的限制因素。

（五）机械损伤

机械损伤会显著提高组织的呼吸速率，主要原因：①机械损伤会破坏呼吸酶与底物的间隔，使酚类化合物被迅速氧化；②机械损伤可促使某些细胞转变为生长旺盛的分生组织；③机械损伤还会刺激乙烯的生成。

第五节　植物呼吸作用与农业生产的关系
Section 5　Relationship Between Plant Respiration and Agricultural Production

呼吸作用是植物物质代谢和能量代谢的中心，对作物的生长发育、物质吸收、运输和转化等十分重要。掌握呼吸作用的规律，利用外界环境条件来促进或抑制呼吸作用，对于作物生产以及农产品的储藏保鲜等农业生产实践具有重要意义。

一、呼吸效率的概念（Concept of Respiratory Ratio）

呼吸效率（respiratory ratio）是指每消耗 1 g 葡萄糖可合成生物大分子的质量（g），可用下式表示。

$$呼吸效率=\frac{合成生物大分子的质量（g）}{葡萄糖消耗量（g）}\times 100\%$$

生长旺盛和生理活性高的部位（例如幼叶、幼根、幼果等），呼吸作用所产生的能量和中间产物，大多数用来合成细胞生长的物质（例如蛋白质、核酸、纤维素、磷脂等），因而呼吸效率很高。但生长活动已停止的成熟组织或器官内，呼吸作用所产生的大部分能量以热能的形式散失掉，因而呼吸效率低。根据上述情况，可以把呼吸分为两类：①生长呼吸（growth respiration），用于生物大分子的合成、离子吸收、细胞分裂和生长等；②维持呼吸（maintenance respiration），用于维持细胞的活性。维持呼吸即每天每克植物干物质保持活性所需的呼吸，是相对稳定的，需消耗 15～20 mg 葡萄糖，而生长呼吸则随生长发育状况而不同。从植物的一生看，种子萌发到苗期，主要进行生长呼吸，呼吸效率高，随着营养体的生长，维持呼吸逐渐增强。

二、呼吸作用与作物栽培（Respiration and Crop Cultivation）

呼吸作用在作物的生长发育、物质吸收、运输和转变方面起着十分重要的作用，许多农作物栽培管理措施都是以保证作物呼吸作用的正常进行为目的的。例如谷物种子浸种催芽时，采用温水淋种以提高温度，加快萌发。而在露白后，种子主要进行有氧呼吸，此时需要不时翻种通气，使呼吸顺利进行以利迅速发芽。水稻秧苗期常采用湿润育秧法，在寒潮来临时灌水护秧，寒潮过后，需适时排水使根系得到充分氧气，达到培育壮秧防止烂秧的目的。

在大田栽培中，适时中耕松土，防止土壤板结，有助于改善根系周围的氧气供应，保证根系的正常呼吸。作物在种子形成初期呼吸作用逐渐增强，到灌浆期达到高峰，随后再减弱。在水稻栽培管理中，采取勤灌浅灌、适时晒田等措施，使稻根有氧呼吸旺盛，促进营养和水分的吸收，促进新根的发生。早稻灌浆成熟期正处在高温季节，可适当灌水降温。

三、呼吸作用与粮食储藏（Respiration and Grain Storage）

种子呼吸速率升高时，会引起体内有机物的大量消耗，同时呼吸产生的水分使粮堆湿度升高，即粮食“出汗”。种子上附着的微生物在 75%以上的相对湿度中迅速繁殖，微生物呼吸也随之增强，放出的热量使粮堆温度升高，进而促进呼吸，最后导致粮食霉变。因此在粮食储藏过程中，必须降低呼吸速率，确保储藏安全。

在生产实践中，粮食储藏主要是控制种子的含水量。一般油料作物种子含水量 9%以下，淀粉含量高的种子含水量 14%以下时，种子中原生质处于凝胶状态，呼吸酶活性极低，呼吸微弱，可以安全储藏，此时的含水量称为安全含水量（safety water content）。当淀粉种子含水量超过 15%，油料作物种子含水量超过 10%时，其呼吸速率骤然上升，而且随水分含量的增加呼吸速率直线上升（图 4-18）。其原因是种子含水量增加后，原生质由凝胶态转变成溶胶态，自由水含量增加，呼吸酶活性增强，呼吸速率也就升高。

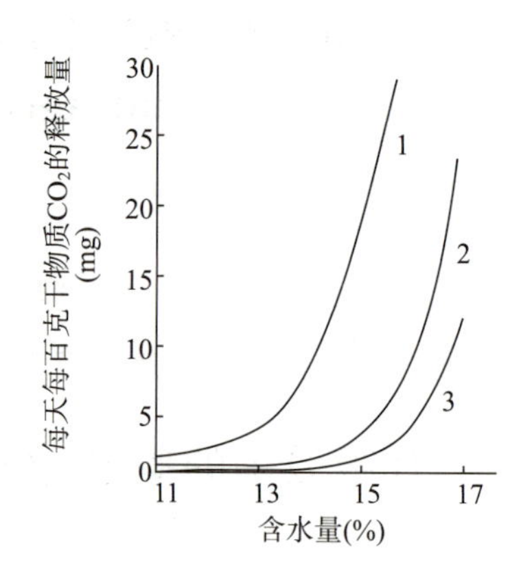

图 4-18　种子含水量对呼吸速率的影响
1. 亚麻　2. 玉米　3. 小麦

另外，在粮食储藏时期，还需注意通风降温，并适当增加仓库二氧化碳含量和降低氧的含量。近年来，国内外采用气调法进行粮食储藏，即将粮仓中的空气抽出，充入氮气，这些方法都可以达到抑制呼吸、安全储藏的目的。

四、呼吸作用与果蔬储藏（Respiration and Storage of Fruits and Vegetables）

果蔬储藏需保持一定的湿度，因干燥失水会造成皱缩，失去新鲜状态，呼吸速率反而增高。某些果实（例如苹果、梨、香蕉、番茄等）成熟到一定程度，会产生呼吸速率突然增高，而后又迅速降低的现象，称为呼吸跃变（respiratory climacteric）。呼吸跃变是果实进入完熟的一种特征，与果实内乙烯的释放密切相关。呼吸跃变现象的出现也与温度有关。因此在果实储藏运输过程中为推迟其成熟，主要措施有：①降低温度，推迟呼吸跃变的发生。储藏的最适温度，香蕉是 11～14 ℃，苹果是 4 ℃；②利用 CO_2 与 O_2 的比值进行“气调”，即气体的调节，增加环境中二氧化碳浓度，降低氧浓度，以抑制果实中乙烯的形成，推迟呼吸跃变的发生（表 4-3）。

表 4-3 果品的气调储藏条件及其使用示例

种类及品种	温度范围（℃）	对低氧和高二氧化碳的耐受度		气调条件		储藏效果
		低氧气含量（%）	高二氧化碳含量（%）	氧气含量（%）	二氧化碳含量（%）	
苹果	0～5	2	2	2～3	1～2	极好
无花果	0～5	—	20	5	15	良好
猕猴桃	0～5	—	8	2	5	极好
梨	0～5	2	1	2～3	0～1	极好
草莓	0～5	2	20	10	15～20	极好
柠檬	10～15	5	—	5	0～5	良好
甜橙	5～10	5	—	10	5	尚好
芒果	10～15	—	5	5	5	尚好
香蕉	12～15	—	5	2～5	2～5	极好

甘薯块根等在收获后储藏前也有一个呼吸速率明显升高的现象，但不像果实呼吸跃变那样典型。马铃薯块茎成熟时呼吸速率不断下降，收获后降到一个最低值进入休眠。甘薯块根的安全储藏温度为 10～14 ℃，马铃薯块茎为 2～3 ℃，相对湿度为 90%左右。

自体保鲜法是一种简便的果蔬储藏法。将果蔬密封在塑料袋中，利用自身呼吸产生的二氧化碳抑制呼吸，但二氧化碳体积分数不能超过 10%，否则会使果实“中毒”霉烂。因此在粮食、果蔬储藏时要合理控制水分、二氧化碳含量、氧气含量和温度。

本章内容概要

呼吸作用是物质代谢和能量代谢的中心，可分为有氧呼吸和无氧呼吸两大类型。呼吸作用为植物提供生命活动所需的大部分能量，为其他有机物合成提供原料，可提高植物抗病能力。

高等植物体内存在着多条呼吸代谢的生物化学途径。糖酵解是有氧呼吸和无氧呼吸经历的共同阶段。在有氧条件下进行糖酵解、三羧酸循环、磷酸戊糖途径、乙醇酸氧化途径等，无氧条件下进行糖酵解、乙醇发酵、乳酸发酵等。这是植物在长期进化过程中所形成的对多变环境的适应。三羧酸循环是糖类、脂肪、蛋白质及次生代谢物转化的枢纽和彻底氧化的共同末端。磷酸戊糖途径是葡萄糖直接氧化的过程，有较高的能量转化效率，在高等植物中普遍存在。

呼吸链电子传递系统也具有多样性。组成呼吸链的传递体分为两大类：电子传递体和 H^+ 传递体。生物氧化合成 ATP 的方式有底物水平磷酸化和氧化磷酸化。氧化和磷酸化偶联的机制可用化学渗透假说解释。氧化磷酸化作用的评价指标为磷氧比（P/O）。高等植物中的呼吸链电子传递有多种途径，包括细胞色素系统途径、抗氰呼吸途径（交替途径）以及另外 3 条电子传递支路。同时末端氧化酶系统也存在多样性，分为线粒体内末端氧化酶和线粒体外末端氧化酶两大类。呼吸代谢的调节包括对酶的形成和对酶活性的调控。

温度、氧气、二氧化碳、水分、机械损伤等均对呼吸速率有很大影响。呼吸作用对作物的生长发育、物质吸收、运输和转化等方面起重要作用。利用环境条件来促进或抑制呼吸作用，对于作物生产以及农产品的储藏保鲜等农业生产实践具有重要意义。

复习思考题

1. 试述呼吸作用的生理意义。
2. 写出有氧呼吸和无氧呼吸的总方程式。二者有何异同点？
3. 为什么说长时间的无氧呼吸会使陆生植物受伤害甚至死亡？
4. 高等植物呼吸代谢的多样性表现在哪些方面？有何生物学意义？
5. 糖酵解途径产生的丙酮酸可能进入哪些化学途径？
6. 三羧酸循环、磷酸戊糖途径、乙醛酸循环等途径各发生在细胞的什么部位？各有何生理意义？
7. 试述植物抗氰呼吸及其生理意义。
8. 在谷物、果蔬储藏过程中如何协调温度、湿度及气体间的关系？

Chapter 5 第五章
植物的光合作用
Photosynthesis of Plants

教学要求： 掌握光合作用的概念及意义、叶绿体结构及光合色素的理化特性、光合作用的主要过程、光合作用指标和影响因素；理解光能的吸收、传递与转换，光合电子传递与光合磷酸化以及碳同化的生物化学途径，光合作用与作物产量的关系；了解光呼吸的代谢途径与生理功能，C_3植物、C_4植物与CAM植物的光合特性。

重点与难点： 重点是光合色素的理化特性、光合作用机制、光呼吸的生物化学途径及生理意义、影响光合作用的内外因素；难点是光合作用的机制。

建议学时数： 6～8学时。

生物将二氧化碳转变为有机物的过程，称为碳素同化作用（carbon assimilation）。碳素同化作用包括细菌光合作用、化能合成作用和绿色植物光合作用3种类型，其中以绿色植物光合作用规模最大、范围最广、合成有机物最多。根据碳素营养方式的不同，将植物分为可利用无机碳化合物合成有机物的自养植物（autophyte）和只能利用现成的有机物为营养的异养植物（heterophyte）两大类型。自养植物最为普遍，在自然界物质和能量循环中所起的作用最大，与人类的关系最为密切。

第一节　光合作用的概念、意义及度量
Section 1　Concepts，Significance and Measurements of Photosynthesis

一、光合作用的概念（Concepts of Photosynthesis）

光合作用（photosynthesis）是指绿色植物吸收太阳光能，将二氧化碳（CO_2）和水

(H_2O) 合成有机物质并释放氧气的过程。光合作用的总反应式可用下式表示。

$$n\,CO_2 + 2n\,H_2O^* \longrightarrow (CH_2O)_n + n\,O_2^* + n\,H_2O$$

从上式可以看出，光合作用过程中二氧化碳被还原成糖，水被氧化并释放出氧气。1988 年，在首次确定光合作用反应中心立体结构的 3 位德国科学家 Huber、Deisenhofor 和 Michel 的诺贝尔奖获奖评语中，光合作用被称为"地球上最重要的化学反应"。

二、光合作用的意义 (Significance of Photosynthesis)

关于光合作用的意义，可概括为以下 3 个方面。

(一) 将无机物转变成有机物

自然界的所有生物，包括绿色植物本身都消耗有机物质作为自身物质和能量的来源。绿色植物的光合作用制造的有机物是地球上有机物的最主要来源。据估算，绿色植物每年同化固定约 2×10^{11} t 碳素，其中约 40%由浮游植物完成，约 60%由陆生植物完成。人类及动物界的全部食物（例如粮、油、蔬菜、水果、牧草、饲料等）和很多工业原料（例如棉、麻、橡胶、糖等）都直接或间接地来自光合作用。

(二) 将光能转变为化学能

绿色植物将光能转变为稳定的化学能，提供人类及全部异养生物活动所需要的能量。按植物每年能固定 2×10^{11} t 碳素计算，其能量相当于 3×10^{21} J，约为全球能源消耗量的 10 倍。煤炭、天然气和石油等化石能源都是远古植物光合作用所形成的。随着化石能源越趋枯竭，光合作用在解决能源问题中的意义更加凸显。一些能源消耗大国已利用生物质发电以及利用能源植物为原料生产生物柴油和燃料乙醇。

(三) 保护环境和维持大气氧气和二氧化碳的相对平衡

所有生物在呼吸代谢过程中均吸收氧气、放出二氧化碳。人类社会的工业生产、交通运输等消耗大量氧气，并释放大量二氧化碳。据估计，全世界生物呼吸和燃料燃烧所消耗的氧气平均约为 10 000 t/s，依此速度估算，如果没有补充，大气中的氧气大约 3 000年就会耗尽。地球上氧气和二氧化碳之所以能基本保持相对稳定，归功于绿色植物光合作用不断吸收二氧化碳和释放氧气。当前人类能源消耗增长和森林面积减少，破坏了二氧化碳和氧气的动态平衡，使大气中的二氧化碳浓度增加而引发温室效应加剧，迫切需要保护环境和维持大气氧气及二氧化碳含量的相对稳定。

三、光合作用的度量 (Measurements of Photosynthesis)

(一) 光合速率

根据光合作用的总反应式，光合速率 (photosynthetic rate) 的度量可用光合作用二氧化碳吸收量，也可用氧气或光合产物的生成量。光合速率为单位时间内单位面积绿色组织或器官（通常指叶片）光合作用所吸收的二氧化碳或放出的氧气量（$\mu mol \cdot m^{-2} \cdot s^{-1}$），或积累的干物质量（$g \cdot m^{-2} \cdot h^{-1}$）。

叶片进行光合作用时，也进行呼吸作用和光呼吸，所测的光合速率实际上是净光合速率 (net photosynthetic rate) 或表观光合速率 (apparent photosynthetic rate)。叶片总光合速率 (total photosynthetic rate) 为净光合速率和呼吸速率之和。

（二）光合生产力

植物光合生产力（photosynthetic productivity）指田间作物单位光合面积在单位时间内的光合产物生产能力，单位是 $g \cdot m^{-2} \cdot d^{-1}$，可按下式计算。

$$光合生产力=(m_2-m_1)/[0.5(S_1+S_2)d]$$

式中，m_1为开始时的植株干物质量（g），m_2为结束时的植株干物质量（g），S_1为开始时的植株光合面积（m^2），S_2为结束时的植株光合面积（m^2），d 为两次测定相隔的时间（一般以 7 d 左右为宜）。

第二节 叶绿体和光合色素
Section 2 Chloroplast and Photosynthetic Pigment

高等植物的叶片是进行光合作用的主要器官，而叶肉细胞中叶绿体（chloroplast）是进行光合作用的细胞器。

一、叶绿体的结构（Structure of Chloroplast）

高等植物的叶绿体大多数呈椭球形，一般直径为 3～6 μm，厚为 2～3 μm。在光学显微镜下，可看到叶肉细胞的边缘布满绿色颗粒状叶绿体。每个叶肉细胞有 50～200 个叶绿体，所以叶绿体的总表面积比叶面积大得多，这有利于叶绿体吸收光能和同化二氧化碳。

在电子显微镜下，可看到叶绿体表面由双层膜构成，分别称为外膜（outer membrane）和内膜（inner membrane）。外膜的通透性较大，内膜对物质透过的选择性较强，是控制物质进出叶绿体的选择性屏障。叶绿体膜内呈流体状的物质称为基质（stroma），基质的主要成分有水分、可溶性糖类和可溶性蛋白质（包括光合碳同化和淀粉合成的酶类），是进行碳同化的场所。基质中分布有大小不等的储藏型光合产物白色淀粉粒。叶绿体基质中有许多由类囊体（thylakoid）垛叠而成的浓绿色基粒（grana），类囊体呈闭合的双层薄片结构。构成基粒的类囊体称为基粒类囊体（grana thylakoid）或基粒片层（grana lamella），一般情况下每个基粒由 20～60 个类囊体构成。有一类类囊体较大，联结于两个基粒类囊体之间，称为基质类囊体（stroma thylakoid）或基质片层（stroma lamella），基质类囊体由不垛叠的单一片层组成（图 5-1）。

光合作用过程中光能的吸收、转换和同化力的形成都是在类囊体膜上完成的。所以类囊体膜又称为光合膜（photosynthetic membrane）。类囊体在基粒中呈垛叠排列显著增加了光能吸收面积，同时又便于光能的传递与分布。不同光照条件下基粒的大小、基粒中类囊体的垛叠数量均发生较大变化。弱光下类囊体较大，基粒中类囊体数量较多，这种结构有利于吸收和储藏光能。

在叶绿体基质中还有一种特别易被锇酸染成黑色的颗粒，称为嗜锇颗粒（osmiophilic droplet）。其主要成分为亲脂性的醌类物质。嗜锇颗粒在光合膜脂类物质合成过程中起着脂类物质储藏库的作用，又称为脂滴（lipid droplet）。当基粒形成时，脂滴变小变少；当基粒分解时，脂滴变大变多。

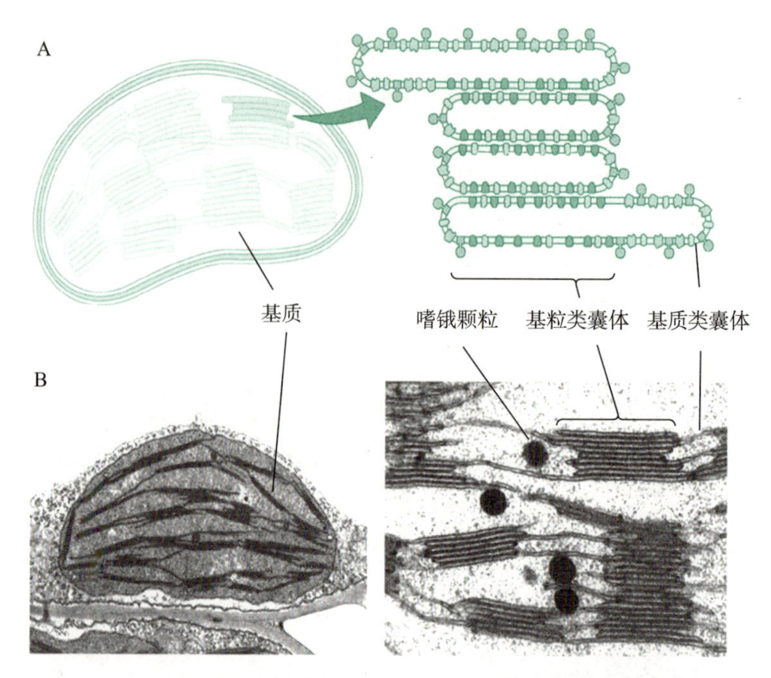

图 5-1 叶绿体的结构示意图（A）与电子显微镜下的超微结构（B）
（引自 Buchanan，2002）

二、叶绿体的化学组成（Chemical Composition of Chloroplast）

叶绿体的主要成分为水，约占 75%，其干物质以蛋白质、脂类、色素和无机盐为主。蛋白质占叶绿体干物质量的 30%～45%，构成了叶绿体结构和功能的基础。其中一部分是叶绿体膜系统的成分，与色素相结合，起光能的吸收、传递、转换和同化力形成的作用；另一部分存在于叶绿体水溶性基质中，是光合二氧化碳同化和糖代谢的酶类。叶绿体中含有 20%～40%的脂类，是构成膜的主要成分之一。叶绿体中的光合色素很多，约占干物质量的 8%，与脂类物质一样存在于光合膜中。叶绿体中还存在 10%～20%的储藏物质（主要是淀粉）、10%左右的矿质元素、各种核苷酸的衍生物（例如 NAD^+、$NADP^+$、叶绿体 DNA、ADP 和 ATP 等）。同时，叶绿体中醌类物质也很丰富，例如质体醌（plastoquinone，PQ），在光合作用过程中起传递质子和电子的作用。

三、光合色素（Photosynthetic Pigments）

叶绿体中的光合色素（photosynthetic pigment）主要有 3 类：叶绿素（chlorophyll）、类胡萝卜素（carotenoid）和藻胆素（phycobilin）（图 5-2）。高等植物叶绿体中不含藻胆素。

（一）叶绿素

高等植物中叶绿素主要有叶绿素 a（chlorophyll a，chl a）和叶绿素 b（chlorophyll b，chl b）两种，易溶于有机溶剂。叶绿素 a 呈蓝绿色，叶绿素 b 呈黄绿色。

叶绿素分子由一个卟啉环的头部和一个叶绿醇的尾部组成。卟啉环由 4 个吡咯环（A、B、C 和 D）通过甲烯基（—CH=）连接而成，镁原子位于卟啉环的中央，称为镁核。卟啉环具有极性，表现为亲水性。在卟啉环上还连有1个含有羰基和羧基的副环（戊酮环E），其羧基以酯键和甲醇结合。叶绿醇的骨架为脂肪链，是由4个异戊二烯单位组成的双萜，通过酯键与第4个吡咯环侧链上的丙酸基相结合，使叶绿素分子具有亲脂性。因此叶绿素分子具有亲水和亲脂的双重特性，其亲水的卟啉环位于类囊体膜的外表面，而亲脂的叶绿醇基则插入类囊体膜。

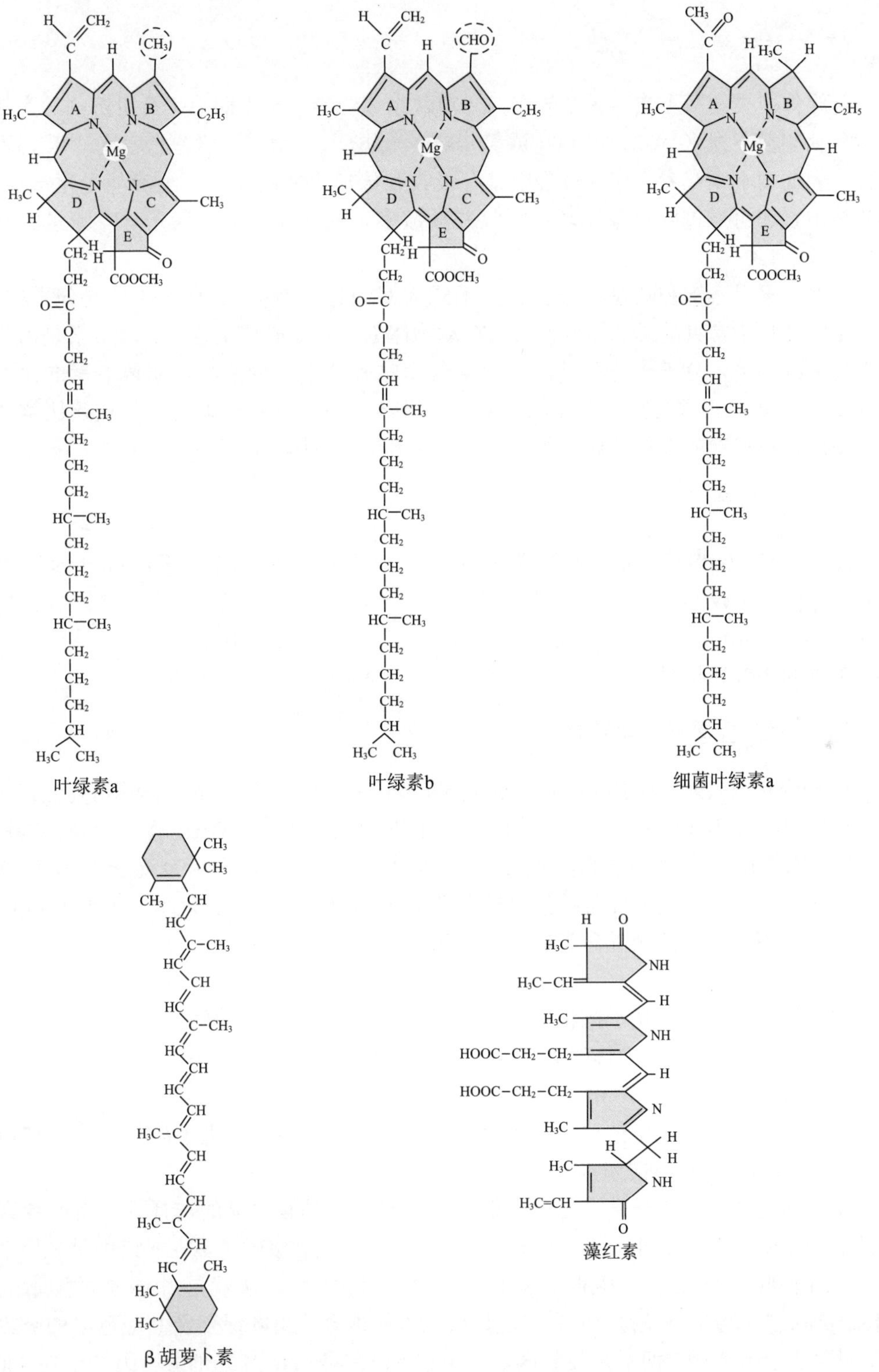

叶绿素a　叶绿素b　细菌叶绿素a

β胡萝卜素　藻红素

图5-2　一些光合色素的分子结构

（引自Taiz和Zeiger，2010）

叶绿素分子的卟啉环中的镁原子可被 H^+、Fe^{2+}、Cu^{2+}、Zn^{2+} 等所置换。用酸处理叶片，H^+ 易进入叶绿体，置换镁原子形成去镁叶绿素（Pheo），使叶片呈褐色。叶绿素中的镁离子可被铜离子置换，形成铜代叶绿素，呈鲜绿色，且颜色稳定持久。故可用醋酸铜处理来保存绿色植物标本。叶绿素 a 和叶绿素 b 的分子结构很相似，叶绿素 a 的 B 环上的甲基（$—CH_3$）被醛基（—CHO）所取代，即为叶绿素 b。

（二）类胡萝卜素

叶绿体中类胡萝卜素由 8 个异戊二烯单位组成，不溶于水而溶于有机溶剂。类胡萝卜素包括胡萝卜素（carotene）和叶黄素（xanthophyll）。胡萝卜素呈橙黄色，叶黄素呈黄色。类胡萝卜素在光合作用过程中具有吸收和传递光能的作用，不参与光化学反应。类胡萝卜素还可通过叶黄素循环，吸收并耗散多余的光能，防止强光对叶绿素的破坏作用。

胡萝卜素是不饱和碳氢化合物，分子式为 $C_{40}H_{56}$，有 α、β 和 γ 3 种同分异构体。高等植物叶片中常见的是 β 胡萝卜素，在动物体内可转变成维生素 A。叶黄素是由胡萝卜素衍生的醇类，分子式是 $C_{40}H_{56}O_2$。高等植物叶片中叶绿素与类胡萝卜素的比值通常为 3∶1，所以正常的叶片为绿色。由于叶绿素对环境胁迫和矿质元素缺乏比类胡萝卜素敏感，在早春或晚秋及缺素条件下，叶绿素易被破坏，使叶片呈黄色。

（三）藻胆素

藻胆素（phycobilin）是一些藻类（如蓝藻和红藻）的光合色素，可分为红色的藻红素（phycoerythrin）和蓝色的藻蓝素（phycocyanin），常与蛋白质结合形成藻胆蛋白（phycobiliprotein）。藻蓝素是藻红素的氧化产物。藻胆素生色团的化学结构与叶绿素分子中的卟啉环相似。

（四）光合色素的光学特性

1. 光合有效辐射 辐射到地面上的太阳光波长为 300～2 600 nm。高等植物光合作用所吸收光的波长为 400～700 nm，故此波长范围的光称为光合有效辐射（photosynthetic active radiation，PAR）。光的本质是一种粒子流，这些粒子称为光子（photon）或光量子（quantum）。光照度常用光量子密度（photo flux density）表示，单位为 $\mu mol \cdot m^{-2} \cdot s^{-1}$。不同波长的光所含能量不同，其关系式为

$$E=Lh\upsilon=Lhc/\lambda$$

式中，E 为每摩尔光子的能量（$J \cdot mol^{-1}$），L 为阿伏伽德罗（Avogadro）常数（$6.023\times10^{23}\ mol^{-1}$），$h$ 为普朗克（Planck）常数（$6.626\times10^{-34}\ J \cdot s$），$\upsilon$ 为辐射频率（s^{-1}），c 为光速（$3.0\times10^{8}\ m \cdot s^{-1}$），$\lambda$ 为波长（m）。

从式中可以看出，由于 L、h、c 为常数，光量子的能量取决于波长，波长越短所含能量越大，波长越长能量越小。

2. 光合色素的吸收光谱 光合色素对光能的吸收具有明显的选择性，将叶绿素溶液置于光源和三棱镜之间，可看到光谱中有些波长的光被吸收了，在光谱中呈现黑带或暗带，而有些光则没有被吸收，保持原来的光谱颜色，这就是叶绿素的吸收光谱（absorption spectrum）。利用分光光度计可以方便地测绘出叶绿素及其他色素的吸收光谱。叶绿素吸收光谱有两个强吸收区，一个在 640～660 nm 红光部分，另一个在 430～450 nm 蓝紫光部分。在橙光、黄光和绿光部分也有很弱的吸收，其中以对绿光的吸收最少，所以叶片和叶绿素溶液呈绿色。叶绿素 a 和叶绿素 b 的吸收光谱略有差异，叶绿

素 a 在红光部分吸收带宽些，在蓝紫光部分吸收带窄些；而叶绿素 b 在红光部分吸收带窄些，在蓝紫光部分吸收带宽些。同时，与叶绿素 b 相比，叶绿素 a 在红光部分偏于长波光方向，在蓝紫光部分偏向于短波光方向（图 5-3）。

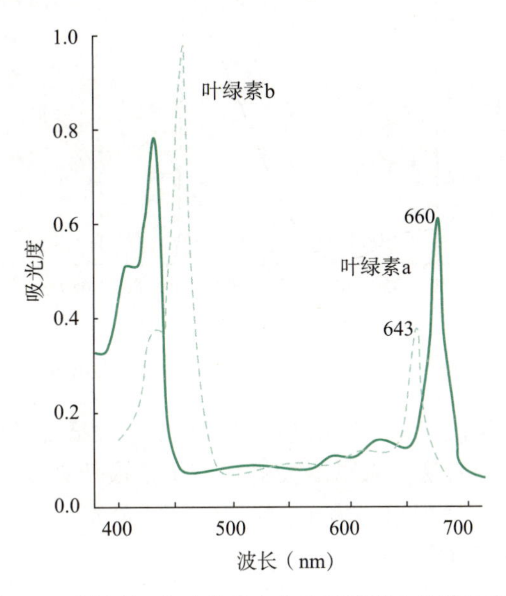

图 5-3　叶绿素 a 和叶绿素 b 在乙醚溶液中的吸收光谱

类胡萝卜素的吸收光谱与叶绿素不同，其最大吸收峰在蓝紫光区，不吸收红光等其他波长的光。胡萝卜素和叶黄素的吸收光谱基本一致（图 5-4）。

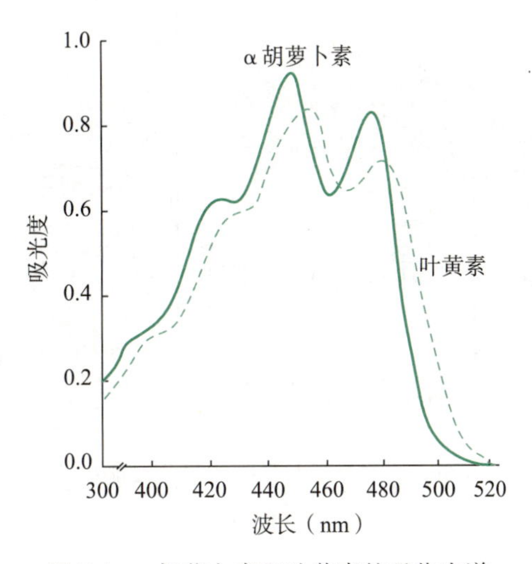

图 5-4　α 胡萝卜素和叶黄素的吸收光谱

藻胆素的吸收光谱与类胡萝卜素不同，主要吸收红橙光和黄绿光。藻红蛋白和藻蓝蛋白吸收光谱的差异较大，藻红蛋白的最大吸收峰在绿光和黄光部分，而藻蓝蛋白的最大吸收峰在橙红光部分（图 5-5）。

视频：叶绿素的荧光现象

3. 叶绿素的荧光现象和磷光现象　与叶绿素溶液在透射光下呈绿色不同，其在反射光下呈红色，这种现象称为叶绿素荧光现象。这种由叶绿素溶液反射出的红色光，称为叶绿素荧光（chlorophyll fluorescence），是由激发态电子从较高激发态快速返回到基态过程中产生的光。

当叶绿素分子吸收光能后，由最稳定的、低能量的基态（ground state）跃迁到一个不稳定的高能量激发态（excited state）。叶绿素分子如果被蓝光激发，电子跃迁到能级

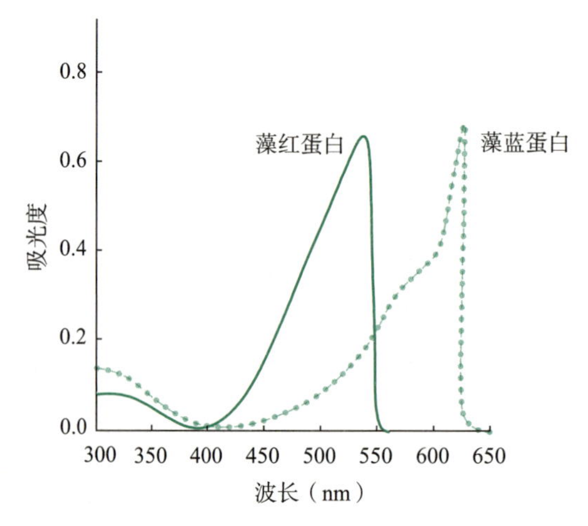

图 5-5 藻红蛋白和藻蓝蛋白的吸收光谱

较高的较高激发态；如果被红光激发，电子跃迁到能级较低的最低激发态。较高激发态不稳定，可以通过热辐射转变为最低激发态。电子由最低激发态回到基态时发射荧光(fluorescence)。荧光的寿命很短，为 $10^{-9}\sim10^{-8}$ s。荧光现象是叶绿素分子吸收光能后，耗散光能的一种方式（图 5-6）。

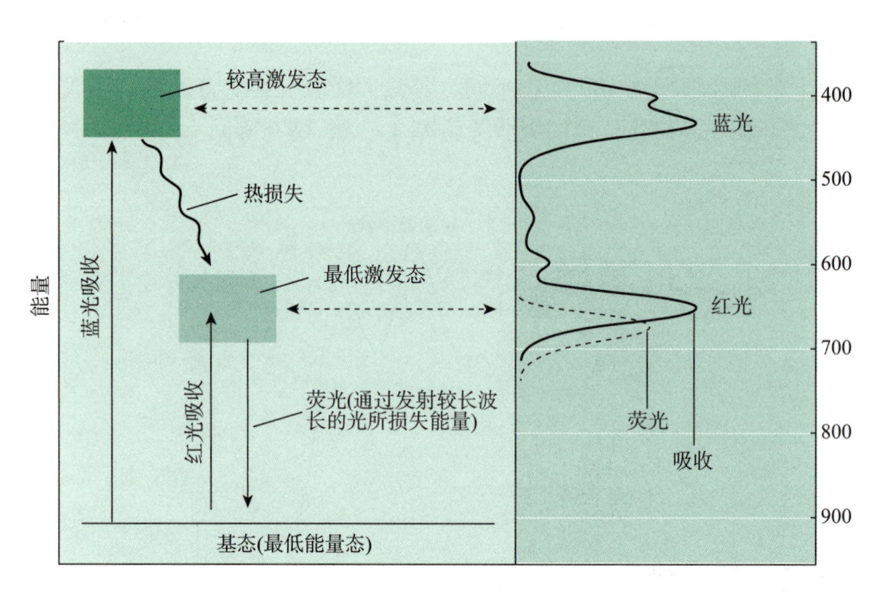

图 5-6 色素分子对光能的吸收及能量转变

（引自 Taiz 和 Zeiger，2010）

（五）叶绿素的生物合成

植物叶绿体中的光合色素与其他生命组成物质一样，处于不断地合成与分解的代谢过程中。在不同时期和不同环境条件下变化很大。

1. 叶绿素的生物合成途径 叶绿素的生物合成是由一个多酶系统催化的复杂生物化学过程，叶绿素合成的起始物质是谷氨酸或 α-酮戊二酸。可能先形成γ,δ-二氧戊酸(γ,δ-dioxovaleric acid)或其他衍生物质，然后合成δ-氨基酮戊酸（δ-aminolevulinic acid，ALA)。这是叶绿素合成的第一步。

2 分子 δ-氨基酮戊酸合成含吡咯环的胆色素原（porphobilinogen)。4 分子胆色素原脱去 4 个氨基形成尿卟啉原Ⅲ（uroporphyrinogen Ⅲ)。尿卟啉原Ⅲ脱去 4 个羧基形成粪卟啉原Ⅲ（coproporphyrinogen Ⅲ）。以上反应过程均是在厌氧条件下进行的。在有氧条件下，粪卟啉原Ⅲ脱羧和脱氢生成原卟啉Ⅸ（protoporphyrin Ⅸ）。原卟啉Ⅸ是形成叶绿素和亚铁血红素的中间物质。如果与铁结合，就生成亚铁血红素（ferroheme）；如果与镁原子结合，则形成Mg-原卟啉（Mg-protoporphyrin）。由此可见，动物和植物体内两大重要色素系统的起源是相同的。随着生物进化，动物和植物便形成了结构与功能完全不同的两种色素。在植物中，Mg-原卟啉接受来自S-腺苷甲硫氨酸（S-adenosyl methionine）的甲基，形成了第五个环即戊酮环（E 环），形成原脱植基叶绿素 a（protochlorophyllide a）。原脱植基叶绿素 a 与蛋白质结合，吸收光能，被还原成脱植基叶绿素 a（chlorophyllide a）。最后，植醇（phytol，也称叶绿醇）与脱植基叶绿素 a 的第四个环的丙酸发生酯化，形成叶绿素 a（图 5-7）。叶绿素 b 是由叶绿素 a 演变形成的。

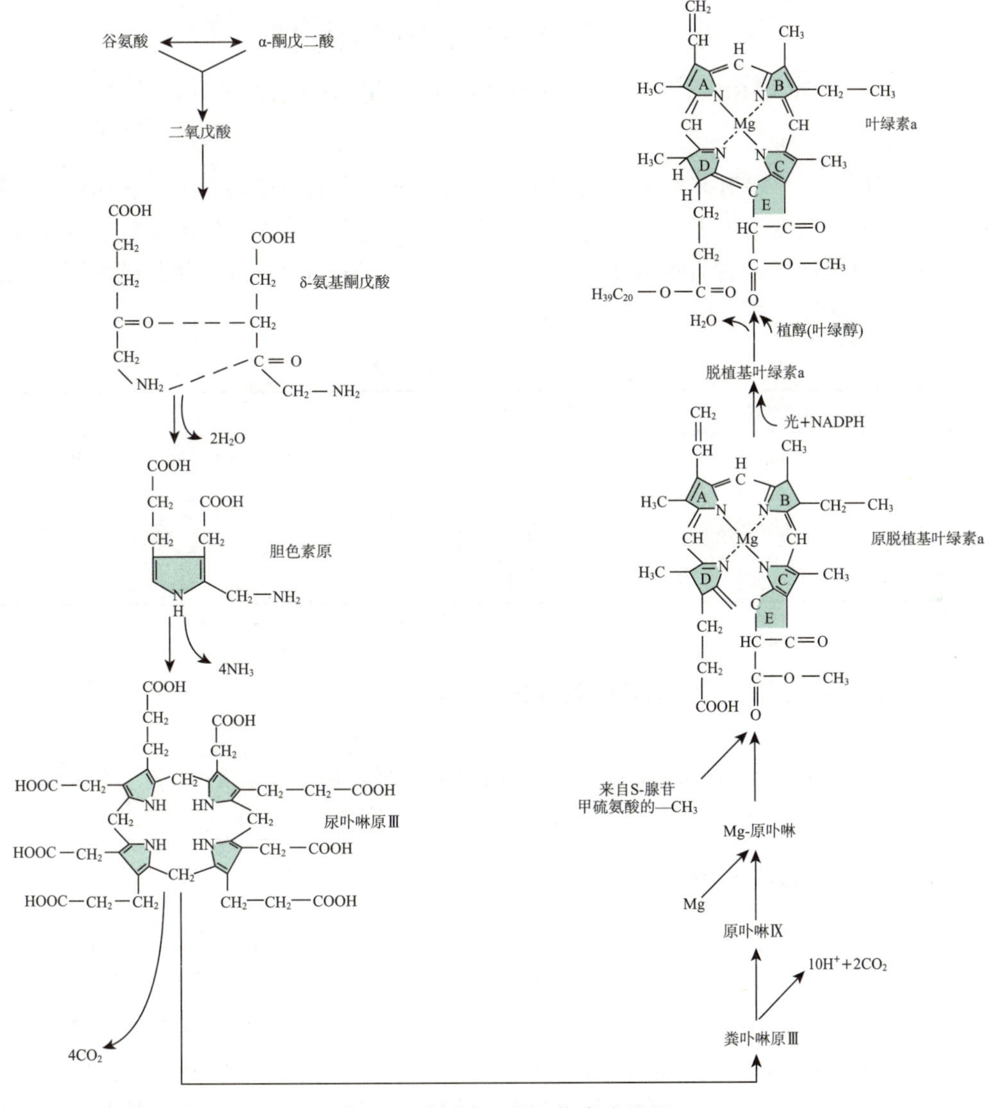

图 5-7 叶绿素 a 的生物合成途径

2. 环境条件对叶绿素生物合成的影响 许多环境条件影响叶绿素的合成，其中最主要的是光照、温度和矿质元素。

（1）光照对叶绿素合成的影响 光是影响叶绿素合成的主要因素。黑暗条件下植物通常不能合成叶绿素，因为原脱植基叶绿素 a 只有经过光照才能还原成脱植基叶绿素 a，进而合成叶绿素。叶绿素合成所需的光照度较低，除波长在 680 nm 以上的光外，可见光中各种波长的光都能促进叶绿素合成。但在藻类、苔藓、蕨类和松柏科植物中，在黑暗条件下也能合成叶绿素，柑橘种子的子叶和莲子的胚芽也可在黑暗中合成叶绿素，其合成机制尚不清楚。

（2）温度对叶绿素合成的影响　叶绿素的生物合成受温度的影响很大，因为温度影响酶促反应过程。一般说来，叶绿素合成的最低温度为 2～4 ℃，最适温度约为 30 ℃，最高温度约为 40 ℃。由于低温抑制叶绿素的合成，常引起早春和晚秋植物叶片变黄。

（3）矿质元素对叶绿素合成的影响　植物缺乏氮、镁、铁、锰、铜、锌元素时，也不能合成叶绿素，表现缺绿症（chlorosis）。氮和镁是构成叶绿素分子的元素，而铁、锰、铜、锌等元素是叶绿素合成过程中酶的活化剂。植物在干旱条件下叶绿素的合成也受抑制，分解加速，由于分解大于合成，叶片呈黄绿色；在缺氧条件下，叶绿素的合成也受阻。

第三节　光合作用的机制

Section 3　Mechanisms of Photosynthesis

光合作用是一个极其复杂的生物学过程，从能量转换的角度可分为 3 大步骤：①原初反应（将光能转变为电能，主要是光能的吸收、传递和转换）；②光合电子传递和光合磷酸化（将电能转变为活跃的化学能，即 ATP 和 NADPH）；③二氧化碳的同化（将活跃的化学能转变为稳定的化学能）（表 5-1）。

表 5-1　光合作用的基本概况

项　目	原初反应	光合电子传递与光合磷酸化	二氧化碳的同化
能量的性质	光能→电能	电能→活跃的化学能	活跃的化学能→稳定的化学能
能量的载体	光量子、电子	电子、质子、ATP、NADPH	糖类
反应的部位	光合片层	光合片层	基质
需光情况	需光	需光	暗或需光

一、原初反应（Primary Reaction）

原初反应（primary reaction）是光合作用的第一步，包括光能的吸收、传递和转换等物理化学过程。其反应速度快，在 10^{-12}～10^{-9}s 内完成。

（一）光能的吸收与传递

原初反应由天线复合体（antenna complex）和反应中心复合体（reaction center complex）共同完成。天线复合体由多种天线色素（antenna pigment）（又称为聚光色素，light-harvesting pigment）构成，吸收聚集光能并将其转移到反应中心复合体（图 5-8）。绝大部分叶绿素 a、全部叶绿素 b 和类胡萝卜素都属于聚光色素。反应中心复合体由反应中心色素、原初电子受体和原初电子供体组成。反应中心色素又称为光能捕捉器和转换器，是具有光化学活性的色素，由一些特殊的叶绿素 a 分子（P_{700}和 P_{680}）构成，既能捕获光能，又能将光能转化为电能。聚光色素与反应中心色素的比值约为 300∶1。

原初反应是从聚光色素对光能的吸收开始的。聚光色素吸收光能后变成激发态，光能由聚光色素向反应中心复合体以诱导共振方式进行传递。其传递可发生在不同色素分子间，但只能由吸收短波光的色素分子向吸收长波光的色素分子传递。所以色素分子的光谱吸收峰逐步向长波光转移。类囊体膜上光合色素的排列很紧密（相隔 10～50 nm），并与蛋白质分子结合在一起，形成捕光色素蛋白复合体，有利于光能的高效传递。例如类胡萝卜素所吸收的光能传递给叶绿素 a 或细菌叶绿素的效率高达 90%，而叶绿素 b 和藻胆素所吸收的光能传递给叶绿素 a 的效率可达 100%。

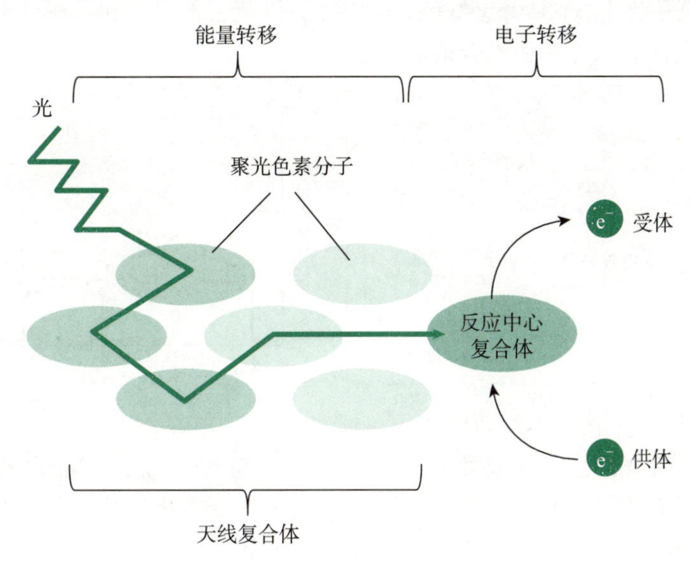

图 5-8 光合作用原初反应的能量吸收、传递与转换
（引自 Taiz 和 Zeiger，2010）

（二）光能的转换

反应中心色素分子、原初电子受体和原初电子供体协同作用进行光化学反应，完成光能的转换。当聚光色素分子将吸收的光能传递到反应中心复合体时，反应中心复合体的色素分子（P）被激发而成为激发态（P^*），激发态的色素分子（P^*）放出电子给原初电子受体（primary electron acceptor，A），色素分子失去电子后成氧化态（P^+），可从原初电子供体（primary electron donor，D）得到电子来补充，得到电子的色素分子又恢复到原来的状态（P）。原初电子受体接受电子被还原（A^-），原初电子供体失去电子被氧化（D^+），从而完成了光能转变为电能的过程。

原初反应过程中，光能的吸收、传递和转变过程可大致概括为

$$D \cdot P \cdot A \longrightarrow D \cdot P^* \cdot A \longrightarrow D \cdot P^+ \cdot A^- \longrightarrow D^+ \cdot P \cdot A^-$$

二、光合电子传递与光合磷酸化（Photosynthetic Electron Transport and Photophosphorylation）

在原初反应中，通过光引发的氧化还原反应，电子供体（D）被氧化成 D^+，电子受体（A）被还原成 A^-，完成了将光能转变为电能的过程。但这种状态的电能极不稳定，生物体还无法利用。需要通过光合电子传递和光合磷酸化过程，使其转变为活跃的化学能。

（一）两个光系统

美国学者 Emerson 等在 20 世纪 50 年代在以藻类为材料研究不同波长光的光合效率时发现，当用波长大于 685 nm 的远红光照射时，量子产额大大降低，这种现象称为红降（red drop）（图 5-9）。量子产额是指吸收一个光量子释放氧的分子数或者吸收二氧化碳（CO_2）的分子数，又称为量子效率，通常为 1/8。如果在用远红光照射时，再

补充以红光（650 nm）照射，则量子效率大大增加，大于二者分开照射时量子效率的总和。两种波长的光同时照射时，光合效率增加的现象称为双光增益效应（enhancement effect）或爱默生效应（Emerson effect）（图 5-10）。其原因是植物体内存在两个光化学反应系统即光系统Ⅰ（photosystem Ⅰ，PS Ⅰ）和光系统Ⅱ（photosystem Ⅱ，PS Ⅱ），二者协同完成光合电子传递和光合磷酸化过程。

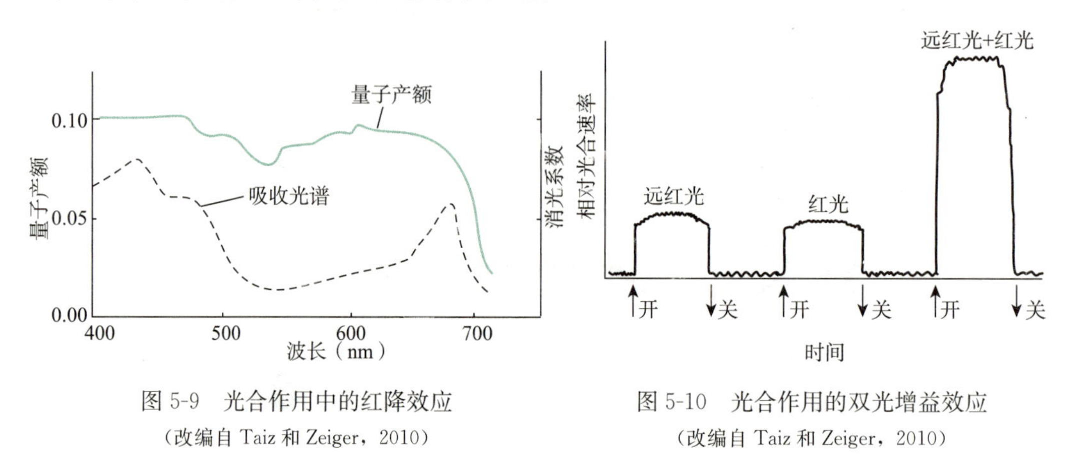

图 5-9 光合作用中的红降效应
（改编自 Taiz 和 Zeiger，2010）

图 5-10 光合作用的双光增益效应
（改编自 Taiz 和 Zeiger，2010）

1. 光系统Ⅱ 光系统Ⅱ主要分布在类囊体的垛叠部分，颗粒较大，直径为 17.5 nm。光系统Ⅱ的功能是利用光能进行水的光氧化并将质体醌还原。这个过程发生在类囊体膜的两侧，在膜内侧进行水的光解，膜的外侧还原质体醌（plastoquinone，PQ）。光系统Ⅱ是由核心复合体（core complex）、光系统Ⅱ捕光复合体（PS Ⅱ light-harvesting complex，LHC Ⅱ）和放氧复合体（oxygen-evolving complex，OEC）组成，其反应中心色素是 P_{680}。光系统Ⅱ的核心复合体大约包含 20 个蛋白，其中两种反应中心蛋白——D_1 蛋白和 D_2 蛋白负责调控电子由 P_{680} 转移至质体醌的过程（图 5-11）。

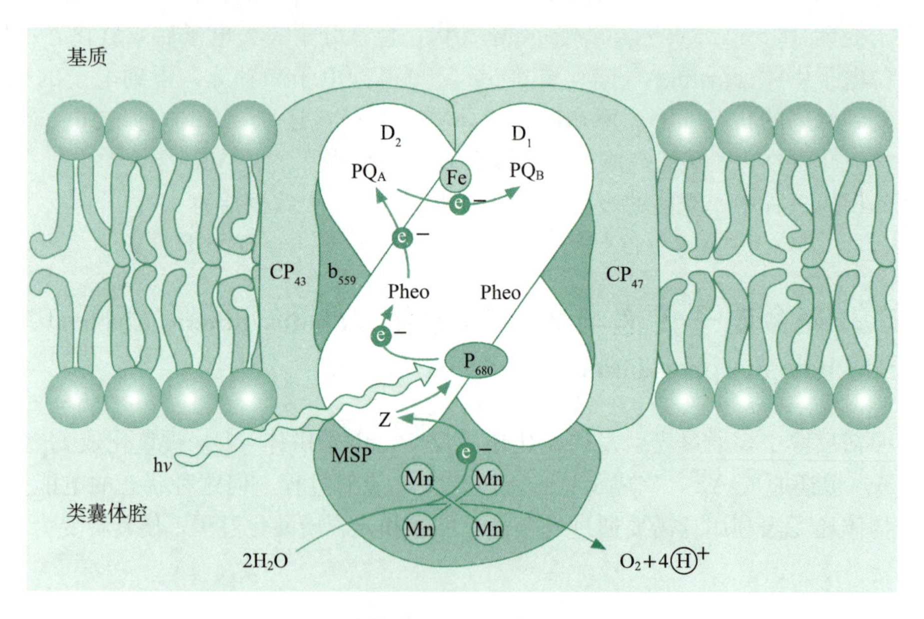

图 5-11 类囊体膜上的光系统Ⅱ的蛋白复合体
（引自 Buchanan 等，2000）
（CP_{43} 和 CP_{47} 为结合叶绿素的内周天线蛋白；D_1 和 D_2 为相对分子质量分别为 3.2×10^4 和 3.4×10^4 的两条多肽；b_{559} 代表 Cyt b_{559}，为血红素蛋白，由 α 和 β 两个亚基组成，与 D_1 和 D_2 构成 PS Ⅱ 反应中心；PQ_B 为与 D_2 蛋白结合的质体醌；PQ_A 为与 D_1 蛋白结合的质体醌；Pheo 为去镁叶绿素；P_{680} 为光系统Ⅱ反应中心色素分子；MSP 为锰稳定蛋白，与 Mn、Ca^{2+}、Cl^- 一起参与氧的释放，组成放氧复合体；Z 为电子供体）

2. 光系统Ⅰ 光系统Ⅰ颗粒较小，直径为 11 nm，存在于基质片层和基粒片层的非垛叠区。光系统Ⅰ复合体是由反应中心色素 P_{700}、电子受体 A_0 和 A_1 及光系统Ⅰ捕光复合体（LHCⅠ）3 部分组成。光系统Ⅰ复合体包括约 15 个蛋白，其中最大的反应中心蛋白 PsaA 和 PsaB 都是由叶绿体基因编码，二者共同组成反应中心（图 5-12）。

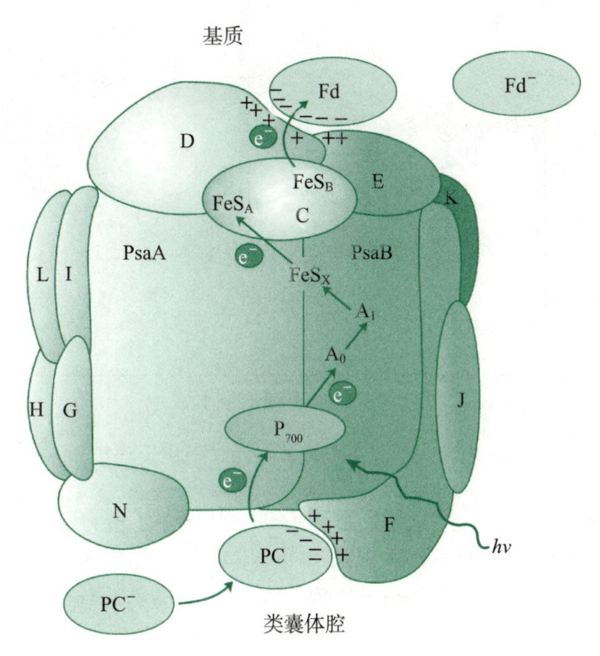

图 5-12 类囊体膜上的光系统Ⅰ复合体

（引自 Buchanan 等，2000）

（C、D 和 E 为光系统Ⅰ基质侧的外在蛋白；K、J、F、N、G、H、L 和 I 为光系统Ⅰ上的内在蛋白；PsaA 和 PsaB 为反应中心蛋白，在膜上二者结合为异二聚体状态；PC 为质体蓝素；P_{700} 为反应中心色素分子；A_0 为光系统Ⅰ的原初电子受体；A_1 为光系统Ⅰ的次级电子受体；FeS_X、FeS_A 和 FeS_B 为光系统Ⅰ的铁硫蛋白；Fd 为铁氧还蛋白）

（二）光合电子传递链

光合作用光反应过程中水被光解后产生电子和质子最后传递到 $NADP^+$，由光系统Ⅱ和光系统Ⅰ各自的光反应所驱动。而连接两个光系统之间的电子传递（electron transport）是由一系列电子传递体完成的。这些电子传递体均为复杂的蛋白复合体，排列紧密且具有不同的氧化还原电位，根据氧化还原电位的高低，排列成侧写的字母 Z 形光合电子传递链，又称为光合链（photosynthetic chain）。其电子传递过程可概括如下（图 5-13）。

动画：光合电子传递链

1. 光系统Ⅱ的电子传递 当 P_{680} 受光激发为 P_{680}^* 后，将电子传递给去镁叶绿素（pheophytin，Pheo）。去镁叶绿素为原初电子受体，接受电子后成为 $Pheo^-$，$Pheo^-$ 将电子传递给与 D_2 蛋白紧密结合的质体醌 PQ_A，PQ_A 进一步将电子传递给与 D_1 蛋白结合不紧密的另一种质体醌 PQ_B，PQ_B 与来自基质的 H^+ 结合最后形成还原型质体醌 PQH_2，释放到膜脂中。质体醌在膜脂中可移动，是光系统Ⅱ和细胞色素 b_6（Cyt b_6）与复合体之间的电子传递体。质体醌在类囊体膜上十分丰富，所以称为 PQ 库（PQ pool）。质体醌既是电子传递体又是质子传递体，在质子跨膜梯度形成中具有重要作用。D_1 蛋白很不稳定，其半衰期极短，可能是由于水的氧化过程中产生的活性氧（ROS）破坏了其分子结构。D_1 蛋白中与质体醌 PQ_B 的结合位点是数种除草剂的作用位点，例如除草剂莠去津（atrazine）的主要作用机制就是抑制质体醌与 D_1 蛋白结合从而抑制整个光合作用。

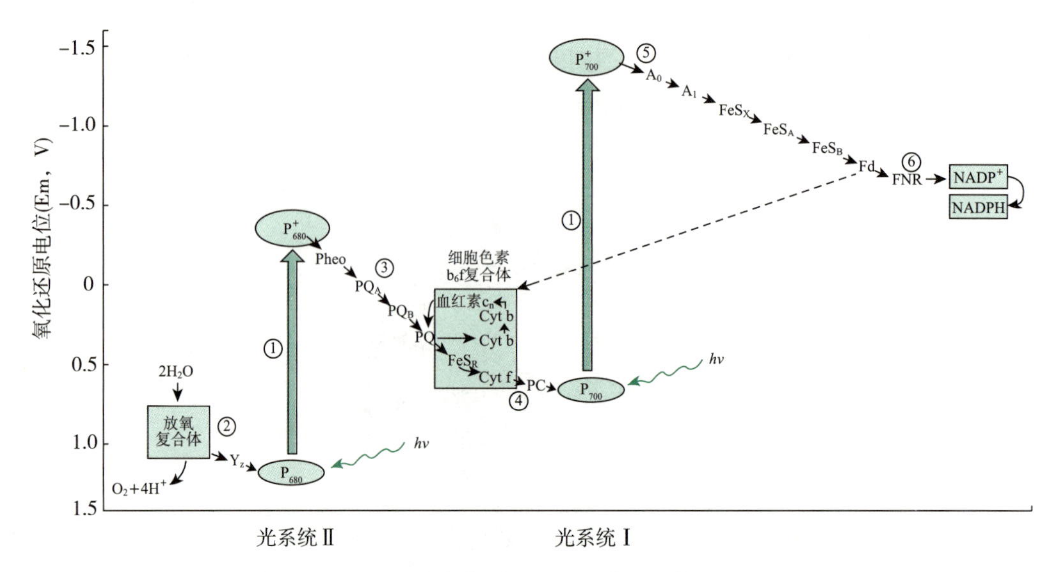

图 5-13　光合作用的 Z 形光合电子传递链

（引自 Taiz 和 Zeiger，2010）

①反应中心色素分子被光激发　②在光系统Ⅱ的氧化侧（Y_z还原被光氧化的P_{680}，而后从水的氧化中得到1个电子）　③在光系统Ⅱ的还原侧（去镁叶绿素将电子转移给受体PQ_A、PQ_B）　④细胞色素 b_6f 复合体将电子传递给质体蓝素（PC）　⑤光系统Ⅰ还原侧的电子传递　⑥铁氧还蛋白-NADP 还原酶（FNR）将 $NADP^+$还原为 NADPH

（实线表示非环式电子传递，虚线表示围绕光系统Ⅰ的环式电子传递）

P^*_{680}失去电子后形成P^+_{680}，从 D_1蛋白的酪氨酸残基（Tyr，也称为 Y_z）获得电子，酪氨酸残基为原初电子供体。失去电子的酪氨酸残基又通过锰聚集体（Mn cluster）从水分子中获得电子，使水分子裂解，同时放出氧气（O_2）和质子（H^+）。闪光诱导动力学研究表明，每释放 1 分子氧气，要裂解 2 分子水，同时，可产生 4 个电子和 4 个质子，这个过程需要 4 个光量子。法国学者 Joliot（1969），将已经暗适应的叶绿体以极快的闪光照射，发现每次闪光后放氧是不均等的。第一次闪光无氧气的释放。第二次闪光有少量氧气释放，第三次闪光放氧量最多。第四次闪光放氧量次之。此后，每 4 次闪光出现 1 个放氧高峰。量子需要量和闪光次数精确一致（图 5-14）。

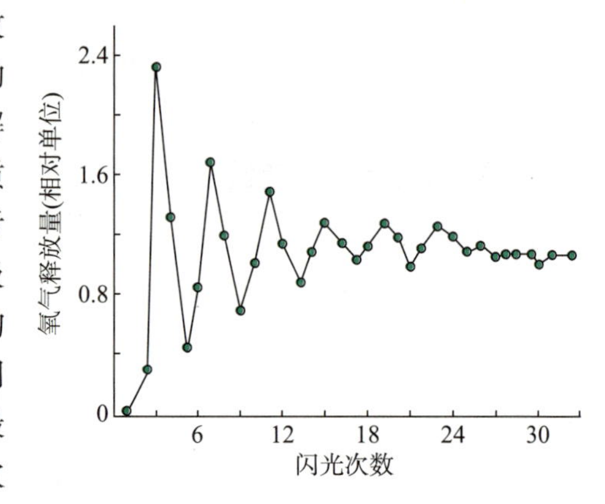

图 5-14　叶绿体闪光照射不同次数的放氧量

（引自 Taiz，1991）

Kok 等（1970）提出了水（H_2O）氧化机制模型：认为放氧复合体上的锰聚集体有 5 种形式，分别称为 S_0、S_1、S_2、S_3和 S_4。S_0为不带电荷状态，S_1带 1 个正电荷，S_2带 2 个正电荷，依次到 S_4带 4 个正电荷。每次闪光后光系统Ⅱ的反应中心色素 P_{680}接受 1 个光量子就发射 1 个电子，可从 S_0获得 1 个电子而复原。同时 S_0变成 S_1，P_{680}再接受 1 个光子，再发生类似过程，产生 S_2。如此反复，直到形成 S_4，其一次从 2 分子水中夺取 4 个电子，使水氧化，释放 1 分子氧气，然后 S_4回到 S_0位置。S_0再在受光激发的 P_{680}参与下逐级增加正电荷进行分解水的循环，称为水氧化分解钟（water oxidizing clock）或Kok 钟（Kok clock）。其中，S_0和 S_1是稳定状态，S_2和 S_3在暗中又返回到 S_1，S_4不稳定。叶绿体在暗中有3/4的锰聚集体处于S_1状态，1/4处于S_0状态。所以最大放氧量出现在第三次闪光后（图5-15）。

光系统Ⅱ的电子传递过程，P_{680}前的电子传递链为：H_2O→放氧复合体（含锰聚集体）→Tyr→ P_{680}^*；P_{680}后的电子传递链为：P_{680}^*→Pheo→PQ_A→PQ_B。

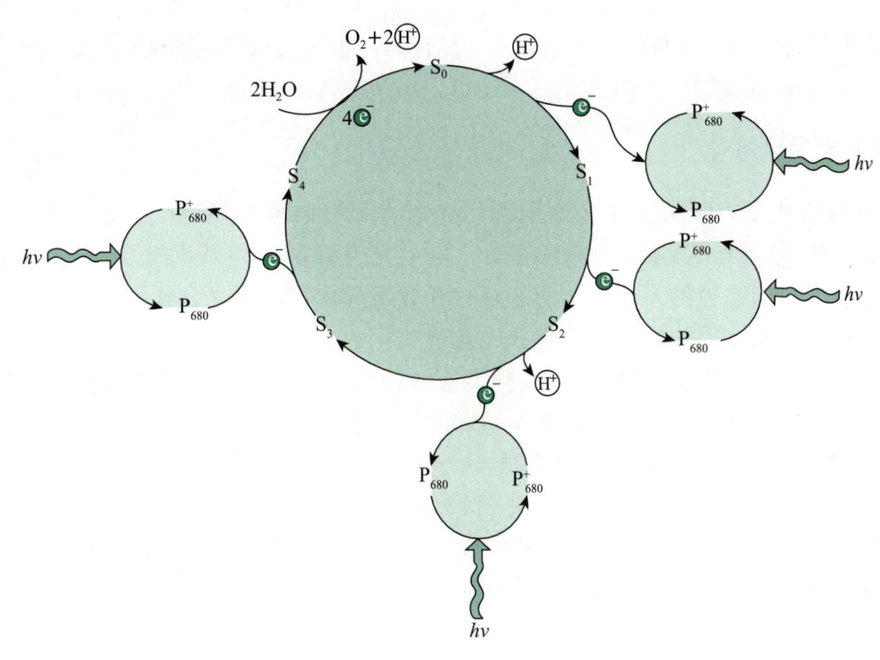

图5-15 放氧系统的5种状态

（改编自Buchanan，2000）

2. 细胞色素b_6f复合体的电子传递 细胞色素b_6f复合体（cytochrome b_6f complex，Cyt b_6f）是位于光系统Ⅱ和光系统Ⅰ之间的膜蛋白复合体。但它并不直接从光系统Ⅱ接受电子，也不直接将电子传递给光系统Ⅰ。在细胞色素b_6f复合体与光系统Ⅱ和光系统Ⅰ之间的电子传递是通过可扩散的电子传递体来进行的。

在光系统Ⅱ和细胞色素b_6f复合体之间的电子传递体是质体醌。其氧化态为PQ，还原态为PQH_2。1分子PQH_2可同时携带2个电子和2个质子。PQH_2将电子传递给细胞色素b_6f复合体，同时将质子（H^+）释放到类囊体腔内，建立跨膜质子浓度梯度。

细胞色素b_6f复合体和光系统Ⅰ之间的电子传递体是质体蓝素（plastocyanin，PC）。质体蓝素是水溶性含铜蛋白质，氧化态的质体蓝素为蓝色，故得名。

细胞色素b_6f复合体的作用是将还原态质体醌（PQH_2）氧化，获得电子后将电子传递给质体蓝素，使质体蓝素还原，在还原态质体醌和质体蓝素间传递电子。由于光系统Ⅱ和光系统Ⅰ在空间上是分离的，同时，细胞色素b_6f复合体是较大的膜蛋白复合体，难以在膜脂中迅速扩散。因此光系统Ⅱ和光系统Ⅰ之间的电子传递是由质体醌和质体蓝素完成的。细胞色素复合体的电子传递过程可概括为：PQH_2→Cyt b_6f→PC。

3. 光系统Ⅰ的电子传递 光系统Ⅰ核心复合体的捕光复合体（LHCⅠ）吸收光能后以诱导共振方式传递给反应中心P_{700}，受光激发后的P_{700}将电子传递给原初电子受体A_0（一种特殊的叶绿素a）、次级电子受体A_1（叶醌，VTK_1），再通过铁硫蛋白，最后传递给铁氧还蛋白（ferredoxin，Fd）。还原的铁氧还蛋白将电子传递给$NADP^+$，完成非循环式电子传递。铁氧还蛋白也可将电子传回到质体醌，再经过细胞色素b_6f复合体和质体蓝素，最后回到光系统Ⅰ，形成围绕光系统Ⅰ的循环电子传递。除草剂百叶枯（联二甲基吡啶）的作用机制就是作为铁氧还蛋白竞争性电子受体，干扰电子传递链的运转，从而影响到整个光合作用过程。

上述光合电子传递过程可称为非环式电子传递（noncyclic electron transport）。植物体内还存在环式电子传递（cyclic electron transport），即光系统Ⅰ产生的电子在质体醌氧化还原酶作用下从铁氧还蛋白传递给质体醌，再到细胞色素 b_6f 复合体，然后经质体蓝素返回光系统Ⅰ的电子传递。目前研究发现，环式电子传递途径可能有多条途径，电子可由铁氧还蛋白直接传给细胞色素 b_6f 复合体，也可经Fd-NADP还原酶（ferredoxin-NADP reductase，FNR）传给质体蓝素，还可以经过 NADPH 再传给质体蓝素。

（三）光合磷酸化

1. 光合磷酸化的形式 光合细胞利用光能将无机磷酸和 ADP 合成 ATP 的过程，称为光合磷酸化（photophosphorylation）。由于光合磷酸化过程与光合电子传递相偶联，根据电子传递途径的不同可分为非环式光合磷酸化和环式光合磷酸化。

动画：光合磷酸化

（1）非环式光合磷酸化 在非环式光合磷酸化中，光系统Ⅱ的放氧复合体将水光解后，还原态质体醌将质子（H^+）释放到类囊体腔内，形成跨膜质子浓度梯度，电子经由光合链最后传递到 $NADP^+$，形成 NADPH，同时释放氧气。其反应式为

$$3\ ADP+3\ Pi+2\ NADP^{+}+2\ H_2O \longrightarrow 3\ ATP+2\ NADPH+2\ H^{+}+O_2$$

ATP 的形成与非环式电子传递相偶联，故称为非环式光合磷酸化（noncyclic photophosphorylation）。非环式光合磷酸化需要光系统Ⅱ和光系统Ⅰ两个光系统的参与，并伴随 NADPH 的形成和氧气的释放。

（2）环式光合磷酸化 在环式光合磷酸化中，光系统Ⅰ被光能激发后，经 A_0、A_1、铁硫蛋白将电子传递给铁氧还蛋白，铁氧还蛋白没有将电子传递给 $NADP^+$，而是将电子传递给细胞色素 b_6f 复合体和质体醌，然后经细胞色素 b_6f 复合体和质体蓝素返回到光系统Ⅰ，形成环式电子传递途径。在环式电子传递途径中，伴随形成类囊体膜内外质子浓度梯度将 ADP 和 Pi 合成 ATP 的过程，称为环式光合磷酸化（cyclic photophosphorylation）。环式光合磷酸化只由光系统Ⅰ和光合电子传递链的部分电子传递体组成，没有光系统Ⅱ的参与，不伴随 $NADP^+$ 的还原和氧气的释放。

2. 光合磷酸化的机制 关于光合磷酸化的机制，与氧化磷酸化一样，仍然用英国学者 Mitchell（1961）提出的化学渗透假说（chemiosmotic hypothesis）来解释。在光合电子传递过程中，在光系统Ⅱ中，水被光解产生 4 个电子和 4 个质子，质子进入类囊体腔，电子经两次传递给质体醌后，质体醌又从间质中获得两个质子（H^+），形成 2 分子还原态。还原态质体醌将电子传递给细胞色素 b_6f 复合体时，将质子释放到类囊体腔内。随着光合电子传递，质子（H^+）不断在类囊体腔内积累，于是产生了跨膜的质子浓度差（ΔpH）和电势差（ΔE），二者合称为质子动力势（proton motive force，PMF），即推动光合磷酸化的动力。当 H^+ 沿着浓度梯度返回到基质时，在 ATP 合酶的作用下，将 ADP 和 Pi 合成 ATP。ATP 合酶位于基质片层和基粒片层的非垛叠区，将光合链上的电子传递和 H^+ 的跨膜运输与 ATP 合成相偶联，所以又称为偶联因子（coupling factor，CF）。ATP 合酶由两种蛋白复合体构成，一个是突出于膜表面具有亲水特性的 CF_1 复合体，另一个是埋置于膜内的疏水性 CF_0 复合体。CF_1 具催化功能，呈球形结构，而 CF_0 则构成了 H^+ 的跨膜通道。CF_1 易被 EDTA 等螯合剂溶液所洗脱，而 CF_0 则需要去污剂才能洗脱（图 5-16）。

光合作用的光反应完成了将光能转变为活跃化学能的过程，形成了细胞内的能量通货——ATP，同时形成 NADPH。作为光合作用过程中的能量暂时储存化合物，ATP 和 NADPH 主要用于二氧化碳的同化作用，通过将二氧化碳还原，形成稳定的化学能。所以 ATP 和 NADPH 又称为同化力（assimilatory power）或还原力（reducing power）。

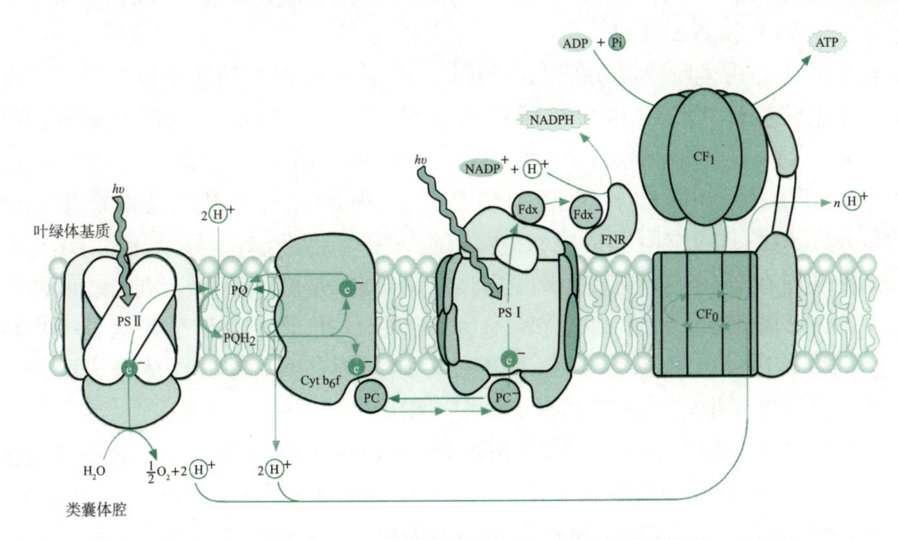

图 5-16 叶绿体电子传递链和 ATP 合酶在类囊体膜上的排列与分布
（引自 Buchanan，2000）

三、光合碳同化作用（Carbon Assimilation of Photosynthesis）

碳同化作用（carbon assimilation）是指利用光反应形成的同化力（ATP 和 NADPH）将二氧化碳还原，形成含稳定化学能的糖类物质的过程。光合碳同化作用发生在叶绿体的基质中，由多种酶参与的一系列化学反应所组成。高等植物中二氧化碳同化的途径有 3 条：卡尔文循环（C_3途径）、C_4途径和景天酸代谢途径，其中卡尔文循环为二氧化碳同化的基本途径。

（一）C_3途径及其调节

C_3途径（C_3 pathway）是由美国学者 Calvin 和 Benson（1950s）发现的，故也称为卡尔文-本森循环（Calvin-Benson cycle），简称卡尔文循环（Calvin cycle）。该途径固定二氧化碳后形成的第一个稳定的产物是三碳化合物，只用该途径进行碳同化的植物称为C_3植物（C_3 plant）。C_3途径可分为 3 个阶段：羧化阶段、还原阶段和再生阶段。

1. 羧化阶段 羧化阶段（carboxylation phase）是指通过受体固定二氧化碳形成羧酸的过程。C_3途径的二氧化碳受体是五碳化合物1,5-二磷酸核酮糖（ribulose bisphosphate，RuBP）。在1,5-二磷酸核酮糖羧化酶（RuBP carboxylase）的作用下，1 分子的 1,5-二磷酸核酮糖接受 1 分子二氧化碳形成 2 分子3-磷酸甘油酸（3-phosphoglycerate，PGA）。1,5-二磷酸核酮糖羧化酶是由 8 个大亚基和 8 个小亚基构成的大复合体，约占叶绿体中蛋白质的 50%，其活性部位位于大亚基上。

2. 还原阶段 羧化阶段形成的 3-磷酸甘油酸（PGA）是一种呈氧化状态的有机酸，能量水平较低，需要消耗同化力将其还原到糖的能量水平，也就是利用 ATP 和 NADPH 将 3-磷酸甘油酸的羧基还原成醛基。还原阶段（reduction phase）分两步反应，第一步反应是 3-磷酸甘油酸在3-磷酸甘油酸激酶（3-phosphoglycerate kinase，PGAK）的作用下，形成1,3-二磷酸甘油酸（1,3-diphosphoglycerate，DPGA）。1,3-二磷酸甘油酸是一个活跃的高能化合物，易被 NADPH 还原。在磷酸甘油醛脱氢酶的作用下，1,3-二磷酸甘油酸由 NADPH 提供的 2 个 H 还原形成3-磷酸甘油醛（glyceraldehyde-3-phosphate，GAP）。3-磷酸甘油醛是三碳糖，可进一步合成六碳糖及淀粉，也可由叶绿体输出到细胞质中进一步合成蔗糖。磷酸甘油酸转变为磷酸甘油醛的过程需要光合作用的同化力——ATP 和 NADPH。

3. 再生阶段 再生阶段（regeneration phase）是 3-磷酸甘油醛经过一系列转变，重新形成二氧化碳受体 1,5-二磷酸核酮糖的过程。首先 3-磷酸甘油醛在磷酸丙糖异构酶（triose phosphate isomerase）作用下，转变为磷酸二羟丙酮（dihydroxyacetone phosphate，DHAP）。3-磷酸甘油醛和磷酸二羟丙酮在二磷酸果糖醛缩酶（fructose diphosphate aldolase）的作用下形成1,6-二磷酸果糖（fructose-1,6-biphosphate，FBP），1,6-二磷酸果糖在1,6-二磷酸果糖磷酸酶（fructose-1,6-biphosphate phosphatase）作用下释放磷酸，形成6-磷酸果糖（fructose-6-phosphate，F6P）。6-磷酸果糖进一步转化为6-磷酸葡萄糖（glucose-6-phosphate，G6P）。6-磷酸葡萄糖可在叶绿体合成淀粉，同时部分 6-磷酸果糖进一步转变形成 1,5-二磷酸核酮糖。

6-磷酸果糖与 3-磷酸甘油醛在转酮酶（transketolase）作用下，生成4-磷酸赤藓糖（erythrose-4-phosphate，E4P）和 5-磷酸木酮糖（xylulose-5-phosphate，Xu5P）。在二磷酸果糖醛缩酶（fructose biphosphate aldolase）催化下，4-磷酸赤藓糖和磷酸二羟丙酮形成1,7-二磷酸景天庚酮糖（sedoheptulose-1,7-bisphosphate，SBP）。1,7-二磷酸景天庚酮糖脱去磷酸后成为7-磷酸景天庚酮糖（sedoheptulose-7-phosphate，S7P），该反应由1,7-二磷酸景天庚酮糖酶（sedoheptulose-1,7-bisphosphatase）催化。

7-磷酸景天庚酮糖又与 3-磷酸甘油醛在转酮酶的催化下，形成5-磷酸核糖（ribose-5-phosphate，R5P）和5-磷酸木酮糖（Xu5P）。在磷酸核酮糖异构酶的作用下，5-磷酸核糖转变为 5-磷酸木酮糖（Xu5P）。5-磷酸木酮糖在5-磷酸核酮糖差向异构酶（ribulose-5-phosphate epimerase）作用下形成 5-磷酸核酮糖。5-磷酸核酮糖在5-磷酸核酮糖激酶（ribulose-5-phosphate kinase）催化下又消耗 1 分子 ATP，形成二氧化碳受体 1,5-二磷酸核酮糖。

卡尔文循环的总过程可概括为（图 5-17）。

从以上反应过程可知，C_3途径二氧化碳固定的总反应为

$$3\ CO_2 + 5\ H_2O + 6\ NADPH + 9\ ATP \longrightarrow GAP + 6\ NADP^+ + 9\ ADP + 8\ Pi$$

即 C_3途径每同化 1 分子二氧化碳需要 2 分子 NADPH 和 3 分子 ATP。

4. C_3途径的调节 C_3途径的调节作用，主要表现在以下 3 个方面。

（1）光调节 C_3途径的酶类多数为光调节酶，也就是说只有通过光的诱导作用，才能表现出催化活性，又称为光适应酶。其中 1,5-二磷酸核酮糖羧化酶（Rubisco）是最典型的光适应酶，同时，1,6-二磷酸果糖磷酸酶、1,7-二磷酸景天庚酮糖酶、3-磷酸甘油醛脱氢酶、5-磷酸核酮糖激酶均为光调节酶。它们在光下活化，暗中失活，所以在测定光合作用时，必须进行预光照 30～40 min，光适应后再进行测定，否则测定结果会很低。

（2）质量作用调节 代谢物的浓度影响反应进行的速率和方向，例如当 3-磷酸甘油酸转变为 1,3-二磷酸甘油酸，再由 1,3-二磷酸甘油酸还原为 3-磷酸甘油醛的过程中受质量作用的调节。当叶绿体内 ADP 和 $NADP^+$ 积累时，不利于 3-磷酸甘油醛的形成，相反，当 ATP 和 NADPH 较多时，会加速 3-磷酸甘油酸还原为 3-磷酸甘油醛的过程。

（3）光合产物的输出调节 叶绿体内二氧化碳还原形成的磷酸丙糖（TP）通过叶绿体膜上的磷酸转运器向外输出，其输出的速率受细胞质中磷酸的调节。因为磷酸丙糖输出到细胞质和磷酸输入到叶绿体呈等量关系。当细胞质中蔗糖合成减少时，磷酸的释放也就减少，使输入到叶绿体内磷酸减少，导致 ATP 合成受阻，ATP 水平下降和磷酸丙糖的输出受阻，影响 C_3途径进行。另一方面，光合产物输出受阻也可促进叶绿体内

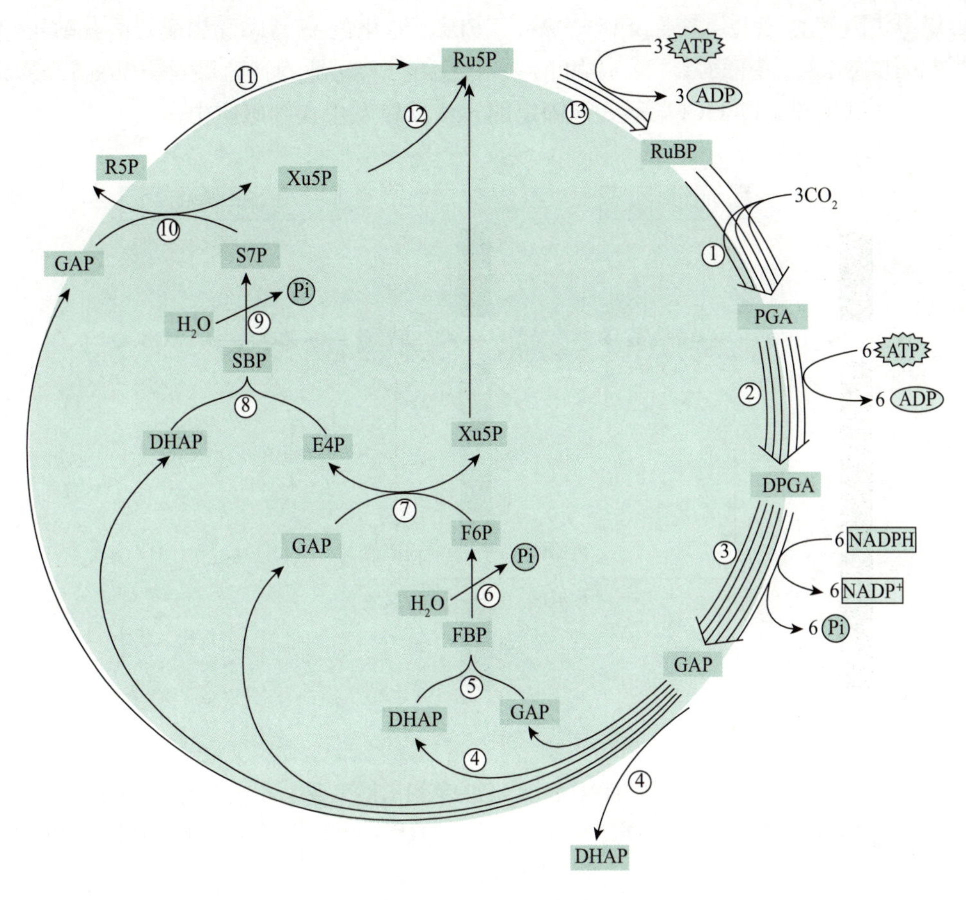

图 5-17　卡尔文循环

①1,5-二磷酸核酮糖羧化酶　②3-磷酸甘油酸激酶　③磷酸甘油醛脱氢酶　④磷酸丙糖异构酶　⑤二磷酸果糖醛缩酶　⑥1,6-二磷酸果糖磷酸酶　⑦转酮酶　⑧二磷酸果糖醛缩酶　⑨1,7-二磷酸景天庚酮糖酶　⑩转酮酶　⑪磷酸核酮糖异构酶　⑫5-磷酸核糖差向异构酶　⑬5-磷酸核酮糖激酶

（每根线条代表 1 mol 代谢物的转变。①是羧化阶段；②和③是还原阶段；其余反应是再生阶段。要产生 1 mol GAP 需要 3 mol CO_2、9 mol ATP 和 6 mol NADPH）

淀粉的合成，叶绿体内淀粉的积累使光合功能下降，淀粉粒本身对光合膜精细结构也有损伤。

（二）C_4途径及其调节

在 20 世纪 60 年代人们在用放射性同位素 $^{14}CO_2$ 对甘蔗、玉米进行标记时，发现 70%～80%的 $^{14}CO_2$ 的固定初产物为四碳化合物，而不是三碳化合物。研究表明，这个四碳化合物为四碳二羧酸。二氧化碳固定的第一个稳定产物为四碳化合物的光合碳同化途径称为C_4途径（C_4 pathway）。具有 C_4 途径同化二氧化碳的植物称为C_4植物（C_4 plant）。

1. C_4植物叶片的解剖特征　C_4植物叶片的解剖结构与 C_3 植物不同。C_4植物叶片的栅栏组织与海绵组织分化不明显，叶片两侧颜色差异小；维管束密集，维管束周围有发达的维管束鞘细胞形成花环结构（Kranz anatomy）。C_4植物的维管束鞘细胞中含有较大的叶绿体，与叶肉细胞叶绿体相比，维管束鞘细胞叶绿体基粒垛叠较少；含有丰富的线粒体等其他细胞器；维管束鞘细胞与叶肉细胞间存在大量胞间连丝，有利于光合产物的运输。C_3植物的光合细胞主要是叶肉细胞（mesophyll cell，MC），而 C_4 植物的光合细胞有两类：叶肉细胞和维管束鞘细胞（bundle sheath cell，BSC）。

2. C_4途径的代谢特点 如图 5-18 所示，C_4途径的二氧化碳受体是叶肉细胞质中的磷酸烯醇式丙酮酸（phosphoenol pyruvate，PEP），催化的酶是磷酸烯醇式丙酮酸羧化酶（PEP carboxylase，PEPC），形成的第一个稳定产物是草酰乙酸（oxaloacetic acid，OAA）。二氧化碳是以 HCO_3^- 形式被固定的。该反应发生在细胞质中。

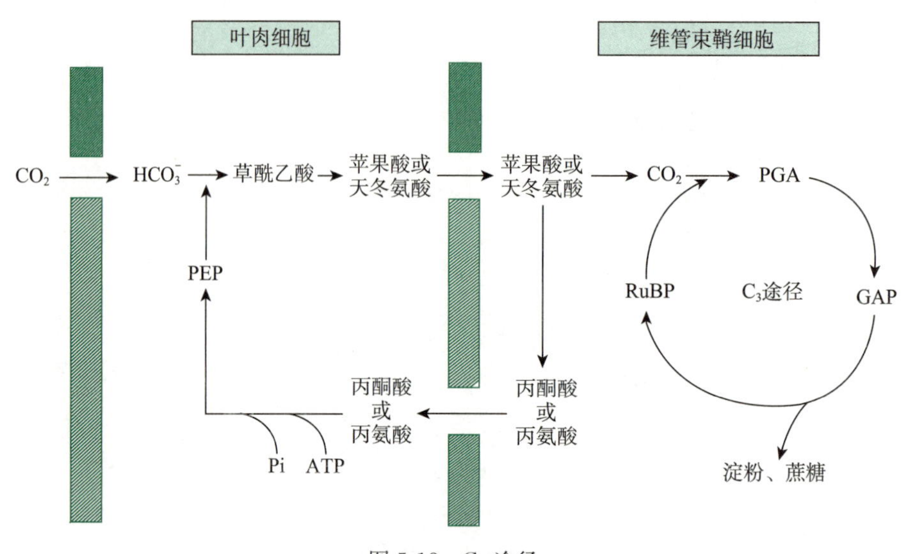

图 5-18 C_4 途径

草酰乙酸由存在于叶绿体基质中的 NADP-苹果酸脱氢酶（malic acid dehydrogenase）催化形成苹果酸（malic acid，Mal），该反应在叶绿体中进行。也有一些植物不形成苹果酸，而是在天冬氨酸转氨酶（aspartate amino transferase）作用下草酰乙酸氨基化生成天冬氨酸，该反应在细胞质中进行。

在叶肉细胞中形成的苹果酸或天冬氨酸（均为四碳二羧酸）通过胞间连丝被运输到维管束鞘细胞中去。四碳二羧酸在维管束鞘细胞中经 NAD-苹果酸酶或 NADP-苹果酸酶催化脱羧形成二氧化碳和丙酮酸（pyruvic acid），丙酮酸再从维管束鞘细胞运回到叶肉细胞。在叶肉细胞叶绿体中，经磷酸丙酮酸双激酶（pyruvate phosphate dikinase，PPDK）催化和 ATP 作用，重新形成二氧化碳受体磷酸烯醇式丙酮酸。

$$\text{丙酮酸}+\text{ATP}+\text{Pi}\longrightarrow\text{PEP}+\text{AMP}+\text{PPi}$$

$$\text{AMP}+\text{ATP}\longrightarrow 2\ \text{ADP}$$

C_4途径中，二氧化碳在叶肉细胞中被固定形成四碳二羧酸，然后转移到维管束鞘细胞中脱羧释放二氧化碳，使维管束鞘细胞细胞中二氧化碳浓度比空气中高出 20 倍左右，这种循环相当于二氧化碳泵的作用。因为磷酸烯醇式丙酮酸羧化酶对二氧化碳的亲和力大于 1,5-二磷酸核酮糖羧化酶对二氧化碳的亲和力，所以当环境二氧化碳浓度较低时，C_4途径二氧化碳的同化效率远高于 C_3途径。但由于丙酮酸转变为二氧化碳受体磷酸烯醇式丙酮酸的反应中要消耗 2 分子 ATP，这样 C_4途径每固定 1 分子二氧化碳要比 C_3途径多消耗 2 分子 ATP。C_4途径每固定 1 分子二氧化碳要消耗 5 分子 ATP、2 分子 NADPH。

3. C_4途径的调节 C_4途径的酶活性受光和代谢物水平的调节。磷酸烯醇式丙酮酸羧化酶、NADP-苹果酸脱氢酶和磷酸丙酮酸双激酶是光活化酶，它们在暗中被钝化。苹果酸和天冬氨酸抑制磷酸烯醇式丙酮酸羧化酶的活性，而 6-磷酸葡萄糖、磷酸烯醇式丙酮酸则促进磷酸烯醇式丙酮酸羧化酶的活性。同时，二价金属离子 Mn^{2+} 和 Mg^{2+} 也是 C_4途径中 NADP-苹果酸酶、NAD-苹果酸酶等的活化剂。

（三）景天酸代谢途径及其调节

干旱地区生长的景天科（Crassulaceae）植物如景天（*Sedum alboroseum*）和落地生根（*Bryophyllum pinnatum*），在长期干旱环境条件下，其形态结构已发生了明显的适应性变化，同时形成一种特殊的二氧化碳固定方式。夜间气孔张开，吸收二氧化碳，在磷酸烯醇式丙酮酸羧化酶的催化下，磷酸烯醇式丙酮酸接受二氧化碳形成草酰乙酸，后者被还原为苹果酸后，储存于液泡中。白天气孔关闭，液泡中的苹果酸进入细胞质，在 NAD-苹果酸酶的作用下，氧化脱羧，放出二氧化碳，进入 C_3 途径（卡尔文循环），形成淀粉等（图 5-19）。

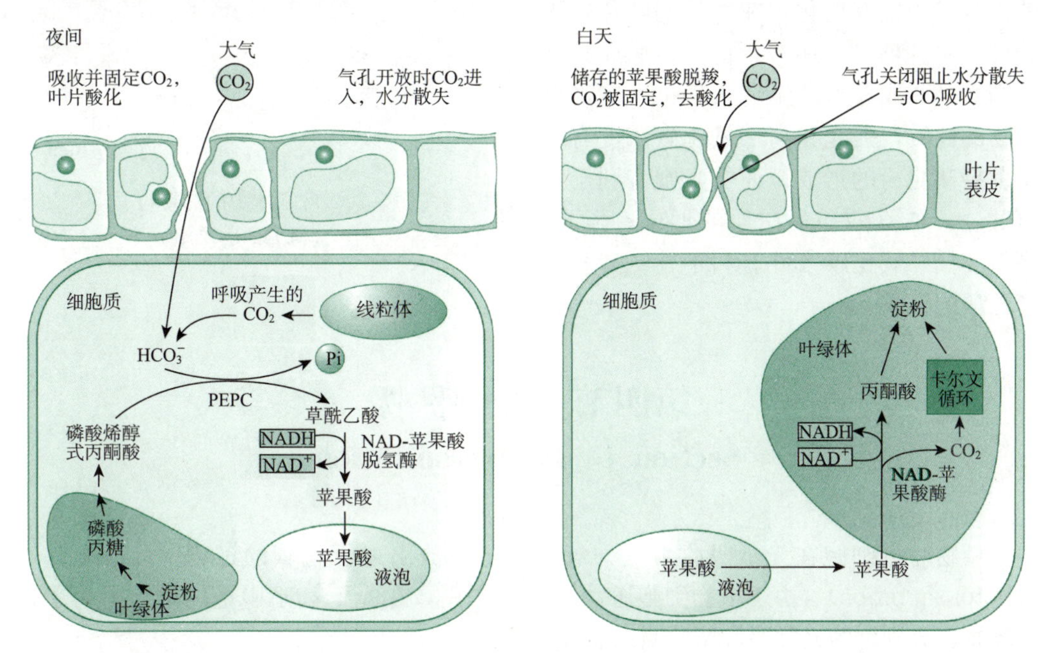

图 5-19　景天酸代谢（CAM）途径

（引自 Taiz 和 Zeiger，2010）

同时，C_3途径所产生的淀粉通过糖酵解过程形成磷酸烯醇式丙酮酸，再接受二氧化碳进入循环。这样植物体在夜间有机酸含量会逐渐增加，pH 下降，淀粉含量下降。白天有机酸含量逐渐减少，pH 上升，淀粉含量增加。白天和夜间植物体的绿色光合器官有机酸含量呈现有规律变化，这种光合碳同化途径称为景天酸代谢（crassulacean acid metabolism，CAM）。具有景天酸代谢途径的植物称为景天酸代谢植物或 CAM 植物（CAM plant）。

从 C_3途径、C_4途径和景天酸代谢（CAM）3 种光合碳同化途径可以看出，C_3途径是植物共有的光合碳同化的基本途径，只有此途径才能将二氧化碳还原为磷酸丙糖并进一步合成淀粉或输出到叶绿体外合成蔗糖。C_4途径和景天酸代谢途径是对 C_3途径的补充，是植物为适应低浓度二氧化碳和干旱条件而形成的光合碳同化的特殊类型。

（四）光合作用产物

尽管高等植物二氧化碳同化存在 3 条途径，但 C_3途径是二氧化碳同化的基本途径，也是合成蔗糖、淀粉、葡萄糖、果糖等产物的唯一途径。C_3途径中形成的磷酸丙糖，一部分在叶绿体内合成淀粉，另一部分通过磷酸转运器运输到细胞质合成蔗糖。

除蔗糖、淀粉等糖类化合物外，光合作用的直接产物还包括氨基酸和有机酸。利用放射性同位素 $^{14}CO_2$ 饲喂小球藻，照光后，发现在未形成糖类物质前 ^{14}C 已参与到氨基酸（例如甘氨酸、丝氨酸等）和有机酸（丙酮酸、苹果酸、乙醇酸等）中。同时，在离体叶绿体中也发现含有^{14}C标记的脂肪酸（例如棕榈酸、亚油酸等）。

光合作用直接产物的种类和数量因不同植物而异，大多数高等植物的光合产物是淀粉（图 5-20），例如棉花、大豆、烟草等。而洋葱、大蒜等植物的光合产物主要是葡萄糖和果糖。不同生育时期植物叶片的光合产物也有变化，在幼龄期叶片的光合产物除蔗糖外，还有蛋白质；而成龄叶片则主要形成蔗糖。生境条件也影响光合产物的性质，强光和高二氧化碳浓度有利于蔗糖和淀粉的形成；而弱光则有利于谷氨酸、天冬氨酸和蛋白质的形成；强光、高氧和低二氧化碳条件有利于甘氨酸和羟基乙酸的合成。

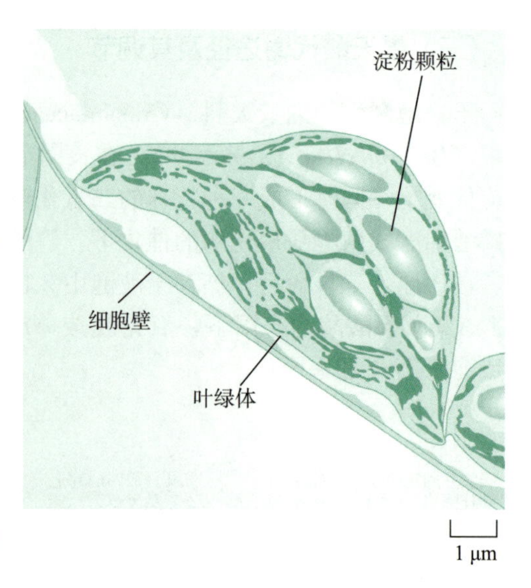

图 5-20　叶绿体中的淀粉粒
（引自 A. M. Smith，2010）

第四节　光 呼 吸
Section 4　Photorespiration

植物绿色细胞在光下吸收氧气并氧化乙醇酸放出二氧化碳的过程，称为光呼吸（photorespiration）。由于植物细胞通常的呼吸作用，在光下和暗中都能进行，为了便于区别，分别称为光呼吸和暗呼吸（表 5-2）。

表 5-2　光呼吸与暗呼吸的区别

	光 呼 吸	暗 呼 吸
氧化的底物	由 1,5-二磷酸核酮糖加氧酶催化，1,5-二磷酸核酮糖氧化产生乙醇酸，只有在光下才能形成	糖、脂肪和蛋白均可作为底物，但以葡萄糖为主。底物既可是新形成的，也可是储存物
代谢途径	乙醇酸代谢途径或称 C_2 循环	糖酵解、三羧酸循环、磷酸戊糖途径
发生部位	只发生在绿色光合细胞中，由叶绿体、过氧化体和线粒体 3 种细胞器协同作用完成	在所有活细胞线粒体和细胞质中进行
能量生成	不产生能量	产生大量能量
对 O_2 和 CO_2 浓度的反应	对 O_2 和 CO_2 浓度变化敏感，随着 O_2 浓度的增加而增加，高浓度的 CO_2 对光呼吸有抑制作用	对 O_2 和 CO_2 的浓度的反应不敏感
对光的要求	只有在光下才能进行	光下和暗中都能进行

一、光呼吸的代谢途径（Biochemistry of Photorespiration）

光呼吸也是生物氧化过程，其被氧化的底物是乙醇酸（glycolic acid）。乙醇酸来自

1,5-二磷酸核酮糖（RuBP），催化的酶是1,5-二磷酸核酮糖加氧酶（RuBP oxygenase）。现已知1,5-二磷酸核酮糖羧化酶（RuBP carboxylase）和1,5-二磷酸核酮糖加氧酶是同一种酶，该酶具有双重催化功能，既能催化羧化反应，又能催化加氧反应，故其全称为1,5-二磷酸核酮糖羧化酶/加氧酶（Rubisco）。1,5-二磷酸核酮糖羧化酶/加氧酶对氧气的亲和力远低于对二氧化碳的亲和力，其催化反应进行的方向取决于二氧化碳和氧气的浓度。当氧气浓度低，二氧化碳浓度高时，催化羧化反应，生成2分子3-磷酸甘油酸，进入C_3途径。当氧气浓度高，二氧化碳浓度低时，催化加氧反应，生成1分子3-磷酸甘油酸和1分子磷酸乙醇酸；后者在磷酸乙醇酸酶的作用下，脱去磷酸形成乙醇酸。

光呼吸的过程是由叶绿体、过氧化体和线粒体3种细胞器协同作用完成的，是一个循环过程，通常这些个细胞器紧密相连。光呼吸代谢途径实际上是乙醇酸的循环氧化过程，又称为C_2氧化光合碳循环（C_2 oxidative photosynthetic carbon cycle），简称为C_2循环（C_2 cycle）（图5-21）。

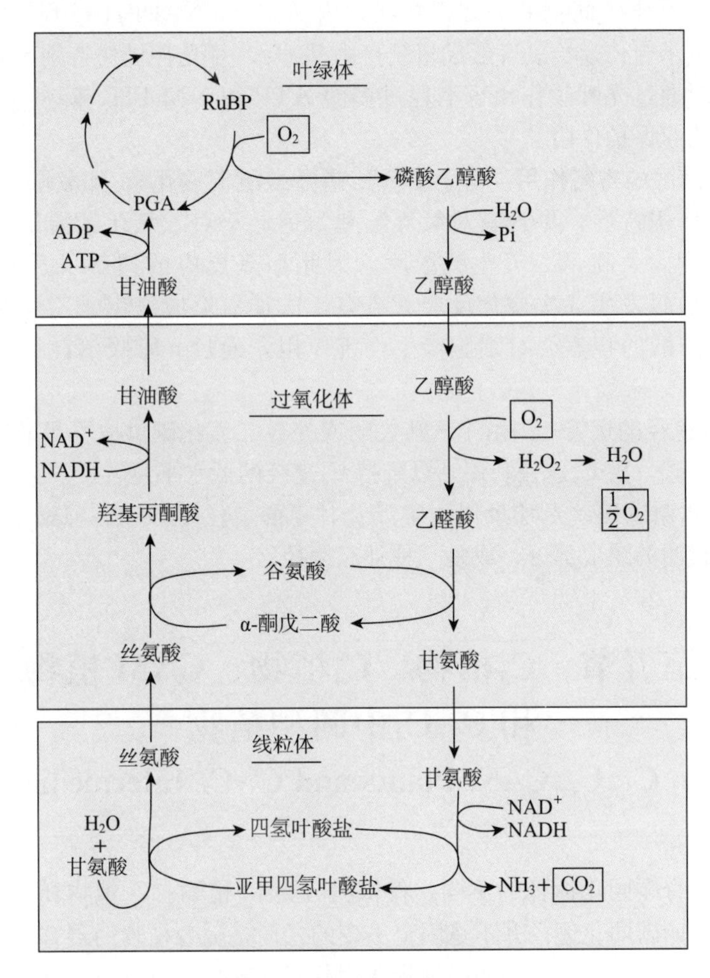

图5-21　光呼吸的代谢途径
（引自潘瑞炽，2012）

在叶绿体中形成的乙醇酸转运到过氧化体（peroxisome）。由乙醇酸氧化酶催化，乙醇酸被氧化为乙醛酸，同时形成过氧化氢，过氧化氢经过氧化氢酶催化形成水和氧气。乙醛酸经转氨作用形成甘氨酸，并进入线粒体。在线粒体中2分子甘氨酸通过氧化脱酸和转甲基作用形成丝氨酸，此反应产生NADH和氨，并释放出二氧化碳。丝氨酸转回到过氧化体并与α-酮戊二酸进行转氨基作用，形成羟基丙酮酸。羟基丙酮酸在甘油酸脱氢酶的作用下，消耗 NADH 还原为甘油酸。甘油酸从过氧化体转运回叶绿体，在甘油酸激酶的作用下，消耗 1 分子 ATP 形成 3-磷酸甘油酸，进入 C_3 途径。在光呼吸循环过程中，2 分子乙醇酸循环 1 次释放 1 分子二氧化碳，光呼吸底物产生在叶绿体，氧气的吸收发生在叶绿体和过氧化体，二氧化碳的释放在线粒体。

二、光呼吸的生理功能（Physiological Functions of Photorespiration）

从生物化学途径可以看出，光呼吸过程不仅将光合作用固定的碳素转变为二氧化碳释放掉，还浪费同化力 ATP 和 NADPH。据估计，在正常大气条件下，C_3 植物通过光呼吸要损失光合作用所固定碳素的 20%～40%。但光呼吸也具有以下其特殊的生理意义。

1. 防止强光对光合器官的破坏作用 在强光照条件下，光反应过程中形成的同化力会超过光合二氧化碳同化的需要，叶绿体内 ATP 和 NADPH 过剩，$NADP^+$ 不足，由光能激发的电子会传递给氧气形成超氧自由基 O_2^-，对光合机构特别是光合膜系统有破坏作用。这时通过光呼吸作用可消耗过多的 ATP 和 NADPH，降低活性氧的伤害，从而对光合机构起保护作用。

2. 消除乙醇酸的毒害作用 由于 1,5-二磷酸核酮糖羧化酶/加氧酶具有催化羧化和加氧的双重作用特性，尽管其对氧气亲和力远低于对二氧化碳的亲和力，但是叶绿体中氧气浓度大大高于二氧化碳浓度，因此加氧反应的速率可达到羧化反应的 25%，也就是说每发生 3 次羧化反应就会有 1 次加氧反应发生。乙醇酸的产生是不可避免的，乙醇酸的积累会对细胞产生伤害作用，通过光呼吸消耗掉多余乙醇酸可使细胞免受伤害。

3. 维持 C_3 途径的运转 当由于气孔关闭或外界二氧化碳供应不足时，通过光呼吸作用产生二氧化碳，供 C_3 途径利用，以维持 C_3 途径的低水平运转。

4. 参与氮代谢过程 光呼吸代谢中涉及甘氨酸、丝氨酸和谷氨酸的形成和转化，是绿色细胞氮代谢的组成部分，或是一种补充途径。

第五节 C_3 植物、C_4 植物、CAM 植物和 C_3-C_4 中间型植物

Section 5 C_3, C_4, CAM Plants and C_3-C_4 Intermediate Plants

彩图：C_3 植物、C_4 植物、景天酸代谢（CAM）植物叶片的形态解剖结构比较

根据植物光合碳同化途径的不同，将植物分为 C_3 植物、C_4 植物和 CAM 植物。但实际上许多植物的碳同化途径并不是固定不变的，而是随着植物的器官、部位、生育时期及环境条件的变化而变化。例如高粱是典型的 C_4 植物，但其开花后便转变为以 C_3 途径固定二氧化碳。禾本科的毛颖草在低温多雨地区主要以 C_3 途径固定二氧化碳，而在高温干旱地区则以 C_4 途径固定二氧化碳。幼苗期玉米叶片具有 C_3 植物的基本特征，生长到第五叶时才具备 C_4 植物的光合特性。有些植物，如冰叶日中花，当缺水时进行 CAM 途径，而水分供应适宜时，则进行 C_3 途径。可见植物光合碳同化途径的多样性及其相互转化是植物对多变生态环境适应性的表现。

某些植物的形态解剖结构和生理生化特性介于 C_3 植物和 C_4 植物之间，称为 C_3-C_4 中间型植物（C_3-C_4 intermediate plant）。迄今已在禾本科、粟米草科、苋科、菊科、十

字花科、紫茉莉科等植物中发现有数十种 C_3-C_4 中间型植物。这些植物也具有维管束鞘细胞，但不如 C_4 植物发达；在叶肉细胞中也有1,5-二磷酸核酮糖羧化酶/加氧酶和磷酸烯醇式丙酮酸羧化酶，但并不是像 C_4 植物那样，在叶肉细胞和鞘细胞中精确地分隔定位。二氧化碳同化以 C_3 途径为主，但也有一定量的 C_4 途径。光呼吸作用也介于 C_3 植物和 C_4 植物之间。C_3-C_4 中间型植物可能是 C_3 植物向 C_4 植物进化的过渡类型。虽然 C_3 植物、C_4 植物、CAM 和 C_3-C_4 中间型植物在不同生育时期和不同生境条件下发生一定的变化和转化，但它们的基本形态解剖结构和生理生化特性还是相对稳定的，并有较为明显的区别（表5-3）。

表5-3 C_3 植物、C_4 植物、C_3-C_4 中间型植物和CAM植物的结构、生理特性的比较

特　性	C_3 植物	C_4 植物	C_3-C_4 中间型植物	景天酸代谢植物
代表植物	典型的温带植物，大豆、小麦、菠菜、烟草	热带、亚热带植物，玉米、高粱、甘蔗、苋菜	温带、热带均有分布，苋科、禾本科、粟米草科植物	沙漠干旱植物，仙人掌、龙舌兰科肉质植物
叶结构	维管束鞘细胞不含叶绿体，其周围叶肉细胞排列疏松，无花环结构	维管束鞘细胞含叶绿体，其周围叶肉细胞排列紧密，有花环结构	维管束鞘细胞含叶绿体，但维管束鞘细胞的壁较 C_4 植物的薄，叶肉细胞分化为栅栏组织和海绵组织	维管束鞘细胞不含叶绿体，含较多线粒体，叶肉细胞的液泡大，无花环结构
叶绿素a/叶绿素b	2.4～3.2	3.3～4.5	2.8～3.9	2.5～3.0
二氧化碳补偿点（$\mu mol \cdot mol^{-1}$）	30～70	0～10	5～40	光照下：0～200，黑暗中：<5
固定二氧化碳途径	只有 C_3 途径	C_3 途径和 C_4 途径	C_3 途径和有限的 C_4 途径	CAM途径和 C_3 途径
二氧化碳固定酶	Rubisco（叶肉细胞中）	PEPC（叶肉细胞中），Rubisco（维管束鞘细胞中）	PEPC，Rubisco（叶肉细胞和维管束鞘细胞中）	PEPC，Rubisco（叶肉细胞中）
二氧化碳最初受体	RuBP	PEP	RuBP、PEP（少量）	光下：RuBP 黑暗中：PEP
二氧化碳固定的最初产物	PGA	OAA	PGA、OAA	光下：PGA 黑暗中：OAA
PEPC活性（$\mu mol \cdot mg^{-1} \cdot min^{-1}$）	0.30～0.35	16～18	<16	19.2
最大净光合速率（$\mu mol \cdot m^{-2} \cdot s^{-1}$）	10～25	25～50	中等	0.6～2.5
光合最适温度	20～30 ℃	30～40 ℃	介于 C_3 和 C_4 之间	35 ℃
光呼吸（$mg \cdot dm^{-2} \cdot h^{-1}$）	3.0～3.7	≈0	0.6～1.0	约为0
同化产物分配	慢	快	中等	不详
蒸腾系数（$g \cdot g^{-1}$）	450～950	250～350	中等	光下150～600 暗中18～100

注：Rubisco为1,5-二磷酸核酮糖羧化酶/加氧酶，PEPC为磷酸烯醇式丙酮酸羧化酶，RuBP为1,5-二磷酸核酮糖，PEP为磷酸烯醇式丙酮酸，PGA为3-磷酸甘油酸，OAA为草酰乙酸。

第六节　光合作用的影响因素
Section 6　Factors Influencing Photosynthesis

一、光合作用的内部影响因素（Internal Factors Influencing Photosynthesis）

植物叶片的光合速率受叶片厚度、单位叶面积细胞数目、气孔数目、1,5-二磷酸核酮糖羧化酶、磷酸烯醇式丙酮酸羧化酶、叶绿素含量等诸多生理生化指标的影响，并表现出品种间的差异特性。人们常用上述指标作为选育高光合能力品种和材料的依据。叶片的光合速率与叶龄也有密切关系，刚展开的叶片，由于光合器官发育不健全，叶绿体片层结构不发达，光合色素含量少，光合碳固定的酶含量少、活性弱，气孔开度小，以及呼吸代谢旺盛等因素影响，叶片光合速率较低。随着叶片面积、光合器官数量的增大，光合速率迅速增大，当叶片达最大面积和厚度时，光合速率达到最大值。此后随着叶片的衰老和脱落，光合速率逐渐下降，最后为零。整株植物的光合作用则受总叶面积、群体冠层结构的影响。在不同生育时期中也发生明显变化，但一般以营养生长旺盛期为最强，开花及果实生长期下降。

叶片光合产物的积累和输出也是影响光合作用的重要因素。当植株去花或去果实，使叶片光合产物输出受阻时，叶片中积累的光合产物会使叶片光合速率下降；反之，去掉部分叶片，花果对光合产物需求增加，会刺激保留叶片使光合速率上升。光合产物的积累和输出影响光合速率的原因是：①反馈抑制作用。例如蔗糖的积累会抑制磷酸蔗糖合成酶的活性，使6-磷酸果糖增加，6-磷酸果糖的增加又反馈抑制1,6-二磷酸果糖磷酸酶的活性，使细胞质和叶绿体中磷酸丙糖含量增加，磷酸丙糖的积累又抑制 C_3 途径中磷酸甘油酸的还原，从而影响二氧化碳的固定。②淀粉粒的影响。叶肉细胞中蔗糖的积累，会促进磷酸丙糖形成6-磷酸葡萄糖，合成淀粉，并形成淀粉粒。叶绿体内形成过多过大的淀粉粒会压迫叶绿体内光合膜系统，造成膜损伤，同时，淀粉粒也有遮光作用，从而阻碍光合膜对光的吸收。

二、光合作用的外界影响因素（External Factors Influencing Photosynthesis）

（一）光照

从光照度-光合作用响应曲线可看出，在暗中叶片进行呼吸作用，表现为释放二氧化碳，随着光照度的缓慢增加，叶片光合作用吸收二氧化碳，其释放减少，当呼吸作用释放的二氧化碳与光合作用吸收的二氧化碳相等时，叶片表观光合作用速率为零，这时的光照度称为光补偿点（light compensation point）（图5-22）。在达到光补偿点后再增大光照度，这时叶片光合作用速率与光照度的增加呈线性变化关系，此时光合作用严格受光照度所限制，在此线性关系变化范围内，光合作用的增量与光照度增量的比值为光合作用的光合效率，称为表观量子产额（apparent quantum yield，AQY），是衡量叶片光合作用状况的一个重要指标。当叶片衰老或在胁迫条件下，表观量子产额就呈下降趋势。超过一定光照度后，叶片光合速率与光照度的增加呈曲线变化；当达到某个光照度时，光合速率不再随光照度的增加而增加，此时的光照度称为光饱和点（light saturation point）。

植物叶片光合作用的光补偿点和光饱和点，反映了植物叶片光合作用对光的利用能力。一般说来，草本植物的光补偿点和光饱和点高于木本植物；阳生植物的光补偿点和光饱和点高于阴生植物；就光合碳同化类型来说，C_4植物的光饱和点高于C_3植物。这可能与C_4植物每固定1分子二氧化碳比C_3植物多消耗2个ATP有关。同时，C_4植物叶片较厚，细胞排列较致密，角质层发达，也是其光饱和点高于C_3植物光饱和点的原因。在不同环境条件下，植物光合作用的光补偿点和光饱和点也发生变化。当二氧化碳浓度增加时，叶片光合作用的光补偿点会降低，而光饱和点会升高；当温度升高时，叶片呼吸作用加强，光补偿点也会升高。了解不同植物光合作用光补偿点和光饱和点的特性，对作物生产的合理布局，选择间混套种的作物种类，确定作物的立体用光模式有重要的理论意义和实践意义。同时，在栽培实践中，还必须通过温、光、水、肥的控制，尽可能降低光补偿点，提高光饱和点，增强作物的光能利用能力。超过光饱和点的强光照下，叶片光合作用速率和表观量子产额往往呈下降趋势，这种强光下光合作用活性降低的现象称为光抑制（photo inhibition）。目前认为光抑制现象主要与光反应中心，特别是光系统Ⅱ在强光下光合活性下降有关，C_3植物比C_4植物表现较强的光抑制作用，在温度和水分等胁迫条件下，会加剧光合作用的光抑制现象。

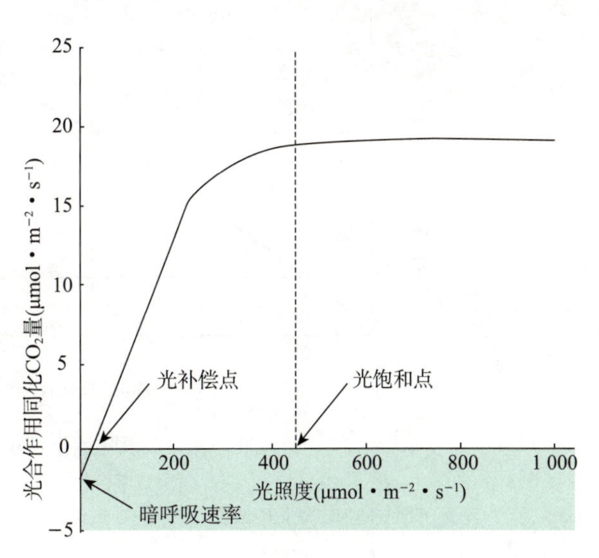

图5-22 光照度与光合速率的关系

植物在长期的进化和环境适应过程中，也形成了多种保护机制：①细胞中存在活性氧清除酶系统，例如超氧化物歧化酶（SOD）、过氧化氢酶（CAT）、过氧化物酶（POD）等以清除超氧自由基（O_2^-）等活性氧；②通过提高光合作用的光利用能力，提高光合速率，同时通过增加光呼吸作用来消耗光能；③通过叶黄素循环（可逆的环氧化和脱环氧化作用）耗散光能；④通过光系统Ⅱ的可逆失活与修复来消耗光能。

（二）二氧化碳

从光合作用对二氧化碳的响应曲线（图5-23）可以看出，在光下，随着二氧化碳浓度的增加光合速率升高，当光合作用吸收的二氧化碳与呼吸作用释放的二氧化碳相等时，环境中的二氧化碳浓度为二氧化碳补偿点（CO_2 compensation point）。当继续提高环境中的二氧化碳浓度，叶片光合速率随着二氧化碳浓度的增加而提高，当二氧化碳达到某一浓度时，光合速率达到最大值（P_m），此后再增加二氧化碳浓度，叶片光合速率不再增加，这时的二氧化碳浓度为二氧化碳饱和点（CO_2 saturation point）。C_3植物和C_4植物叶片光合作用的二氧化碳补偿点和二氧化碳饱和点存在明显差异，C_4植物叶肉细胞中的磷酸烯醇式丙酮酸羧化酶的K_m低，对二氧化碳的亲和力高，光呼吸低，所以二氧化碳补偿点低。同时，由于C_4植物每同化1分子二氧化碳要比C_3植物多消耗2个ATP，在高二氧化碳浓度空气中，叶片同化力和二氧化碳受体磷酸烯醇式丙酮酸供应将成为限制因子，所以C_4植物二氧化碳的饱和点也低于C_3植物（图5-24）。

在低二氧化碳浓度的条件下，二氧化碳是光合作用的限制因素，在一定范围内，光合作用速率与二氧化碳浓度呈线性变化关系，其直线的斜率受羧化酶的量和活性所限

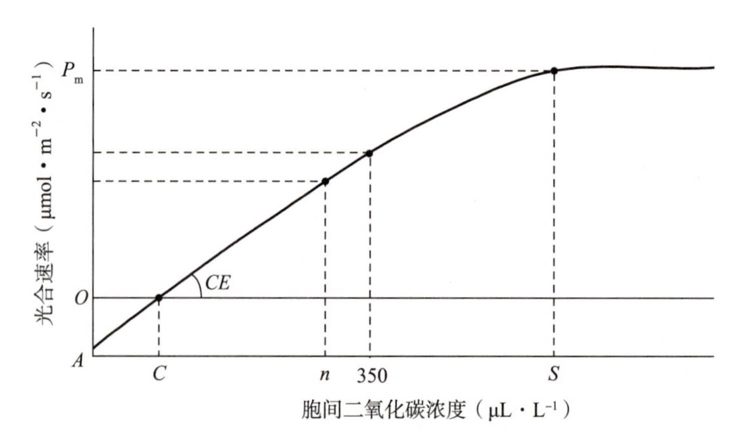

图 5-23 二氧化碳浓度-光合曲线

（引自李合生，2002）

（*n* 点为空气浓度下细胞间隙二氧化碳浓度，*C* 点为二氧化碳补偿点，*S* 点为二氧化碳饱和点，*CE* 为羧化效率）

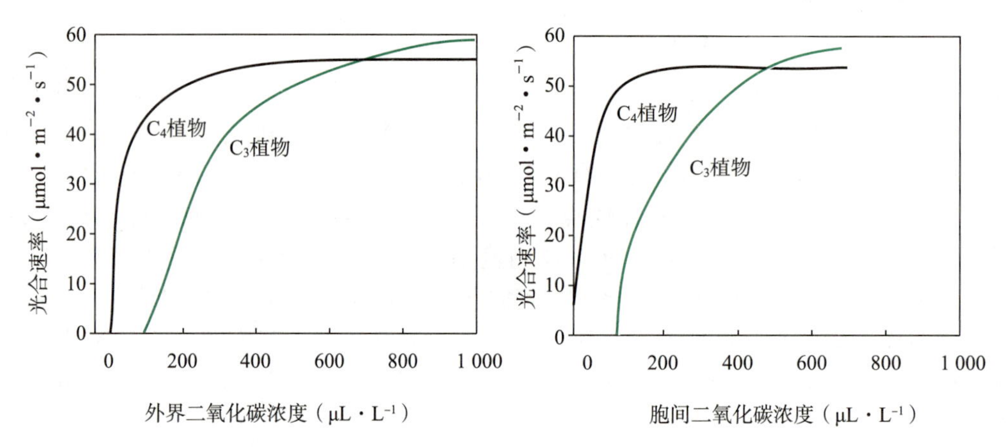

图 5-24 C_3 植物和 C_4 植物的二氧化碳浓度-光合曲线比较

（引自 Taiz 和 Zeiger，2006）

（C_4 植物为 *Tidestromia oblogifolia*；C_3 植物为 *Larrea divaricata*）

制，所以称为羧化效率（carboxylation efficiency，CE）。羧化效率反映了叶片光合作用对二氧化碳的利用效率，是衡量叶片羧化酶数量和活性的一项重要指标。叶片衰老和在逆境条件下，羧化效率往往下降。

陆生植物叶片光合作用对二氧化碳的利用，还受二氧化碳扩散阻力的影响。要提高叶片的光合速率就必须提高二氧化碳的浓度差，减小扩散途径的阻力。在作物栽培实践中，通过改良作物的群体结构，便于通风透光，或增施二氧化碳肥料，均可达到提高作物光合作用增加产量的目的。由于 C_3 植物催化二氧化碳固定的酶为 1,5-二磷酸核酮糖羧化酶/加氧酶，它对二氧化碳亲和力低于 C_4 植物的磷酸烯醇式丙酮酸羧化酶对二氧化碳的亲和力，以及 C_3 植物有较强的光呼吸，因此对 C_3 植物通过进行二氧化碳施肥提高光合作用达到增产的效果大于 C_4 植物。

（三）温度

温度影响光合碳同化有关酶的催化活性，是影响光合作用的重要因素，同时光合产物的转化、合成和输出也受温度影响。在强光和高二氧化碳浓度条件下，温度成为主要限制因素。温度对叶片光合作用和呼吸作用的影响也不相同，低温对光合作用的抑制作用大于呼吸作用，在高温条件下，叶片光合作用下降幅度也大于呼吸作用。研究表明，在温度胁迫条件下，叶绿体光合膜系统要比线粒体膜敏感，叶绿体光合膜系统更易受伤害。

在较大的温度范围内均可测得植物叶片的光合作用。不同温度条件下，植物叶片的光合作用呈单峰形曲线变化，分为光合作用的最低温度、最适温度和最高温度，即光合作用的温度三基点。不同植物类型和物种光合作用的温度响应有明显变化（表5-4）。同时，生长环境的温度也影响光合作用，同一种植物在高温条件下生长的叶片光合作用的最适温度要高于低温条件下生长的叶片。

表5-4 在自然的二氧化碳浓度和光照条件下不同植物光合作用的温度三基点（℃）

植物种类		最低温度	最适温度	最高温度
草本植物	热带 C_4 植物	5～7	35～45	50～60
	C_3 农作物	−2～0	20～30	40～50
	阳生植物（温带）	−2～0	20～30	40～50
	阴生植物	−2～0	10～20	约40
木本植物	春天开花植物和高山植物	−7～0	10～20	30～40
	热带和亚热带常绿阔叶乔木	0～5	25～30	45～50
	干旱地区硬叶乔木和灌木	−5～1	15～35	42～55
	温带冬季落叶乔木	−3～1	15～25	40～45
	常绿针叶乔木	−5～3	10～25	35～42

（四）水分

水分是光合作用的原料，缺水时光合作用下降，但水分对光合作用的影响主要是间接的，因为光合作用所利用的水分不到植物总用水量的1%，水分主要通过控制植物的其他生理过程而影响植物的光合作用。

1. 对气孔运动的影响 气孔运动对水分缺乏非常敏感。缺水时，叶肉细胞的叶绿体产生脱落酸运输到保卫细胞，引起保卫细胞失水而气孔关闭，使通过气孔进入到叶内的二氧化碳减少。

2. 对光合产物输出的影响 缺水时叶片光合产物的输出减少，大量积累在叶片中，对光合作用产生反馈抑制作用。

3. 对光合机构的影响 中度缺水会影响光系统Ⅰ、光系统Ⅱ的天线色素蛋白复合体和反应中心的功能，使电子传递速率降低，光合磷酸化解偶联，同化力形成减少。严重缺水时，会造成叶绿体膜结构的不可逆损伤，使叶片丧失光合功能。

4. 对光合面积的影响 水分亏缺使叶片生长受阻，叶面积减小，使整株和群体植株的光合作用速率降低。

水分过多时，也会使光合作用下降。土壤水分过多时，土壤通气状况不良，根系有氧呼吸作用受阻，根系的生长受到限制，从而间接地影响光合作用。地上部水分过多，或大气湿度过大，会使叶片表皮细胞吸水膨胀，挤压保卫细胞，使气孔关闭，从而限制二氧化碳的供应，使光合作用下降。

（五）矿质养分

植物必需矿质元素都直接或间接地影响植物的光合作用。例如氮、磷、硫和镁是构成叶绿体色素、类囊体膜和蛋白质的成分，磷酸基团参与叶绿体能量转化，参与同化力形成和中间产物的转化；铜和铁是光合链电子传递体的成分；锰是光系统Ⅱ放氧复合体的成分；钾和钙能通过影响气孔运动而控制二氧化碳的进入；钾、镁和锌是光合碳代谢有关酶的活化剂；磷酸和硼能促进叶片光合产物的运输。

三、多种因素引起的光合作用日变化

一般说来，植物叶片的光合作用随着日出而开始，并随着早晨光照度的增加而增强，下午则随着日落，光照度的减弱，光合作用下降，最后停止。但由于一天中光照度、温度、水分和二氧化碳浓度都在不断地变化着，叶片光合作用也呈复杂的日变化特性。在水分供应充足，温度适宜的条件下，叶片光合作用的日变化主要受光照的影响，叶片光合速率随光照度的变化而表现相应的波动变化，呈单峰曲线型变化，即中午前后较高、上午和下午较低。在高温和强光条件下，叶片光合作用往往出现“午休”(midday depression)现象，即在上午和下午出现两个峰，其中上午的峰值要大于下午的峰值。在高温、强光和缺水条件下，叶片光合作用仅在上午出现高峰，中午就开始下降，下午的峰值变小，严重时不出现高峰，呈持续下降趋势。

植物叶片光合作用的日变化除了受外界环境条件的变化影响外，还受叶片内部生理状态的影响，首先是叶片的内生节律，如气孔的开闭，下午开度变小，限制了叶片对二氧化碳的吸收；其次是叶片光合产物的积累产生反馈抑制，因此植物叶片即使在适宜的环境条件下，下午叶片的光合作用通常低于上午。

第七节　植物对光能的利用
Section 7　Solar Energy Utilization by Plants

作物产量的形成主要是通过光合作用，据估计，植物干物质的90%～95%直接来自光合作用，只有5%～10%来自根系吸收的矿质。因此最大限度地利用太阳光能，制造更多的光合产物，是提高作物产量的重要途径。

一、植物的光能利用率 (Efficiency for Solar Energy Utilization by Plants)

通常把单位地面上植物光合作用积累的有机物所含的能量占同一时间入射的日光能量的比率（%）称为光能利用率（efficiency for solar energy utilization，Eu)。每同化1 mol 二氧化碳（CO_2）需8～12 mol 光量子，储藏于糖类中的化学能量约为478 kJ。不同波长的光，每摩尔光量子所具的能量不同，波长400～700 nm的光量子所具的能量为217 kJ·mol^{-1}。以同化1 mol二氧化碳需要10 mol光量子计算，光量子的能量为2 170 kJ，其光能利用率为22%。若考虑到在日光中光合有效辐射约占45%，则最大光能利用率约为10%。如果减去呼吸作用消耗的同化产物，则光能利用率会低于5%。

在实际生产中，作物光能利用率很低，即便高产田也只有1%～2%，而一般低产田的年光能利用率只有0.5%左右。现以年产量为15 t·hm^{-2}的吨粮田为例，计算其光能利用率。已知长江中下游地区年太阳辐射能为5.0×10^{10} kJ·hm^{-2}，假定经济系数为0.5，则每公顷生物产量为30 t（3×10^{7} g，干物质），按糖类含能量的平均值17.2 kJ·g^{-1}计算，则有

$$\text{光能利用率}=\frac{3\times10^{7}\ \text{g}\times17.2\ \text{kJ}\cdot\text{g}^{-1}}{5.0\times10^{10}\ \text{kJ}}\times100\%\approx1.03\%$$

按上述方法计算，作物实际光能利用率约1%，在长江中下游地区，如果光能利用率达到4%，每年每公顷土地粮食理论产量高达58 t。目前生产上作物光能利用率低的主要原因如下。

（一）漏光损失

在作物生长初期，植株小、叶面积系数小，大部分日光因直射于地面而损失。据估计，水稻、小麦等作物漏光损失的光能可达50%以上，如果前茬作物收割后不能马上播种，漏光损失会更大。

（二）光饱和浪费

夏季太阳有效辐射可达1 800～2 000 $\mu mol \cdot m^{-2} \cdot s^{-1}$，但大多数植物的光饱和点为540～900 $\mu mol \cdot m^{-2} \cdot s^{-1}$，有50%～70%的太阳辐射能被浪费掉。

（三）环境胁迫的影响

在作物生长期间，经常会遇到不适于生长发育和光合作用进行的环境条件，例如干旱、渍涝、高温、低温、强光、盐渍、缺肥、病虫及草害等，这些都会导致作物光能利用率的下降。

二、光合作用与作物产量（Photosynthesis and Crop Yield）

（一）作物生产力的理论估算

作物产量可分为生物产量和经济产量。生物产量（biological yield）是指作物的全部干物质，相当于作物一生中通过光合作用生产的全部产物减去作物一生中所消耗的有机物（主要是通过呼吸作用）。经济产量（economic yield）是指作物中收获部分（例如籽粒、块茎等）的质量。经济产量与生物产量的比值称为经济系数（economic coefficient），因此，生物产量×经济系数＝经济产量。各种作物的经济系数相差很大，一般禾谷类为0.3～0.4，薯类为0.7～0.85，棉花为0.2～0.5，烟草为0.6～0.7，大豆为0.2，叶菜类有的可接近于1。

若到达叶面的太阳辐射能为900 $J \cdot m^{-2} \cdot s^{-1}$，其中转变为化学能的能量为45 $J \cdot m^{-2} \cdot s^{-1}$（162 $kJ \cdot m^{-2} \cdot h^{-1}$）。按植物1 g有机干物质中含能量17 kJ计算，162 kJ相当于9.5 g干物质所含的能量，即1 m^2土地上的叶片1 h可净制造9.5 g干物质。在此基础上，从理论上可估计作物可能的最高产量。假设每天进行6 h光合作用，生长期为30 d，即可估算出生物产量，即有

$$生物产量=9.5\times 6\times 30=1\,710\ g \cdot m^{-2}=17\,100\ kg \cdot hm^{-2}$$

以水稻为例，从抽穗到成熟大约30 d，这期间的光合产物基本上都运进籽粒（即经济系数为1）。那么其最高经济产量约为17 $t \cdot hm^{-2}$（若含水量为12%，则产量约为19 $t \cdot hm^{-2}$），这是一季作物可能的最高生产力。当然，这种计算是很粗糙的，光辐射能、光能利用率、光合时间等都是粗略的估计值。而实际产量较低，即使达到7.5 $t \cdot hm^{-2}$，其光能利用率也只是1.9%左右，所以增产潜力仍然很大。

（二）提高作物光能利用率的途径

要提高作物光能利用率，主要是通过延长光合时间、增加光合面积和提高光合效率等途径。

1. 延长光合时间 延长光合时间可通过提高复种指数、延长生育期、补充人工光照等措施来实现。

（1）提高复种指数 复种指数（multiple crop index）就是全年内农作物的收获面积与耕地面积之比。通过轮作、间作、套种等措施，可增加农作物收获面积，缩短田地空

闲时间，减少漏光损失，更好地利用光能。

（2）延长生育期　大田作物可根据当地气象条件选用生长期较长的中晚熟品种，采取适时早播，地膜覆盖等措施。蔬菜或瓜类作物，可采用温室育苗，适时早栽，或者利用塑料大棚。在田间管理过程中，尤其要防止生长后期的叶片早衰，最大限度地延长生育期。

（3）延长光合时间　在小面积的栽培试验和设施栽培中，或在加速繁殖重要植物材料时，可采用生物效应灯或日光灯作为人工光源，以延长光合时间。

2. 增加光合面积　光合面积即植物的绿色面积（主要是叶面积），以叶面积系数(leaf area index，LAI)表示，即单位土地面积上作物叶面积与土地面积的比值。叶面积系数过小时，不能充分利用太阳辐射能；叶面积系数过大时，叶片相互遮阴，通风透光差。生产实践表明，小麦、玉米、水稻、棉花、大豆的最适叶面积系数为4～5。通过合理密植、改变株型等措施，可达到最适的光合面积。种植具有株型紧凑、矮秆、叶直而小且厚、分蘖密集等特征的品种可适当增加密度，可提高叶面积系数，充分利用光能，且耐肥不倒伏，因而能提高作物群体的光能利用率。

3. 提高光合效率　光合效率受作物本身的光合特性和外界光、温、水、气、肥等因素影响。在选育光合效率高的作物品种的基础上，创造合理的群体结构，改善作物冠层的光、温、水、气条件，才能提高光合效率和光能利用率。例如在地面上铺设反光薄膜，可增强冠层下部的光照度；采用遮光措施，可避免强光伤害；通过浇水、施肥调控作物的长势；通过增施有机肥、实行秸秆还田、促进微生物分解有机物释放二氧化碳、深施碳酸氢铵等措施，提高冠层内的二氧化碳浓度；利用光呼吸抑制剂降低光呼吸等。以上措施能提高光合效率，因而均有可能提高作物的光能利用率。

本章内容概要

光合作用是地球上最重要的生物化学反应，将无机物转变成有机物，将光能转变为化学能，并且保护环境和维持大气中氧气和二氧化碳的相对平衡。总光合速率＝净光合速率＋呼吸速率。叶绿体是进行光合作用的细胞器，由双层膜构成，膜内基质是碳同化的场所，而光能的吸收、转换和同化力的形成是在类囊体膜上完成的。光合色素包括叶绿素、类胡萝卜素和藻胆素。

光合作用可大致分为原初反应（主要是光能的吸收、传递和转换）、光合电子传递和光合磷酸化（将电能转变为活跃的化学能即ATP和NADPH）以及二氧化碳的同化（将活跃的化学能转变为稳定的化学能）等过程。高等植物中二氧化碳同化的途径有3条：卡尔文循环（C_3途径）、C_4途径和景天酸代谢（CAM）途径，其中以卡尔文循环为二氧化碳同化的基本途径。绿色植物还有光呼吸。根据光合碳同化途径的不同可将植物分为C_3植物、C_4植物和CAM植物，但实际上还存在C_3-C_4中间型植物。

光合作用受内部因素（例如叶片的结构及诸多生理生化指标）的影响，也受光合产物的积累和输出的影响。影响光合作用的外界因素包括光照、二氧化碳浓度、温度、水分、矿质营养等。光合作用还有日变化。

植物干物质的90%～95%直接来自光合作用，只有5%～10%来自根系吸收的矿质。光能利用率一般最高为5%。但实际作物光能利用率很低，其主要原因有漏光损失、光饱和浪费、环境胁迫的影响等。提高作物光能利用率的途径包括延长光合时间、增加光合面积、提高光合效率等。

复习思考题

1. 试述光合作用的意义。
2. 试述叶绿体的结构及其功能。
3. 叶绿素分子具有哪些光学性质?
4. 叶绿体中有哪3大类光合色素?
5. 试述影响叶绿素生物合成的条件。
6. 光合电子传递链中存在两个光系统，是由谁用什么方法证明的?
7. 环式光合磷酸化与非环式光合磷酸化有哪些主要区别?
8. 试简述化学渗透假说。
9. C_3途径分为哪3个主要阶段，各阶段的主要特点是什么?
10. 试述C_4植物光合碳代谢与叶片结构的关系。
11. C_4途径和景天酸代谢（CAM）途径有何异同点。
12. 试述植物光合碳代谢多样性的意义。
13. 光呼吸与暗呼吸有何区别?
14. 光呼吸的生理功能是什么?
15. 什么是光能利用率? 作物光能利用率较低的原因有哪些?
16. 试述提高作物光能利用率的途径。

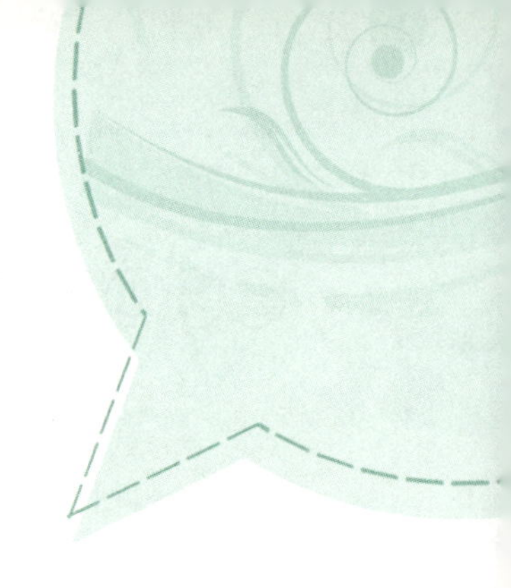

第六章 Chapter 6
植物体内同化物运输与分配
Transport and Partitioning of Assimilates in Plants

教学要求： 掌握植物体内的同化物运输途径和运输主要形式、代谢源和代谢库的概念及其相互关系、同化物分配规律及其调控；理解同化物运输机制、影响同化物运输分配的因素；了解植物次生代谢物主要类型、代谢途径及其调控。

重点与难点： 重点是源库相互关系，同化物分配规律及其调控；难点是同化物运输机制、植物次生代谢途径及其调控。

建议学时数： 3～4 学时。

高等植物结构精细而复杂，各组织器官分工明确并保持着物质、能量和信息的密切联系。叶片中合成的同化物必须运到根、茎、花、果实等器官中去，以维持这些器官的正常代谢和生长发育；而根部吸收的水、矿质营养和合成的有机物，大部分运往地上部的各个器官参与代谢。物质运输协调了各器官与组织之间的功能分工，把植物各个部分整合成高度协作的统一体。

生产实践中，同化物运输与分配是决定作物产量高低和品质好坏的重要因素之一。因为作物经济产量不仅取决于光合作用形成有机物的多少，而且还取决于同化物向经济器官运输与分配的量。此外，光合作用、呼吸作用形成的初生代谢物，还需要转化形成各种次生代谢物，以使植物完成复杂的生理代谢和适应复杂多变的生态环境。

第一节　植物体内同化物的运输系统
Section 1　Transport System of Assimilates in Plants

植物体内的同化物运输系统不仅包括植物体内器官之间、组织之间和细胞之间的运输，而且还包括细胞内细胞器之间以及细胞器内的运输。按运输距离长短可分为短距离运输和长距离运输。

一、植物体内同化物的短距离运输（Short Distance Transport of Assimilates in Plants）

植物体内同化物的短距离运输主要是指胞内运输与邻近细胞间的运输，距离很短，主要靠物质本身的扩散和原生质的吸收与分泌来完成。

（一）胞内运输

胞内运输指细胞内各细胞器之间的物质交换，其交换方式有物质的扩散作用、胞质环流、细胞器膜内外的物质交换、细胞质中的囊泡运输等。例如光呼吸途径中乙醇酸、甘氨酸、丝氨酸和甘油酸在叶绿体、过氧化体和线粒体间进出，叶绿体中的磷酸丙糖通过磷酸转运器从叶绿体转移到细胞质，细胞质中的蔗糖进入液泡，高尔基体合成的多糖以囊泡形式输送到质膜、继而囊泡与质膜融合将多糖释放到质膜外用于细胞壁的合成。

（二）植物体内同化物的胞间运输

植物体内同化物的胞间运输有共质体运输、质外体运输及交替运输。

1. 共质体运输 胞间连丝在植物体内同化物的共质体运输（symplastic transport）中起着重要作用，是细胞间物质与信息交流的通道。无机离子、糖类、氨基酸、蛋白质、植物激素、核酸等均可通过胞间连丝进行转移。

2. 质外体运输 质外体是一个开放系统的自由空间。同化物的质外体运输（apoplastic transport）是自由扩散的被动过程，速度很快。

3. 交替运输 植物体内同化物的运输往往是在共质体与质外体之间交替进行的，称为交替运输（alternative transport）。共质体中的物质可有选择性地穿过质膜进入质外体运输，质外体中的物质在适当的场所也可通过质膜进入共质体运输。在交替运输中常涉及一种起转运过渡作用的特化细胞，称为转移细胞（transfer cell，TC），其结构特征是细胞壁及质膜内突生长，形成许多折叠结构，从而扩大了溶质通过质膜进行内外转运的面积。另外，质膜折叠可有效促进囊泡的吞并，加速物质分泌或吸收。

在交替运输中，物质进出质膜主要有下列方式：①顺浓度梯度的被动转运（passive transport），包括自由扩散、经过通道或载体的协助扩散；②逆浓度梯度的主动转运（active transport），含一种物质伴随另一种物质进出质膜的共运输（symport）；③以小囊泡方式进出质膜的膜动转运（cytosis），包括内吞（endocytosis）和外排（exocytosis）等。

二、植物体内同化物的长距离运输（Long Distance Transport of Assimilates in Plants）

（一）植物体内同化物长距离运输途径及其证明试验

长距离运输是发生于器官之间的运输，其距离较远，甚至跨越整个植物体，需要维管系统来完成。维管系统贯穿植物全株，通过维管组织的多级分支，形成一个密集的网络系统，为各种物质的运输与分配提供了通道。植物生理学中物质运输通常指长距离运输。

维管束由韧皮部和木质部组成，环割（girdling）试验证明同化物运输的主要途径是韧皮部。将树木枝条环割，深度以到形成层为止，剥去圈内树皮，经过一段时间可见到环割上部枝叶正常生长，但割口上端膨大或呈瘤状，下端却呈萎缩状态（图 6-1）。

这是因为环割使韧皮部同化物向下运输受阻，只能聚集在割口上端引起树皮组织生长加强而形成膨大的愈伤组织，有时成为瘤状物，而下端因得不到同化物，不能正常生长而萎缩。环割并未影响木质部，因此根系吸收的水分和矿质营养仍能沿导管正常向上输送，保证了枝叶正常生长的需要。如果环割口不宽，愈伤组织可以使上下树皮再连接起来，恢复有机物向下运输的能力。如果环割口较宽，上下树皮就难以连接，环割口的下端若原无枝条又不长出新枝条，时间一长，根系原来储存的有机物消耗完毕，根部就会“饿死”，“树怕剥皮”就是这个道理。果树生产上常利用环割作为增产或繁殖措施。例如在开花期适当环割树干，可使地上部的同化产物在环割时间内集中于开花结果。北方的枣树、南方的菠萝蜜等果树栽培中常用此法作为增产技术。柑橘、荔枝等果树的高空压条繁殖也是环割枝条，使养分集中于切口上端，促使其发根长芽。

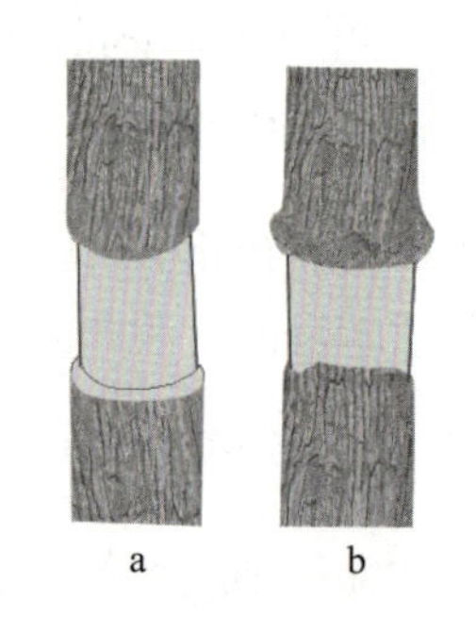

图 6-1　木本植物枝条环割

a. 刚环割　b. 环割一段时间形成的瘤状

利用同位素示踪法能直接证明同化物运输的途径。例如从根部喂^{32}P、^{35}S等标记的矿质盐，从叶片喂入$^{14}CO_2$，而后通过放射自显影技术，或者将树皮与木质部中间插入一层蜡纸或胶片作为屏障，把二者分开，而后分别观察物质经木质部与韧皮部运输的情况（图 6-2）。用$^{14}CO_2$饲喂叶片进行光合作用之后，在叶柄或茎的韧皮部发现含^{14}C的光合产物，因此可确认同化物的运输途径是韧皮部。

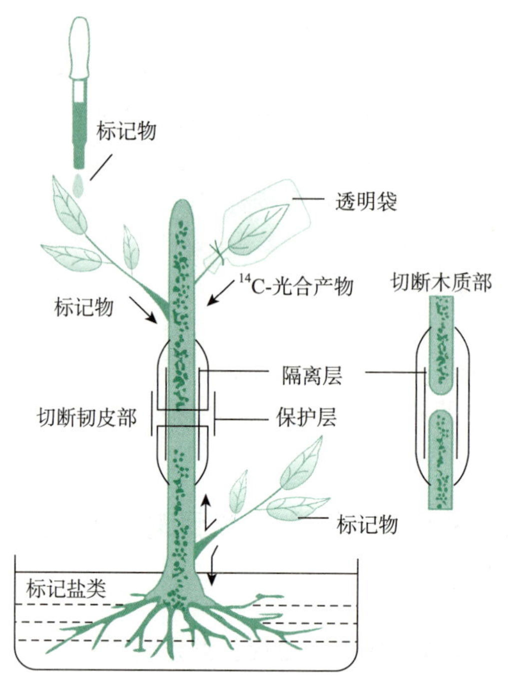

图 6-2　植物体内运输途径示意图

（引自王忠，2000）

（二）被子植物韧皮部的组成

被子植物的韧皮部主要由筛管（sieve tube）、伴胞（companion cell）和韧皮部薄壁细胞组成。

1. 筛管 筛管由一连串长筒形的、端壁形成筛板的活细胞相连而成，每个细胞称为筛管分子（sieve element，SE）。

成熟的筛管分子（图 6-3）缺少一般活细胞所具有的某些结构成分，例如在发育过程中失去了细胞核及液泡膜，没有微丝、微管、高尔基体和核糖体，但保留有质膜、线粒体、质体、平滑内质网，不能合成蛋白质，也不能独立生活，说明成熟筛管分子已分化为专门适应同化物运输的特化细胞。其主要特点是细胞壁的一些部位具有小孔，这些区域称为筛域（sieve area）。被子植物筛管分子的端壁分化为筛板（sieve plate），筛板上有筛孔（sieve pore），一般筛孔面积占筛板面积的 50%左右。筛管分子内存在韧皮蛋白（phloem protein），又称为 P 蛋白，为被子植物筛管分子所特有。韧皮蛋白呈管状、线状或丝状，有收缩功能，能使筛孔扩大，有利于同化物的长距离运输。

2. 伴胞 伴胞是具有全套细胞器的完整活细胞，其细胞核大，原生质浓密，含大量的核糖体和线粒体，线粒体的分布密度约为分生细胞的 10 倍，含有高浓度的 ATP、过氧化物酶、酸性磷酸酶等。大量胞间连丝常在伴胞的一侧分布，将筛管分子与伴胞联系在一起，组成筛管分子-伴胞复合体。伴胞有如下生理功能：为筛管分子提供 mRNA；提供蛋白质等结构物质；维持筛管分子间的渗透平衡；调节同化物向筛管的装载与卸出。

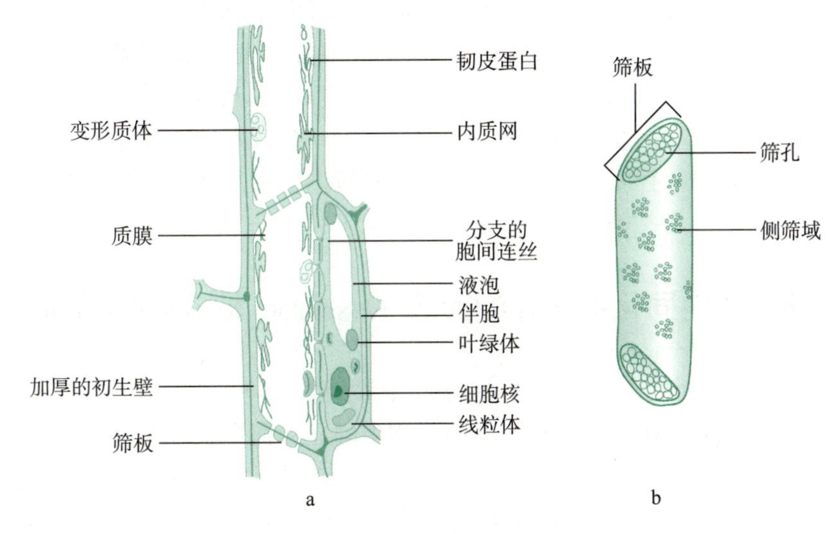

图 6-3 成熟筛管分子的结构

（引自 Taiz 和 Zeiger，2006）

a. 筛管分子-伴胞复合体 b. 筛管分子的侧面

第二节 植物体内同化物运输的形式、方向和速率
Section 2 Form, Direction and Rate of Assimilate Transport in Plants

一、植物体内同化物运输的形式（Assimilate Transport Form in Plants）

研究植物体内同化物运输形式常用蚜虫吻刺法（aphid stylet method）和同位素示踪法。大型蚜虫口器的吻针可直接刺入韧皮组织吸取汁液，待其吸吮时将蚜虫麻醉，并从下唇处切除虫体，留下吻针，筛管汁液即可从吻针流出来，可连续几小时。收集汁液进行分析，能真实反映汁液的成分。筛管汁液中，80%～90%是水，10%～20%是干物质。大多数植物筛管汁液干物质的主要成分是蔗糖。

蔗糖作为同化物的主要运输形式是植物长期进化而形成的适应特征。因为：①蔗糖是光合作用最主要的直接产物，是绿色细胞中最常见的糖类；②蔗糖的溶解度很高，100 mL 水中可溶解蔗糖的量在 0 ℃时为 179 g，100 ℃时为 487 g；③蔗糖是非还原糖，其非还原端可保护葡萄糖不被分解，使糖能稳定地运输；④蔗糖的自由能高，虽然相同浓度的蔗糖和葡萄糖具有相同的渗透势，但其水解产生的能量是前者高于后者；⑤蔗糖的运输速率很高，适合长距离运输。

除蔗糖外，还有棉籽糖、水苏糖、糖醇等也可被运输。而山梨醇是蔷薇科植物同化物运输的主要形式。此外，筛管汁液中还含有微量的氨基酸、酰胺、植物激素、有机酸及多种矿质元素。

二、植物体内同化物运输的方向（Assimilate Transport Direction in Plants）

植物体内同化物运输的方向取决于源（source）与库（sink）的相对位置。源即代谢源（metabolic source），是制造或输出同化物的器官、组织或部位，例如功能叶、萌发种子的子叶或胚乳。库即代谢库（metabolic sink），是消耗或储藏同化物的器官、组织或部位，例如根、茎、花、果实、幼叶、发育的种子等。

同化物的运输是非极性的，可向下运输，也可向上运输。用$^{14}CO_2$饲喂天竺葵（*Pelargonium hortorum*）茎的上端叶片，用 $KH_2{}^{32}PO_4$ 饲喂茎的下端叶片，经过一段时间光合作用后，结果发现茎的各段都含有相当数量的^{14}C 和^{32}P，可见韧皮部内的物质可同时双向运输。同化物也可以横向运输，但正常状态下横向运输很微弱，只有当纵向运输受阻时，横向运输才加强。总之，植物体内同化物总是从代谢源向代谢库做定向运输。

三、植物体内同化物运输的速率（Assimilate Transport Rate in Plants）

运输速率指单位时间内物质移动的距离。植物种类不同，体内同化物运输的速率差异很大（表 6-1）。同种植物生育时期不同，体内同化物的运输速率也不同，例如南瓜在 30～40 d 苗龄时，同化物的运输速率最快，为 72 cm · h^{-1}；比较老的植株就变慢，向根部运输的速率约为 50 cm · h^{-1}，向上部生长点运输的速率约为 30 cm · h^{-1}。运输的物质不同，运输速率也有差异，用^{14}C-蔗糖、^{32}P-磷酸盐和$^{3}H_2O$ 同时进行试验，发现水和磷酸盐的运输速率约为 87 cm · h^{-1}，而蔗糖的运输速率则约为 107 cm · h^{-1}。又如在可溶性含氮化合物中，丙氨酸、丝氨酸、天冬氨酸运输速率较快，而甘氨酸、谷氨酰胺和天冬酰胺较慢。除此之外，植物体内同化物运输速率还受环境条件的影响，在适宜的条件下，运输速率较快。

表 6-1　利用放射性示踪物获得的不同植物体内同化物的运输速率

植物种类	同化物的运输速率（cm · h^{-1}）
菜　豆	60～80
甜　菜	85～100
葡　萄	60
小　麦	80～100
甘　蔗	270～360
南　瓜	40～60
大　豆	100

由于参与运输的韧皮部或筛管的截面积在不同物种和不同植株间变化很大，体内同化物运输速率并不能准确反映运输的数量，因此可用质量运输速率（mass transfer rate）来表示，即单位横截面积韧皮部或筛管在单位时间内运输物质的质量（$g \cdot cm^{-2} \cdot h^{-1}$ 或 $g \cdot mm^{-2} \cdot s^{-1}$），也称为比集转运速率（specific mass transfer rate，SMTR）。

第三节　植物体内同化物运输的机制
Section 3　Transport Mechanism of Assimilates in Plants

植物体内同化物的运输是依赖能量的复杂生理过程。韧皮部运输机制主要解析同化物从制造光合产物的源细胞装载进入筛管分子、在筛管内的运输以及从筛管分子把同化物卸出到消耗或储存的库细胞等过程。

一、韧皮部装载（Phloem Loading）

韧皮部装载是指同化物从合成部位通过共质体和质外体进行胞间运输，最终进入筛管的过程。这个过程需要经过 3 个步骤：① 光照条件下叶肉细胞中光合作用形成的磷酸丙糖从叶绿体被运输到细胞质中，合成蔗糖；② 叶肉细胞的蔗糖被运输到叶脉末梢的筛管分子附近，这个运输途径常常只有几个细胞直径的距离，属于短距离运输途径；③ 蔗糖经主动运输进入筛管分子-伴胞（SE-CC）复合体，最终到达筛管分子中。

动画：韧皮部同化物装载

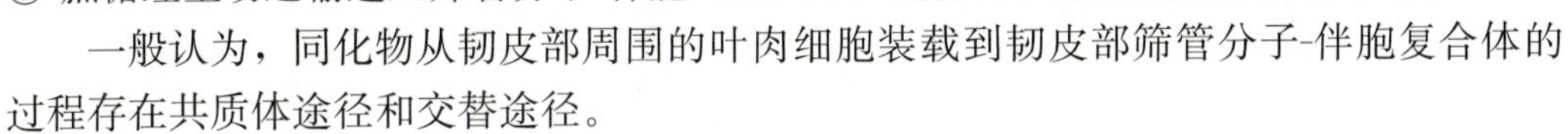

一般认为，同化物从韧皮部周围的叶肉细胞装载到韧皮部筛管分子-伴胞复合体的过程存在共质体途径和交替途径。

（一）共质体途径

植物体内同化物运输的共质体途径，是同化物通过胞间连丝进入伴胞，最后进入筛管。这可由以下试验证明：将荧光染料荧光黄注射到一个叶肉细胞的细胞质中，很容易从一个细胞进入另一个细胞，直到进入筛管。由于染料不能透过质膜，注射进入细胞质中的染料通过胞间连丝进入筛管。具有共质体装载的植物，其叶脉末梢处的转移细胞与邻近的叶肉细胞及筛管分子-伴胞复合体之间存在高密度的胞间连丝，而转移细胞与周围其他细胞间很少甚至缺乏胞间连丝。

（二）交替途径

蚕豆、玉米和甜菜等植物的叶脉末梢筛管分子-伴胞复合体与叶肉细胞间胞间连丝很少，在这些植物中，叶肉细胞产生的蔗糖在韧皮部薄壁细胞跨质膜后释放进入质外体空间，然后逆浓度梯度进入伴胞，最后进入筛管（图 6-4）。

例如，当用 $0.8\ mol \cdot L^{-1}$ 甘露醇（低水势溶液）使细胞发生质壁分离破坏共质体时，渗入的 ^{14}C-蔗糖同样可以进入韧皮部。甜菜和蚕豆的质外体中存在蔗糖和水苏糖，这些糖是由叶绿体内的光合作用初产物磷酸丙糖转运到叶肉细胞的细胞质中合成的。在甜菜等植物的叶面外施蔗糖，会与光合产物类似地累积在筛管分子-伴胞复合体中，因此这些植物的同化物在韧皮部的装载通过质外体途径和共质体途径交替进行。

二、筛管运输的机制（Mechanism of Sieve Tube Transport）

关于筛管运输的机制，目前有以下两种假说。

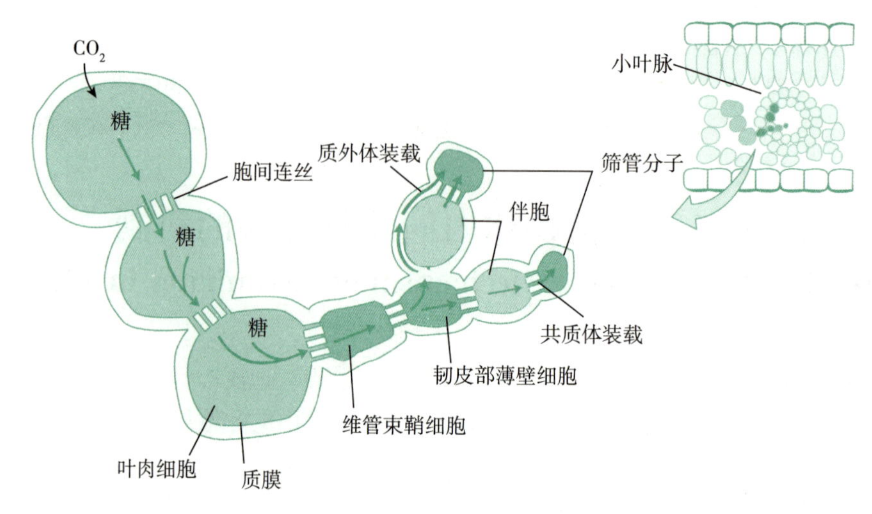

图 6-4 源叶中韧皮部装载途径

(引自 Taiz 和 Zeiger，2010)

(一) 压力流动假说

德国学者 Münch (1930) 提出的压力流动假说 (pressure flow hypothesis)，认为同化物随着筛管汁液的流动由筛管两端的压力势差引起 (图 6-5)，其基本原理可用压力流动模型来说明 (图 6-6)。

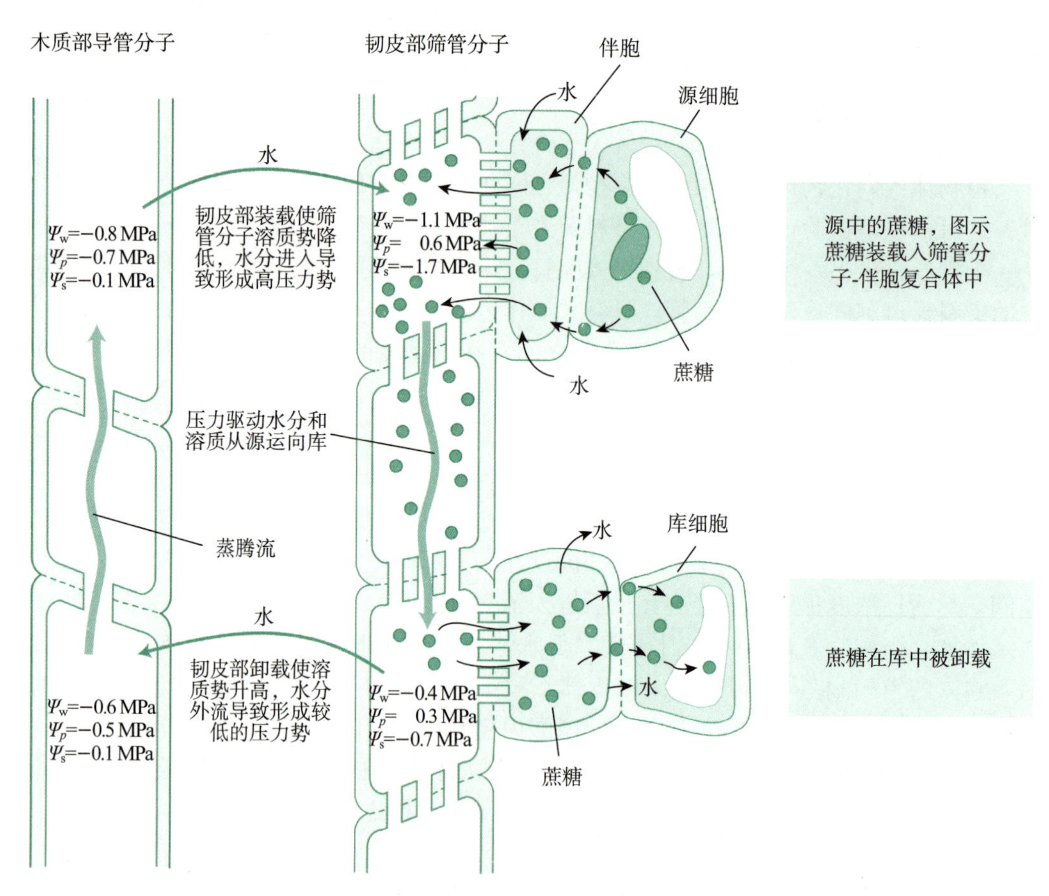

图 6-5 筛管中同化物的运输

(引自 Taiz 和 Zeiger，2010)

A、B 两水槽中个各有一个装有半透膜的渗透计，水可以自由出入，而溶质不能透过。将溶质不断地加到渗透计 A 中，溶液浓度升高，水势降低，水分进入渗透计 A，压力势增大，静水压力将水和溶质一同通过 C 转移到渗透计 B。B 中溶质不断地卸出，水势升高，水分外渗，压力势降低，水分再通过 D 回流到 A 槽。

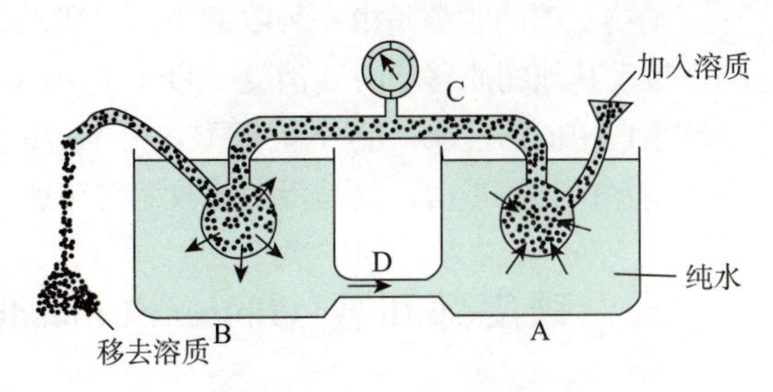

图 6-6 压力流动模型
（引自 Bidwell，1974）

在植株中，A 相当于植物叶片（源）端的筛管分子-伴胞复合体，B 相当于根和果实（库）端的筛管分子-伴胞复合体。在源端（叶肉细胞）将蔗糖装载进入筛管分子-伴胞复合体中使其中的糖浓度增大，水势降低，从邻近的木质部吸水膨胀，压力势增大，推动物质向库端流动；在库端同化物不断从筛管分子-伴胞复合体卸出到库（根和果实等）中去，致使库端浓度降低，水势升高，水分则流向邻近的木质部，压力势降低，从而形成了源库两端的压力势差，推动物质由源到库不断地流动。

许多试验结果支持压力流动假说。用白蜡树干所做的试验表明：正常状态下韧皮部汁液中的糖浓度随着树干距地面高度的增加而增大。糖的浓度差与有机物运输方向一致，秋天落叶后浓度差消失，有机物运输停止；春天新叶发出后，浓度差恢复，运输也随之恢复。此外，蚜虫吻针法证明筛管中确实存在正压力，因为筛管汁液能通过吻针不断流出。

压力流动假说能较好地解释植物体内同化物的长距离运输，但还有些问题需要深入研究。例如上述讨论的是关于被子植物的情况，而裸子植物的筛胞在许多方面与被子植物的筛管分子相似，但筛胞没有相对特化的筛域，而且没有开放的孔。因此同化物在裸子植物中的运输机制可能与被子植物不同。

（二）收缩蛋白假说

有人根据筛管内有许多具有收缩能力的**韧皮蛋白**（phloem protein），即 P 蛋白，认为其在推动筛管汁液的流动，从而提出**收缩蛋白假说**（contractile protein hypothesis）。其要点是：① 筛管内的韧皮蛋白是空心的管状物，成束贯穿于筛孔，韧皮蛋白的收缩可以推动汁液流动。筛孔周围胼胝质的产生与消失对这种蠕动进行调节。② 空心管壁上有大量的由韧皮蛋白组成的微纤丝，一端固定，一端游离于筛管细胞质内，似鞭毛一样的“搅动”，驱动空心筛管内的物质脉冲状流动（图 6-7）。韧皮蛋白的收缩需要消耗代谢能量。

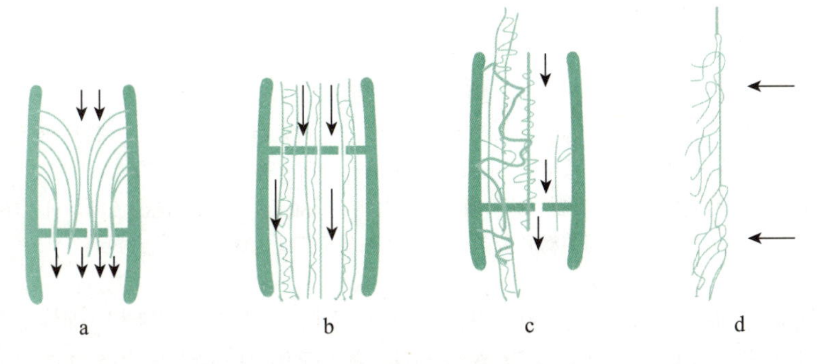

图 6-7 筛细胞内部纤维结构
（引自 Fenson，1975）
a、b. 丝状物质连接细胞壁或顺轴穿行，靠丝状物的摆动，促使溶液集体流动
c. 沿轴丝状体靠外面柱状物的泵动 d. 管壁上的纤毛推动溶液集体流动

动物肌肉的收缩是由一种收缩蛋白（肌动球蛋白）与 ATP 相互作用的结果，收缩蛋白在推动其他物质移动时，消耗 ATP，还可以改变自己的位置。韧皮蛋白也具有动物肌动球蛋白相似的性质，能分解 ATP，为本身的收缩提供能量。已发现烟草和南瓜的维管组织中存在收缩蛋白，收缩蛋白的收缩与伸展为同化物沿筛管运输提供了一种中间动力。

三、韧皮部卸载（Phloem Unloading）

同化物从源器官经筛管运到库器官后，还要从筛管分子中运输出来。同化物从库器官的筛管中转运出去的过程称为卸出。库端的卸出与源端的装载是两个相反的过程。

韧皮部卸出首先是蔗糖从筛管分子卸出，然后通过短距离运输途径运到库细胞，最后储藏于库细胞或参与代谢。韧皮部卸出可发生在植物任何部位的成熟韧皮部，例如幼嫩根、茎、叶、储藏器官、果实、种子等。卸出的蔗糖有多种去向，有的转变为己糖进入糖酵解途径，有的以淀粉形式储藏，还有的储存在韧皮部薄壁细胞的液泡里。蔗糖在库器官端顺畅地卸出，有利于源器官端同化物装载，从而满足整体代谢的需要。

同化物卸出途径有两条：共质体途径和质外体途径。一般在营养器官（例如根和叶）中同化物主要通过共质体途径卸出。在幼叶和幼根里，同化物通过共质体的胞间连丝到达生长细胞和分生细胞，在细胞质中进行代谢或在液泡中储存。

同化物卸出到生殖器官，需要通过质外体途径。因为母体和胚之间没有胞间连丝，所以同化物必须通过质外体，才能进入胚。同化物卸出到储藏器官时，也要通过质外体途径。通过质外体卸出时，在有些植物（例如玉米和甘蔗）中蔗糖被细胞壁中的蔗糖酶分解为葡萄糖和果糖之后进入库细胞，而在甜菜根和大豆种子中蔗糖通过质外体时并不水解，而是直接进入储藏部位（图 6-8）。

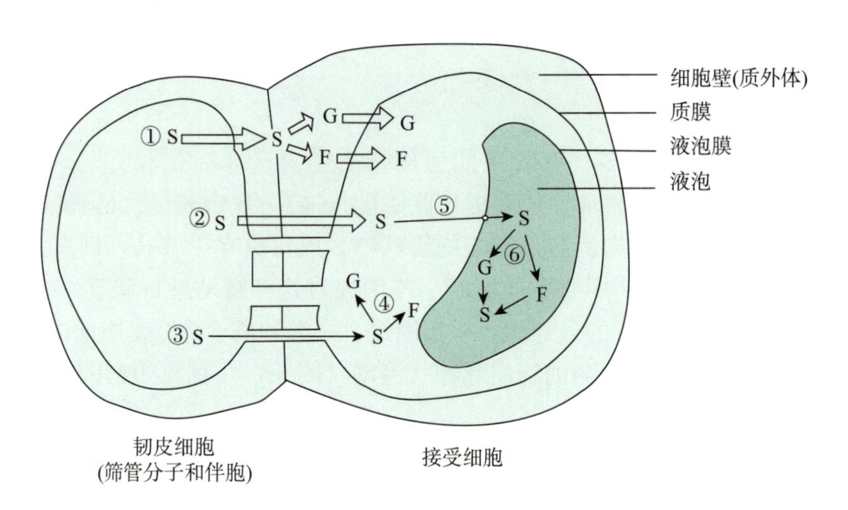

图 6-8　蔗糖卸出到库组织的可能途径

［蔗糖（S）从韧皮部进入库细胞前可以先进入质外体①②，或从胞间连丝③进入接受细胞。蔗糖（S）可以先分解为葡萄糖（G）和果糖（F）再进入接受细胞①，也可以不变而直接进入接受细胞②。进入接受细胞的细胞质中的蔗糖，有些在细胞质中水解为果糖和葡萄糖④，有些则进入液泡。进入液泡的蔗糖，可以不发生转变⑤，也可分解为葡萄糖和果糖⑥，又可再合成蔗糖，储存在液泡中］

同一植物同一器官中共质体途径卸出和质外体途径卸出并非相互排斥，而是在一定生理状态下相互补充协调。例如在豆类茎秆中，输导组织与邻近储藏细胞之间的同化物运输通过质外体途径，而输导组织与邻近其他细胞之间有足够的胞间连丝，进行共质体运输。一旦自由空间的蔗糖浓度过高，共质体途径就成为卸出的主要途径。因此同化物既可经质外体卸出，又可经共质体卸出。

第四节　植物体内同化物分配及其调控
Section 4　Partitioning and Regulation of Assimilates in Plants

植物体内同化物主要指叶片光合作用的产物，是植物体生长发育的物质基础和能量来源。同化物向各个器官的运输与分配直接关系到植物体生长发育的好坏和经济产量的高低。同化物的运输和分配受多种内外因素的影响，了解同化物的分配规律及其调控因素具有十分重要的理论和实践意义。

一、源库关系（Relationship Between Source and Sink）

源与库是相对的，随着植物的生育时期不同而改变。例如叶片刚展开时必须从成熟叶片获取养分，只有输入没有输出，是一个消耗养分的代谢库。当叶生长达到最终叶面积的 1/3 左右时，叶尖部分较叶基部分生长快，同化能力较强，叶脉内筛管与导管已成熟，能够承担输出的功能。于是叶尖部分同化物除了能自给外，可以向外输出，而叶基部分还需要从其他成熟叶片或同一叶片的叶尖输入同化物，此时，同一叶片叶尖部分成为源，而叶基部分仍是库。只有当叶片生长达到最终叶面积的 1/2 左右时，叶尖和叶基部分都能输出有机物，整个叶片才变成源。有些器官同时具有源与库的双重特点，例如绿色的茎、鞘、果穗等，这些器官或部位既需要从其他器官输入养分，同时本身又可制造同化物而后再输出到需要的部位。尽管器官的源库地位随着生育时期的不同而变化，但就植株整体而言，在一个生育时期内总有一些器官是以输出养分为主，而另一些器官则是以养分输入为主，具有最强接纳同化物能力的库器官即是当时的生长中心。

源为库提供养分，库储存、转化或消耗这些养分，二者互相依赖，相互制约。例如水稻抽穗后若剪去部分叶片，穗重就会明显下降，剪叶越多，穗重越小。反之，库对源也有重要影响，库强度（库体积×库活性）大小直接影响源的活性。例如水稻去穗后，叶片同化物的输出滞缓，光合速率明显下降，其原因是由于蔗糖的积累会反馈抑制磷酸蔗糖合成酶的活性，使 6-磷酸果糖增加，而 6-磷酸果糖的积累又反馈抑制 1,6-二磷酸果糖磷酸酶的活性，使细胞质和叶绿体中磷酸丙糖含量增加，从而影响二氧化碳的固定；叶肉细胞中蔗糖的积累会促进叶绿体基质中淀粉的合成和淀粉粒的形成，过多的淀粉粒积累会抑制光合作用。

在植物体内同时存在许多源和库。相应的源与相应的库以及二者之间的输导系统（流）构成一个源库单位（source-sink unit）。例如菜豆某复叶的光合同化物主要供给着生此叶的茎及其腋芽，则此功能叶与着生叶的茎及其腋芽组成一个源库单位（图 6-9）。源和库会随生长条件与源库单位的变化而改变。例如番茄植株通常是下部 3 片向其上果穗输送光合同化物，当把此果穗摘除后，这 3 片叶合成的光合同化物也可向其他果穗输送。源库单位的可变性是整枝、摘心、疏果等栽培技术的生理基础。

图 6-9　菜豆的源库单位
（改编自王忠，2009）

二、植物体内同化物的分配及其调控（Assimilates Partitioning in Plants and Its Regulation）

（一）植物体内同化物的分配规律

植物体内同化物分配的总原则是从源到库，并具有以下规律。

1. 优先供应生长中心　生长中心是指生长最旺盛的器官或组织，它是随着植物的生育时期而变动的，不同的生育时期有不同的生长中心。

2. 就近供应，同侧运输　果实获得的同化物主要来源于附近的叶片，这样运输的距离最近。并且叶片同化物主要供应同侧的邻近果实，很少横向运输到对侧，这与维管束走向有关。

3. 功能叶之间无同化物供应关系　已成为源的叶片之间没有同化物的分配关系，直到最后衰老死亡。例如给功能叶遮光处理，此功能叶也不会输入同化物。

（二）植物体内同化物分配的调控

植物体内同化物分配方向和分配数量，受源的供应能力、库的竞争能力、输导组织的运输能力等方面的影响。一般来说，某器官的同化物先满足自身的需要，有余才外运。

1. 供应能力　供应能力是指制造同化物的器官能否输出以及输出多少的能力。当同化物的形成超过自身需要时才有可能输出，同化物越多，输出的潜力越大。源器官中同化物形成和输出的能力，称为源强（source strength），光合速率是度量源强的主要指标之一。

2. 竞争能力　竞争能力是指库对同化物的吸引和争夺的能力。竞争能力的强弱常常与库器官的生长速度和代谢强弱有密切的关系。那些生长速度快，代谢旺盛的器官或部位需要的养分多，竞争能力强，可分配到较多的同化物。库器官接纳和转化同化物的能力，称为库强（sink strength）。而表观库强（apparent sink strength）可用库器官干物质净积累速率表示。

3. 运输能力　运输能力取决于源和库之间的输导组织数量、畅通程度和距离远近。例如在小麦的一次分蘖上标记^{14}C，则^{14}C主要运向主茎，如标记在二次分蘖上，则^{14}C运向一次分蘖的量多于主茎。又如水稻二次枝梗或三次枝梗上颖花的花梗维管束比一次枝梗的体积小而且数目少，所以同化物分配到二次枝梗、三次枝梗颖花的就少于一次枝梗的。由此可见，与源距离近、联系直接、输导组织畅通的库得到的同化物多。

三、植物体内同化物的再分配（Redistribution of Assimilates in Plants）

植物体内除了已经构成细胞壁的骨架物质之外，细胞内的其他各种内含物（包括细胞器和储藏物质）都可以再转移，即再分配到幼嫩的组织和器官再利用，尤其是生殖器官，不仅是同化物的输入者，而且对同化物的分配有着显著的影响。衰老叶片可以把同化物甚至细胞的内含物转给新生的器官或部位。这种器官之间同化物的调节，保证了物质的经济利用，对植物整体的生长发育有着重要意义。

有些正在开花的植物，一旦授粉或受精，花瓣细胞的原生质就迅速解体，同化物或细胞内含物转移到合子，随后花瓣凋萎与脱落，而子房迅速膨大。在果实、鳞茎、块茎、块根等储藏器官发育成熟时，营养体积累的可利用养分几乎都转移到这些器官；通过摘除番茄新坐果实切断再分配的去路，可延长营养体寿命。蒜结球时，蒜皮干薄如纸也是这个道理。

作物成熟期间，茎叶中的有机物即使是在收割后的储藏期也可以继续转移。例如我国北方农民为了避免秋季早霜危害，在预计严重霜冻来临之前，将玉米连根带穗提前收获，竖立成垛进行“蹲棵”，茎叶中的有机物仍能继续向籽粒中转移，有一定增产效果。

总之，同化物的再分配对提高后代的整体适应能力、繁殖能力以及增产都有一定的积极意义。

四、植物体内同化物运输与分配的影响因素（Factors Affecting Assimilate Transport and Allocation in Plants）

（一）植物代谢的影响

同化物分配是源库代谢和运输系统相互协调的结果。因此植株源、流、库对同化物运输分配有很大的影响。另外，植物的生长状况和植物激素水平及其比例等都会影响同化物的运输与分配。

1. 细胞内蔗糖浓度的影响　运输速率主要决定于源叶内光合同化物转变为蔗糖的数量和蔗糖装载到叶脉韧皮部的快慢。但是运输速率与源叶内蔗糖浓度的关系存在阈值，只有当蔗糖浓度低于阈值时，它才对运输速率起限制作用，例如甜菜叶内蔗糖输出率高于 $15\ mg \cdot cm^{-2} \cdot h^{-1}$时，蔗糖浓度与输出率已无明显相关。这种现象说明叶内蔗糖可能分为“可运库”与“非运库”两种状态。低于阈值的蔗糖可能已属“非运库”的范围，很难输出。这时如用外喂蔗糖或者在黑暗下让淀粉水解使叶内蔗糖浓度增高，运输又可发生，说明运输对光合作用的依赖是间接的，主要起控制作用的是叶内蔗糖浓度。因此绿色细胞内参与蔗糖合成的蔗糖合成酶与磷酸蔗糖合成酶的活性也影响同化物输出。

2. 能量代谢的影响　同化物的运输需要消耗代谢能量。膜上的 ATP 酶活性与物质跨膜的运输密切相关，说明物质跨膜需要消耗 ATP。例如 ATP 可刺激甜菜叶对糖的运输。

3. 植物激素的影响　植物激素既可通过影响源库器官的生长而起间接作用，也能通过影响装卸过程而发挥直接作用。例如在不同生育时期用含 1%生长素的羊毛脂涂于棉花茎端，然后用$^{14}CO_2$饲喂叶片后取样，分析生长素对^{14}C-光合产物运输的影响。结果发现，不论苗期、蕾期还是盛花期，生长素都有促进物质运输与分配的作用。激动素可以促进可溶性含氮化合物的移动和积累，若用激动素涂布半片叶，可溶性含氮化物便从未处理半叶中迁移到涂有激动素的半叶中，使之保持绿色。

（二）环境因素的影响

1. 温度的影响　在一定范围内，同化物运输速率随温度的升高而增大，达峰值后逐渐降低。

低温降低运输速率的原因，一是由于低温降低了呼吸作用，从而减少了推动运输的有效能量供给；二是低温增加了筛管汁液的黏度，影响汁液流动速度。高温对运输的影响，一方面是筛板出现胼胝质；另一方面高温会使呼吸作用增强，物质消耗增多。此外，高温还会使酶钝化或破坏，从而影响运输速率。

昼夜温差对同化物分配有明显影响，昼夜温差较小时，同化物向籽粒分配减少。例如小麦由开花到成熟期间，在白天维持 25 ℃的条件下，夜晚维持 10 ℃的处理，其叶片衰老推迟，光合强度较高，夜间呼吸消耗减少，灌浆期延长，穗重明显增加；而夜晚维持 20 ℃的处理，穗重明显减小。在水稻和其他禾谷类作物中也有类似规律。

温度除影响同化物的运输速率外，还影响同化物运输的方向。当土壤温度高于大气温度时，同化物向根部分配的比例增大；反之，当大气温度高于土壤温度时，同化物向地上部分配较多。因此对于块根、块茎作物，适当提高土壤温度有利于更多的同化物运往地下部。

2. 水分的影响 影响同化物运输和分配的另一个重要因素是植株及其周围环境的水分状况。在水分缺乏的条件下，随叶片水势的降低，植株的总生产率严重降低。其原因有：① 光合作用减弱；② 同化物在植株内的运输与分配不畅；③ 生长过程停止。

土壤总含水量减少引起植株各个器官和组织中的缺水程度不同。缺水越严重的器官，生长越缓慢，对同化物的需求越少，同化物的输入量也越少。因此土壤缺水时，会造成同化物在各器官中的分配发生变化。

植株缺水初期同化物运输加强，缺水后期同化物运输才受阻。这可能与运输所需的ATP供应有关。ATP形成依赖于呼吸作用和氧化磷酸化的偶联。而偶联程度在缺水时会发生双重变化，即在缺水的开始时期，呼吸作用和能量积累的偶联加强，而在大量失水时，呼吸作用与氧化磷酸化减弱，物质运输受阻。

综上所述，水分缺乏一方面通过削弱生长和降低光合作用对同化物运输起间接作用，另一方面通过降低膨压和减少薄壁细胞的能量水平直接影响韧皮部的运输。

3. 光照的影响 光照通过光合作用影响同化物数量以及运输过程中所需要的能量。光照对叶片中同化物外运也有影响。然而，光照作为影响同化物形成的因素，只是在叶片中光合产物含量很低的情况下才对外运产生较大影响。而在光照充足的条件下，同化物的水平比较高，对同化物运输的影响较小。例如在对黑暗适应一段时间的玉米饲喂 $^{14}CO_2$，光照后玉米叶片同化物外运的速率急剧增加，很快达到峰值。去除光源时，外运速率立即降低，约为光照下的 20%。

4. 植物营养的影响

（1）氮素的影响 氮素对同化物运输的影响有两个方面，一是在其他元素平衡时，单一增施氮素会抑制同化物的外运；二是缺氮也会使叶片运出的同化物减少。施氮抑制同化物的外运，特别是抑制向生殖器官和储藏器官的运输。例如给水稻追施硫酸铵使同化物运出减少，虽然这时的光合作用甚至略有提高。过多氮素抑制同化物运输的可能原因是，氮供应充分时，蛋白质合成会消耗大量同化物；此外，供氮多，营养生长加强，营养器官会与生殖器官竞争光合产物。缺氮时，叶片输出同化物减少。此时同化物在韧皮部中运输的速率变化不大，表明同化物运出减少可能是由于分生生长受抑制和与此相关的对同化物需求减少而引起的。要保证同化物的运输，必须注意碳氮之间的平衡，既要防止叶片早衰，又要保持功能叶的碳同化效率，促进叶片同化物向籽粒分配。

（2）磷素的影响 磷素对同化物运输的影响只在磷严重缺乏或过多时才表现出来，因此磷对同化物的影响不是单一的，而是通过参加广泛的新陈代谢反应实现的，其中包括韧皮部物质代谢的个别环节。磷之所以影响同化物运输，是因为其参与糖的磷酸化作用和能量代谢。在缺磷初期，通常是分生组织的活性受限制，从而使同化物向分生组织运输减弱。进一步缺磷时，则涉及细胞膜中磷脂结构的破坏。

（3）钾素的影响 钾素对韧皮部运输的影响较大。它直接调控糖由叶片向储藏器官的运输。试验表明，钾能使韧皮部同化物运输加强。

已知在筛管成分中富含钾，因此不少人试图把它看作韧皮部运输机制本身的必需组成部分。钾的作用可能首先在于维持膜上的电势差，这对于薄壁细胞之间的同化物横向运输特别重要。另外，韧皮部从质外体装载中，H^+-K^+泵也离不开钾的参与。

（4）硼素的影响　硼和糖能结合成易于透过膜的复合物，因而可以促进糖的运输。例如将蚕豆的离体叶片或番茄植株浸在^{14}C-蔗糖溶液中时，加硼能显著增强对蔗糖的吸收和运输。在作物灌浆期对叶片喷施硼肥，有利于籽粒充实，提高产量。

第五节　植物次生代谢
Section 5　Secondary Metabolism in Plants

一、植物次生代谢的概念与意义（Concept and Significance of Plant Secondary Metabolism）

（一）植物次生代谢的概念

糖类、脂肪、核酸、蛋白质等是光合作用、呼吸作用等初生代谢（primary metabolism）过程的产物，称为初生代谢物（primary metabolite）。此外，植物中还存在大量由糖类等有机物通过次生代谢（secondary metabolism）衍生而来的产物，称为次生代谢物（secondary metabolite），也称为次生产物（secondary product）或天然产物（natural product）。植物次生代谢物由初生代谢物通过糖酵解、三羧酸循环等途径转化而来。其中萜类化合物可从乙酰辅酶A或糖酵解中间产物转化而来；酚类化合物经由莽草酸途径等合成的芳香族化合物转化而来；含氮次生代谢物（例如生物碱）主要从氨基酸代谢转化而来。植物次生代谢的主要途径及其与初生代谢的关系见图6-10。植物次生代谢物类型丰富，结构与功能多样，在植物的生理特性和生态适应性方面具有重要意义。

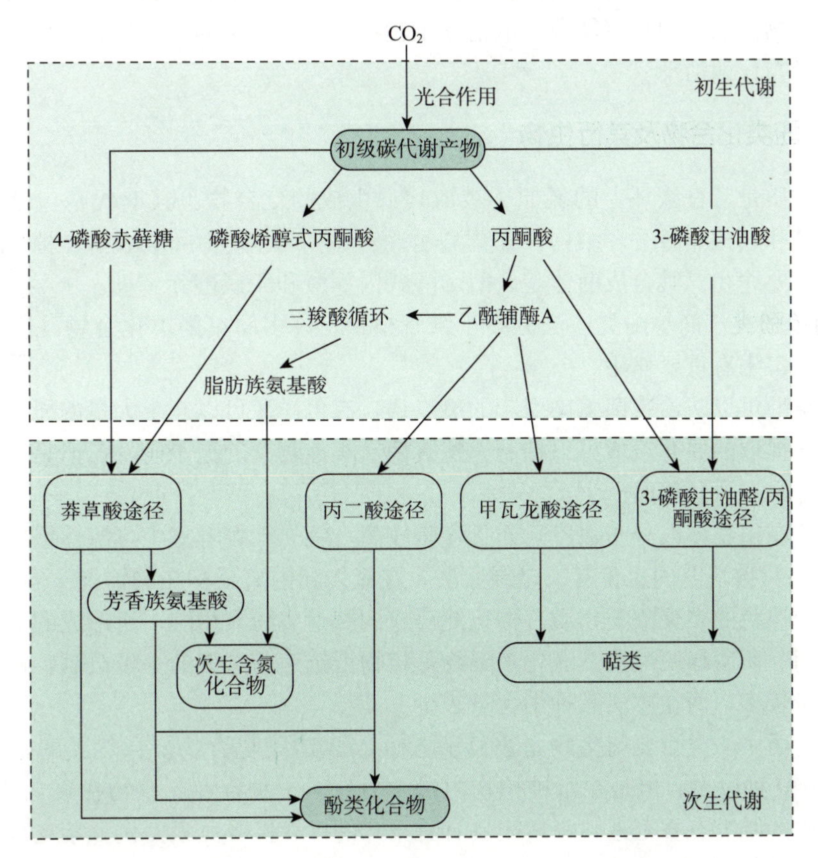

图6-10　植物次生代谢的主要途径及其与初生代谢的关系
（引自 Taiz 和 Zeiger，2006）

（二）植物次生代谢的意义

1. 次生代谢是植物长期进化的结果，是植物生态适应的重要手段 例如各种植物保卫素（phytoalexin）、木质素（lignin）是植物产生抗逆反应的重要物质基础；生物碱、生氰苷等是植物防御动物的有效武器；类黄酮中的花色苷、甜菜碱赋予植物花果多彩的颜色，对物种的繁衍起着重要的作用；其他如寄生和共生识别、抑制草食动物的采食和致病微生物的感染、诱引昆虫和其他动物进行传粉和种子传播、植物之间的化感与他感现象也与次生代谢物有关。

2. 次生代谢物为人类提供了大量的医药原料和工业原料 人类心血管疾病和癌症的治疗过程中，一些植物次生代谢物有很好的效果。例如强心苷是心脏病的常规治疗药物，红豆杉中的紫杉醇（taxol）是天然抗癌药物，人参皂苷和银杏黄酮是传统的保健良药。天然药物的研究已经成为人们寻求治疗现代疾病的主要手段。例如从菊科植物黄花蒿（*Artemisia annua* L.）中分离出的次生代谢物青蒿素（artemisin）是最有效的抗疟疾药物，中国科学家屠呦呦因此获得 2015 年诺贝尔生理学或医学奖。

植物次生代谢物在食品和化学工业中的应用尤为广泛。天然食用色素大多来源于植物次生代谢物，紫草素可以用作化妆品颜料，甜菊苷是一种无糖甜味剂，三叶橡胶树分泌的胶乳则是橡胶工业的基础原料。

二、植物次生代谢物的类型与代谢途径（Types of Plant Secondary Metabolites and Metabolism Pathway）

根据植物次生代谢物的化学结构和性质，可将其分为酚类、萜类、次生含氮化合物等类型。植物次生代谢物多储藏在液泡或细胞壁中，是代谢的终产物，除极少数外，大部分不再参与代谢活动。

（一）酚类化合物及其衍生物

酚类物质是芳香族环上的氢原子被取代后生成的化合物。其取代基包括羟基、羧基、甲氧基和其他非芳香环结构。莽草酸途径（shikimic acid pathway）是植物酚类化合物合成的主要途径。其合成前体是磷酸烯醇式丙酮酸和 4-磷酸赤藓糖。

1. 简单酚类 简单酚类广泛分布于维管植物。许多简单酚类化合物（图 6-11）在植物抗病虫害中有重要作用。

原儿茶酸可以防治真菌感染引起的斑点病，有色洋葱可以产生大量的原儿茶酸，从有色洋葱中提取的原儿茶酸可以抑制上述真菌及其他真菌的孢子萌发，但是在易感病的白色品种中没有原儿茶酸产生。

绿原酸在植物体内分布很广，而且含量较高。例如干咖啡豆中可溶性绿原酸含量高达 13%。马铃薯块茎内也含有大量绿原酸，在氧气和铜离子存在的情况下容易被氧化，形成褐色或黑色的多聚醌类物质。催化此反应的酶是多酚氧化酶，所形成的醌类物质具有抑菌作用。所以绿原酸及其氧化多聚物是植物抵抗病菌感染的一种机制，通常在抗病品种中含量较多，而在感病品种中含量较少。

酚类物质中一类重要衍生物是香豆素（coumarin）类化合物。自然界的香豆素类化合物有 1 000 种以上，但是在每种植物内通常只有若干种存在。植物在衰老或受伤时，会降解体内的结合态香豆素，释放出具有青草味的挥发性香豆素。例如紫花苜蓿、甜三叶草等牧草中含有大量的香豆素，在储存不当发生腐烂时会产生有毒的双香豆素（dicumarol）。所以筛选低香豆素的苜蓿品种是牧草品种改良的重要目标。

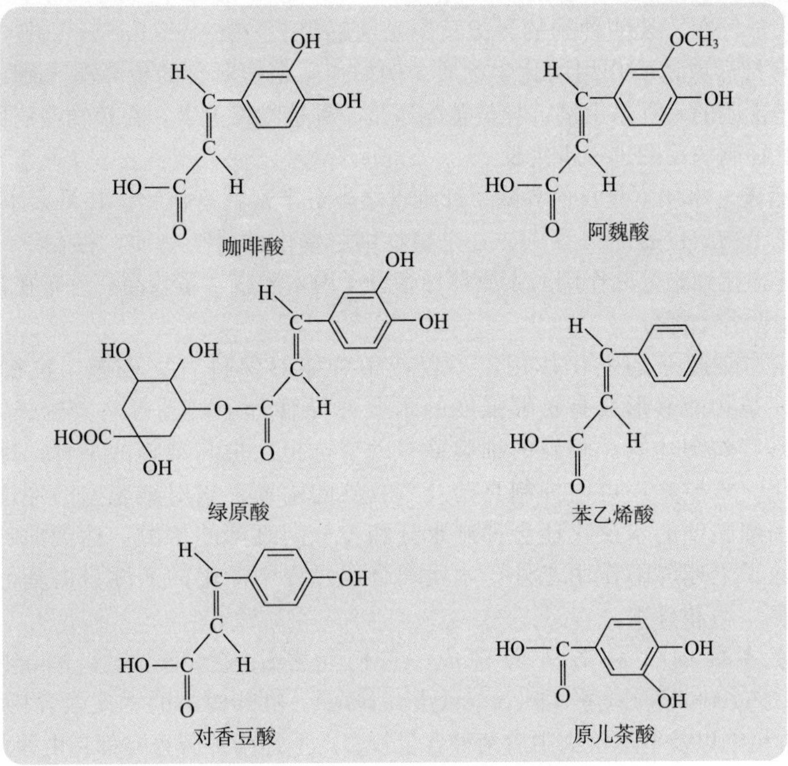

咖啡酸　阿魏酸　绿原酸　苯乙烯酸　对香豆酸　原儿茶酸

图 6-11　一些简单酚类物质的分子结构

2. 类黄酮　类黄酮（flavonoid）广泛存在于各种植物中，已知的类黄酮物质超过2 000种。类黄酮分子的基本骨架中具有多个不饱和键，可以吸收可见光而呈现各种颜色。类黄酮结构中带有多个羟基，可以和糖类结合而增强水溶性，常存在于液泡内。

香豆素和乙酰辅酶A是类黄酮的前体物。光照可以促进类黄酮的合成。例如苹果的着色面往往是朝阳的一面，一般认为光通过表皮细胞内的光敏色素启动类黄酮的生物合成。另外，矿质元素缺乏（例如缺磷、硫和氮）也容易诱导某些植物类黄酮色素积累。

花青素（anthocyanidin）一般存在于红色、紫色和蓝色的花瓣中，在一些植物的果实、叶片、茎干和根中也有存在。花和果实的颜色主要是由其中所含的花青素颜色决定的。晚秋时节的光照和温度条件有利于花青素的积累，使叶片呈现鲜艳的颜色。但是在某些黄色或橙色的花和叶片中，类胡萝卜素是主要的呈色物质。

大部分黄酮醇（flavonol）和黄酮（flavone）（图 6-12）呈淡黄色或象牙白色，也是植物花的呈色物质。一些无色的黄酮醇和黄酮可以吸收紫外线，保护植物叶片不受长波紫外线的危害。另外，某些昆虫（例如蜜蜂）可以看见部分紫外波段的光，所以含黄酮醇和黄酮的花可以诱引这些昆虫采食传粉。这类物质还存在于叶片内，对动物起拒食剂的作用。

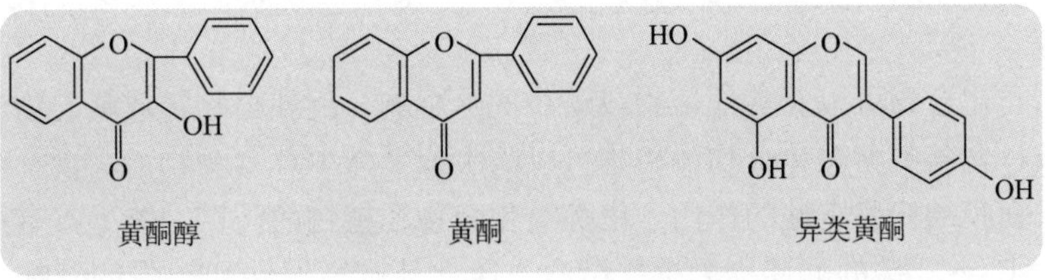

黄酮醇　黄酮　异类黄酮

图 6-12　黄酮醇、黄酮和异类黄酮的分子结构

类黄酮的类似物异类黄酮（isoflavonoid）（图 6-12）存在于某些植物中，尤其是豆科植物中大量存在。某些种类的异类黄酮是他感化学物质（allelochemical），即对其他动植物具有排斥或诱引作用的化学物质。例如鱼藤根中所含的鱼藤酮（rotenone）为异类黄酮，是常用的一种杀虫剂。异类黄酮还是一种植物保卫素，在植物受病原菌感染后迅速产生，抑制病菌的进一步生长。

3. 木质素 木质素是自然界除了纤维素之外最丰富的有机物。在许多木本植物中，木质素占总干物质量的 15%～25%，是植物细胞壁中的骨架物质，存在于纤维素微纤丝之间，起强化细胞壁的作用。木质部导管分子内木质素含量较高，分布在初生壁、中胶层和次生壁各个部分。

木质素对细胞壁的强化作用，不仅使植物能够保持直立姿态，抗御压力和风力，而且使植物能够形成有足够强度的木质部导管分子，进行水分的长距离运输。木质素还具有防御功能。坚硬的细胞壁有助于抗拒昆虫和动物的采食，即使被采食也难以消化。木质素还可以抑制真菌及其分泌的酶和毒素对细胞壁的穿透能力，感染部位周围细胞壁的木质化还会抑制水分和养分向真菌的扩散，达到抑制真菌生长的目的。除了上述屏障作用之外，木质素合成过程中产生的活性自由基可以钝化真菌的细胞膜、酶和毒素。

木质素主要由 3 种芳香醇构成，它们是松柏醇（coniferyl alcohol）、芥子醇（sinapyl alcohol）和对香豆醇（p-coumaryl alcohol）。针叶树中的木质素含松柏醇较多，而其他木本植物以及草本植物中后两种含量较多。上述 3 种芳香醇都是由莽草酸途径合成的。

（二）萜类

植物萜类或类萜化合物是由异戊二烯单元构成的化合物及其衍生物，也称为异戊间二烯化合物（图 6-13）。萜类化合物包括异戊二烯首尾相连形成的单萜（monoterpene）、倍半萜（sesquiterpene）、双萜（diterpene）和多萜（polyterpene）。

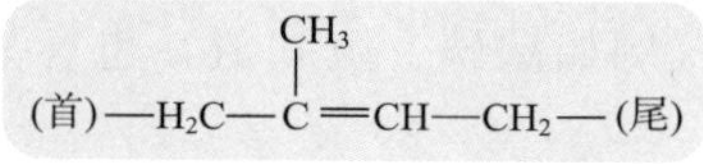

$$(首)—H_2C—\overset{\overset{\large CH_3}{|}}{C}=CH—CH_2—(尾)$$

图 6-13　异戊二烯单位

异戊二烯的合成有两条途径，一条是甲瓦龙酸途径，另一条是磷酸甲基赤藓醇途径，又称为 3-磷酸甘油酸/丙酮酸途径。在甲瓦龙酸途径中，3 个乙酰辅酶 A 经过聚合反应生成六碳的中间产物，再经过焦磷酸化、脱羧、脱水等反应生成焦磷酸异戊烯（isopentenyl pyrophosphate，IPP）。焦磷酸异戊烯是所有萜烯类化合物生物合成的基本反应单元。3-磷酸甘油酸/丙酮酸途径主要存在于叶绿体和其他质体内，其中糖酵解和光合碳同化的中间产物 3-磷酸甘油酸和丙酮酸反应生成焦磷酸异戊烯。

在植物中已经发现了数千种萜类化合物，例如植物激素中的赤霉素和脱落酸、黄质醛（脱落酸生物合成的中间体）、甾醇、类胡萝卜素、松节油、橡胶以及作为叶绿素尾链的植醇等。

有些萜类化合物可以对其他植物或动物发生影响，例如植物释放萜类物质抑制其他植物的生长；含某些萜类化合物的植物可以防虫或者减少草食动物的采食。细胞膜内的甾醇起着增强膜结构稳定性的作用。甾醇类化合物在植物的防御功能上具有重要意义。

许多含 10～15 碳的萜烯称为植物精油，通常具有挥发性和较强的气味。例如在橘皮中就存在着 70 多种挥发性植物精油，其中大部分是单萜，主要是柠檬精油。植物精油是香料和香精制造的重要原料。植物花中的精油还有引诱昆虫采蜜而协助授粉的功能。

橡胶是分子质量很大的异戊二烯类化合物，是含有3 000～6 000个异戊二烯单元组成的无分支长链。天然橡胶是起源于热带雨林大戟科植物三叶橡胶树（*Hevea brasiliensis*）分泌的一种乳状分泌物，胶乳中大约含有1/3的纯橡胶。目前已发现约2 500种产胶植物，其中很多被用于橡胶生产。

（三）次生含氮化合物

植物次生含氮化合物包括生物碱、非蛋白氨基酸等。这些物质中许多与植物的防御反应有关。

1. 生物碱 生物碱是植物中广泛存在的一类次生含氮化合物，分子结构中具有多种含氮杂环（图6-14）。生物碱分子中的氮（N）原子具有结合质子的能力，所以呈碱性。生物碱多为白色晶体，具有水溶性。生物碱对动物具有特殊的药用价值，在植物中也具有十分重要的生理功能。

目前已在植物中发现了3 000多种生物碱。自然界20%左右的维管植物含有生物碱，其中大多数是草本双子叶植物。最早发现的生物碱是1805年从罂粟中提纯的吗啡，其他广为人知的生物碱有烟草中的尼古丁（也称为烟碱）、柏树树皮中的奎宁、咖啡豆和茶叶中的咖啡因、可可豆中的可可碱、秋水仙中的秋水仙碱等。

大多数生物碱都在植物茎中合成，少数生物碱（例如尼古丁）在根中合成。生物碱生物合成的前体是一些常见的氨基酸，例如天冬氨酸、赖氨酸、酪氨酸和色氨酸。尼古丁及其类似物以鸟氨酸为合成前体。还有一部分生物碱是通过萜烯的合成途径合成的。

生物碱曾被认为是植物的代谢废物，但是现在认为是植物的防御物质，因为大多数生物碱对动物具有毒性。在低剂量条件下，许多生物碱具有药理学价值。例如颠茄碱、麻黄素等被广泛应用在医药中。

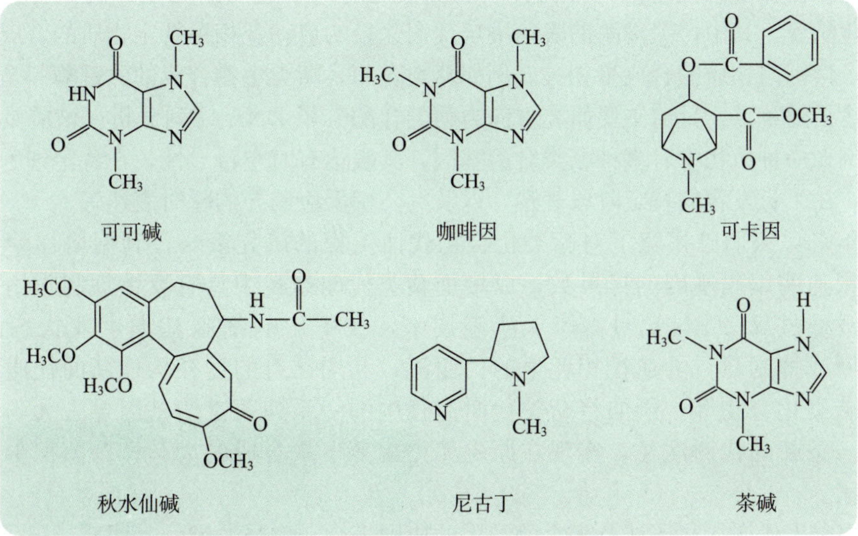

图6-14 几种生物碱的分子结构

2. 非蛋白氨基酸 组成蛋白质的氨基酸有20种，但植物还含有一些非蛋白氨基酸（nonprotein amino acid），这些氨基酸不被结合到蛋白质内，而以游离形式存在。茶叶中特有的茶氨酸是重要的品质指标之一，是茶汤的鲜味物质。但刀豆氨酸等（图6-15）

非蛋白氨基酸对动物有毒，可抑制蛋白质氨基酸的吸收或合成。

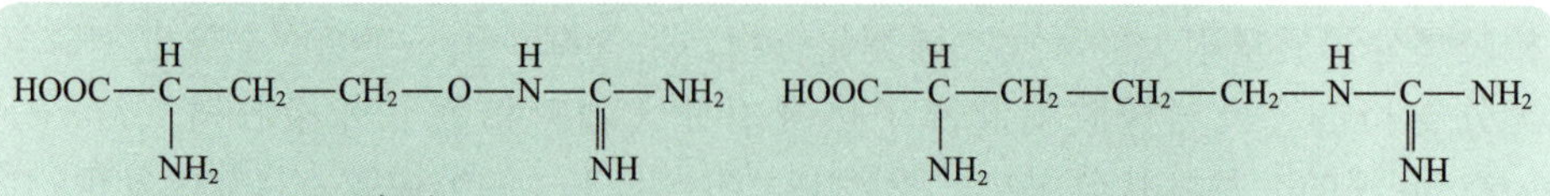

$$HOOC-\underset{NH_2}{\overset{H}{C}}-CH_2-CH_2-O-\overset{H}{N}-\underset{NH}{\overset{\|}{C}}-NH_2$$

刀豆氨酸

$$HOOC-\underset{NH_2}{\overset{H}{C}}-CH_2-CH_2-CH_2-\overset{H}{N}-\underset{NH}{\overset{\|}{C}}-NH_2$$

精氨酸

图 6-15　刀豆氨酸与精氨酸的结构相似

三、植物次生代谢的调控（Regulation of Plant Secondary Metabolism）

对于植物次生代谢的调控，首先要在初生代谢途径的基础上对关键代谢反应及相关酶进行调控。Bryant 等（1983）提出的“碳-营养平衡”假说认为，植物体内以碳为基础的次生代谢物质（例如萜类、酚类等）与以氮为基础的次生代谢物质（例如生物碱等）基本保持一种平衡关系。在植物生长过程中，添加氮有利于生物碱产额的提高，并导致以碳为基础的次生代谢物质的减少，其中单萜类化合物受营养水平的影响更为显著；缺乏氮素则严重抑制生物碱的合成。

其次，植物次生代谢也受植物发育进程、气候条件、植物营养、植物激素和病虫害侵袭等因素的调控。例如植物体内萜类化合物质种类、数量和含量都会随季节的变化而变化，多数热带植物含有大量挥发油成分，而亚热带松柏科植物树脂含量明显高于温带松柏科植物。外界信号以及植物激素往往通过转录因子对植物次生代谢产生影响。例如很多参与植物防御反应的次生代谢物的生物合成受到茉莉酸在基因表达水平上的调控。病虫害侵袭能诱导植物产生更多的挥发性物质，或改变植物挥发性物质成分的含量及组分浓度比。例如青蒿素单萜合成酶 cDNA 的转录可被损伤诱导；华山松球果受害后，萜类各组分的含量明显增加。萜类物质的变化有利于植株进行自我保护及防御病虫害的侵袭。

此外，植物次生代谢物的生物合成还受关键酶与限速酶的调控，例如转移酶、合酶、环化酶等。其中，关键酶的表达决定代谢途径的启动及相关特定物质的合成，而限速酶的表达则与物质的合成量相关。例如萜类合酶是萜类生物合成的关键酶，是研究萜类代谢途径的重点，目前主要研究方向为萜类合酶分子 DNA 序列分析。该酶具有多重特性，例如一种植物中有多种萜类合酶基因，其表达有时空特异性，在特定细胞和组织中表达，在生长发育的特定阶段表达，以及具防御反应诱导的瞬时表达等。

近年来，人们已拓宽了对萜类化合物代谢工程的研究策略，利用增加萜类代谢途径中限速酶编码基因的拷贝数，以增加萜类代谢途径中具有反馈抑制作用的编码基因，或通过反义 RNA、RNA 干涉等技术，在不影响细胞基本生理状态的前提下，阻断或抑制与目的途径相竞争的代谢流；利用已有的途径构建新的代谢旁路合成新的萜类化合物等。例如将萜类代谢途径中的一系列关键酶基因导入大肠杆菌中可构建一条新的代谢途径，实现在原先无类胡萝卜素合成的大肠杆菌菌株中产生类胡萝卜素。

植物次生代谢往往还涉及多个酶基因的协同表达。增强关键酶基因转录因子或调节基因的拷贝数，可强化次生代谢多基因的协同表达，促进次生代谢物的合成，是植物次生代谢生物工程的新途径。

本章内容概要

植物体内同化物的运输系统按运输距离长短可分为短距离运输系统和长距离运输系统。短距离运输包括胞内运输和胞间运输。长距离运输是发生于器官之间的运输，需要维管束系统来完成。同化物运输的主要途径是韧皮部，主要运输形式是蔗糖。同化物运输的方向取决于制造同化物的源器官与接纳同化物的库器官的相对位置。韧皮部的运输是非极性的，既可以向下运输，又可以向上运输。

植物体内同化物的运输是依赖能量的生理过程。第一步是韧皮部装载，即同化物从合成部位通过共质体和质外体进行胞间运输，最终进入筛管。蔗糖在筛管中运输的机制有多种假说，压力流动假说认为同化物随着筛管汁液的流动是由输导系统两端的压力势差引起的。同化物卸出途径有两条：共质体途径和质外体途径。

源与库是相对的，是随着植物的生育时期而改变的。源为库提供养分，库储存、转化或消耗这些养分，二者互相依赖，相互制约。植物体内同化物的分配总规律是从源到库，优先供应生长中心；就近供应，同侧运输；功能叶之间无同化物供应关系。而且同化物还可以再分配。植物体内同化物分配的影响因素包括源的供应能力、库的竞争能力以及运输能力。

次生代谢是植物长期进化的结果，是植物生态适应的重要手段。植物次生代谢物可分为酚类、萜类、次生含氮化合物等类型。酚类物质是芳香族环上的氢原子被羟基取代后生成的化合物。萜类或类萜化合物是由异戊二烯单元构成的化合物及其衍生物，包括单萜、倍半萜类和多萜等。次生含氮化合物包括生物碱、非蛋白氨基酸等。对于植物次生代谢的调控，首先要在初生代谢途径的基础上对关键代谢反应及相关酶进行调控。

复习思考题

1. 高等植物同化物运输按距离的长短可以分为哪两种类型？
2. 什么是代谢源和代谢库？它们之间有何联系？
3. 植物体内同化物长距离运输的主要途径是什么？如何证明？
4. 植物体内同化物在韧皮部的装载与卸出有何特点？
5. 简述压力流动假说的要点和试验证据。
6. 试述植物体内同化物运输与分配的规律和特点。
7. 植物体内同化物运输与分配的影响因素有哪些？
8. 什么是植物的次生代谢物？植物次生代谢物的主要种类有哪些？
9. 植物次生代谢与初生代谢有何关系？

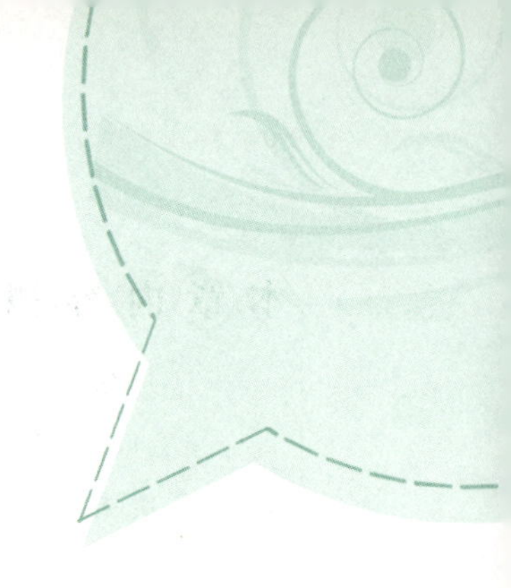

第七章 Chapter 7
植物生长物质
Plant Growth Substances

教学要求： 掌握植物生长物质、植物激素和植物生长调节剂的概念和特点，植物激素的生理效应；理解植物激素的代谢特点，植物生长物质的应用范围与特性；了解植物激素的信号途径。

重点与难点： 重点是植物激素的生理效应和代谢特点，植物生长物质的应用范围与特性。难点是植物激素的信号途径及其相互作用。

建议学时数： 6～8 学时。

植物作为复杂的多细胞有机体，其生活史的完成不仅需要经历生长、开花、结实等诸多生长发育过程，也需要对外界环境因素的变化及时做出适应性反应。其中，调控植物生长发育过程最重要的信号分子是植物激素。

植物激素（phytohormone，plant hormone）是指在植物体内合成的、通常从合成部位运往作用部位、在低浓度下对植物生长发育产生显著调节作用的微量有机物。植物激素本身并非营养物质，也非结构物质。与合成位点和作用靶点在空间上分开的动物激素不同，植物激素的合成位点和作用靶点可以不同，也可以相同，且其作用并不总是依赖于浓度的改变，有时是通过细胞敏感性的改变来发生作用。

目前已知的植物激素包括生长素类（auxins）、赤霉素类（gibberellins，GAs）、细胞分裂素类（cytokinins，CTKs）、脱落酸（abscisic acid，ABA）、乙烯（ethylene，ETH）、芸薹素类（brassinosteroids，BRs）、茉莉素类（jasmonates，JAs）、水杨酸类（salicylates，SAs）、独脚金内酯类（strigolactones，SLs）等 9 大类。

此外，在植物中还发现能调控植物生长发育的其他生理活性物质，例如三十烷醇（triacontanol，TRIA）、多胺（polyamine，PA）、小分子信号肽类（small signaling peptides，SSPs）、一氧化氮（NO）、活性氧（active oxygen species，ROS）等。这些物质或未普遍存在于各种植物中（例如 TRIA），或其作用浓度远高于其他植物激素（例如多胺），或不符合植物激素的定义（例如多肽不属于通常的有机小分子，一氧化氮和活性氧不是有机物），所以未被公认为植物激素。可以预见，随着高灵敏分析测定技术的不断进步和有关分子机制研究的逐渐深入，今后将可能分离鉴定出新的植物激素。

为满足农业生产的需要，根据植物激素分子结构与生理活性之间的构效关系，已人工合成或用微生物发酵生产出许多具有类似植物激素生理活性的物质。为与植物激素相区别，将这类物质称为植物生长调节剂（plant growth regulator）。不同类型的植物生长调节剂在农林业生产中被广泛使用。

通常将这些能调节植物生长发育的植物激素和植物生长调节剂统称为植物生长物质（plant growth substance）。

第一节 生长素类
Section 1 Auxins

一、生长素的发现及种类（Discovery and Types of Auxins）

生长素（auxin）是 Darwin 等（1880）在研究金丝雀虉草（*Phalaris canariensis*）的向光性运动时发现的。当对黄化胚芽鞘单侧照光时，会引起胚芽鞘向光弯曲，其感受光的部位是胚芽鞘顶端，而引起弯曲的部位却是胚芽鞘的伸长区；如将胚芽鞘顶端去除或遮住再用单侧光照射，则芽鞘不会向光弯曲（图 7-1 A）。Darwin 认为胚芽鞘顶端会

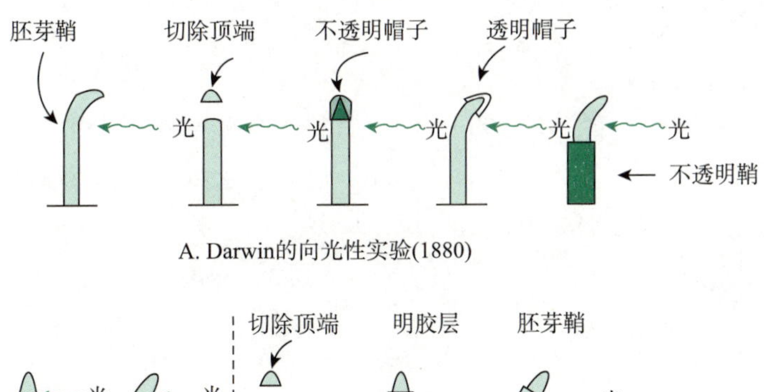

A. Darwin的向光性实验(1880)

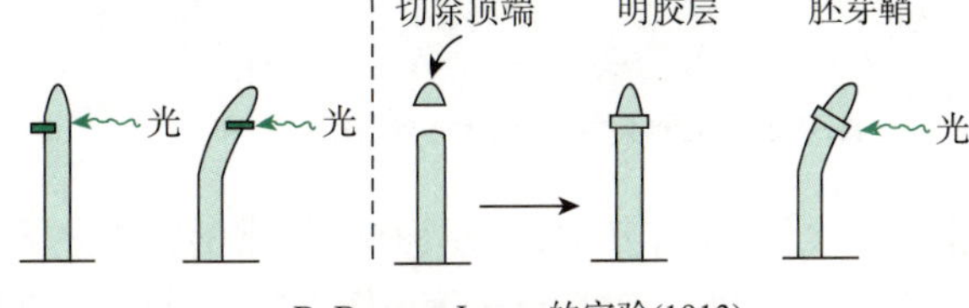

B. Boyaen-Jensen的实验(1913)

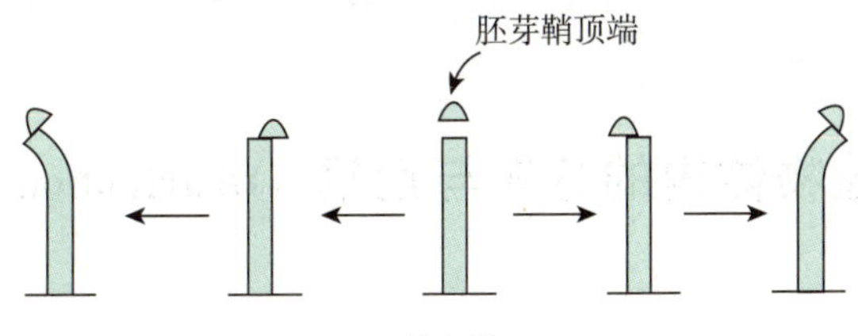

C. Paal的实验(1919)

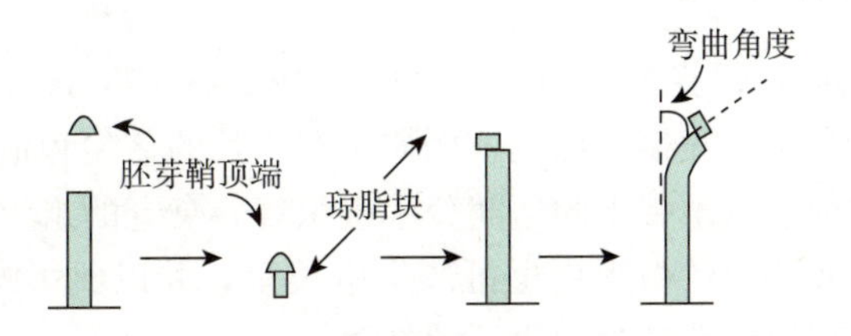

D. Went的实验(1926)

图 7-1 导致生长素被发现的一些关键性实验

产生一种刺激生长的物质并转移到下方生长区。此后许多学者用燕麦胚芽鞘所做的实验都表明，胚芽鞘顶端含有某种促进生长的物质。Boysen-Jensen（1913）发现胚芽鞘顶端产生的物质能透过明胶薄片向下传递，并发生向光性弯曲，而不能穿过不透水的云母片。但如果云母片只嵌入向光的半侧，则单侧光仍能引起胚芽鞘向光弯曲，而嵌入背光半侧时，则顶端所产生的与向光性有关的物质不能向下传递（图 7-1 B）。Paal（1919）把切除的胚芽鞘顶端放回到胚芽鞘的一侧，发现没有单侧光的照射也能促进这一侧胚芽鞘的伸长生长而引起向另一侧弯曲（图 7-1 C）。Went（1926）将燕麦胚芽鞘顶端切下放于琼脂上 1 h，然后移去胚芽鞘顶端，把琼脂切成小块置于去除顶端的胚芽鞘上，仍可引起胚芽鞘的生长。如放于去顶端胚芽鞘的一侧，可诱导发生类似的向光性弯曲（图 7-1 D），从而证明了胚芽鞘产生某种化学物质，这种化学物质可以促进生长，并将这种物质命名为生长素，Went 还设计了胚芽鞘弯曲实验，进行生长素的定量分析。直到 1934 年，Kögl 等才从人尿和植物中分离出这种化合物，将其混入琼脂中，也能引起去顶端胚芽鞘的弯曲生长，并经化学鉴定为吲哚-3-乙酸（indoleacetic acid，IAA）（图 7-2），常称为吲哚乙酸。此后大量试验证明，吲哚乙酸在高等植物中普遍存在，是植物体内主要的生长素，吲哚乙酸也就成了生长素的代称。

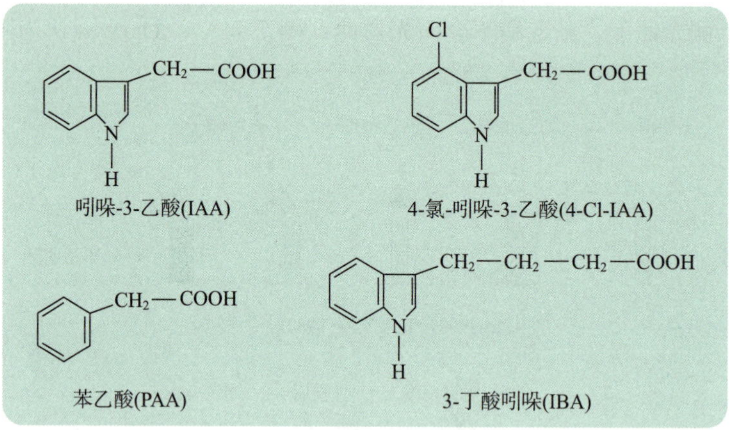

吲哚-3-乙酸(IAA)

4-氯-吲哚-3-乙酸(4-Cl-IAA)

苯乙酸(PAA)

3-丁酸吲哚(IBA)

图 7-2　几种天然生长素的结构

除吲哚乙酸以外，植物体内还发现有其他几种具有生长素活性的物质，其中一些是吲哚类衍生物，如3-丁酸吲哚（indole-3-butyric acid，IBA）（又称为吲哚丁酸）、4-氯-吲哚-3-乙酸（4-chloroindole-3-acetic acid，4-Cl-IAA）等；另一些是含苯环的芳香酸，例如苯乙酸（phenylacetic acid，PAA）。

二、生长素在植物体内的分布与运输（Distribution and Transport of Auxins in Plant）

（一）生长素在植物体内的分布

植物中生长素的含量很低，每克鲜物质中含吲哚乙酸 10～100 ng。生长素在各器官中都有分布，但大多集中在生长旺盛的部位，例如正在生长的茎尖和根尖、正在展开的叶片、胚、幼嫩的果实和种子、禾谷类的居间分生组织等。衰老的组织或器官中生长素的含量则较低。一些寄生或共生的微生物也可产生生长素，并以此影响寄主的生长。例如豆科植物根瘤的形成就与根瘤菌产生的生长素有关。

（二）生长素在植物体内的运输

1. 生长素的极性运输 物质只能从植物形态学的一端向另一端运输而不能反向运输的现象，称为极性运输。生长素在植物体内的运输具有极性，即在植株地上部由茎尖向茎基运输。其他植物激素没有极性运输的特点。

生长素的极性运输已被试验证明（图 7-3）。从植物体上切下一段胚芽鞘、茎或下胚轴，形态学的上端用 A 标记，形态学的下端用 B 标记。如在 A 端放一块含有一定量生长素的琼脂块作为生长素的供给端，B 端放一块不含生长素的空白琼脂块作为生长素的接受端，不管胚芽鞘切段在空间的位置如何，经过一段时间后可从接受端检测出生长素。如将供给端放于切段的 B 端，接受端放于切段的 A 端，则不论切段在空间的位置如何，都不能在接受端检测出生长素。

生长素的极性运输现象与植物的发育有密切的关系。例如枝条扦插不定根形成的极性和顶芽产生的生长素向基部运输所形成的顶端优势等。对植物茎尖应用人工合成的生长素时，其在植物体内的运输与自身合成的生长素一样，也是极性运输的。

生长素的极性运输通常由一个细胞透过质膜流出到细胞壁，然后再通过质膜流入下一个细胞内，这个过程需要能量。极性运输速度一般为 0.5～1.5 $\mu m \cdot h^{-1}$。生长素的极性运输对分子结构具有选择性：活性生长素，包括天然生长素和人工合成的生长素都具有极性运输特性。这表明质膜上的一些载体蛋白可以特异地识别活性生长素及其类似物，参与了生长素的极性运输。

植物地下部的生长素也表现极性运输特性，但其运输方向是经中柱由根基部到根尖（向顶性运输），然后沿皮层倒转向上回运至伸长区的外部（图 7-4）。

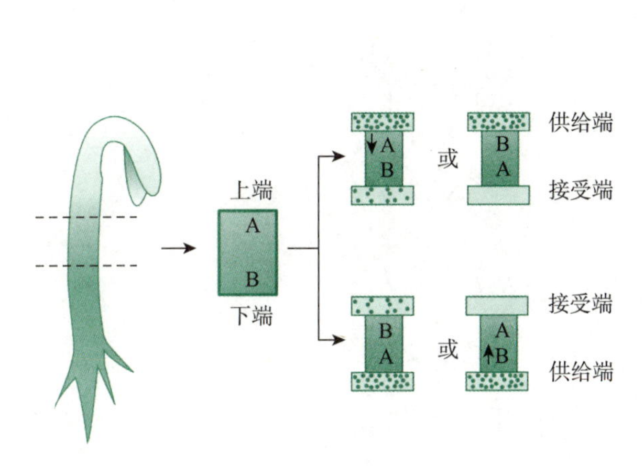

图 7-3 生长素的极性运输

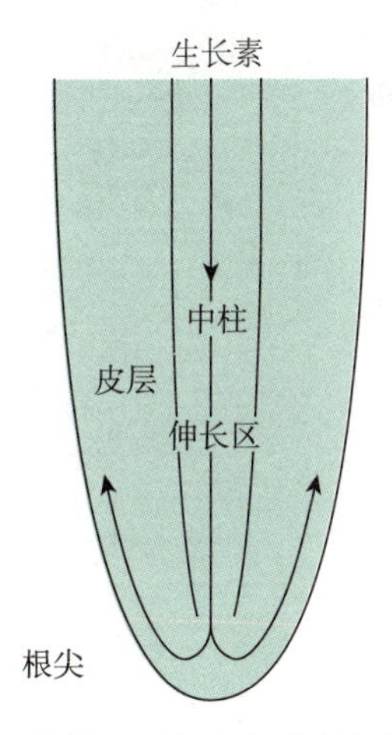

图 7-4 植物地下部生长素的极性运输

近年关于生长素运输分子机制的研究表明，细胞间的生长素极性运输主要由负责生长素内流（auxin influx）的 AUX1/LAX 蛋白家族和负责生长素外流（auxin efflux）的 PIN（pin-formed）蛋白家族控制，而非极性的其他细胞间运输方式则由 ABCB 运输蛋白控制。此外，另一种定位于内质网的 PILS（pin-likes）运输蛋白家族则参与细胞内不同分室之间的生长素运输。

2. 生长素的非极性运输 植物韧皮部内也存在被动的生长素非极性运输现象。例如成熟叶片合成的生长素大部分是通过韧皮部进行非极性被动运输，与经韧皮部运输的其他物质一样，生长素非极性运输不局限于一个方向。大部分结合态的生长素是通过韧皮部进行运输的，例如萌发的玉米种子中结合态生长素就是通过韧皮部从胚乳运输到胚芽鞘顶端的。

三、生长素的代谢（Metabolism of Auxins）

生长素的代谢包括生长素的合成、转化、降解等。生长素的代谢是维持植物体内生长素稳态（homeostasis）的一个重要因素。

（一）生长素的生物合成

以往用放射性同位素标记法证明，生长素生物合成的前体物是色氨酸（tryptophan，Trp），存在 4 条依赖色氨酸（tryptophan dependent）的合成途径（图 7-5）。此外，近年来应用拟南芥的营养缺陷型突变体进行试验，又发现了 1 条不依赖色氨酸（tryptophan independent）而经由吲哚（indole）合成生长素的途径。

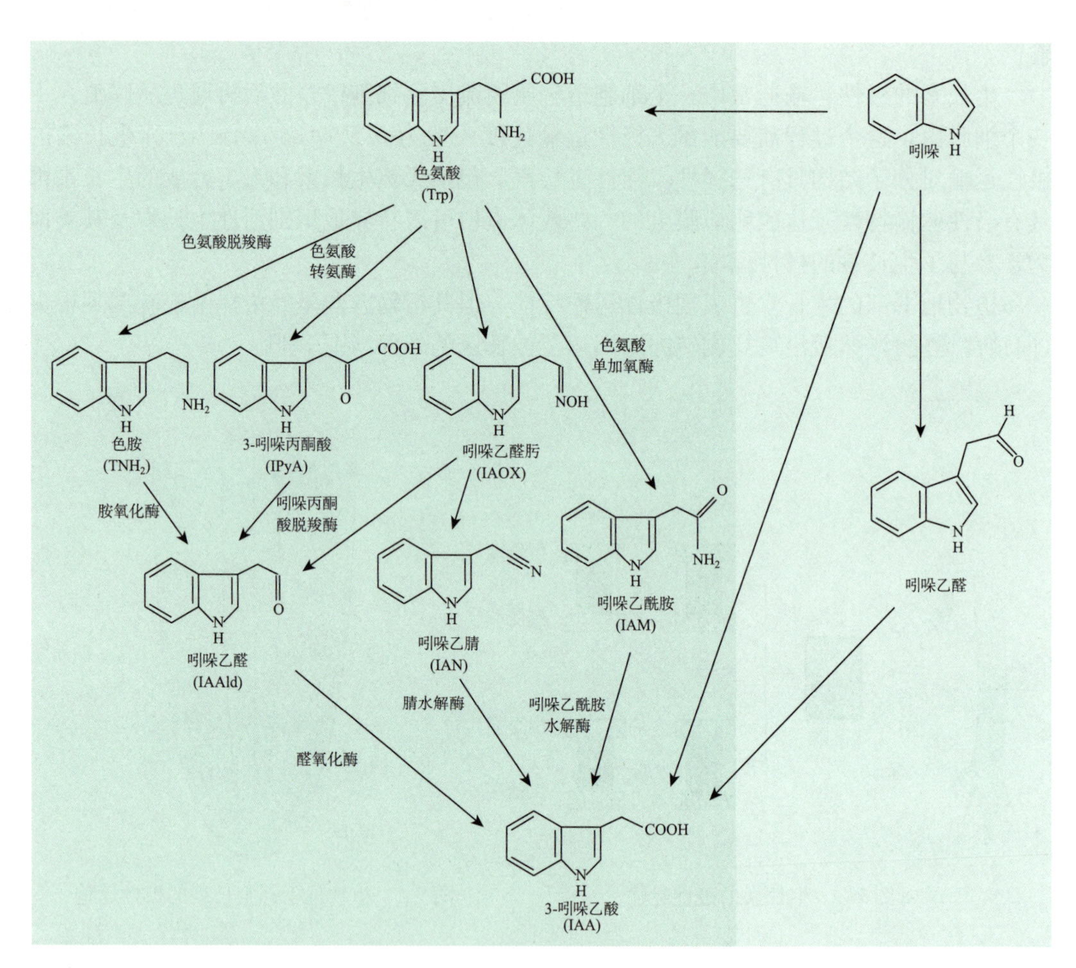

图 7-5　吲哚乙酸生物合成途径

1. 依赖色氨酸的生长素合成途径

（1）吲哚丙酮酸途径　色氨酸通过转氨作用形成 3-丙酸吲哚（常称为吲哚丙酮酸），再脱羧形成吲哚乙醛，最后经脱氢变成 3-乙酸吲哚（即吲哚乙酸）。大多数植物经此途径合成吲哚乙酸。

（2）色胺途径　色氨酸脱羧形成色胺，再氧化脱氨形成吲哚乙醛，最后形成吲哚乙酸。少数植物经由此途径合成吲哚乙酸。

(3) 吲哚乙腈途径　许多植物，特别是十字花科植物中存在着吲哚乙腈途径，吲哚乙腈也是由色氨酸转化而来，在腈水解酶的作用下转变成吲哚乙酸。

(4) 吲哚乙酰胺途径　色氨酸在色氨酸单氧酶作用下形成吲哚乙酰胺，然后经过水解生成吲哚乙酸。此途径主要存在于形成根瘤和冠瘿瘤的植物组织中。

色氨酸合成需要锌（Zn）。缺锌时，由吲哚和丝氨酸结合而形成色氨酸的过程受阻，从而使吲哚乙酸的生物合成前体色氨酸的含量下降。

2. 不依赖色氨酸的生长素合成途径　不依赖色氨酸的吲哚乙酸合成途径在玉米和拟南芥中已得到证实。色氨酸营养完全缺陷型玉米突变体仅在添加色氨酸后才能存活，且不能将添加的色氨酸转变成吲哚乙酸，但其吲哚乙酸含量比野生型植株高 50 多倍。拟南芥色氨酸营养缺陷型突变体可不经过色氨酸而合成吲哚乙酸。

在正常状态下，不依赖色氨酸的合成途径可能占主导地位，由吲哚经（或不经）吲哚乙醛直接合成吲哚乙酸；而植物在受到胁迫时，依赖色氨酸的途径被诱导，吲哚乙酸的合成由不依赖转变为依赖色氨酸途径，从而为植物体提供更多的吲哚乙酸。

植物的茎端分生组织、禾本科植物的芽鞘顶端、胚（是果实生长所需吲哚乙酸的主要来源）和正在扩展的叶等是吲哚乙酸的主要合成部位。此外，根尖也能合成吲哚乙酸。

（二）生长素的转化

植物体内合成的生长素可与细胞内的糖、氨基酸等有机物结合而形成结合态生长素（auxin conjugate）；而未与其他分子结合的，具有活性的，并易于从植物中提取的生长素称为游离态生长素（free auxin）。结合态生长素无生理活性，是生长素的储藏形式或钝化形式，在植物体内的运输也没有极性。当结合态生长素再度水解成游离态生长素时，又能表现出生理活性和极性运输。种子萌发时所需的生长素就是种子成熟时储藏在种子中的结合态生长素水解来的。结合态生长素在植物体内的作用主要包括下列几个方面：①作为储藏形式，例如吲哚乙酸与葡萄糖形成吲哚乙酰葡萄糖（indole acetyl glucose），在适当时释放出游离态生长素；②作为运输形式，例如吲哚乙酸与肌醇形成吲哚乙酰肌醇（indole acetyl inositol）储存于种子中，发芽时，吲哚乙酰肌醇比吲哚乙酸更易运输到地上部；③防止氧化，游离态生长素易被氧化，例如易被吲哚乙酸氧化酶氧化，而结合态生长素稳定，不易被氧化。

（三）生长素的降解

生长素降解有两条途径：酶氧化降解和光氧化降解。酶氧化降解是吲哚乙酸的主要降解过程，催化降解的酶是吲哚乙酸氧化酶，是一种含铁的血红蛋白。吲哚乙酸经吲哚乙酸氧化酶催化降解的主要产物是 3-亚甲基氧代吲哚，有时也通过另一条途径产生吲哚醛。

在吲哚乙酸的酶促氧化过程中，吲哚乙酸氧化酶的活性需要两个辅助因子：Mn^{2+}和一元酚化合物，但邻二酚起抑制作用。植物体内天然的吲哚乙酸氧化酶辅助因子有对香豆酸、4-羟苯甲酸、莰菲醇等；抑制剂有咖啡酸、绿原酸、儿茶酚、栎精等。吲哚乙酸氧化酶在植物体内的分布与生长速度有关。一般生长旺盛的部位吲哚乙酸氧化酶的含量比老组织中少，茎中比根中少。

吲哚乙酸的光氧化产物和酶促氧化产物相同，都为亚甲基氧代吲哚（及其衍生物）和吲哚醛。由于吲哚乙酸的光氧化过程需要较大的光剂量，光氧化在生长素降解中的生理意义不能与酶氧化相提并论，但在配制吲哚乙酸水溶液或从植物体提取吲哚乙酸时仍要注意光氧化问题。水溶液中的吲哚乙酸照光后很快分解，在有天然色素（可能是核黄素或紫黄质）或合成色素存在的情况下，其光氧化作用会大大加速。这种情况表明，在自然条件下很可能是植物体内的色素吸收光能促进了吲哚乙酸的氧化。

在大田条件下，对植物施用吲哚乙酸时，上述两种降解过程同时发生。而人工合成的其他生长素类物质，例如α-萘乙酸（α-naphthalene acetic acid，α-NAA）和2,4-二氯苯氧乙酸（2,4-dichlorophenoxyacetic acid，2,4-D）等则不受吲哚乙酸氧化酶的降解，因此能在植物体内保留较长的时间，施用时比吲哚乙酸的生理活性更强。所以在大田中一般不直接施用吲哚乙酸而用人工合成的其他生长素类植物生长调节剂来代替。

四、生长素的生理效应（Physiological Effects of Auxins）

（一）促进细胞的伸长生长

生长素最显著的效应就是在外施时可促进茎切段和胚芽鞘切段的伸长生长，其原因主要是促进了细胞的伸长。外施时生长素促进生长的浓度和植物体内生长素的浓度大致相同。生长素除能促进离体茎的生长外，对离体的根和芽的生长在一定浓度范围内也都有促进作用。此外，生长素还可促进马铃薯和菊芋的块茎、组织培养中的愈伤组织和某些果实的非极性生长，其原因在于促进细胞膨大。

生长素对生长的作用有以下 3 个特点。

1. 双重作用　在较低浓度下，生长素可促进生长，高浓度时则抑制生长（图 7-6）。以根为例，从图中可以看出，当将根切段放在低于 10^{-10} mol・L^{-1}浓度的生长素溶液中，根切段伸长随浓度的增加而增加。当生长素浓度大于 10^{-10} mol・L^{-1}时，则对根切段的伸长的促进作用逐渐减小。当生长素浓度增加到 10^{-9} mol・L^{-1}时，则对根切段的伸长表现出明显的抑制作用。生长素对茎和芽生长的效应与根相似，只是所需浓度更高。因此对不同的器官，生长素对其促进生长时都有不同的最适浓度，在此浓度下生长最快；低于这个浓度称为亚最适浓度，这时生长随浓度的增加而加快；高于最适浓度时称为超最适浓度，这时促进生长的效应随浓度的增加而逐渐下降。

2. 不同器官对生长素的敏感程度不同　从图 7-6 可以看出，根对生长素最为敏感，

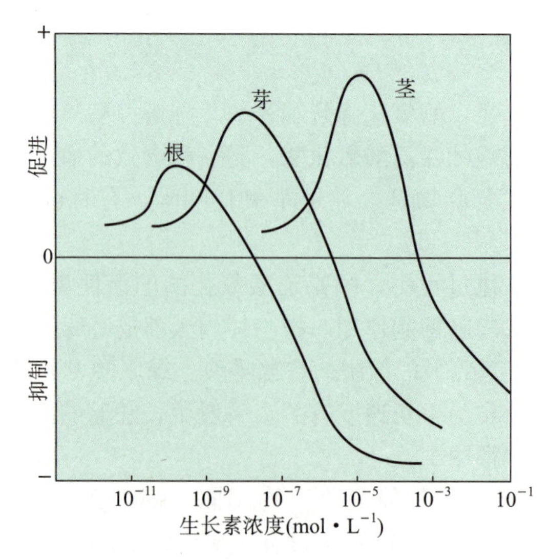

图 7-6　植物不同器官对生长素的反应

其最适浓度大约为 10^{-10} mol · L^{-1}；茎最不敏感，其最适浓度高达 2×10^{-5} mol · L^{-1}；而芽则处于根与茎之间，其最适浓度约为 10^{-8} mol · L^{-1}。由于根对生长素十分敏感，所以浓度稍高就会超最适浓度而起抑制作用。

不同发育时期细胞对生长素的反应也不同。幼嫩细胞对生长素反应灵敏，老的细胞则敏感性下降。高度木质化和其他分化程度很高的细胞对生长素都不敏感。黄化茎组织比绿色茎组织对生长素更为敏感。

3. 对离体器官和整株植物的效应差异明显 生长素对离体器官的生长具有明显的促进作用，而对整株植株效果不如离体器官明显。

（二）促进插条不定根的形成

插条发生不定根的过程大致可分 3 个阶段：①细胞的脱分化，插条组织开始产生具有分生能力的细胞；②细胞的分裂和分化形成根原基；③新根的生长及其维管束系统的分化。

生长素促进插条不定根形成的主要原因是刺激插条基部切口处细胞的分裂与分化，诱导根原基的形成。这种方法已在花木的扦插繁殖上得到广泛应用。

生长素促进细胞分裂的原因是由于促进细胞核的分裂而与胞质分裂无关，要促进整个细胞的分裂，还需细胞分裂素（促进胞质分裂）的参与，否则如果只有生长素，就会形成多核细胞。

（三）促进养分的运输

生长素具有很强的调运养分的效应，因而可作为创造“库”的工具。有人用天竺葵叶片进行试验，将吲哚乙酸（IAA）和水分别涂于叶片两侧的下端，再将 ^{14}C 标记的葡萄糖涂于叶尖，结果 ^{14}C 标记的葡萄糖向着吲哚乙酸浓度高的地方移动。利用这种特性，可用吲哚乙酸促进无籽果实的形成。

（四）其他生理效应

生长素除以上的效应外，还广泛参与许多其他生理过程，例如与向光性和向重力性有关，引起单性结实、促进凤梨开花、引起顶端优势（即生长的顶芽和主根分别对侧芽和侧根生长的抑制现象）、诱导雌花分化（但效果不如乙烯）和促进形成层细胞向木质部细胞分化等。此外，生长素还与器官的脱落有一定的关系。

五、生长素的信号途径（Signaling Pathway of Auxins）

植物激素的信号途径通常是指从植物感受到植物激素分子信号开始到引起相应生理反应的一系列信号转导过程，也称为植物激素信号转导通路（phytohormonal signal transduction pathway）。已知的生长素受体是运输抑制响应蛋白（transport inhibitor response protein 1，TIR1），其主要通过激活生长素响应基因的转录因子而发生不可逆生长等长效生理效应。

动画：IAA 信号途径

运输抑制响应蛋白定位于细胞质和细胞核中，属于泛素连接酶（ubiquitin ligase）复合体（SCF）的一个亚基，主要通过泛素连接酶将泛素连接到目标蛋白上，然后由26S 蛋白酶体对被泛素化的目标蛋白进行降解。

基于运输抑制响应蛋白的生长素信号途径发生在细胞核中。首先运输抑制响应蛋白识别吲哚乙酸分子并与之结合以感受生长素信号，同时，由于吲哚乙酸分子结构与被称为生长素响应因子（auxin response factor，ARF）的转录因子（TF）的抑制蛋白 Aux/

IAA 的 DII 结构域也存在互补关系，吲哚乙酸分子实际上起着“分子胶”作用，使运输抑制响应蛋白受体蛋白和 Aux/IAA 抑制蛋白连接起来形成共受体（TIR1-IAA-Aux/IAA）。共受体形成后运输抑制响应蛋白行使泛素连接酶的功能使 Aux/IAA 抑制蛋白被泛素化并最终被 26S 蛋白酶体降解，以解除对 TF 的抑制作用，使下游的多种生长素响应基因得以表达（图 7-7）。

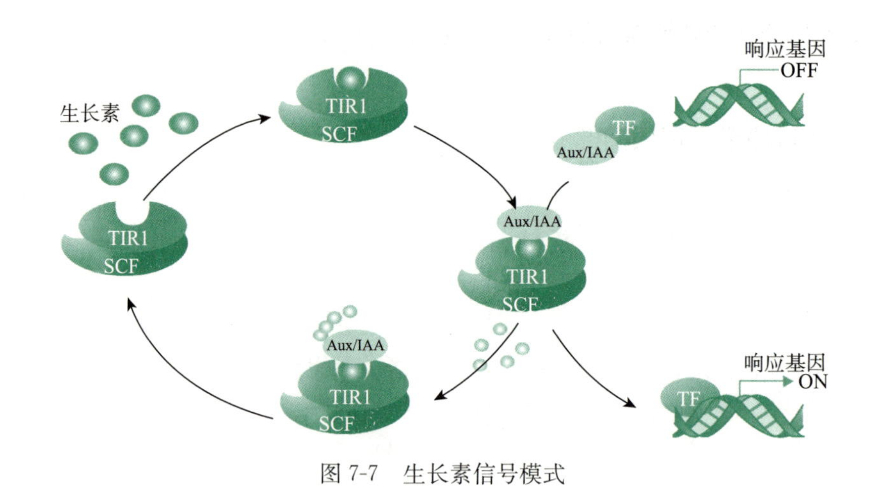

图 7-7　生长素信号模式

第二节　赤霉素类
Section 2　Gibberellins

一、赤霉素的发现（Discovery of Gibberellins）

赤霉素（gibberellins，GAs）是数量最多的一类植物激素，广泛分布于植物界。日本科学家薮田（1935）首先从产生恶苗病的真菌培养液中分离到能促进生长的非结晶粗提物，并称之为赤霉素。薮田和住木（1938）又从赤霉菌培养基的过滤液中分离出了具有生物活性的赤霉素类化合物结晶。迄今为止，已发现 136 种赤霉素，并按其发现的先后次序将其写为 GA_1、GA_2、GA_3、…、GA_{136}。

二、赤霉素的化学结构与活性（Chemical Structure and Activity of Gibberellins）

赤霉素的种类虽然很多，但都是以赤霉烷为骨架的衍生物。赤霉烷是一种双萜，有 4 个环，其碳原子的编号如图 7-8 所示。其中，A、B、C 和 D 4 个环对赤霉素的活性是必要的，随环上各基团的变化而形成了各种不同的赤霉素，但所有活性赤霉素的第七位碳均为羧基。

赤霉素可分为 20C 赤霉素和 19C 赤霉素。前者含有赤霉烷中所有 20 个碳原子，如 GA_{15}、GA_{17}、GA_{19}、GA_{24} 等；而后者只有 19 个碳原子，赤霉烷中第 20 位的碳原子已丢失，19C 赤霉素在数量上多于 20C 赤霉素，且活性较高。生产上常用的赤霉素类植物生长调节剂产品的主效成分是赤霉酸（GA_3）。

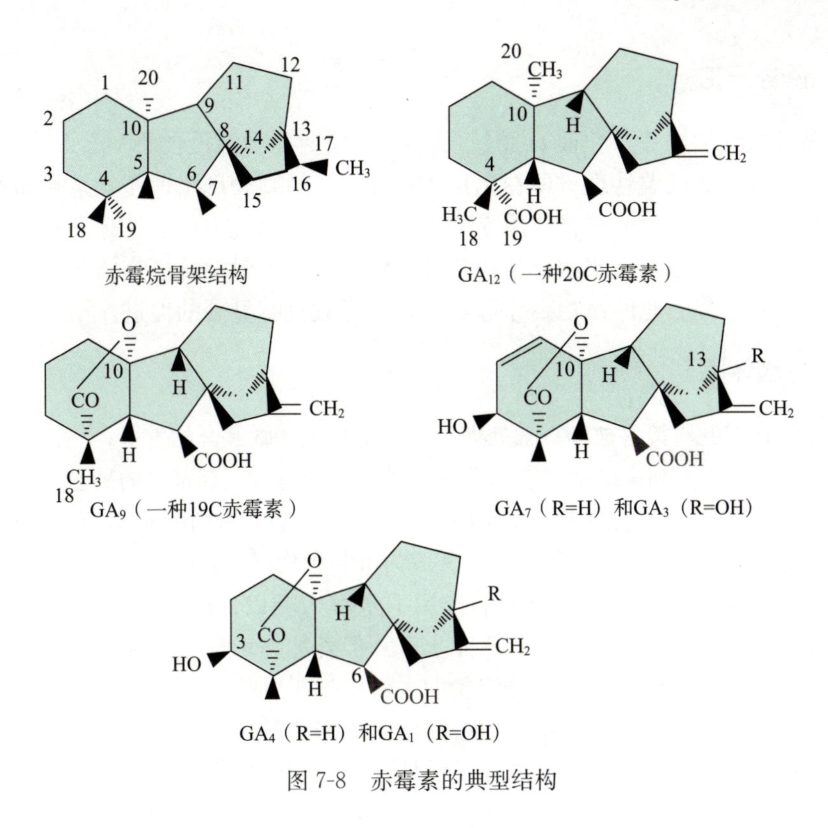

图 7-8 赤霉素的典型结构

三、赤霉素的生物合成与运输（Biosynthesis and Transport of Gibberellins）

（一）赤霉素的生物合成

赤霉素的生物合成前体为甲瓦龙酸（mevalonic acid，MVA），也称为甲羟戊酸。甲瓦龙酸经过一系列中间过程（包括环化）形成贝壳杉烯，再经 GA_{12}-醛转化生成一系列不同的赤霉素。各种赤霉素之间还可相互转化，所以大部分植物体内都含有多种赤霉素。例如在多花菜豆种子中就鉴定出 10 多种赤霉素。

植物体内合成赤霉素的场所主要是顶端幼嫩部分，正在发育的种子也是赤霉素的丰富来源。生殖器官所含的赤霉素通常比营养器官的高。

（二）赤霉素的运输

赤霉素在植物体内的运输没有极性，可以双向运输。根尖合成的赤霉素通过木质部向上运输，而叶原基产生的赤霉素则是通过韧皮部向下运输，其运输速度与光合产物接近，为 50～100 $cm \cdot h^{-1}$。

四、赤霉素的生理效应（Physiological Effects of Gibberellins）

（一）促进茎的伸长生长

赤霉素最显著的生理效应是促进植物的生长。这种生长促进效应主要是由于促进细胞伸长，而对细胞分裂的贡献较小。赤霉素促进生长具有以下特点：①赤霉素可促进整株植物生长，尤其是对矮生突变品种的效果特别明显，但对离体茎切段的伸长没有明显的促进作用；②赤霉素一般促进节间的伸长而不是促进节数的增加；赤霉素对生长的促进作用不存在超最适浓度的抑制作用，即使浓度高，也表现出明显的促进效应，这与生长素的情况具有明显不同；③不同植物种和品种对赤霉素的反应也有很大差异。

（二）诱导开花

某些高等植物的花芽分化受日照长度（即光周期）和温度的影响。例如二年生作物，需要一定日数的低温处理（即春化）才能开花，否则表现出莲座状生长而不能抽薹开花。若对这些未经春化的作物施用赤霉素，则不经低温过程也能诱导开花，且效果很明显。赤霉素也能代替长日照诱导某些长日植物开花，但对短日植物的花芽分化无促进作用。对于花芽已经分化的植物，赤霉素对花的开放具有显著的促进作用。

（三）打破休眠

处于休眠状态的马铃薯被赤霉素处理后，很快打破休眠并开始发芽，可满足一年多次种植的需要。对于需光和需低温才能萌发的种子，例如莴苣、烟草等的种子，赤霉素可代替光照和低温打破休眠。这是因为赤霉素可诱导 α 淀粉酶、蛋白酶和其他水解酶的合成，这些酶可催化种子内储藏物质的降解，使其成为可利用物以供胚的生长发育所需。

大麦种子萌发时淀粉在 α 淀粉酶的作用下水解为糖以供胚生长的需要。若种子无胚，则不能产生 α 淀粉酶，导致淀粉不能水解。但外加赤霉素可代替胚的作用，诱导无胚种子产生 α 淀粉酶（图 7-9），促进淀粉的水解。如果既去胚又去糊粉层，即使用赤霉素处理，淀粉也不能水解，这证明糊粉层细胞是赤霉素的靶细胞。赤霉素促进无胚大麦种子合成 α 淀粉酶具有高度的专一性和灵敏性，赤霉素的生物鉴定法。此外，赤霉素也诱导其他水解酶（例如蛋白酶、核糖核酸酶、葡萄糖苷酶等）的形成。在啤酒制造业中，用赤霉素处理萌动而未发芽的大麦种子，可促进 α 淀粉酶的形成，加速酿造时的糖

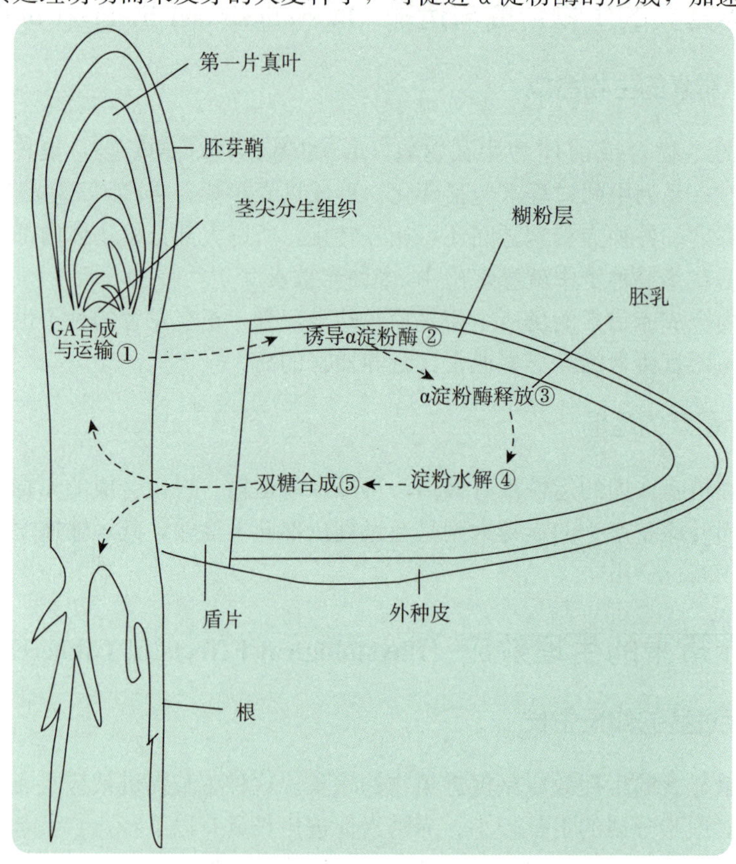

图 7-9　大麦种子结构及其部分组织在萌发过程中的作用

①赤霉素（GA）由胚释放并进入糊粉层　②赤霉素在糊粉层细胞中诱导 α 淀粉酶等水解酶的生成　③α 淀粉酶由糊粉层进入胚乳　④α 淀粉酶在胚乳中水解淀粉为麦芽糖并进一步分解为葡萄糖　⑤单糖分子合成双糖分子运入胚芽鞘及胚根等部位

化过程，并降低萌芽的呼吸消耗，从而降低成本，缩短生产期而不影响啤酒的品质。

（四）促进雄花分化

对于雌雄异花同株或异花异株的植物，其性别表现受基因控制，但环境条件对其表现型也有很大的影响。对于雌雄异花同株的植株，用赤霉素处理后，雄花的比例增加。对于雌雄异株植物的雌株，如用赤霉素处理，也会开出雄花。赤霉素在这方面的效应与生长素和乙烯相反。

（五）其他生理效应

赤霉素除了以上的生理效应外，还可加强吲哚乙酸（IAA）对养分的调运效应、促进坐果和单性结实、延缓叶片衰老等。此外，赤霉素也可促进细胞的分裂和分化。

五、赤霉素的信号途径（Signaling Pathway of Gibberellins）

动画：GA信号途径

通过对赤霉素不敏感的矮化水稻突变体（*gibberellin insensitive dwarf 1*，*gid1*）的研究，发现了赤霉素受体（GIBBERELLIN INSENSITIVE DWARF 1，GID1）。通过对水稻 *slr1* 和拟南芥 *gai* 等赤霉素响应相关突变体的研究证明，一类 N 端前 5 个氨基酸残基为 DELLA 的含 17 个氨基酸残基的蛋白（DELLA 蛋白）为赤霉素信号途径的抑制蛋白。GID1 蛋白定位于细胞核中，可以与赤霉素特异结合完成信号感受而启动赤霉素信号途径。结合了赤霉素的 GID1 受体与赤霉素信号响应抑制蛋白 DELLA 结合形成 GA-GID1-DELLA 复合物，该复合物被泛素降解途径中的泛素连接酶复合体（SCF）所识别并发生结合，使 DELLA 抑制蛋白发生泛素化降解而解除抑制作用，诱导赤霉素响应基因的表达而表现出赤霉素的生理效应（图 7-10）。

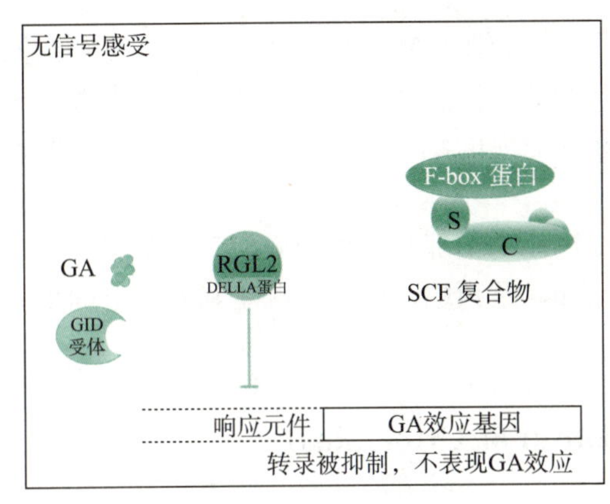

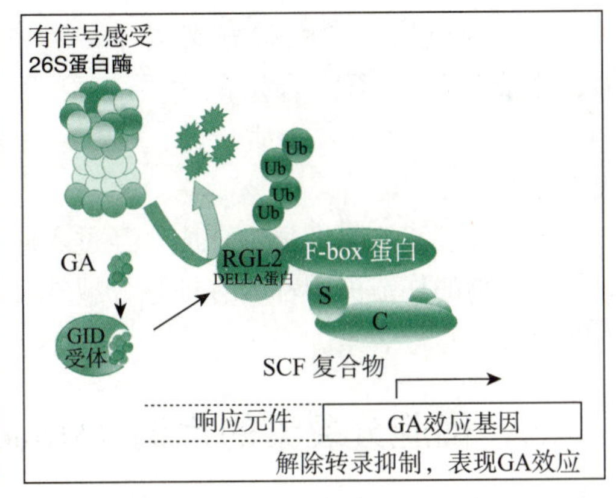

图 7-10　赤霉素信号途径

第三节　细胞分裂素类
Section 3　Cytokinins

一、细胞分裂素的发现与化学结构（Discovery and Chemical Structure of Cytokinins）

细胞分裂素（cytokinin，CTK）是一类促进细胞分裂的植物激素。Miller 和 Skoog

等（1955）从鲱鱼精子DNA降解产物中鉴定出激动素（kinetin，KT）并证明其可促进植物细胞分裂。

植物体内不含有激动素。Letham（1963）最早从未成熟的玉米籽粒中分离出了一种类似于激动素的细胞分裂促进物质，并命名为玉米素（zeatin，ZT或Z），随后鉴定了其结构（图7-11）。目前在高等植物中鉴定出了30种以上的细胞分裂素。

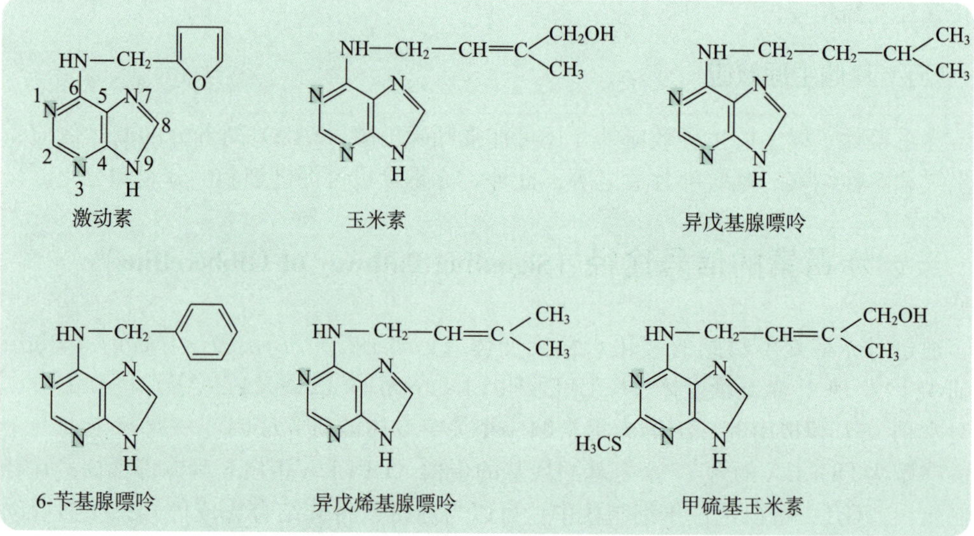

图7-11　常见天然细胞分裂素和人工合成的细胞分裂素

二、细胞分裂素的分布与运输（Distribution and Transport of Cytokinins）

在高等植物中，细胞分裂素主要存在于进行细胞分裂的部位，例如茎尖、根尖、未成熟的种子、萌发的种子、发育中的果实等。细胞分裂素的含量为1～1 000 $ng \cdot g^{-1}$（以鲜物质量计）。高等植物中发现的细胞分裂素，大多数是玉米素或玉米素核苷。

细胞分裂素主要在根尖合成，经过木质部运往地上部产生生理效应。烟草、向日葵等各种植物的伤流液中都含有细胞分裂素。此外，茎顶端、萌发的种子和发育着的果实也能合成细胞分裂素。

三、细胞分裂素的代谢（Metabolism of Cytokinins）

（一）细胞分裂素的合成途径

1. 游离细胞分裂素的生物合成　植物细胞分裂素的主要合成途径是从头合成途径。其关键步骤是异戊烯基焦磷酸（isopentenyl pyrophosphate，iPP）和AMP在异戊烯基转移酶（isopentenyl transferase，iPT）的催化下，形成异戊烯基腺苷-5′-磷酸盐，进而合成细胞分裂素（图7-12）。

2. tRNA途径　生物体内tRNA上一些被修饰的碱基具有细胞分裂素活性。例如一些植物tRNA含顺式玉米素碱基，通过tRNA途径将细胞分裂素释放出来。但这种方式产生的细胞分裂素较少，并不是细胞分裂素合成的重要途径。

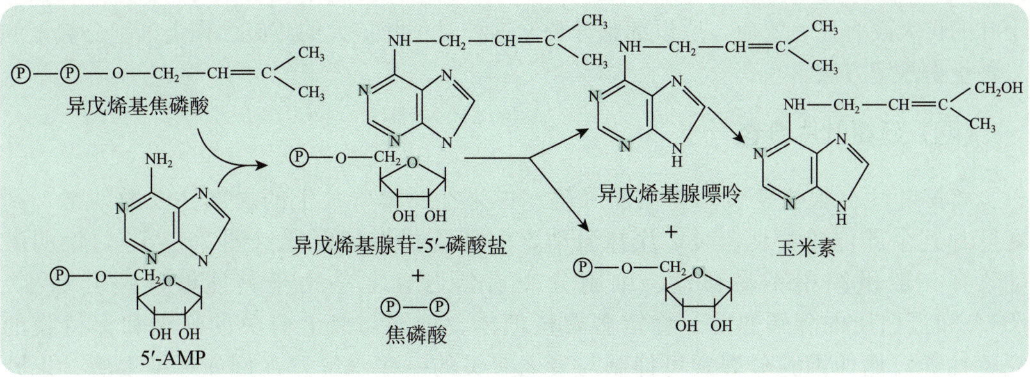

图 7-12 细胞分裂素的生物合成途径

（二）细胞分裂素的降解

细胞分裂素在植物体内主要以游离态和结合态存在。游离态细胞分裂素常常通过糖基化、乙酰化等方式转化为结合态细胞分裂素。此外，细胞分裂素还可与氨基酸结合。结合态细胞分裂素较为稳定，便于储藏或运输。植物中存在的细胞分裂素葡萄糖苷，可被细胞分裂素糖苷酶水解而释放出游离态细胞分裂素。例如玉米种子萌发初期生长发育所需的细胞分裂素是依靠细胞分裂素糖苷酶水解生成的。

细胞分裂素氧化酶在植物组织中广泛存在，可以将玉米素、玉米素核苷、异戊烯基腺嘌呤等氧化转变为腺嘌呤及其衍生物。细胞分裂素氧化酶能使细胞分裂素失活，是调节植物体内细胞分裂素稳态的重要途径，该酶活性可被高浓度的细胞分裂素所诱导。

四、细胞分裂素的生理效应（Physiological Effects of Cytokinins）

（一）促进细胞分裂

细胞分裂素的主要生理效应是促进细胞质的分裂，这与生长素、赤霉素所起的作用不同。生长素只促进核的分裂（因促进 DNA 的合成），可形成多核细胞。赤霉素促进细胞分裂主要缩短细胞周期中的 G_1 期（DNA 合成准备期）和 S 期（DNA 合成期）的时间，从而加速细胞的分裂。

（二）促进芽的分化

促进芽的分化是细胞分裂素重要的生理效应之一。Skoog 和 Miller（1957）在进行烟草的组织培养时发现，细胞分裂素和生长素的相互作用控制着愈伤组织根、芽的形成。较高的生长素与细胞分裂素比值诱导愈伤组织形成根；较低的生长素与细胞分裂素比值诱导愈伤组织形成芽；而适中的生长素与细胞分裂素比例可以维持愈伤组织不分化。

顶端优势是指主茎顶端对侧枝侧芽萌发和生长的抑制作用。顶端优势主要是由生长素控制的，但细胞分裂素能解除由生长素所引起的顶端优势，促进侧芽均等生长。这一原理在植物细胞培养方面有重要应用。

（三）促进细胞膨大

细胞分裂素可促进一些双子叶植物（例如菜豆、萝卜）的子叶或叶圆片扩大，这种扩大主要是由促进细胞横向增粗所造成的。因生长素只促进细胞的纵向伸长，赤霉素对子叶的扩大没有显著效应，所以细胞分裂素这种对子叶扩大的效应已作为细胞分裂素的一种生物测定方法。

（四）延缓叶片衰老

离体叶片会很快变黄，蛋白质降解。如果在离体叶片上的局部涂以激动素，则在叶片其余部位变黄衰老时，涂抹激动素的部位仍保持鲜绿（图 7-13 B），说明激动素在一般组织中不易移动。细胞分裂素延迟衰老是由于其能够延缓叶绿素、RNA 和蛋白质的降解速度、稳定多聚核糖体、抑制与衰老有关的呼吸和保持膜的完整性等。例如细胞分裂素可抑制与衰老有关的一些水解酶（例如纤维素酶、果胶酶、核糖核酸酶等）的 mRNA 合成。此外，细胞分裂素还可调动多种养分向处理部位移动（图 7-13 C）。

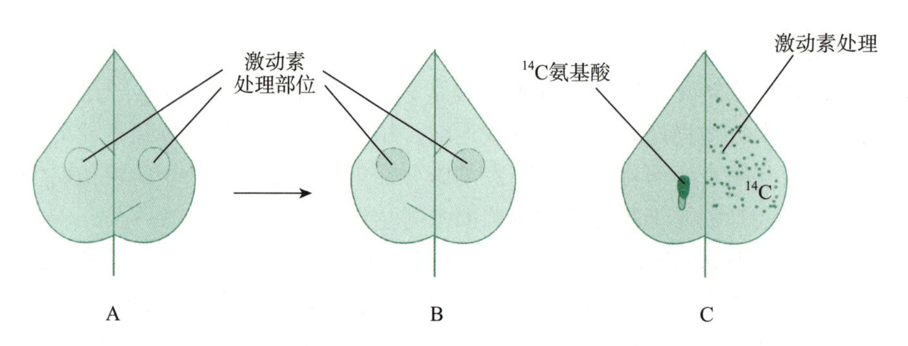

图 7-13　激动素的保绿作用及对物质运输的影响

A. 离体绿色叶片处理（圆圈部分为激动素处理区）　B. 几天后（叶片衰老变黄，但激动素处理区仍然保持绿色）　C. 放射性标记的氨基酸被移动到激动素处理区的一半叶片

（五）打破种子休眠

对于需光种子，例如莴苣、烟草等，在黑暗下不能萌发。细胞分裂素可代替光照打破这类种子的休眠，促进其在黑暗中萌发。

五、细胞分裂素的信号途径（Signaling Pathway of Cytokinins）

动画：细胞分裂素信号途径

通过对不需细胞分裂素也能进行细胞分裂的突变体的研究，先后发现了几种定位于质膜的细胞分裂素受体，分别是低等植物中的细胞分裂素受体 1（CYTOKININ RECEPTOR 1，CRE1）和组氨酸激酶 1（HISTIDINE KINASE 1，HK1）和高等植物中的 HK2、HK3 和 HK4。这些受体蛋白均为组氨酸激酶，有 H（histidine kinase domain）和D（receiver domain）两个结构域，在质膜上以二聚体的形式存在。当这些受体的胞外结构域（CHASE domain）与细胞分裂素结合完成信号感受后，H 结构域首先被磷酸化，然后磷酸基团经由 D 结构域被转移至细胞质中的组氨酸磷酸转移酶（histidine phosphotransferase，HPT），组氨酸磷酸转移酶携带磷酸基团进入细胞核，可通过激活两类细胞分裂素响应调节蛋白（type A and type B response regulator）分别激活细胞分裂素响应基因和光敏色素 B（Phy B）介导的生理效应（图 7-14）。

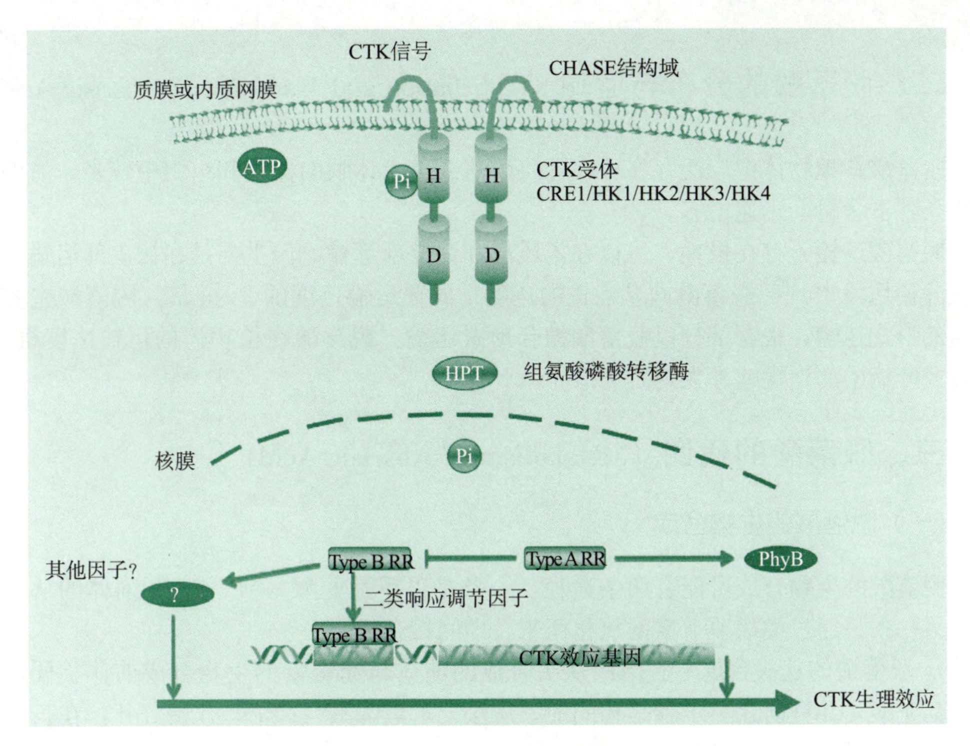

图 7-14　细胞分裂素信号途径

第四节　脱 落 酸
Section 4　Abscisic Acid

一、脱落酸的发现与化学结构（Discovery and Chemical Structure of Abscisic Acid）

脱落酸（abscisic acid，ABA）是在研究植物体内与休眠、脱落和种子萌发等生理过程有关的生长抑制物质时发现的。

Osborne（1955）发现菜豆等植物中都存在着促进脱落的可扩散物质，Biggs（1957）得到同样的结果。Ohkuma 和 Addicott 等（1963）从鲜棉铃中分离出促进脱落物质，命名为脱落素。Eagles 和 Wareing（1963）从槭树叶中提取了一种诱导休眠的物质，命名为休眠素。Cornforth 等（1965）确认了休眠素和脱落素是同一物质。Addicott 等（1965）鉴定了脱落素的分子结构（图 7-15）。1967 年在第六届国际生长物质会议上该物质被正式确认为植物激素并定名为脱落酸。其化学名称为 3-甲基-5（1′-羟基-4′-氧-2′,6′,6′三甲基-2′-环己烯-1′-基）顺，反型-2,4-戊二烯酸，是含 15 个碳原子以异戊二烯为基本结构单位的倍半萜类，其分子式为 $C_{15}H_{20}O_4$。其化学结构与类胡萝卜素分子结构的末端部分相似。

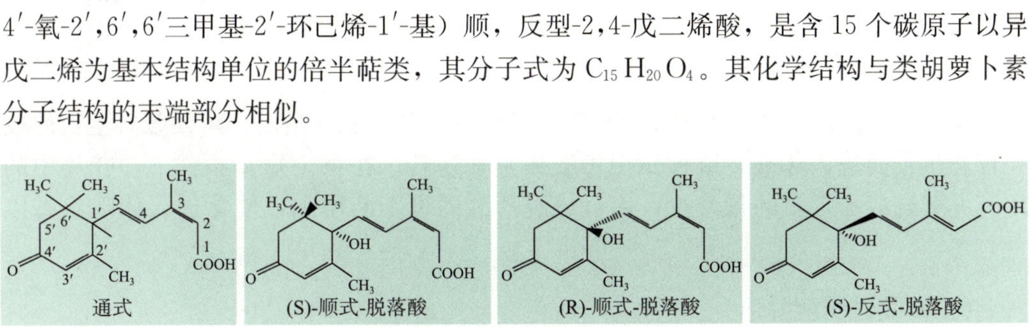

通式　(S)-顺式-脱落酸　(R)-顺式-脱落酸　(S)-反式-脱落酸

图 7-15　脱落酸的化学结构

二、脱落酸的分布与运输（Distribution and Transport of Abscisic Acid）

脱落酸在植物体中广泛存在，在即将脱落或进入休眠的器官和组织中较多，另外在逆境条件下含量会迅速增多。

脱落酸运输不存在极性，可以在木质部和韧皮部运输，但主要是在韧皮部运输。在菜豆叶柄切段中，^{14}C-脱落酸向基运输的速度是向顶运输速度的 2～3 倍。脱落酸主要以游离的形式运输，也有部分以脱落酸糖苷形式运输。脱落酸在植物体的运输速度很快，在茎或叶柄中的运输速率大约是 $20\ mm \cdot h^{-1}$。

三、脱落酸的代谢（Metabolism of Abscisic Acid）

（一）脱落酸的生物合成

脱落酸的生物合成可能有两条途径，一条是以甲瓦龙酸（MVA）为前体的从头合成，另一条是通过类胡萝卜素的氧化而来，即间接合成。

1. 脱落酸的从头合成 脱落酸从头合成的前体与赤霉素的生物合成前体相同，都为甲瓦龙酸，并且前几个步骤是相同的，从法尼基焦磷酸（FPP）开始分开，在长日条件下合成赤霉素，在短日条件下合成脱落酸。

2. 类胡萝卜素途径 该途径是脱落酸的间接合成途径。由称为紫黄质的类胡萝卜素氧化形成脱落酸。其氧化可能是光氧化，也可能是生物氧化。虽然脱落酸的间接合成看似是从类胡萝卜素开始的，但最初前体仍是甲瓦龙酸。

脱落酸的生物合成受环境条件的调控。除受光周期的调节外，逆境（特别是水分缺乏）会加强脱落酸的从头合成，使保卫细胞中的脱落酸显著增加，导致气孔关闭，蒸腾降低。

3. 脱落酸的合成部位 脱落酸在根冠和萎蔫叶片中合成较多，主要存在于叶绿体基质中，因这里的 pH 比细胞其余部位的高，在光照下尤其如此。

（二）脱落酸的钝化和氧化

脱落酸可与细胞内的单糖或氨基酸以共价键结合而失去活性。结合态脱落酸可水解重新释放出脱落酸，因而是脱落酸的储藏形式。但干旱所造成的脱落酸迅速增加并不是来自结合态脱落酸的水解，而是重新合成的。

脱落酸的氧化产物是红花菜豆酸和二氢红花菜豆酸。前者的活性极低，而后者无生理活性。

四、脱落酸的生理效应（Physiological Effects of Abscisic Acid）

（一）促进器官休眠

脱落酸能促进多种木本多年生植物种子休眠。外用脱落酸时，可使旺盛生长的枝条停止生长而进入休眠，这种作用可被赤霉素逆转。在秋天短日条件下，叶片中的甲瓦龙酸合成赤霉素的量减少，而合成脱落酸的量不断增加，使芽进入休眠状态以便越冬。

（二）促进器官脱落

将脱落酸涂抹于去除叶片的棉花外植体叶柄切口上时，几天后叶柄就开始脱落，其促进脱落的效应很明显（图 7-16）。脱落酸促进器官脱落主要是促进了离层的形成。

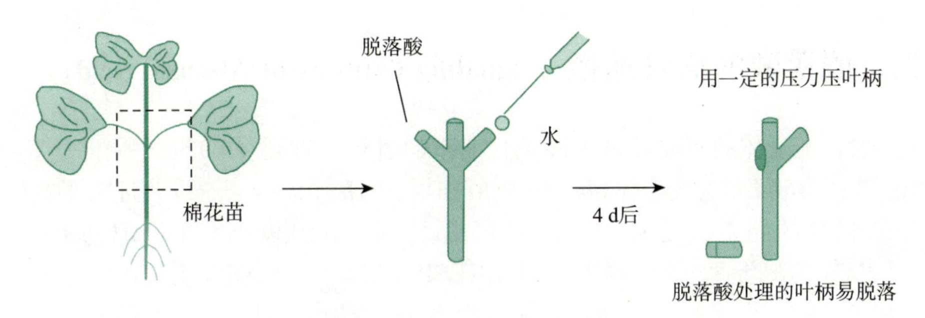

图 7-16 促进落叶物质的鉴定

（三）促进气孔关闭，增强植物抗逆性

1. 促进气孔关闭 脱落酸最重要的生理效应之一是引起气孔关闭而减少蒸腾。例如缺水条件下玉米叶片的脱落酸含量显著增加，使气孔关闭，蒸腾速率下降（图 7-17）。因此脱落酸可作为抗蒸腾剂使用。脱落酸促使气孔关闭的原因是其可使保卫细胞中的 K^+ 外渗，导致保卫细胞的水势高于周围细胞的水势而失水，从而使气孔关闭。

2. 增强植物抗逆性 脱落酸可显著降低高温对叶绿体超微结构的破坏，增强叶绿体的热稳定性。脱落酸可诱导某些酶的合成而增强植物的抗冷性、抗涝性和抗盐性。寒冷、高温、盐渍、水涝等逆境也可使叶内脱落酸增加，使抗逆性增强。因此脱落酸也被称为逆境激素。

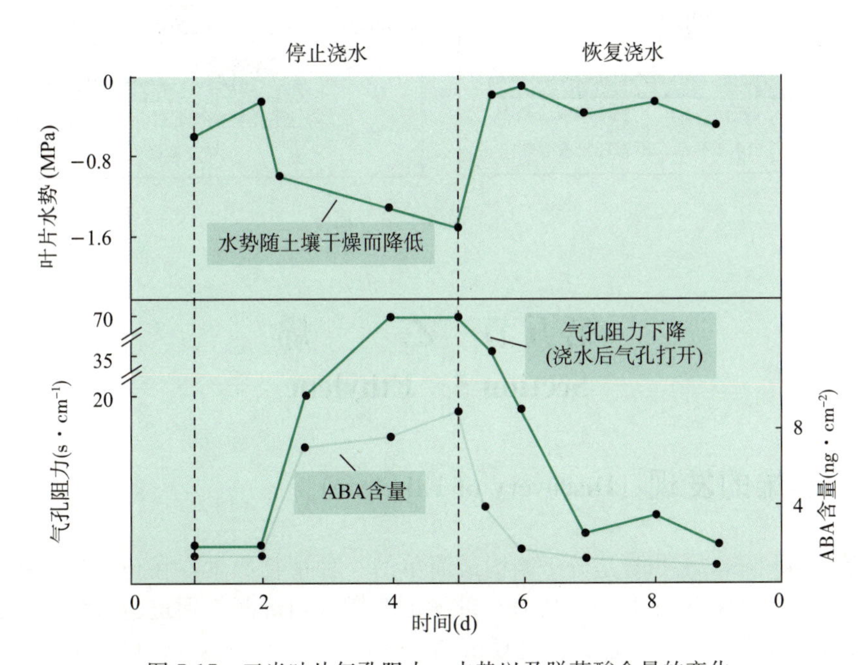

图 7-17 玉米叶片气孔阻力、水势以及脱落酸含量的变化

（四）抑制植物生长

脱落酸能抑制整株植物或离体器官的生长，也能抑制种子的萌发。脱落酸的抑制效

应是可逆的，一旦去除脱落酸，枝条的生长或种子的萌发可重新开始。此外，脱落酸还有抗赤霉素的作用。赤霉素可诱导禾谷类种子的糊粉层合成α淀粉酶，而脱落酸却抑制这种合成作用。

五、脱落酸的信号途径（Signaling Pathway of Abscisic Acid）

关于脱落酸受体的研究经过了漫长且曲折的过程，直到2009年才获得重要突破。借助拟南芥脱落酸不敏感突变体 *abi1* 和脱落酸选择性激活剂 pyrabactin，证实了定位于细胞质和细胞核的脱落酸受体是pyrabactin抗性蛋白1（PYRABACTIN RESISTANCE1，PYR）及PYR类似蛋白（PYRABACTIN RESISTANCE 1-LIKE，PYL）的蛋白家族。此外，发现抑制脱落酸响应的抑制蛋白为脱落酸不敏感蛋白1（ABSCISIC ACID INSENSITIVE 1，ABI1）/蛋白质磷酸酶2C（PROTEIN PHOSPHATASE 2C，PP2C），通过抑制脱落酸响应所必需的Snf1相关蛋白激酶2（Snf1 related protein kinase2，SnRK2）而起抑制作用。当脱落酸受体PYR/PYL结合脱落酸后，可与抑制蛋白ABI1/PP2C结合形成复合物，从而解除ABI1/PP2C对Snf1相关蛋白激酶2的抑制，进而产生下游的脱落酸生理效应（图7-18）。

动画：ABA信号途径

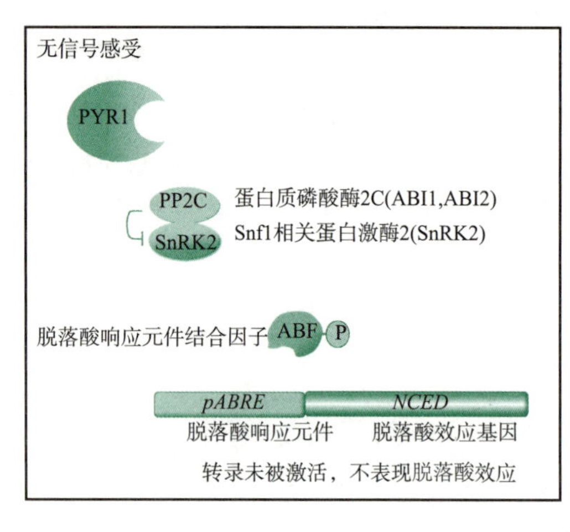

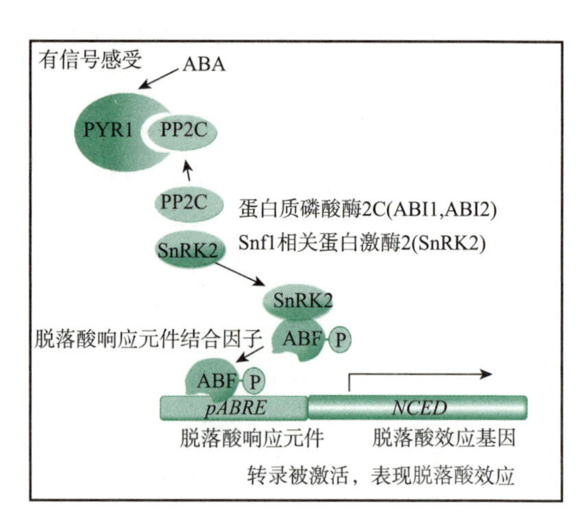

图7-18　脱落酸信号途径

第五节　乙　烯
Section 5　Ethylene

一、乙烯的发现（Discovery of Ethylene）

乙烯（ethylene，ETH）是分子结构最简单的一种植物激素，在正常生理条件下呈气态。俄国植物学家Neljubow（1901）首先证实燃气街灯漏气促进落叶的原因是乙烯在起作用，还发现乙烯能引起黄化豌豆苗的三重反应。Cousins（1914）第一个发现柑橘产生的气体能催熟同船混装的香蕉。美国Crocker等（1935）提出乙烯可能是一种植物激素。直到1959年，Burg等利用气相色谱测定了果实中的乙烯。1965年乙烯被确认为植物激素。

二、乙烯的生物合成及其调控（Biosynthesis and Its Regulation of Ethylene）

（一）乙烯生物合成的途径

乙烯生物合成的前体为蛋氨酸（甲硫氨酸，methionine，Met），其直接前体为1-氨基环丙烷-1-羧酸（1-aminocyclopropane-1-carboxylic acid，ACC）。蛋氨酸经过蛋氨酸循环，形成5′-甲硫基腺苷（5′-methylthioadenosine，MTA）和 ACC，前者通过循环再生蛋氨酸，而 ACC 则在 ACC 氧化酶的催化下氧化生成乙烯（图 7-19）。植物所有活细胞中都能合成乙烯。

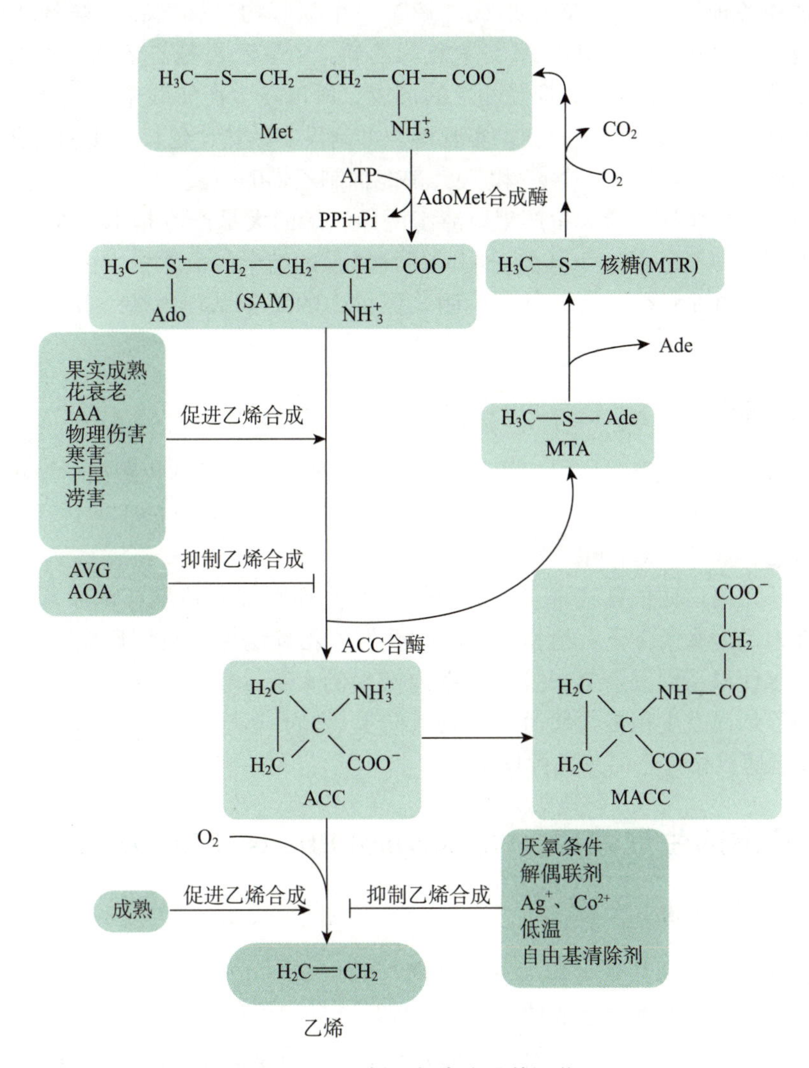

图 7-19　乙烯生物合成及其调节

Met. 甲硫氨酸　Ado. 腺苷　Ade. 腺嘌呤　MTR. 5′-甲硫基核糖　AVG. 氨基乙氧基乙烯基甘氨酸　AOA. 氨基氧乙酸　MTA. 5′-甲硫基腺苷　ACC. 1-氨基环丙烷-1-羧酸　MACC. 丙二酰基-1-氨基环丙烷-1-羧酸　SAM. S-腺苷蛋氨酸

（二）乙烯生物合成的调控

乙烯的生物合成受到许多因素的调节，这些因素包括发育因素和环境因素。

1. 发育因素　在植物正常生长发育的某些时期（例如种子萌发、果实后熟、叶的脱落和花的衰老等阶段）会诱导乙烯的产生。对于具有呼吸跃变的果实，当后熟过程一开始，乙烯就大量产生，这是由于 ACC 合酶和 ACC 氧化酶的活性急剧增强的结果。

2. 吲哚乙酸 吲哚乙酸也可促进乙烯的产生。吲哚乙酸诱导乙烯产生是通过诱导 ACC 的产生而发挥作用的，这可能是吲哚乙酸从转录和翻译水平上诱导了 ACC 合酶的合成。

3. 乙烯 乙烯本身也可调节乙烯的生物合成。具有呼吸跃变的果实，其呼吸跃变就是由于跃变前所产生的少量乙烯自身催化而诱导大量乙烯产生的结果。

4. 环境因素 影响乙烯生物合成的环境条件有氧气（O_2）、氨基乙氧基乙烯基甘氨酸（aminoethoxyvinyl glycine，AVG）、氨基氧乙酸（aminooxyacetic acid，AOA）、某些无机元素和各种逆境。从 ACC 形成乙烯是一个双底物（氧气和 1-氨基环丙烷-1-羧酸）的反应，所以缺氧气将阻碍 ACC 氧化为乙烯。氨基乙氧基乙烯基甘氨酸和氨基氧乙酸能抑制 ACC 的生成，从而抑制乙烯的形成。所以在生产实践中，氨基乙氧基乙烯基甘氨酸和氨基氧乙酸可用于减少果实脱落、抑制果实后熟、延长果实和切花的保存时间等。在无机离子中，Co^{2+}、Ni^{2+} 和 Ag^{+} 都能抑制乙烯的生成。

各种逆境都可诱导乙烯大量产生。渍涝诱导乙烯的大量产生是由于在缺氧条件下，根中及地上部 1-氨基环丙烷-1-羧酸合酶的活性增强的结果。虽然根中由 1-氨基环丙烷-1-羧酸形成乙烯的过程在缺氧条件下受阻，但根中的 1-氨基环丙烷-1-羧酸能很快地转运到叶中并形成乙烯。

（三）乙烯的运输

乙烯在常温下呈气态，所以在植物体内运输性较差。乙烯的短距离运输可以通过细胞间隙进行扩散，扩散的距离非常有限。乙烯的移动完全是被动的扩散过程。一般情况下，乙烯就在合成部位起作用。

乙烯的长距离运输依靠其直接合成前体 1-氨基环丙烷-1-羧酸在木质部溶液中的运输。例如在根系淹水条件下，植物上部叶片会发生乙烯诱导的典型反应——偏上生长。这是因为淹水使根系周围空气减少，根系内产生的大量 1-氨基环丙烷-1-羧酸由于缺氧无法转变为乙烯而发生积累，便通过蒸腾流向上运输。运输到地上部的 1-氨基环丙烷-1-羧酸可以迅速氧化为乙烯并发挥作用。

三、乙烯的生理效应（Physiological Effects of Ethylene）

（一）改变植物的生长习性

乙烯能改变植物的某些生长习性，其典型效应是三重反应和偏上生长（图 7-20）。乙烯对植物生长具有的抑制茎的伸长生长、促进茎和根的增粗和使茎横向生长（即使茎失去负向重力性生长）的 3 方面效应，称为乙烯的三重反应（triple response）。

乙烯使茎的生长失去负向重力性是由于偏上生长所造成。乙烯对叶柄也有偏上生长的作用，使叶片下垂（并不是由于缺水萎蔫所致）。

（二）促进果实成熟

催熟果实是乙烯最主要和最显著的效应。不仅外施乙烯可以加速果实的成熟，而且在许多果实的自然成熟过程中，也伴随着乙烯的产生高峰。在实际生活中，水果箱里一旦出现烂水果，如不及时除去，会很快使整箱水果都腐烂。这是由于腐烂水果产生的乙烯比正常水果的多，触发相邻水果也产生大量乙烯，并产生连锁反

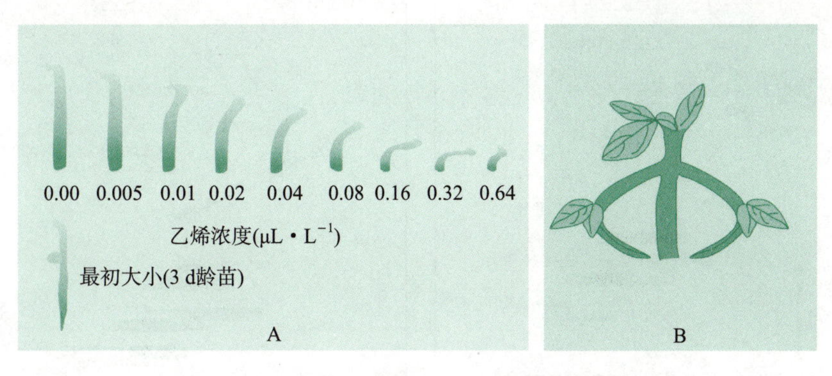

图 7-20 乙烯的三重反应（A）和偏上生长（B）

应，使箱内乙烯的浓度在较短时间内剧增，从而出现呼吸跃变，水果很快达到完全成熟，进而腐烂。

（三）促进器官脱落和衰老

乙烯是控制叶片脱落的主要植物激素。这是因为乙烯既能促进细胞壁降解酶纤维素酶的合成，又控制纤维素酶由原生质体释放到细胞壁中，促进细胞衰老和细胞壁的分解，引起离区近茎侧的细胞膨胀，从而迫使叶片、花或果实机械地离开。

（四）促进开花和雌花分化

乙烯可促进菠萝和其他一些植物开花，也可改变花的性别，促进雌花分化，并使雌雄异花同株的雌花着生节位下降。乙烯在这方面的效应与吲哚乙酸相似，而与赤霉素相反。现在知道吲哚乙酸增加雌花分化就是由于吲哚乙酸诱导了乙烯的产生。

（五）其他生理效应

乙烯还可诱导次生代谢物质的分泌，诱导扦插枝条不定根形成，促进根的生长和分化，打破种子和芽休眠等。

四、乙烯的信号途径（Signaling Pathway of Ethylene）

从一系列乙烯不敏感突变体中，已先后发现乙烯抗性蛋白 1（ETHYLENE RESISTANT 1，ETR1）和乙烯抗性蛋白 2（ETR2）、乙烯响应感受蛋白 1（ETHYLENE RESPONSE SENSOR 1，ERS1）、乙烯响应感受蛋白 2（ERS2）和乙烯不敏感蛋白 4（ETHYLENE INSENSITIVE 4，EIN4）等乙烯受体，其中，乙烯抗性蛋白 1 以二聚体的形式定位于内质网。在乙烯浓度较低时，乙烯反应的负调控因子组成型三重反应蛋白 1（CONSTITUTIVE TRIPLE RESPONSE 1，CTR1）通常和正调控因子乙烯不敏感蛋白 2 结合而使乙烯不敏感蛋白 2 失活，在乙烯抗性蛋白 1 与乙烯结合后，乙烯抗性蛋白 1 二聚体发生变构，形成能与组成型三重反应蛋白 1 结合的结构域，于是乙烯抗性蛋白 1 结合组成型三重反应蛋白 1，解除组成型三重反应蛋白 1 对乙烯不敏感蛋白 2 的抑制。随后游离具活性的乙烯不敏感蛋白 2 进入细胞核，与乙烯响应的转录因子乙烯不敏感蛋白 3 或乙烯不敏感蛋白类似蛋白 1（ETHYLENE INSENSITIVE LIKE 1，EIL1）互作，激发下游与乙烯响应相关的级联反应。包括其他一些乙烯响应转录因子，以及下游由这些转录因子控制的乙烯响应基因，从而表现出乙烯的生理效应（图 7-21）。

动画：乙烯信号途径

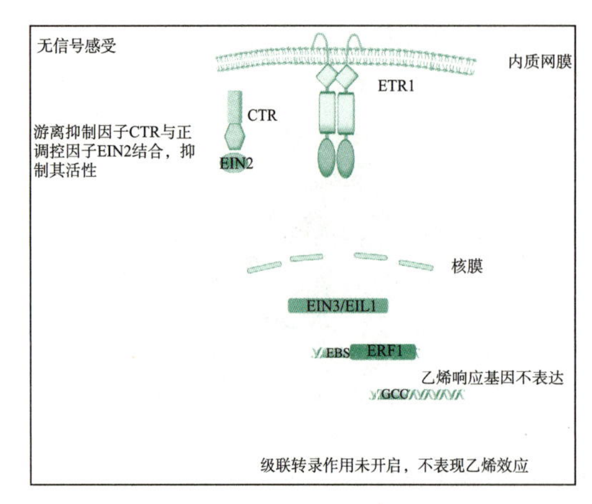

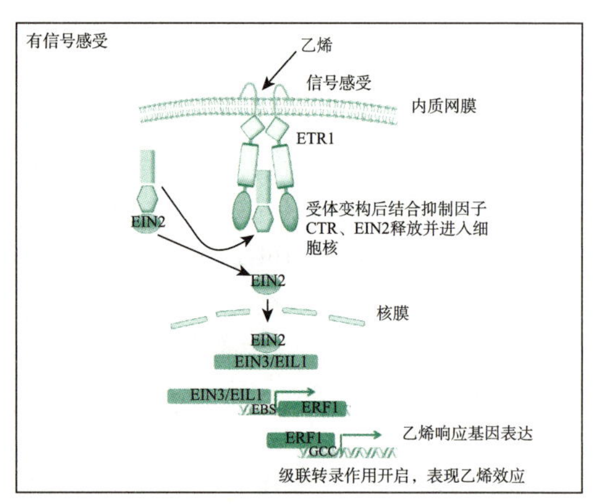

图 7-21 乙烯信号途径

第六节 芸 薹 素
Section 6 Brassinosteroids

一、芸薹素的发现、种类及分布 (Discovery, Types and Distribution of Brassinosteroids)

美国 Mitchell 等（1970）最早报道在油菜的花粉中发现能引起菜豆幼苗节间伸长、弯曲、裂开等异常生长反应的物质。Grove 等（1979）从 227 kg 油菜花粉中提取得到 10 mg 高活性的结晶化合物，测定其化学结构为甾醇内酯化合物，并命名为油菜素内酯（brassinolide，BL），也称为芸薹素内酯。此后从多种植物中分离鉴定出芸薹素内酯和多种芸薹素内酯结构类似物，并将其中具有生物活性的天然产物统称为芸薹素（brassinosteroid，BR），也称为油菜素甾体类化合物。芸薹素在植物体内含量极微，但生理活性很强，其有效浓度通常低于其他植物激素。

芸薹素的化学结构如图 7-22 所示，其基本结构是胆甾烯的衍生物，有 1 个甾体核，在芸薹素 17 位碳（C_{17}）位置上有 8～10 个碳原子的支链。20 世纪 70 年代末成功地进行了芸薹素内酯的人工合成。

图 7-22 芸薹素结构

芸薹素在高等植物中普遍存在，目前已发现 60 多种天然芸薹素，芸薹素内酯是第一个被分离鉴定出的芸薹素，在植物体内各部位都有分布，其含量极微，花粉和未成熟种子中含量较高，茎叶中含量较低。嫁接试验表明，芸薹素不能被长距离运输，主要在合成部位或施用部位起作用。

二、芸薹素的代谢（Metabolism of Brassinosteroids）

借助一系列芸薹素生物合成突变体、质谱分析技术以及放射性同位素示踪技术，已经阐明了芸薹素生物合成途径的主要步骤。芸薹素是甾体类化合物，其从头合成从甲瓦龙酸或称甲羟戊酸（mevalonic acid）开始，经过24-亚甲基胆固醇和其他一些中间产物合成油菜烷醇。自油菜烷醇至活性芸薹素内酯直接前体栗甾酮的合成，需要进行 C_6 位的氧化，可通过早期 C_6 氧化途径和晚期 C_6 氧化途径两条不同的途径完成，最后由栗甾酮合成芸薹素内酯，并进而形成其他活性芸薹素（图 7-23）。

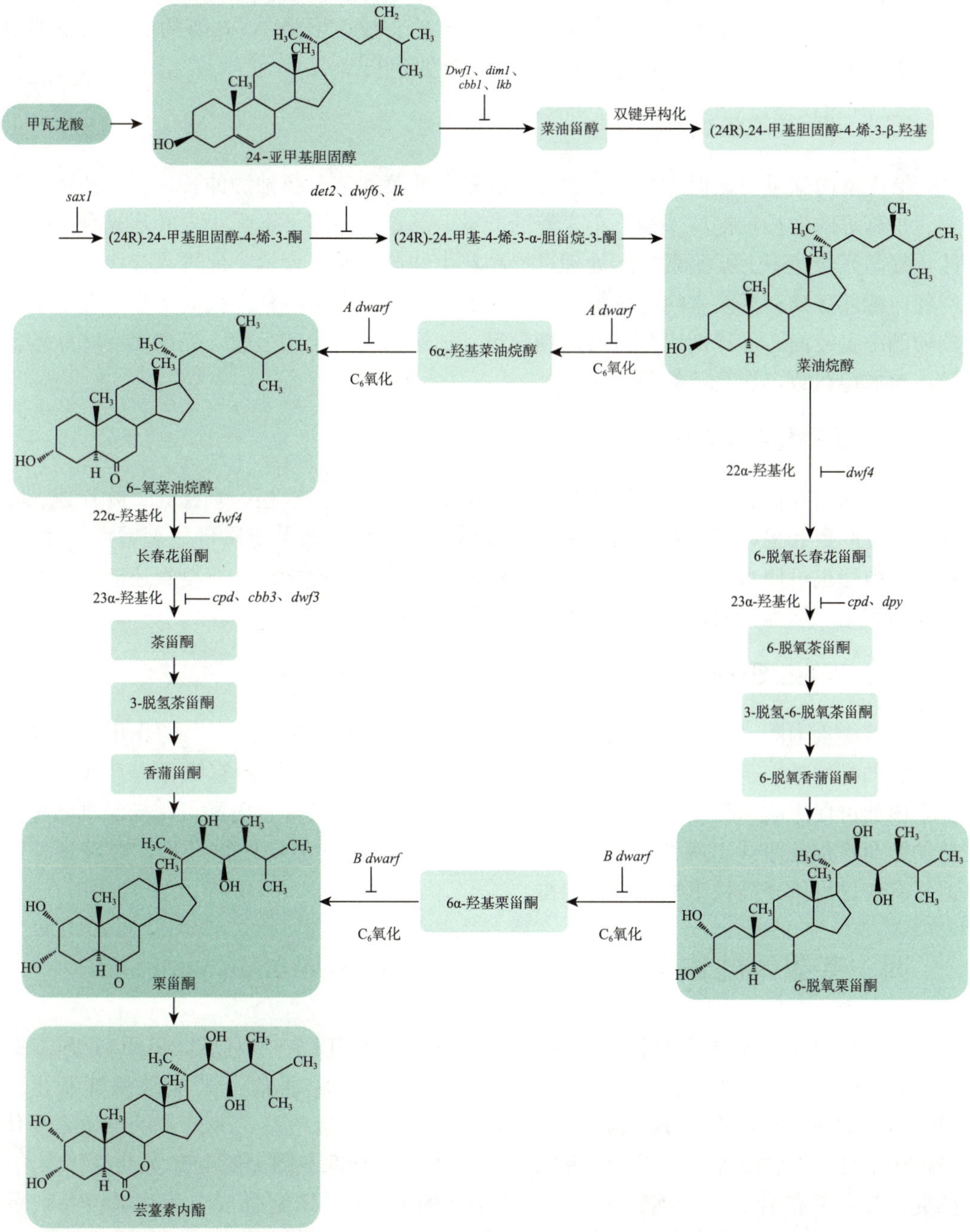

甲瓦龙酸 → 24-亚甲基胆固醇 → (Dwf1、dim1、cbb1、lkb) 菜油甾醇 → 双键异构化 → (24R)-24-甲基胆固醇-4-烯-3-β-羟基 → (sax1) (24R)-24-甲基胆固醇-4-烯-3-酮 → (det2、dwf6、lk) (24R)-24-甲基-4-烯-3-α-胆甾烷-3-酮 → 菜油烷醇

菜油烷醇 → C_6氧化 (A dwarf) → 6α-羟基菜油烷醇 → C_6氧化 (A dwarf) → 6-氧菜油烷醇 → 22α-羟基化 (dwf4) → 长春花甾酮 → 23α-羟基化 (cpd、cbb3、dwf3) → 茶甾酮 → 3-脱氢茶甾酮 → 香蒲甾酮 → 栗甾酮

菜油烷醇 → 22α-羟基化 (dwf4) → 6-脱氧长春花甾酮 → 23α-羟基化 (cpd、dpy) → 6-脱氧茶甾酮 → 3-脱氢-6-脱氧茶甾酮 → 6-脱氧香蒲甾酮 → 6-脱氧栗甾酮 → C_6氧化 (B dwarf) → 6α-羟基栗甾酮 → C_6氧化 (B dwarf) → 栗甾酮

栗甾酮 → 芸薹素内酯

图 7-23　芸薹素的生物合成

同位素示踪实验表明，芸薹素可以通过多种方式被代谢。这些代谢方式包括侧链裂解、差向异构化、羟基化、去甲基化、氧化、磺化、酰化等，通常发生在甾醇骨架的 C_2、C_3、C_{20}～C_{28} 等部位。同时，芸薹素也可以被糖基化或酯化形成结合态，这也可能是调控体内芸薹素平衡稳态的一种方式。

三、芸薹素的生理效应（Physiological Effects of Brassinosteroids）

（一）促进细胞伸长和分裂

用芸薹素内酯处理菜豆幼苗第二节间，能使该节间显著伸长，同时能使其显著膨大（促进细胞分裂）。如果用量增加，除了引起节间伸长和膨大外，还可使其发生弯曲和开裂。芸薹素促进细胞伸长和分裂的反应与生长素、赤霉素和细胞分裂素的作用相似，例如增强 RNA 聚合酶的活性、促进核酸和蛋白质的合成、增强 ATP 酶的活性而使细胞内的 H^+ 分泌到细胞壁从而引起细胞壁酸化介导的生长。

（二）调节植物生长发育

芸薹素内酯可明显促进绿豆、大豆上胚轴及油菜幼苗下胚轴的伸长，促进芹菜、菠菜、平菇等的生长，提高水稻、小麦等的产量。芸薹素内酯可增强小麦叶片光合酶的活性，提高光合速率。芸薹素内酯处理可提高花生幼苗叶绿素含量，促进光合作用和光合产物向穗部运输。芸薹素内酯可提高黄瓜、葡萄等的结果率，从而提高产量。芸薹素内酯喷洒小麦叶面，可降低旗叶可溶性糖含量，加速糖的转化和运输，提高旗叶叶绿素含量，增加穗粒数，提高千粒重。

（三）提高植物抗逆性

水稻幼苗在低温阴雨条件下生长，若用芸薹素内酯溶液浸根，则株高、叶片数、叶面积、分蘖数和根数都比对照高，且幼苗成活率高、地上部干物质量显著增大。此外，芸薹素内酯也可使水稻、黄瓜幼苗等抗低温能力增强。除此之外，芸薹素还能通过对细胞膜的作用，增强植物对干旱、病害、盐害等逆境的抵抗力。

（四）其他生理效应

表芸薹素内酯（epibrassinolide）对绿豆下胚轴切段有“保幼延衰”的作用，促进黄瓜下胚轴的伸长。芸薹素内酯对黄瓜子叶硝酸还原酶（NR）活性有明显提高作用。芸薹素内酯可促进欧洲甜樱桃、山茶和烟草花粉管的生长。芸薹素内酯可诱导雌雄同株异花的西葫芦雄花序开出两性花或雌花。芸薹素主要用于增加农作物产量，减轻环境胁迫，有些也可用于插枝生根和花卉保鲜。

四、芸薹素的信号途径（Signaling Pathway of Brassinosteroids）

动画：BR
信号途径

基于芸薹素不敏感突变体分离出芸薹素受体 BRI1（BRASSINOSTEROID INSENSITIVE 1），定位于质膜。在组织芸薹素浓度较低时，BRI1 通常与其他激酶抑制蛋白 BKI1（BRI1 KINASE INHIBITOR 1）在一起，受体处于失活状态。BRI1 作为芸薹素受体发挥作用时还需要 BAK1（BRI1 ASSOCIATED RECEPTOR KINASE 1）作为共受体参与。感受到芸薹素信号后，BAK1 与结合了芸薹素的 BRI1 受体结合成二聚体共受体，使 BKI1 和芸薹素信号激酶 BSK1（BR-SIGNALING KINASE 1）磷酸化。抑制蛋白 BKI1 被磷酸化后脱离受体，抑制作用解除。BSK1 被磷酸化后被活化，将下游的磷酸酶

BSU1 (BRI1 SUPPRESSOR 1)活化，活化的 BSU1 将下游的负调控因子激酶 BIN2 (BR INSENSITIVE 2)去磷酸化，解除 BIN2 对芸薹素效应转录因子 BZR1/2 (BRASSIAZOLE RESISTANT 1/2，也称 BES1，BRI1 EMS SUPPRESSOR 1)的磷酸化失活能力。被 14-3-3 蛋白固定在胞质中被磷酸化的芸薹素效应转录因子去磷酸化，使之活化，BZR1/2 进入核中，激活芸薹素效应基因的转录，从而表现出芸薹素的生理效应（图 7-24）。

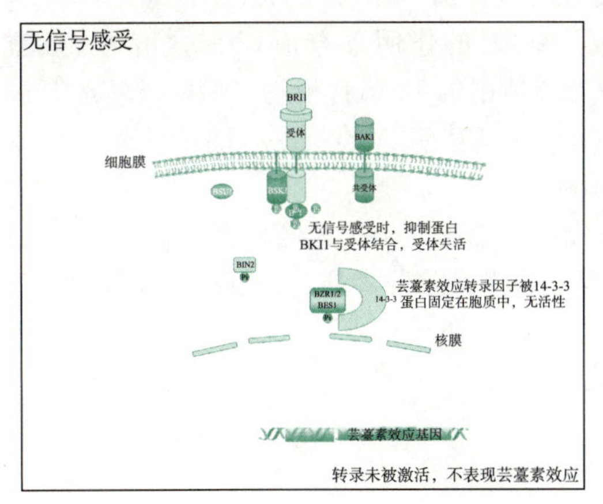

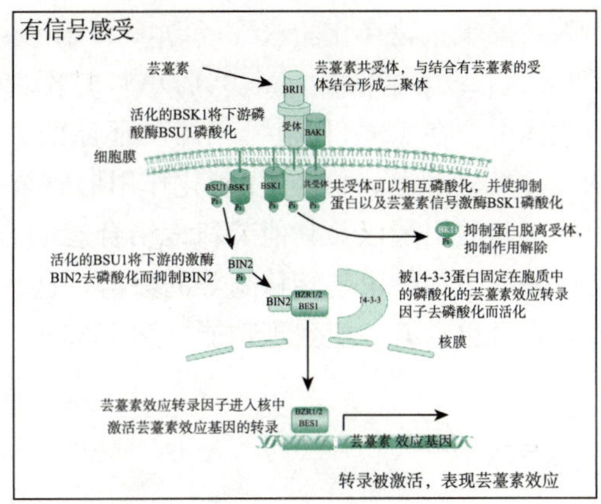

图 7-24　芸薹素的信号途径

第七节　茉莉素、水杨酸、独脚金内酯和其他植物生长物质

Section 7　Jasmonates, Salicylates, Strigolactones and Other Plant Growth Substances

一、茉莉素（Jasmonates）

（一）茉莉素的发现、种类及分布

茉莉素（jasmonate）类化合物中最先发现的是从真菌培养物中分离的茉莉酸（jasmonic acid，JA）。茉莉酸甲酯（methyl jasmonate，JA-Me）最初从苦艾（*Artemisia absinthium* L.）中分离得到。目前从植物体内发现了 30 多种茉莉素类化合物，茉莉酸和茉莉酸甲酯是其中最重要的代表（图 7-25）。

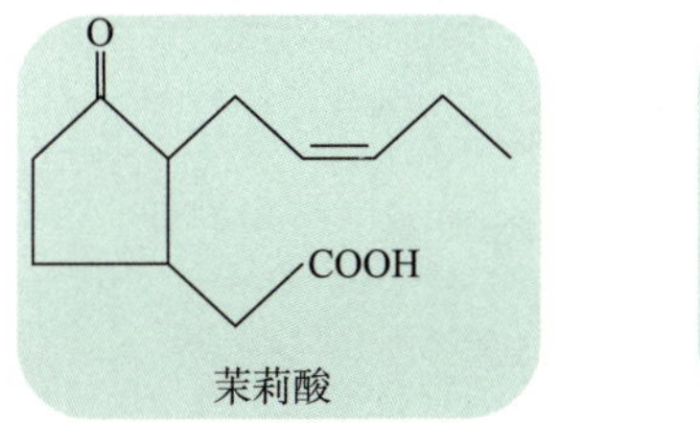

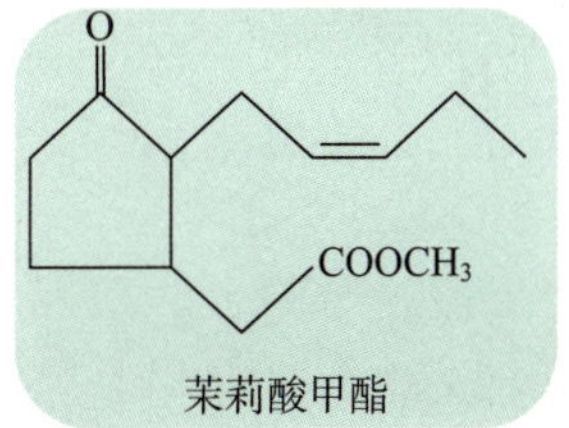

图 7-25　茉莉酸和茉莉酸甲酯结构

茉莉素广泛存在于植物体中。被子植物中茉莉素分布最普遍，裸子植物、藻类、蕨类、藓类和真菌中也有分布。通常茉莉素在生长部位如茎端、嫩叶、未成熟果实、根尖等处含量较高。生殖器官特别是果实中比营养器官（例如叶、茎、芽）中含量丰富。茉莉素通常在植物韧皮部系统中运输，也可能在木质部及细胞间隙运输。

（二）茉莉素的代谢

植物体内的茉莉素是亚麻酸经由脂氧合酶途径合成。首先在质体中的脂肪酸去饱和酶（fatty acid desaturase，FAD）将磷脂中的二烯不饱和脂肪酸转换成三烯不饱和脂肪酸，再由磷酸酯酶 A1 将含三烯不饱和脂肪酸的磷脂水解成 α 亚麻酸。然后进一步在脂氧合酶（lipoxygenase，LOX）、丙二烯氧化物合酶（allene oxide synthase，AOS）和丙二烯氧化物环化酶（allene oxide cyclase，AOC）的作用下合成12-氧代植物二烯酸（12-oxo-phytodienoic acid，OPDA）。其次，叶绿体中的 12-氧代植物二烯酸被转运至过氧化体中，在 12-氧代植物二烯酸还原酶、OPC-8：0 辅酶 A 连接酶等酶的催化下形成 OPC-8：0 辅酶 A，再经过β氧化作用形成茉莉酸。

茉莉酸甲酯以及其他茉莉素结合态的合成是在细胞质中完成的，有茉莉酸-氨基酸合成酶、茉莉酸甲基转移酶等的参与，这些结合态茉莉素除参与调控游离茉莉酸的水平外，自身也具有一定生理功能（图 7-26）。

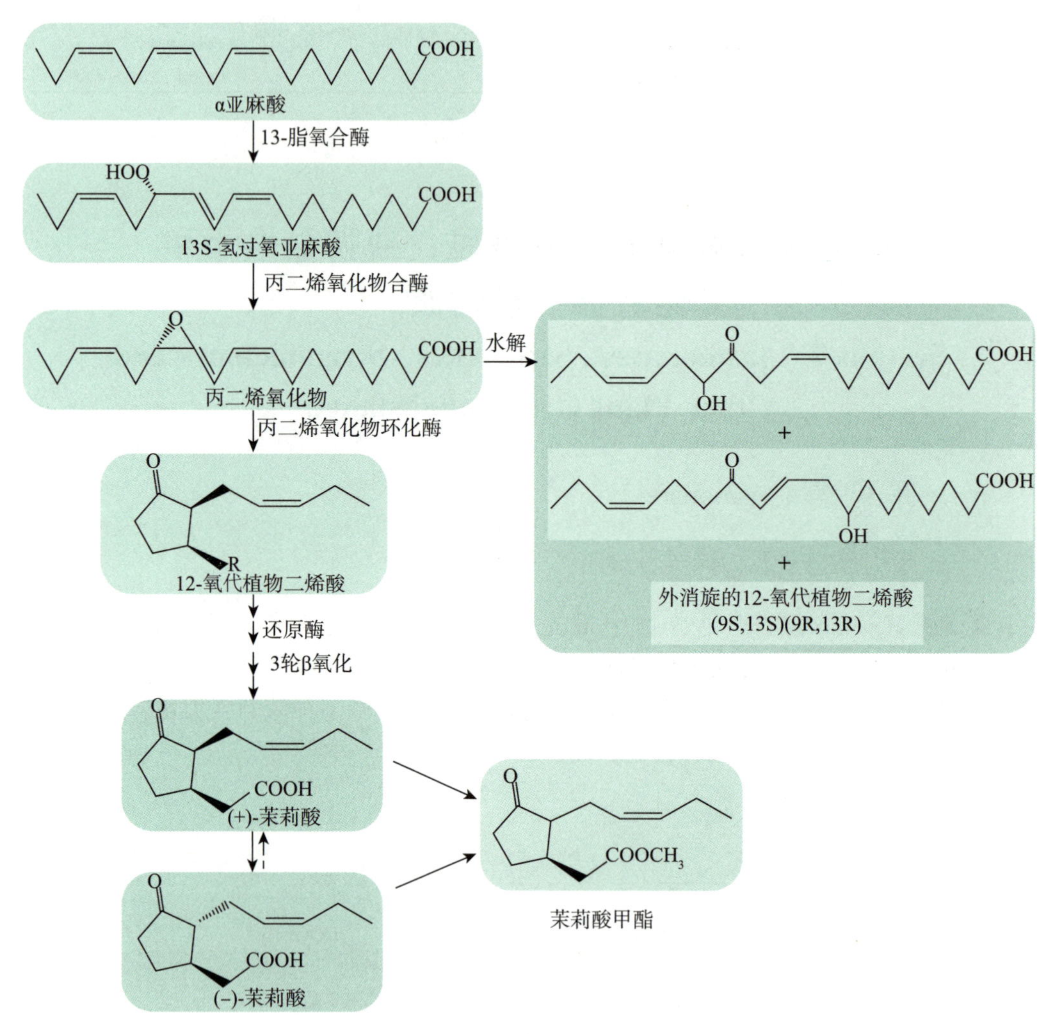

图 7-26　茉莉素的代谢途径

（三）茉莉素的生理效应及应用

茉莉素处理可引起多种形态反应或生理反应，这些效应大多与脱落酸的效应相似，但也有其独特之处。

1. 抑制生长和萌发 茉莉酸能显著抑制水稻幼苗第二叶鞘、莴苣幼苗下胚轴和根的生长以及赤霉酸（GA_3）对它们伸长的诱导作用，茉莉酸甲酯可抑制珍珠稗幼苗生长、离体黄瓜子叶鲜物质量增加和叶绿素的形成以及细胞分裂素诱导的大豆愈伤组织的生长。分别以 10 $\mu g \cdot L^{-1}$和 100 $\mu g \cdot L^{-1}$茉莉酸处理莴苣种子，45 h 后萌发率分别只有对照的 86%和 63%。茶花粉培养基中外加茉莉酸，可强烈抑制花粉萌发。

2. 促进生根 茉莉酸甲酯能显著促进绿豆下胚轴插条生根，10^{-8}～10^{-5} mol·L^{-1}处理对不定根数无明显影响，但增加不定根干物质量；10^{-4}～10^{-3} mol·L^{-1}处理则显著增加不定根数，但根干物质量未见增加。

3. 促进衰老 从苦艾提取的茉莉酸甲酯能加快燕麦叶片切段叶绿素的降解。在高浓度乙烯利处理后，茉莉酸甲酯能非常活跃地促进豇豆叶片离层产生。茉莉酸甲酯可使郁金香叶的叶绿素迅速降解，叶片黄化，叶形改变，过氧化物酶同工酶变化与正常衰老时一样，但进程快。

4. 其他生理效应 茉莉素的生理效应非常广泛，包括促进、抑制、诱导等多个方面。例如茉莉酸与脱落酸结构有相似之处，其生理效应也有许多相似的地方，例如抑制生长、抑制种子和花粉萌发、促进器官衰老和脱落、诱导气孔关闭、促进乙烯产生、抑制含羞草叶片运动、提高抗逆性等。

（四）茉莉素的信号途径

谢道昕等（1998）从茉莉素不敏感突变体鉴定出茉莉素受体冠菌素不敏感蛋白 1（CORONATINE INSENSITIVE 1，COI1），定位于细胞质和细胞核中，可特异性地感受茉莉酸异亮氨酸复合物（JA-Ile）信号。在低浓度的茉莉素下，茉莉素信号途径抑制茉莉酸 zim 结构域蛋白（jasmonate-zim domain protein，JAZ）对茉莉酸信号转录因子 MYC2 起抑制作用；在高浓度的茉莉素下，JA-Ile-COI1 复合体发挥 E_3泛素连接酶的作用，与 JAZ 结合并将其泛素化，使 JAZ 经泛素化途径被 26S 蛋白酶降解，抑制作用得到解除，因而使下游的茉莉素响应基因得以表达（图 7-27）。

动画：JA 信号途径

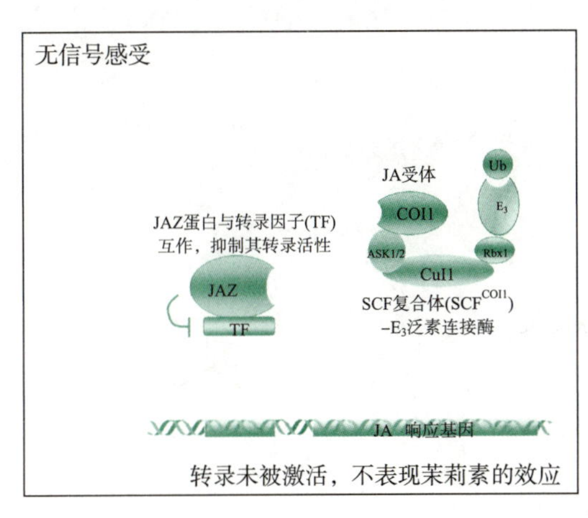

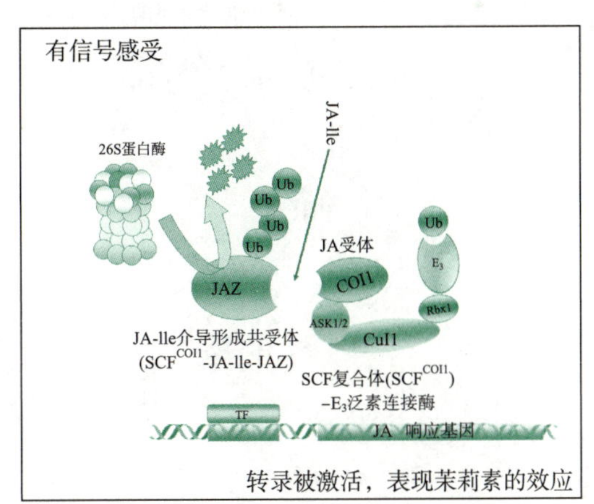

图 7-27 茉莉素的信号途径

二、水杨酸（Salicylate）

（一）水杨酸的发现、结构与分布

水杨酸（salicylate，SA）即邻羟基苯甲酸，其化学结构如图 7-28 所示。植物体内的水杨酸除了游离形式之外，还以葡萄糖苷的形式存在。植物体内的水杨酸还能以水杨酸甲酯的形式释放到空气中。

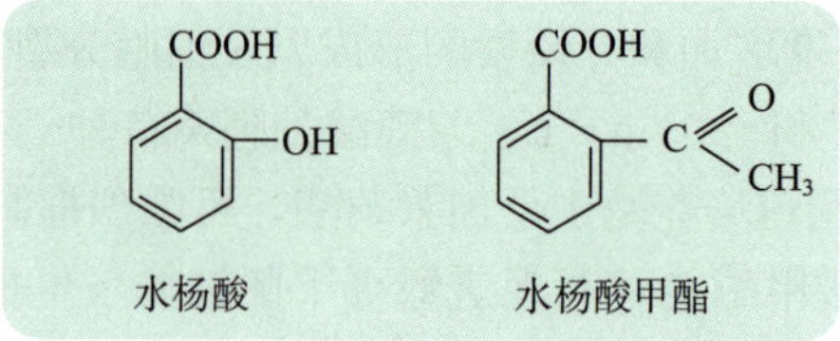

COOH
OH
水杨酸
COOH
C
O
CH_3
水杨酸甲酯

图 7-28　水杨酸和水杨酸甲酯

水杨酸在植物体中的分布一般以天南星科植物的花序较多。非天南星科植物的叶片等也含有水杨酸，例如在水稻、大麦、大豆中均能检测到。在植物组织中，非结合态水杨酸能在韧皮部运输。

（二）水杨酸的生物合成

植物体内的水杨酸可通过苯丙氨酸途径和异分支酸途径合成。苯丙氨酸途径是首先被发现的水杨酸合成途径。同位素示踪试验表明，水杨酸是苯丙氨酸经肉桂酸、苯甲酸或香豆酸合成的。苯丙氨酸解氨酶（phenylalanine ammonia lyase，PAL）是该途径的关键酶。在异分支酸途径中，首先由异分支酸合酶（isochorismate synthase，ICS）将分支酸转化成异分支酸，然后在异分支酸丙酮酸裂解酶（isochorismate pyruvatelyase，IPL）的催化下将异分支酸转化成水杨酸（图 7-29）。

苯丙氨酸途径
COOH
NH_2
苯丙氨酸
苯丙氨酸解氨酶
COOH
肉桂酸
COOH
OH
香豆酸
COOH
苯甲酸
异分支酸途径
COOH
O
COOH
OH
分支酸
异分支酸合酶
COOH
OH
O
COOH
OH
异分支酸
COOH
OH
水杨酸

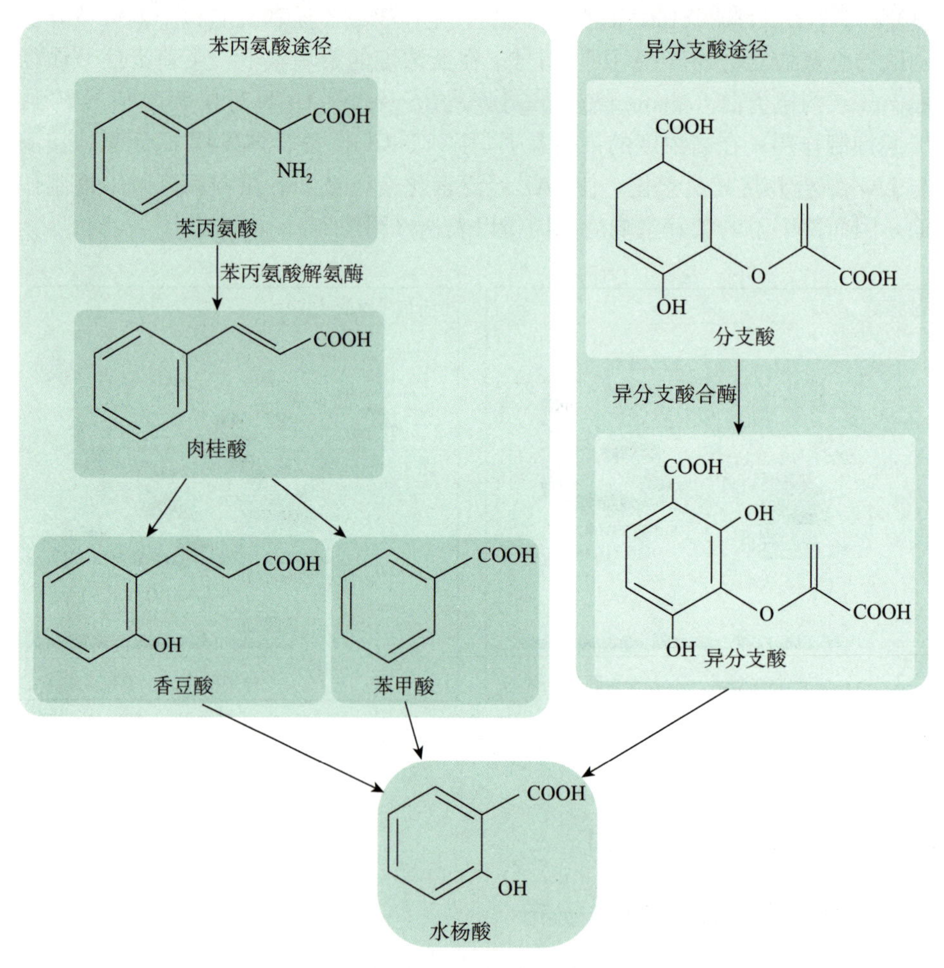

图 7-29　水杨酸的生物合成

（三）水杨酸的生理效应

1. 生热效应 Raskin 等（1987）证明天南星科植物佛焰花序的生热现象由水杨酸到引起。外施水杨酸可使成熟花上部佛焰花序的温度明显升高。在严寒条件下花序产热，保持局部较高温度有利于开花结实。此外，高温有利于花序产生的具有臭味的胺类和吲哚类物质蒸发，吸引昆虫传粉。可见，水杨酸诱导的生热效应是植物对低温环境的一种适应。

2. 诱导开花 水杨酸可使长日植物浮萍在非诱导光周期下开花，其诱导效应依赖于光周期，即是在光诱导以后的某个时期与开花促进或抑制因子相互作用而促进开花的。

水杨酸还可显著影响黄瓜的性别表达，抑制雌花分化，并促进较低的节位上分化雄花。水杨酸在抑制雌花分化的同时，显著抑制根系发育。由于良好的根系可合成更多的有助于雌花分化的细胞分裂素，所以水杨酸抑制根系发育可能是其抑制雌花分化的部分原因。

3. 增强抗性 某些植物在受病毒、真菌或细菌侵染后，侵染部位的水杨酸水平即显著升高，同时出现坏死病斑，即超敏反应（hypersensitive reaction，HR），由此引起非感染部位水杨酸含量也升高，继而对同一病原或其他病原的再侵染产生抗性。

4. 其他生理效应 水杨酸还可抑制大豆的顶端生长，促进侧生生长，增加分枝数量、单株结角数及单角质量；可提高玉米幼苗硝酸还原酶的活性；颉颃脱落酸对萝卜幼苗生长的抑制作用。水杨酸还被用于切花保鲜、水稻抗寒等方面。水杨酸是植物体内合成的、含量很低的有机化合物，又可在韧皮部运输，故有多种生理作用。

（四）水杨酸的信号途径

对水杨酸受体的探索也经历了相对曲折的过程。虽然 1991 年就分离出水杨酸结合蛋白（SA binding protein，SABP），但关于水杨酸信号途径下游事件至今尚未完全明确，已知有抑制因子 NPR1 的参与，也存在水杨酸信号感受引发 NPR1 的泛素化降解，有转录因子 WRKY 的参与，甚至还存在不依赖于 NPR1 的信号途径。

三、独脚金内酯（Strigolactone）

（一）独脚金内酯的发现、结构与分布

独脚金内酯（strigolactone，SL）是一类从植物根系分离、能促进寄生植物独脚金（*Striga* spp.）种子萌发的信号物质，1972 年鉴定了其基本化学结构（图 7-30），属于类胡萝卜素萜类衍生物。从植物中分离的天然独脚金内酯类物质有独脚金醇（strigol）、

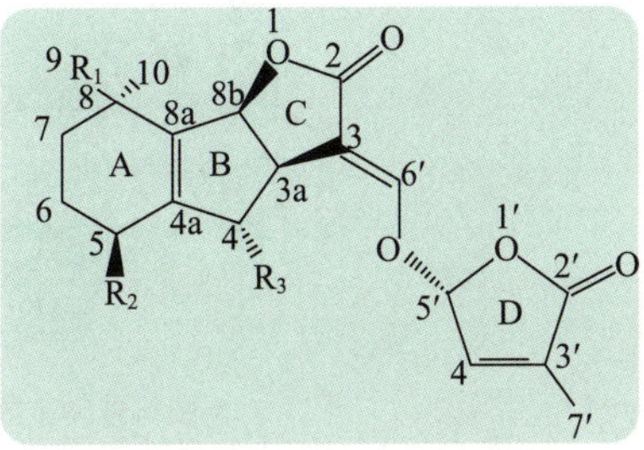

图 7-30 独脚金内酯的结构式

高粱内酯（sorgolactone）、列当醇（orobanchol）等。2008 年独脚金内酯被证明为植物中普遍存在的新型植物激素，具有多种生理功能。

（二）独脚金内酯的生物合成

独脚金内酯的合成在质体中进行。由β胡萝卜素在β胡萝卜素异构酶（β-carotene-9-isomerase）、胡萝卜素剪切双加氧酶（carotenoid cleavage dioxygenase）等酶的催化下，合成一种具类似结构的己内酯（caprolactone）。然后在细胞色素 P_{450}（MAX1）的催化下，转化成 5-脱氧独脚金醇，进而转化成独脚金内酯和其他独脚金内酯类物质（图 7-31）。

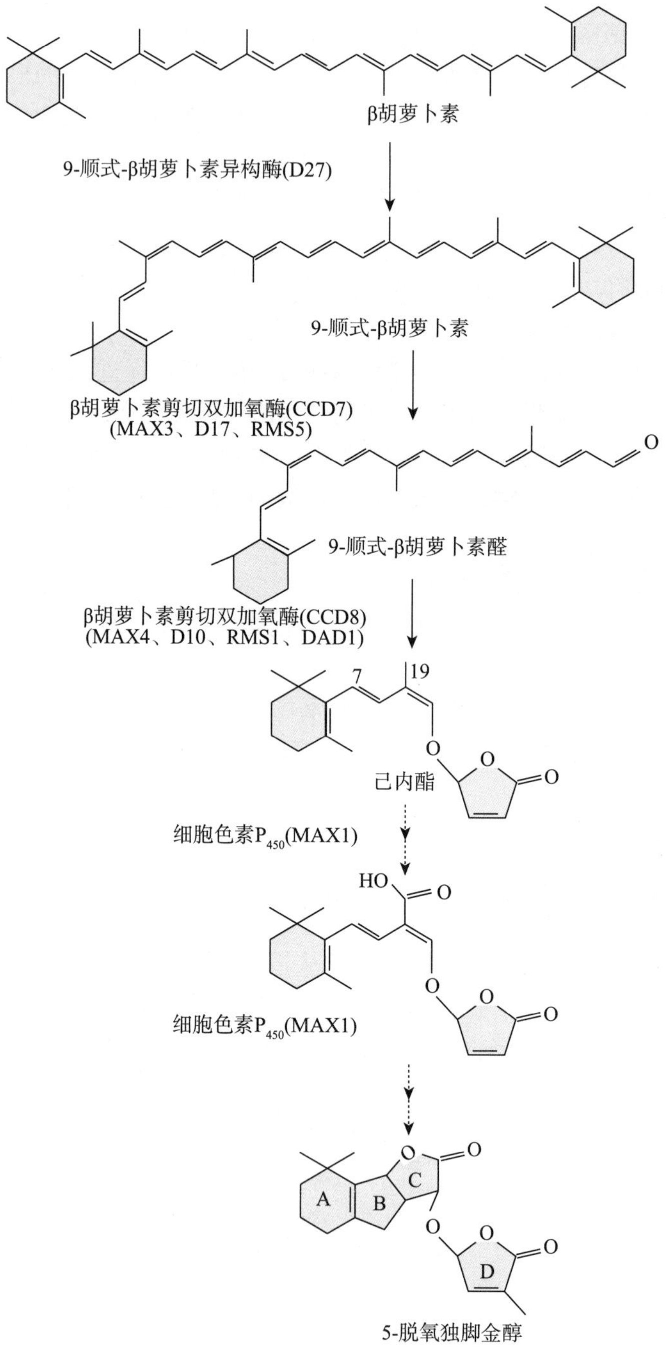

图 7-31　独脚金内酯的生物合成

（三）独脚金内酯的生理效应及应用

1. 抑制侧枝与分蘖发生 独脚金内酯能够抑制双子叶植物（例如拟南芥）分枝或单子叶植物（例如水稻）分蘖的形成。早在20世纪90年代，通过对豌豆*rms*和矮牵牛*dad*多分枝突变体的生理学研究发现，除生长素、细胞分裂素之外，植物根部还可合成一种可向上运输的未知信号物质，该信号物可控制地上部的分枝、分蘖。现已证实这种能够抑制植物分枝、分蘖发生的信号物质就是独脚金内酯。对水稻、大豆、豌豆等粮食作物，可通过喷施独脚金内酯人工合成类似物（例如GR24）抑制无效分枝、分蘖，塑造高产优质的理想株型。

2. 诱导根寄生植物种子的萌发 部分根寄生植物的种子萌发依赖寄主植物的存在。独脚金内酯对寄生植物种子的萌发具有很强的诱导活性。独脚金、列当等寄生植物离开了寄主植物的养分和水就无法存活，这些根寄生种子的萌发与否依赖于寄主植物根际所产生并释放的萌发刺激物（germination stimulant），如果没有寄主植物的萌发刺激物存在，即使有适宜的外部条件，这些根寄生种子也将长期保持休眠状态。已从多种寄主植物根中分离出萌发刺激物，而这些萌发刺激物都是独脚金内酯类化合物。寄生植物通过感知独脚金内酯来使自己的根朝寄主生长。生产上可利用独脚金内酯控制杂草，通过人工合成的独脚金内酯类似物诱导寄生杂草种子萌发，这些萌发的杂草如果1周内未找到宿主植物就会死亡。

3. 促进丛枝菌根真菌菌丝的分枝 独脚金内酯具有促进植物根系与真菌之间形成互惠共生的能力。独脚金内酯能够促进丛枝菌根真菌（arbuscular mycorrhizal fungi，AM）珠状巨孢囊霉萌发中的孢子菌丝分枝。寄主植物释放独脚金内酯作为促分枝因子，被丛枝菌根真菌感应到后，诱导菌丝强烈分枝，以增加菌丝接触到植物的机会，从而建立与寄主植物的共生关系。

4. 影响植物根的发育 独脚金内酯具有可调控植物初生根、侧根发育以及根毛延长等生理功能。低浓度的GR24处理可促进侧根及根毛的生长，而高剂量GR24处理则使根毛的长度缩短。

5. 调控苔藓菌落的生长 独脚金内酯参与调控小立碗藓（*Physcomitrella patens*）丝状体的分枝和菌落的扩展过程。独脚金内酯是小立碗藓感受邻近菌落存在与否的他感信号物质，以避免种群过大而导致可用资源的过分利用。

6. 促进叶片衰老 独脚金内酯具有促进叶片衰老的生理功能。矮牵牛的独脚金内酯合成缺陷突变体*dad*具有延缓叶片衰老、滞绿等突变表现型，这也证明了独脚金内酯能够促进衰老。

（四）独脚金内酯的信号途径

基于一系列独脚金内酯响应突变体，对独脚金内酯信号途径的探索取得了较大的进展，发现D14（dwarf 14）/RMS4（ramosus 4）/D3（dwarf 3）/MAX2（more axillary branches 2）为独脚金内酯的受体，发现D53（dwarf 53）蛋白为独脚金内酯信号途径的抑制蛋白。与生长素、赤霉素等相似，独脚金内酯信号途径中也存在对抑制蛋白的泛素化降解途径，即独脚金内酯与受体蛋白的结合导致D53蛋白的泛素化降解（图7-32）。

动画：独脚金内酯信号途径

四、其他植物生长物质（Other Plant Growth Substances）

（一）多胺

多胺（polyamine，PA）是生物体代谢过程中产生的具有生物活性的氨（NH_3）的

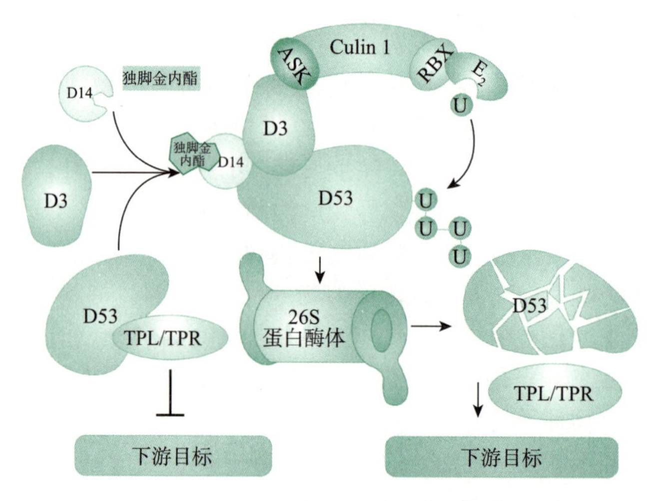

图 7-32　独脚金内酯的信号途径

烃基衍生物（图 7-33）。目前在植物中发现的多胺有 14 种以上。在高等植物中，二胺有腐胺、尸胺等；三胺有亚精胺、高亚精胺等；四胺有精胺。除了上述几类外，还有其他的胺类。氨基的数目越多，其生理活性越大。一般具 2 个及以上氨基的胺类才称为多胺。

$H_2N—(CH_2)_4—NH_2$

腐胺

$H_2N—(CH_2)_3—NH—(CH_2)_4—NH_2$

亚精胺

$H_2N—(CH_2)_3—NH—(CH_2)_4—NH—(CH_2)_3—NH_2$

精胺

图 7-33　3 种主要多胺的结构

多胺广泛分布于植物界。对植物个体来说，细胞分裂最旺盛的地方，多胺的生物合成一般也最活跃。

多胺的生理作用主要表现为促进植物的生长，延缓叶片的衰老进程，提高植物的抗性。此外，多胺还可调节与光敏素有关的生长和形态建成，调节植物的开花过程（与光敏核不育水稻花粉育性转换有密切关系），并能提高种子活力和发芽力，促进根系对无机离子的吸收。

（二）寡糖素

在植物中发现许多对生理过程有调节作用的寡糖片断，称为寡糖素（oligosaccharin）。目前已知的寡糖素大多是一些植物细胞壁和真菌细胞壁的降解产物，通常含 10 个左右的单糖残基。例如真菌 β-寡葡聚糖（fungal oligo-β-glucan）、木葡聚糖类寡糖（xyloglucan-drived oligosaccharide）、几丁质类寡糖（chito-oligosaccharide）等。

寡糖素的生理活性包括作为激发子（elicitor）刺激植物保卫素的产生、诱导活性氧突发、诱导乙烯合成、诱导病程相关蛋白（PR）合成以及诱导逆境信号分子的产生等。另外，寡糖素也可控制植物的形态建成、营养生长或生殖生长的方向等。

（三）三十烷醇

三十烷醇（1-triacontanol，TRIA）是含有 30 个碳原子的长链饱和脂肪醇，分子式为 $C_{30}H_{62}O$。三十烷醇广泛存在于植物的蜡质层中，因为可以从蜂蜡中获得，故又称为蜂蜡醇（myricylalcohol）。

三十烷醇有多方面的生物活性，例如可以延缓燕麦叶小圆片的缓老，增加黄瓜种子下胚轴的长度，抑制赤霉素对黑暗下莴苣种子发芽的促进效应，促进细胞分裂，增强多种酶的活性。三十烷醇的生理功能及其作用机制和在植物体内的代谢情况还有待深入研究。

（四）小分子信号肽

1. 系统素　系统素（systemin，SYS）是从受伤的番茄叶片中分离出的一种18个氨基酸残基组成的多肽，是植物感受创伤的信号分子，在植物防御反应中起重要的作用。动物中有大量的多肽激素，系统素是植物中发现的第一种多肽类生物活性物质。

原系统素（prosystemin）为一种由200个氨基酸残基组成的多肽，其经蛋白酶加工后可以形成系统素。系统素是诱导植物抗逆反应（例如蛋白酶抑制剂合成）的必要因子。系统素具有很高的生物活性，例如在极低的浓度下可以诱导植物抗逆基因的表达，并在植物防御病虫浸染中起重要作用。

2. 其他小分子信号肽　除系统素外，在植物中还发现了多种小分子信号肽，例如快速碱化因子（rapid alkalinization factor，RALF）和植硫肽（phytosulfokine，PSK），这些小分子信号肽具有重要的生理活性，受到植物学家的高度关注。

第八节　植物生长物质的互作及其在农业生产上的应用
Section 8　Interaction Among Plant Growth Substances and Their Application in Agriculture

一、植物激素间的相互作用（Interaction Among Phytohormones）

植物体内往往是多种植物激素同时存在的，可相互促进协调，也能相互颉颃相互抵消，在植物生长发育进程中的任何生理过程都不是由某单一植物激素调节，反过来也一样，任何一种植物激素也不是只调节一种生理过程。

（一）增效作用

一种植物激素可加强另一种植物激素的效应称为增效作用（synergism）。例如生长素和赤霉素对于促进植物节间的伸长生长，表现为相互增效作用。吲哚乙酸促进细胞核的分裂，而细胞分裂素促进细胞质的分裂，二者共同作用，从而完成细胞核与细胞质的分裂。脱落酸促进脱落的效果可因乙烯而得到增强。

（二）颉颃作用

一种植物激素削弱或抵消另一种植物激素的生理效应称为颉颃作用（antagonism）。如赤霉素促进种子萌发，脱落酸促进休眠；多胺和乙烯具有共同的生物合成前体蛋氨酸，因而乙烯诱导衰老的效应可以被多胺所抵消。生长素、细胞分裂素和赤霉素均有促进植物生长的效应，三者均与脱落酸之间有颉颃关系，脱落酸可抵消前三者的促进效应。细胞分裂素抑制叶绿素、核酸和蛋白质的降解，抑制叶片衰老，而脱落酸抑制核糖、蛋白质的合成并提高核酸酶活性，从而促进核酸的降解，使叶片衰老。脱落酸与赤霉素的含量还调节休眠、萌发和一些果树的花芽分化。脱落酸和细胞分裂素还调节气孔的开闭。这些都证明脱落酸与生长素、赤霉素以及细胞分裂素间的颉颃关系，直接影响某些生理效应。

（三）植物激素间的比例对生理效应的影响

事实上，由于每种器官都不同程度地存在着多种植物激素，因而决定生理效应的，不仅仅是某种植物激素的绝对量，其相对含量更有实际意义。

在组织培养中，生长素与细胞分裂素两类生长物质的比例，显著地影响器官或组织生根或长芽，当细胞分裂素与生长素的比例高时，愈伤组织就分化出芽；比例低时，有利于分化出根。赤霉素与生长素的比例控制形成层的分化，当赤霉素与生长素比值高时，有利于韧皮部分化，反之则有利于木质部分化。

植物激素对性别分化亦有影响，例如赤霉素可诱导黄瓜雄花的分化，但这种诱导却可被脱落酸抑制。试验发现，黄瓜茎端的脱落酸（ABA）和赤霉素（GA_4）含量与花芽性别分化有关，当 ABA/GA_4 比值较高时有利于雌花分化，较低时则利于雄花分化。

在自然情况下，植物根部与叶片中形成的植物激素间是保持平衡的，因此雌性植株与雄性植株出现的比例基本相同。由于根中主要合成细胞分裂素，叶片主要合成赤霉素，用雌雄异株的菠菜或大麻进行试验时发现，当去掉根系时，叶片中合成的赤霉素直接运至顶芽并促其分化为雄花；当去掉叶片时，则根内合成细胞分裂素直接运至顶芽并促其分化雌花。可见，赤霉素与细胞分裂素间的比例可影响雌雄异株植物的性别分化。

二、植物激素信号途径间的互作（Crosstalk Among Phytohormonal Signaling Pathways）

在植物生长发育过程中，不同植物激素不仅通过各自独立的方式发挥作用，彼此间还存在复杂的互作网络。植物为了更好地适应外界环境，其体内的不同植物激素在合成、代谢、运输、信号转导等多个层面存在信号交叉，以协同或颉颃的方式进行相互作用，实现对生长发育的精确调控。不同植物激素间的相互作用对植物正常发育至关重要。人们对不同植物激素相互作用的最早认识是在组织培养过程中发现生长素与细胞分裂素二者的不同比例关系可以控制芽、根的分化形成。

不同植物激素之间都存在着相互作用。生长素、细胞分裂素和赤霉素共同作用调节植物叶原基的分化形成过程，在顶端分生组织中不同区域内 3 种植物激素的不同比例决定了该区域的发育特征：高细胞分裂素与生长素比值和低活性的赤霉素区域继续保持分生组织特性；而高赤霉素、低细胞分裂素与生长素比值的区域则会诱导叶原基分化。另外，已经发现了生长素、细胞分裂素与独脚金内酯共同调控植物的分枝、分蘖发育。脱落酸可削弱赤霉素和芸薹素对植物生长的促进作用。生长素与脱落酸相互颉颃影响植物气孔运动。脱落酸、乙烯、生长素共同作用响应环境胁迫等。众多生理与分子生物学试验证据表明，不同植物激素在植物生长发育的过程中存在着千丝万缕的联系，但不同植物激素交叉互作途径的调控网络目前人们还知之甚少，植物激素互作分子机制是目前生物学领域的研究热点。

三、植物激素及其信号途径间互作的研究方法（Research About Phytohormones and Interaction Among Their Signaling Pathways）

（一）植物激素组学方法

人们很早就知道不同植物激素之间存在相互作用关系，并开展了不同植物激素互作对植物生长发育的影响研究。但由于以往的试验方法和手段有限，一般采用同时使用两种或多种植物激素对试验材料进行体外处理后进行生理试验分析，因此所能获得的不同植物激素互作相关的直接证据很少。近年通过对芯片数据分析，得到了大量不同植物激素互作相关的基因芯片数据，但如何对这些海量数据进行真实性甄别，以及相关基因在植物激素合成、信号转导、代谢通路中的功能等问题用传统方法很难解决。

代谢组学（metabonomics）是一门将生命体所产生的代谢物作为一个整体来进行研究的科学。生命体在不间断地经历着新陈代谢，这个过程所产生的代谢物可反映出该生命体的生理状态。代谢组学研究是对生物体系（包括细胞、组织和生物体）在某种刺激或扰动（例如环境的变化或不同植物生长调节剂处理）下所产生的整体变化进行系统分析，包括其内源性代谢物种类、数量的变化或随时间变化规律（量变以及质变）。代谢组学属于系统生物学研究方法，在揭示植物生命活动及规律方面提供了从对单一或少数代谢物研究飞跃到对整体或某个层面的海量代谢物同时研究的技术手段，突破了分析层面窄、数据信息不足的局限性。代谢组学方法用于植物激素研究即是植物激素组学，不仅可同时分析多种植物激素成分的变化特性，而且还可对植物激素代谢途径的不同中间产物进行全面的定性分析和定量分析。因此代谢组学分析方法在研究不同植物激素的互作方面将发挥越来越重要的作用。

（二）植物激素的高灵敏度测定新技术

对植物激素进行高灵敏度快速测定是研究植物生长发育以及植物激素及其信号途径间相互作用的有力工具。植物激素在植物体内含量极低（一般每克植物组织鲜样中的含量为1～100 ng），易被光解、热解和氧化，而且植物激素以游离态和结合态存在于植物体内，因此如何对微量植物激素进行简便、快速和准确的定量分析，一直是植物激素研究领域的难题之一。在传统检测方法中，生物试法（bioassay）是利用植物激素的生理活性或通过植物特定器官或组织对植物激素产生的特异性反应，从而间接测定植物激素含量的方法，例如禾本科植物胚芽鞘在生长素作用下的弯曲和伸长都曾被应用于生长素测定。基于抗原抗体特异性识别的放射免疫法（radioimmunoassay，RIA）和酶联免疫吸附法（enzyme-linked immunosorbent assay，ELISA）等免疫分析方法曾在20世纪70—90年代获得广泛应用。基于物理化学方法的薄层色谱法（thin layer chromatography，TLC）、气相色谱法（gas chromatography，GC）、高效液相色谱法（high performance liquid chromatography，HPLC）、质谱法（mass spectrography，MS）等各种光谱法和色谱法特别是气-质联用（gas chromatography/mass spectrometry，GC/MS）、液-质联用（liquid chromatography/mass spectrometry，LC/MS）等方法已成为当前国内外植物激素测定的主流方法。

植物激素的传统检测方法，大多是基于植物器官或组织分析而获得的一种或数种植物激素的平均值，难以反映多种植物激素在组织或细胞水平的分布定位，也无法揭示植物激素作用的分子机制以及植物激素及其信号途径间相互作用的情况。为满足上述需求，植物激素测定领域还出现了以下新技术。

生物传感器（biosensor）是一类由生物识别单元与信号转换检测元件耦联以用于生物检测的功能器件，近年来开始应用于植物激素检测。植物激素生物传感器测定方法具有较高灵敏度，可以简化样品前处理、减少试验材料取样量、缩短测定时间，具有实现实时化、连续化和自动化测定的潜力，已成为一种测定植物激素的新型技术平台。

利用核酸末端修饰的植物激素分子可结合植物激素抗体而阻止核酸降解或合成而保护核酸链末端的核酸末端保护分析方法（nucleic acid terminal protection）也有很高的灵敏度。

随着植物激素信号转导研究的进展，植物激素诱导蛋白降解系统（phytohormonal inducible degron）也被用于植物激素的测定，例如检测生长素与其受体结合后诱导荧光标记抑制蛋白（DII-Venus）的降解被成功应用于细胞和组织水平的生长素的定位和相对含量测定。

四、植物生长调节剂在农业生产上的应用（Plant Growth Regulators and Their Application in Agriculture）

（一）植物生长调节剂的类型及应用

植物激素在体内含量甚微，因此生产上应用的主要是植物生长调节剂。植物生长调节剂的种类很多，主要包括如下几类。

1. 生长素类植物生长调节剂 生长素类植物生长调节剂按其结构可分为吲哚衍生物、萘乙酸衍生物和氯化苯的衍生物，包括吲哚丙酸（IPA）、吲哚丁酸（IBA）、α-萘乙酸（NAA）、萘乙酸钠、萘乙酰胺、2,4-二氯苯氧乙酸（2,4-D）、2,4,5-三氯苯氧乙酸（2,4,5-T）、4-碘苯氧乙酸（增产灵）等。生长素类植物生长调节剂的效应因使用浓度而异。总的表现是：低浓度促进生长，高浓度抑制生长，超高浓度可作除草剂。其主要用途有如下几个。

（1）扦插生根　常用于促进生根的生长素类植物生长调节剂有吲哚丁酸（IBA）和α-萘乙酸（NAA）。吲哚丁酸和α-萘乙酸在促进扦插生根方面的作用稍有差异，前者促进生根多但根较细，而后者促进生根较少但粗，若将二者混用，可取长补短，其效果更好。在农业和园艺实践中常用50%酒精配成1 500～2 000 mg・L^{-1}的浓溶液，将插条下端切口在浓溶液中浸5～10 min。更方便的方法是制成2 000～5 000 mg・L^{-1}的惰性粉剂（例如滑石粉）沾在湿润的插条基部切口上。

（2）促进结实　生长素最早用在促进番茄坐果和获得无籽果实方面。用10 mg・L^{-1} 2,4-D溶液喷洒番茄、茄子、草莓、西瓜等的花簇，不但能获得无籽果实，而且还能提早结实，增加产量。

（3）防止脱落　很多未成熟果实常因生长素不足而在基部产生离层大量脱落。用10～50 mg・L^{-1} α-萘乙酸或2,4-D溶液喷洒，可延迟或阻止离层的形成，从而大大降低因营养失调或其他原因所引起的果实不正常脱落，在苹果、柑橘和棉花上已获得很好的效果。在果蔬储藏中用生长素类植物生长调节剂处理，也可防止落叶、落柄、落果，延长储藏时间。

（4）疏花疏果　生产上常用生长素类物质消除果树的大小年现象。在大量开花结果的年份，应用生长素类植物生长调节剂疏除多余的花、果，可消除养分的无效竞争，维持植物生长平衡。例如用5～20 mg・L^{-1} α-萘乙酸，对苹果的效果较好。如果用萘乙酰胺，由于效果温和，其浓度可加大到25～50 mg・L^{-1}。

（5）抑制发芽　马铃薯在储藏中易发芽，影响食用。用1%α-萘乙酸甲酯处理后密闭储藏，具挥发性的α-萘乙酸甲酯可扩散进入芽内，达到抑制发芽的目的。这种方法也可用于大蒜的储藏中。

（6）杀除杂草　超高浓度（例如1 000 mg・L^{-1}）的生长素类植物生长调节剂曾用作除草剂，例如2,4-D和2,4,5-T。除草剂有选择性除草剂和非选择性除草剂。2,4-D是选择性双子叶植物除草剂。因单子叶植物的叶面积较小，叶面的角质和蜡质层较厚，叶片几乎直立，且幼叶被老叶包裹，所以接触的药剂较少，再加上维管束中无形成层，因此2,4-D对单子叶植物几乎无伤害。而双子叶植物的形态结构在上述几方面刚好与单子叶植物相反，所以受害严重。近年来2,4-D已很少作为除草剂使用。

2. 赤霉素类植物生长调节剂　生产上应用和研究得最多的赤霉素是赤霉酸（GA_3）。此外也有应用GA_{4+7}（为30% GA_4和70% GA_7的混合物）和GA_{1+2}（GA_1和GA_2的混合物）的。

赤霉素可用于促进某些蔬菜（例如芹菜、菠菜、莴笋等）茎叶生长。以50～100 mg·L^{-1}赤霉素溶液处理芹菜，植株高度增加，叶柄增粗，鲜嫩程度和对照并无差异，产量可增加50%，并可提前收获。赤霉素可使大麻植株高度增加，随着茎秆高度增加，纤维长度也增加，从而提高产量和质量。赤霉素应用在啤酒生产中，可诱导α淀粉酶形成，使大麦种子在不发芽时淀粉糖化和蛋白质分解，从而减少养分消耗，降低成本。此外，赤霉素还可用于诱导开花、打破休眠、促进萌发、诱导单性结实、减少棉花蕾铃脱落、促使葡萄果粒增大等多方面。

3. 细胞分裂素类植物生长调节剂　细胞分裂素类植物生长调节剂常用的有两种：激动素（KT）和6-苄基腺嘌呤（6-BA）。在应用方面，细胞分裂素类植物生长调节剂可以延长蔬菜（例如芹菜、甘蓝）的储藏时间、防止果树生理落果。如用400 mg·L^{-1} 6-苄基腺嘌呤水溶液处理柑橘幼果，可显著地减少了第一次生理落果，使坐果率增加70%，且果梗加粗，果色浓绿，果实增大。

4. 脱落酸类植物生长调节剂　脱落酸类植物生长调节剂主要有脱落酸（商品名为诱抗素），在农业生产上主要用于诱导植物产生抗逆性、促进种子和果实中糖分的积累、改善品质和提高产量。用脱落酸浸种或拌种，可提高水稻和棉花种子发芽率、增强幼苗的抗寒性。烤烟和油菜移栽时使用脱落酸，可增强幼苗抗寒性，使之提前返青。园艺作物在寒潮来临前使用脱落酸可减轻冻害。谷类作物旱季来临前使用脱落酸，可提高抗旱能力。

5. 乙烯释放剂　生产上常用的乙烯释放剂为乙烯利（2-氯乙基膦酸，2-chloroethyl phosphoric acid，CEPA），为水溶性强酸性液体，在$pH<4.0$的条件下稳定。当$pH>4.0$时，可分解释放出乙烯，pH愈高，分解愈快。乙烯利在生产上主要用于以下几个方面。

（1）促熟果实　对于远运的水果或蔬菜（果实类），一般都是在成熟前采收，以便储运，然后在售前一定时间用500～5 000 mg·L^{-1}（浓度因果实不同而异）乙烯利浸蘸，就能达到催熟和着色的目的。这已广泛用于香蕉、柿子、芒果、辣椒等上。

（2）促进开花　用120～180 mg·L^{-1}乙烯利喷施菠萝，可促进菠萝开花，如再加入5%尿素和0.5%硼酸钠溶液，能增强乙烯利的吸收，提高药效。乙烯利也能诱导苹果、梨、芒果、番石榴等的花芽分化。

（3）促进雌花分化　用100～200 mg·L^{-1}乙烯利喷洒1～4叶的黄瓜、南瓜等瓜类幼苗，可使雌花的着生节位降低，雌花数增多。用100～300 mg·L^{-1}乙烯利喷洒2叶阶段的番木瓜，15～30 d后再重复喷洒，如此3次以上，可使雌花达90%，而对照却只有30%的雌花。

（4）促进脱落　乙烯利可用于疏花疏果，使一些生长弱的果实脱落，并消除大小年现象。对于茶叶，用乙烯利处理后，可促进花蕾掉落，提高茶叶产量。乙烯利还可促进果柄松动，便于机械采收。对于葡萄，在采前6～7 d用500～800 mg·L^{-1}乙烯利喷洒；对于柑橘用200～250 mg·L^{-1}，枣子用200～300 mg·L^{-1}乙烯利在采前7～8 d喷洒，都能收到很好的效果，从而节省大量的人力，也避免了采摘时对枝条的伤害，还可增进果实的着色。但对常绿果树要慎用，因为乙烯利也促落叶，落叶超过一定数量，会影响第二年产量，甚至无收成。

（5）促进橡胶树流胶　用乙烯利水溶液或油剂抹于橡胶树干割线下的部位，可延长流胶时间，其药效可维持2个月，排胶量成倍增长。乙烯利对胶乳增产的机制，可能是由于排除了排胶的阻碍，而不是影响了胶的合成。因此用乙烯利处理后，树势会受到一定的影响，要慎用。如使用不当，会造成树体早衰。

6. 芸薹素类植物生长调节剂 芸薹素类植物生长调节剂主要有芸薹素内酯（BL），为一种广谱多用途的植物生长调节剂，在农业生产中主要用于促进生长和生根、促进开花、促进维管束发育以提高抗倒能力、调控作物株型、促进光合作用、减轻药害等。谷类作物用芸薹素内酯浸种可促进根系发育和壮苗，生长期用芸薹素内酯喷施可增强光合作用和提高产量。园艺作物苗期施用芸薹素内酯可增强抗寒性并促进生长。

7. 水杨酸类植物生长调节剂 水杨酸类植物生长调节剂主要有水杨酸。另外，被登记为植物生长调节剂的硝基苯酚钠盐或铵盐（商品名为复硝酚钠）在化学结构上也与水杨酸类似。水杨酸类植物生长调节剂在农业生产中主要用于提高抗逆性，也有促进生根的功效，例如用于菊花扦插生根，用于提高水稻、小麦、甘薯等作物的抗寒和抗旱能力。

8. 独脚金内酯类植物生长调节剂 独脚金内酯类植物生长调节剂主要有GR24。GR24为人工合成的独脚金内酯类植物生长调节剂，目前主要用于在科学研究中模拟独脚金内酯的作用，尚未在农业生产上大规模应用。

9. 植物生长抑制物质 生长抑制物质是对营养生长有抑制作用的化合物，根据其抑制作用方式的不同，可分为生长抑制剂和生长延缓剂两大类。部分生长抑制物质分子结构如图7-34所示。

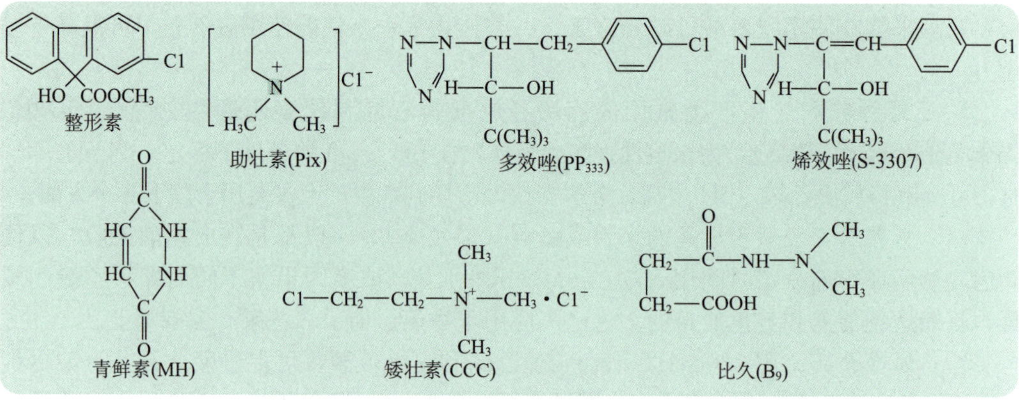

图7-34　部分植物生长抑制物质

(1) 生长抑制剂 生长抑制剂（growth inhibitor）作用于植物顶端，强烈抑制顶端优势，使植物形态发生很大的变化，且其作用不为赤霉素所逆转。

①三碘苯甲酸：三碘苯甲酸（2,3,5-triiodobenzoic acid，TIBA）可以阻止生长素运输，抑制顶端分生组织细胞分裂，使植物矮化，消除顶端优势，增加分枝。

②整形素：整形素（morphactin）能抑制顶端分生组织细胞的分裂和伸长、抑制茎的伸长和促进腋芽萌发，使植物发育成矮小灌木状。整形素还抑制植株的向地性和向光性。

③青鲜素：青鲜素也称为马来酰肼（maleic hydrazide，MH），抑制茎的伸长。其结构类似尿嘧啶，故进入植物体后可以代替尿嘧啶，阻止RNA的合成，使正常代谢不能进行，从而抑制生长。有报道指出，较大剂量的青鲜素可引起动物的染色体畸变，因而施用时应注意。

(2) 生长延缓剂 生长延缓剂（growth retardant）是抑制植物亚顶端分生组织生长的生长调节剂，能抑制节间伸长而不抑制顶芽生长，其效应可被活性赤霉素所解除。生产中广泛使用的生长延缓剂有以下几种。

①多效唑：多效唑（paclobutrazd，PP_{333}）又名氯丁唑，其生理作用主要是阻碍赤霉素的生物合成，同时加速体内生长素的分解，从而延缓、抑制植株的营养生长。多效唑广泛用于果树、花卉、蔬菜和大田作物，可使植物根系发达，茎秆粗壮，促进分枝，增穗增粒，有增强抗逆性等作用。另外还可用多效唑对海桐、黄杨等绿篱植物进行化学修剪。

②矮壮素：矮壮素（chlorocholinechloride，CCC）化学名称是2-氯乙基三甲基氯化铵，属于季铵型化合物。矮壮素能抑制赤霉素生物合成过程，所以是一种抗赤霉素剂。其与赤霉素作用相反，可以使节间缩短，植物变矮，茎变粗，叶色加深。矮壮素在生产上可防止稻麦等作物倒伏；可防止棉花徒长，减少蕾铃脱落；也可促进根系发育，增强作物抗寒、抗旱、抗盐碱能力。

③助壮素：助壮素（1,1-dimethypiperidinium chloride，Pix）化学名称是1,1-二甲基哌啶氯化物，俗称缩节安，生产上主要用于控制棉花徒长，使节间缩短，叶片变小，并且减少蕾铃脱落，从而增加棉花产量。

④比久：比久（B_9）化学名称是二甲胺琥珀酰胺酸（dimethylaminosuccinamic acid），亦称为阿拉酸。比久为赤霉素生物合成抑制剂，可抑制果树顶端分生组织的细胞分裂，使枝条生长缓慢；可抑制新梢萌发，因而可代替人工整枝。比久还可使同化产物积累，有利于花芽分化，增加每年开花数和提高坐果率。

⑤烯效唑：烯效唑又名S-3307、优康唑、高效唑 ，化学名称为（E）-（对-氯苯基）-2-（1,2,4-三唑-1-基）-4,4-二甲基-1-戊烯-3-醇。烯效唑能抑制赤霉素的生物合成，有强烈抑制细胞伸长的效果，有矮化植株、抗倒伏、增产和杀菌（黑粉菌、青霉菌）等作用。

⑥调环酸钙：调环酸钙（prohexadione-calcium）为赤霉素生物合成抑制剂，在禾谷类作物上施用有抑制徒长和抗倒伏的效果。

（二）应用植物生长调节剂的注意事项

植物生长调节剂在生产实践中得到了广泛的推广和应用。合理使用植物生长调节剂能取得良好的经济效益和社会效益。但是若对植物生长调节剂的特性认识不够和使用不当就会造成损失。为此，特提出以下几点注意事项。

1. 根据施用对象和目的选择合适的药剂 植物生长调节剂种类很多，每种植物生长调节剂通常有多种效应，且其生理效应常有重叠的部分。因此在生产实践中应根据不同对象（植物或器官）和不同的目的选择合适的药剂。例如促进插条生根宜用α-萘乙酸（NAA）和吲哚丁酸（IBA）；促进长芽则要用激动素（KT）或6-苄基腺嘌呤（6-BA）；打破休眠、诱导萌发用赤霉素（GA）等。

2. 正确掌握药剂的浓度和剂量 植物生长调节剂的使用浓度范围极大（0.1～5 000 $mg \cdot L^{-1}$），因药剂种类和使用目的而异。剂量是指单株或单位面积上的施药量，而实践中常发生只注意浓度而忽略剂量的偏向。正确的方法应该是先确定剂量，再确定浓度，这样才能在保证剂量的前提下确定合适的浓度。浓度不能过大，否则易产生药害；但也不可过小，否则无药效。

3. 先试验，再推广 为了安全起见，应先做单株或小面积试验，再中试，最后才能大面积推广，不可盲目草率。否则一旦造成损失，将难以挽回。

4. 配合其他农艺措施 植物生长调节剂不是营养物质，只起调节作用，不能代替必要的营养与施肥，因而在施用植物生长调节剂的同时，应加强水肥管理等农艺措施，才能保证获得良好效果。

本章内容概要

植物激素是内生的、通常能在植物体内移动的、在低浓度下对植物生长发育具有显著调节作用的微量有机物。植物生长调节剂是人工合成或微生物发酵生产的有类似植物激素生理活性的物质，将二者统称为植物生长物质。

生长素是第一个发现的植物激素，具有极性运输的特点。生长素生物合成的前体物是吲哚和色氨酸。生长素的生理效应包括促进伸长生长、促进插条不定根的形成、调运养分，还广泛参与植物体中发生的许多其他生理过程。运输抑制响应蛋白（TIR1）是目前公认的生长素受体。

赤霉素是一类以赤霉烷为骨架的衍生物，其生物合成前体为甲瓦龙酸，合成场所主要是顶端幼嫩部分和发育的种子，可以双向运输。赤霉素的生理效应包括促进茎的伸长生长、诱导开花、打破休眠、促进雄花分化等。赤霉素受体是 GID1 蛋白，DELLA 蛋白为赤霉素信号途径的抑制蛋白。

细胞分裂素是一类主要存在于进行细胞分裂部位，促进细胞分裂的植物激素。细胞分裂素的生理效应除了促进细胞分裂外，还能促进芽的分化、促进细胞扩大、延迟叶片衰老、打破种子休眠等。在一些植物中发现了几种定位于质膜的细胞分裂素受体，均为组氨酸激酶，有两个结构域，在质膜上以二聚体的形式存在。

脱落酸在将要脱落或进入休眠的器官和组织中较多，在逆境条件下含量会迅速增多脱落酸的生理效应包括促进休眠、促进脱落、促进气孔关闭、增强抗逆性、抑制生长、抗赤霉素的作用。脱落酸受体是 PYR 及其类似蛋白 PYL 的蛋白家族。

乙烯是最简单的一种气态植物激素，生物合成前体为蛋氨酸，直接前体为 1-氨基环丙烷-1-羧酸，植物所有活细胞中都能合成乙烯。乙烯的生理效应有改变生长习性、催熟果实、促进脱落和衰老、促进开花和增多雌花等。先后发现 ETR1、ETR2、ERS1、ERS2、EIN4 等乙烯受体。

芸薹素在植物体内含量极微，但生理活性很强，分布很广，其从头合成从甲瓦龙酸开始。芸薹素的生理作用包括促进细胞伸长和分裂、调节植株生长发育、提高抗逆性等。芸薹素的受体 BRI1 定位于质膜。

茉莉素广泛存在于植物体中，主要有茉莉酸（JA）、茉莉酸甲酯（JA-Me）和茉莉酸异亮氨酸复合物（JA-Ile）等，茉莉酸异亮氨酸复合物是主要活性形式。茉莉素可抑制生长和萌发、促进生根、促进衰老、抑制花芽分化，现已证明茉莉素受体为 COI1，抑制蛋白为 JAZ。

水杨酸可通过苯丙氨酸途径和异分支酸途径合成，有生热效应、诱导开花、增强抗性等多种生理作用。

独脚金内酯类的合成在质体中进行，能抑制侧枝与分蘖发生、诱导根寄生植物种子的萌发、促进 AM 菌丝的分枝、影响植物根的发育、调控苔藓菌落的生长、促进叶片衰老等，现已证明独脚金内酯受体为 D14，抑制蛋白为 D53。

在植物生长发育过程中，不同植物激素不仅通过各自独立的方式发挥作用，彼此间还存在复杂的互作网络。植物激素间的相互作用包括增效作用、颉颃作用和植物激素间的比例。植物激素在体内往往以结合态与游离态存在。植物生长调节剂的种类很多，应用广泛，通过合理使用可以获得良好的效益。

复习思考题

1. 试述各类植物激素的生理功能。
2. 除已被证实的植物激素外，植物体内还有哪些天然的植物生长物质？
3. 简述生长素作用的分子机理。
4. 简述泛素降解途径在植物激素信号途径及其互作中的重要意义。
5. 试述乙烯的生物合成途径及其调控因素。
6. 简述植物激素结合态的作用。
7. 试举例说明生长素类植物生长调节剂在生产上的应用。
8. 简述赤霉素在生产上的应用。
9. 试举例说明植物激素之间的相互作用。

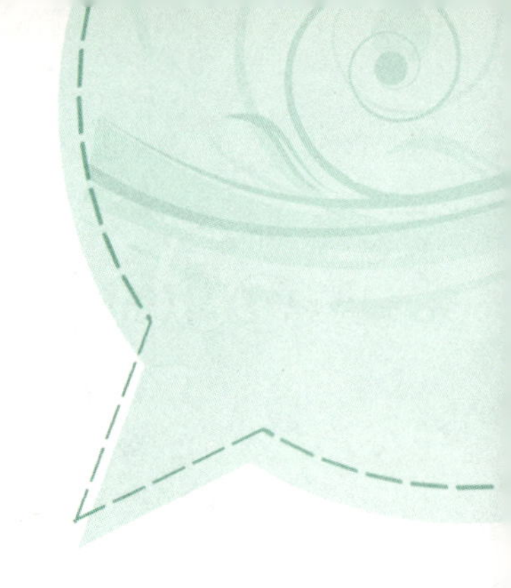

第八章 Chapter 8 植物的生长生理

Plant Growth Physiology

教学要求： 掌握种子萌发的生理生化变化及其影响因素、植物生长的周期性、植物生长相关性及其调控；理解生长、分化和发育的概念及相互关系、植物生长的基本规律、植物组织培养的原理和方法；了解植物的光形态建成与光受体、植物的休眠及其调控、植物运动的类型与特性。

重点与难点： 重点是植物生长相关性及其调控；植物组织培养的原理和方法；植物生长的基本规律。难点是植物的光形态建成与光受体。

建议学时数： 6～8 学时。

植物生长（growth）是指细胞分裂和伸长引起植物体积和质量不可逆增加的过程。分化（differentiation）是指同质细胞转变成形态结构和功能不同的异质细胞的过程。发育（development）是指在植物生活史中，细胞生长和分化形成功能特化的组织与器官的过程，也称为形态建成（morphogenesis）。生长是发育的基础，发育是生长的结果。生长发育不仅受植物内在因素控制，而且受外界环境影响。

植物营养器官的生长与农业、林业、园艺等生产有着非常密切的关系。如果以营养器官为收获对象，则营养器官的生长状况直接决定产量与品质；如果以生殖器官为收获对象，营养器官生长也通过直接影响生殖器官生长而间接影响产量和品质的形成。生产上要采取适当的调控措施，协调植物各器官的生长，才能达到高产、优质的目的。

第一节 植物生长的细胞学基础

Section 1 Cytological Basis of Plant Growth

植物组织、器官以至植株整体的生长，都是以细胞的生长为基础的，即通过细胞分裂与伸长增加其数目与体积，通过细胞分化形成不同的组织和器官。一般情况下，在种子萌发后，由于细胞分裂和新生细胞体积增大，幼苗迅速长大。同时，由于细胞分化及各种器官的形成，最后成长为完整植株。

一、植物细胞的生长与分化（Growth and Differentiation of Plant Cell）

细胞的生长发育过程可分为细胞分裂、细胞伸长和细胞分化3个阶段，各阶段在形态上和生理上表现出不同的特点。

（一）细胞分裂

1. 细胞周期 植物分生组织细胞生长到一定阶段后发生有丝分裂。分生组织细胞从一次细胞分裂结束至下一次细胞分裂结束所经历的时间，称为细胞周期（cell cycle）或细胞分裂周期（cell division cycle）（图8-1）。细胞周期包括分裂间期（interphase）和分裂期（mitotic stage）。分裂间期又可分为DNA合成前期（G_1期）、DNA合成期（S期）和DNA合成后期（G_2期）。G_1期是新生细胞形成后DNA复制开始前的细胞生长期，此时细胞内大规模进行RNA和蛋白质的合成，细胞体积也显著增加。S期是DNA复制期，DNA和相关组蛋白在此时合成，完成染色体的复制，形成两条染色单体。G_2期是DNA复制后期，细胞继续进行RNA和蛋白质的合成，为细胞分裂做好准备。G_2期完成后，细胞就进入分裂期。分裂期也称为M期，是指细胞进行有丝分裂（mitosis），形成两个子细胞的时期，包括前期、中期、后期和末期4个时期。研究表明，控制细胞周期的关键酶是细胞周期蛋白依赖性蛋白激酶（cyclin dependent protein kinase，CDK），其通过可逆磷酸化调控细胞周期进程。

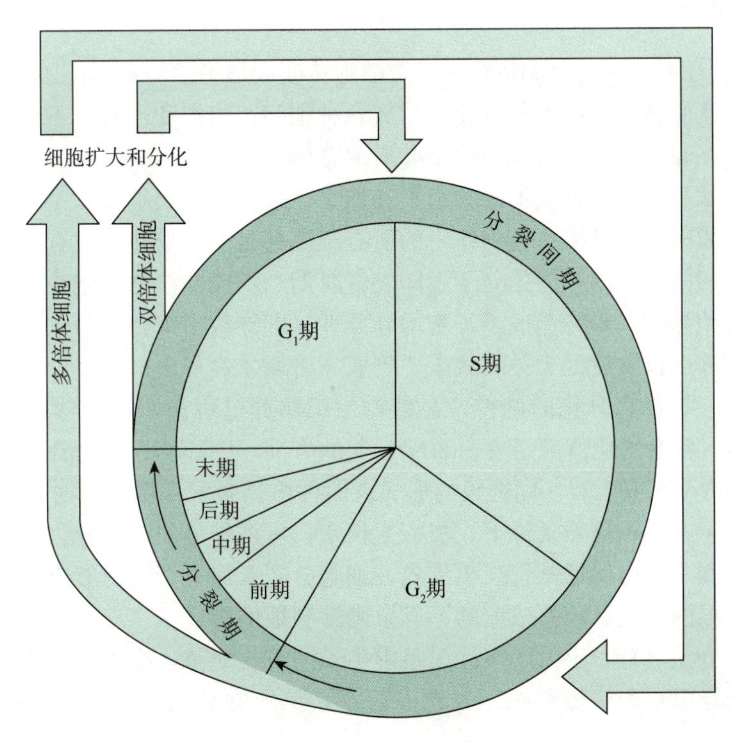

图8-1 植物细胞周期
（引自Salisbury和Ross，1992）

2. 细胞分裂期的生理特点 细胞分裂过程中核酸（尤其是DNA）含量发生显著的变化。在分裂间期的初始阶段，每个细胞核的DNA含量较低。到分裂间期的S期即细胞核体积增加到最大体积一半的时候，DNA 含量急剧增加，并维持在最高水平，然后开始进行有丝分裂。到分裂期的中期以后，细胞核分裂为两个子细胞核，每个子细胞核 DNA 含量下降。

细胞周期的长短，因植物种类和所处的条件不同而异。温度可通过影响酶的活性和生化反应的速率影响细胞分裂的进程。例如向日葵根尖细胞，在一定温度范围内，温度越高，细胞周期越短；温度越低，细胞周期越长。

植物激素也可影响细胞分裂进程。在小麦胚芽鞘和烟草茎髓的离体培养中，赤霉素可以缩短 G_1 期到 S 期所需的时间；细胞分裂素促进 S 期 DNA 的合成；生长素在细胞分裂的末期，可促进核糖体 RNA 的形成。另外，多胺可促进 G_1 期 DNA 的合成，从而促进细胞分裂。维生素，特别是 B 族维生素，例如维生素 B_1（硫胺素）、维生素 B_6（吡哆素），也能促进细胞的分裂。

（二）细胞伸长

根尖和茎尖分生组织细胞通过有丝分裂形成的新细胞，只有靠近生长点顶部的继续保持分裂能力，其余的则过渡到细胞伸长阶段。随着细胞伸长，细胞壁各种成分（例如纤维素、半纤维素和果胶）含量不断增加，细胞的体积显著增大，核酸和蛋白质的合成也随之加强。细胞伸长过程中生物合成活跃，因此代谢旺盛，呼吸速率加快、蔗糖酶和磷酸化酶的活性明显增强。

植物激素对细胞伸长也有一定的影响。例如赤霉素（GA）和生长素（IAA）促进细胞的伸长，细胞分裂素（CTK）促进细胞横向生长，乙烯（ETH）和脱落酸（ABA）抑制细胞的伸长。

（三）细胞分化

细胞分化（cell differentiation）使同质细胞转变成形态结构和功能不同的异质细胞。高等植物大都从受精卵开始不断分化，形成各种细胞、组织和器官，不同的组织和器官既有分工又相互联系，使植物成为一个有机的整体。

分生组织细胞分化发育成不同的组织和器官，是植物基因组按一定的时间和空间顺序选择性活化或阻遏的结果。植物体中的所有细胞都是由受精卵通过有丝分裂发育而来的，因而具有相同的基因。但是处于不同发育时期、不同部位的细胞在基因表达的数量和种类上是有差异的，最终造成了细胞的异质性，即导致了细胞的分化。例如胚胎中的开花基因在营养生长阶段处于关闭状态，到成花时期才表现出来。

植物激素参与器官分化的调控。在植物组织培养过程中，细胞分裂素（CTK）与生长素（IAA）含量的比值决定愈伤组织分化的方向。CTK/IAA 比值高时，促进芽的形成；CTK/IAA 比值低时，促进根的形成；两种植物激素含量相近时，愈伤组织继续生长而不分化。在组织培养条件下，加入生长素，可诱导愈伤组织分化出木质部。合适浓度的生长素和蔗糖可促进维管组织形成，细胞分裂素促进管胞的形成。另外，较高浓度的乙烯促进根的形成，较高浓度的赤霉素则抑制根的形成。

光对细胞分化也有一定的影响。黑暗中生长的黄化幼苗，组织分化能力很差，薄壁组织较多，输导组织和机械组织不发达。蔬菜栽培上常利用黄化现象来培植韭黄、蒜黄、芽苗菜等。

二、植物组织培养及其应用（Plant Tissue Culture and Its Application）

植物组织培养（plant tissue culture）是指在无菌和人工控制的环境条件下，利用适当的培养基，对离体的植物器官、组织、细胞或原生质体进行培养，使其细胞再生或形成完整植株的技术，又称为植物离体培养。从植物体上切取用于组织培养的离体部分称为外植体（explant）。组织培养技术在植物生物学基础研究领域具有重要的应用价值，同时在农业、林业、园艺、医药等生产实践中具有广泛的应用前景。

（一）植物组织培养的原理

植物组织培养的理论基础是植物细胞的全能性（totipotency），即植物体的每个生活细胞都含有个体发育的全部基因，具备在特定条件下分化发育成完整植株的潜在能力。

组织培养包括细胞脱分化和再分化过程。将外植体置于一定的培养条件下，其已分化的细胞可脱分化形成愈伤组织（callus），然后再在一定的条件下再分化，最后形成完整的植株。脱分化（dedifferentiation）又称为去分化，是指分化的细胞失去特有的结构和功能转变为未分化细胞的过程。再分化（redifferentiation）是指已经脱分化的细胞在一定条件下由愈伤组织分化出根和芽，最后形成完整植株的过程。

（二）植物组织培养的技术条件

1. 培养基 适宜的培养基（medium）是组织培养成功的关键。不同的外植体、不同的培养目的和培养方法，要求采用不同的培养基。常用的培养基通常由矿质元素、碳源、维生素、植物生长物质和有机添加物5类物质组成。碳源一般用蔗糖，浓度为20～40 $g \cdot L^{-1}$。蔗糖除作为碳源外，还有维持渗透压的作用。维生素中只有硫胺素是必需的，而烟酸、维生素 B_6 和肌醇对生长起促进作用。植物生长物质常用2,4-D和α-萘乙酸（NAA），因其不易分解，加热灭菌时比较稳定。吲哚乙酸（IAA）虽有相同效果，但加热易被破坏。此外，还有激动素（KT）、6-苄基腺嘌呤（6-BA）等。在诱导根和芽的分化时，还要注意调整细胞分裂素与生长素的比例。有机添加物常用氨基酸、水解酪蛋白、酵母汁、椰子乳等，起促进分化作用。

现有的培养基种类很多，MS和 N_6 两种培养基最常用。根据培养基的物理状态，可分为固体培养和液体培养。固体培养时需在培养基中加入琼脂等固化剂，适宜浓度一般为0.6%～1.0%（质量体积分数）。液体培养时不加固化剂，常架设纸桥或进行振荡培养以保证氧气供应。

2. 培养条件 组织培养除采用适当的培养基外，还要注意控制培养条件。首先要保证无菌，其次是调节好光照、温度等环境因子。

灭菌是组织培养的重要环节，这是因为培养基的营养丰富，微生物极易在其上生长，因此植物组织培养的整个过程都必须保持严格的无菌条件。外植体的表面要进行浸润灭菌，通常采用0.1%氯化汞、70%酒精等。培养基及接种用具也必须高温高压灭菌，金属器械采用灼烧灭菌，玻璃器皿及耐热用具可采用干热灭菌。

植物组织培养多数在室内进行，一般采用人工光照，并控制好光照度和光周期。也可在培养室顶部采用透光玻璃，利用自然光照培养。温度一般控制在25～27 ℃，或者有一定的昼夜温差（昼温25 ℃左右，夜温15 ℃左右）。

（三）植物组织培养技术的应用

1. 花粉培养和单倍体育种 利用花粉进行组织培养可以获得单倍体植株，经染色体加倍可得到纯合二倍体。与常规育种相比，单倍体育种可加速育种进程，缩短育种周期。迄今为止，已培育出水稻、小麦、玉米、烟草等多种作物的单倍体植株。通过组织培养还可诱导基因突变，用于作物育种和科学研究。

2. 植物快速繁殖 组织培养技术可用于农作物、园艺植物等的快速繁殖，解决某些植物难以利用种子繁殖的问题。组织培养快速繁殖技术具有生长周期短、繁殖系数高、可完整保存母本优良性状、取材少、培养条件可自动化控制等优点。目前，世界上80%～90%的兰花是通过组织培养进行快速繁殖的。

3. 无病毒植株的获得 营养繁殖的植物，其中的病毒可以经营养器官传播。根据病毒在植物体内分布不均匀的特点，用生长点进行组织培养，可得到无病毒植株(virus-free plant)。这能使植株复壮、增加产量，解决品种退化的问题，例如马铃薯、水仙、苹果、梨、花椰菜等，通过组织培养脱毒均取得了明显的应用效果。

4. 人工种子的生产 已发现很多植物能通过离体培养产生大量胚状体，这些胚状体用褐藻酸钠等包埋，加上人工种皮形成人工种子（artificial seed)，可直接用于大田生产。人工种子具有繁殖快速、成苗率高、不受气候影响、四季皆可工厂化生产等特点。与天然种子中的合子胚不同，人工种子中的胚是体细胞胚。

5. 药用植物的工厂化生产 药用植物某些器官或组织中含有的次生代谢物是其药理作用的物质基础，利用组织培养技术以及设计适合植物细胞培养的发酵罐可大量繁殖药用植物的细胞或愈伤组织，提高次生代谢物的含量。

6. 原生质体培养和体细胞杂交 通过酶解法去除细胞壁，进行原生质体培养，可通过原生质体融合进行体细胞杂交获得体细胞杂种，能克服有性杂交不亲和性，扩大杂交育种的范围和途径，从而创造新种质或培育优良品种。

7. 相关领域的基础研究 利用组织培养的方法，可在不受植物体其他组织器官干扰的条件下，研究特定条件下器官、组织或细胞的生长发育规律，在细胞学、遗传学、育种学等领域均有很大的应用价值。

第二节 种子的萌发
Section 2 Seed Germination

种子是种子植物特有的延存器官，播种后种子能否迅速发芽，并达到苗全、苗齐、苗匀和苗壮，直接关系到作物的优质高效生产。因此需要了解种子萌发过程中的生理变化，并为种子萌发创造适宜的环境条件。

一、种子萌发的过程（Course of Seed Germination）

在适宜的环境条件下，种子吸水膨胀、代谢活性加强、种胚开始膨大、胚根或胚芽突破种皮开始生长的现象，称为种子萌发（seed germination)。种子萌发利用种子发育成熟时所积累的储藏物质，使幼胚由静止状态转变为活跃状态，为形成独立生活的个体奠定基础。一般来说，种子萌发过程可分为吸胀、萌动和发芽 3 个阶段。

种子吸胀导致种皮软化，代谢活动加强，启动胚细胞的分裂、伸长与扩大。胚开始生长至胚根突破种皮之间的过程为萌动（露白或破胸）。当胚根的长度等于种子的长度或者胚芽突破种皮并达到种子长度一半时即为发芽。

动画：种子萌发时的物质变化过程

二、种子萌发过程中的生理生化变化（Physiological and Biochemical Changes During Seed Germination）

种子萌发过程中的生理生化变化主要包括种子的吸水、呼吸作用的变化、酶和核酸的变化以及储藏物质的转化与利用等。

（一）种子的吸水

吸水是种子萌发的首要条件。干燥的种子必须吸收足够的水分才能恢复细胞的各种代谢功能。根据非休眠种子萌发过程中种子的吸水呈现出快→慢→快的特点，可分为以下 3 个阶段（图 8-2）。

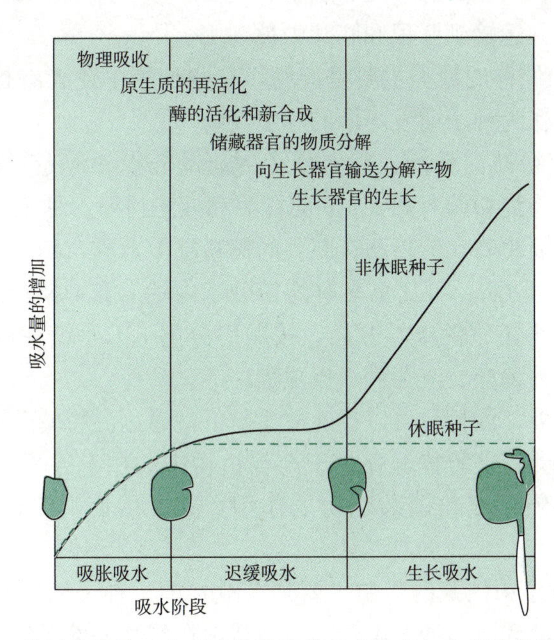

图 8-2 种子萌发的 3 个吸水阶段及其相应物理与生理生化转变过程

1. 吸胀吸水阶段 吸胀吸水阶段，依赖原生质胶体吸胀作用的物理吸水，与种子代谢无关。吸胀作用大小与种子中所含物质的亲水性有关，通常亲水性大小顺序为蛋白质种子、淀粉质种子和脂肪质种子。

2. 迟缓吸水阶段 迟缓吸水阶段，原生质的吸水趋向饱和，吸水速率减慢。与此同时，子叶或胚乳中的储藏物质开始分解为可溶性化合物并运入胚。例如淀粉被分解成葡萄糖，蛋白质被分解成氨基酸等。

3. 生长吸水阶段 生长吸水阶段，在储藏物质发生转化的基础上，胚根和胚芽中的核酸、蛋白质等原生质成分合成旺盛，细胞吸水加强。胚细胞的生长和分裂引起种子外观可见的萌动和胚的生长。当胚根突破种皮后，有氧呼吸加强，新生器官生长加快，表现为种子的渗透吸水和鲜物质量的持续增加。

（二）呼吸作用的变化

在种子的吸胀吸水阶段，干种子中的酶在吸水后活化，呼吸作用也随之增加。在迟缓吸水阶段，呼吸作用的增长暂时减慢，一方面是因为一些呼吸代谢所需的酶类还未形成，另一方面是因为这时胚根还没有突破种皮，氧气的供应受到一定限制。进入生长吸水阶段，胚根突破种皮，氧气供应得到改善，并且此时形成了更丰富的呼吸代谢酶类，呼吸作用再次迅速增加。在吸水的前 2 个阶段，二氧化碳的释放远超氧气的消耗，呼吸商（RQ）>1，到生长吸水阶段，氧气的消耗迅速增加。这表明种子萌发初期主要是进行无氧呼吸，而后有氧呼吸逐步加强。

（三）酶和核酸的变化

种子萌发所需的酶有两种来源，一是干种子中酶的活化，二是种子吸水后酶的合成。干种子中存在许多酶类，经水合后活性可得到恢复，例如小麦种子胚乳中的β淀粉酶（β-amylase）。种子萌发所需的大多数酶需要在吸水后合成，例如α淀粉酶（α-amylase）。这些酶由相应基因活化后形成。

（四）储藏物质的转化与利用

种子中储藏的有机物主要有糖类、脂肪和蛋白质等。种子萌发时，储藏的有机物被分解为小分子化合物并运输到胚根和胚芽中被利用。

1. 糖类 种子中储存的糖类主要是淀粉，有些种子中还含有棉籽糖、水苏糖等寡聚糖，这些寡聚糖可作为种子萌发早期的呼吸底物。

种子萌发时，淀粉被淀粉酶、脱支酶（debranching enzyme，亦称为R酶）、麦芽糖酶等水解为葡萄糖。淀粉酶有两种：α淀粉酶和β淀粉酶。种子萌发前仅含有β淀粉酶，萌发后才形成α淀粉酶。淀粉酶在胚乳的糊粉层中合成，然后分泌到胚乳，水解淀粉。α淀粉酶为淀粉内切酶，可任意水解淀粉分子内的α-1,4-糖苷键。β淀粉酶为淀粉外切酶，其从淀粉的非还原性末端开始，按顺序分解α-1,4-糖苷键。这两种酶共同作用，可将淀粉水解为葡萄糖、麦芽糖、极限糊精等。

除上述酶促水解外，淀粉也可以在磷酸参与下，通过淀粉磷酸化酶（P酶）降解成1-磷酸葡萄糖。淀粉磷酸化酶普遍存在于高等植物中。在禾谷类与豆类种子的萌发初期，淀粉的降解主要依靠淀粉磷酸化酶的作用。到了后期，淀粉的水解作用占主导地位。

2. 脂肪 油料种子中储藏的脂肪主要是三酰甘油。种子萌发时，三酰甘油在脂肪酶的作用下水解为甘油和脂肪酸。由于脂肪酶活性在酸性条件下较强，脂肪水解所产生的脂肪酸可提高反应介质的酸性，从而活化脂肪酶的活性。

脂肪酸经过β氧化后生成乙酰辅酶A，再经乙醛酸循环或进入三羧酸循环成为呼吸基质或经糖异生转变为蔗糖，用于胚轴生长。脂肪水解的另一产物甘油经磷酸化后变为磷酸甘油，再转变为磷酸二羟丙酮后可以进入糖酵解途径，而后经糖异生途径转变为葡萄糖、蔗糖等，或经三羧酸循环彻底氧化为二氧化碳和水。

3. 蛋白质 种子萌发时不溶性蛋白质被水解。水解蛋白质的酶有蛋白酶和肽酶两大类。蛋白质在蛋白酶的作用下分解为小肽，而后在肽酶作用下完全水解为氨基酸。蛋白质水解产生的氨基酸，既可直接合成新蛋白质，又可通过氨基交换作用形成其他种类的氨基酸，还可通过脱氨作用转变为有机酸和氨。有机酸进入呼吸代谢途径，可成为合成氨基酸的碳素骨架。游离氨过多对细胞有毒害作用，植物可将其转变为酰胺。这样，一方面解除氨的毒害，另一方面又可随时释放出氨，供植物形成新的氨基酸。此外，酰胺还是主要的氨基运输和储藏形式。

种子萌发过程中，淀粉、蛋白质、脂肪的分解和再利用可归纳为图8-3。此外，在种子萌发过程中，植酸在植酸酶的作用下分解为肌醇和磷酸。磷酸可形成含磷有机物（例如DNA、RNA、ATP以及构成细胞膜的磷脂等），参与种子萌发时的物质代谢和能量转化。肌醇可参与细胞壁的形成，对种子萌发和幼苗的生长十分重要。

4. 激素 植物激素也参与种子萌发过程，促进细胞分裂和幼胚生长等。未萌发的种子通常不含游离态生长素（IAA），但萌发初期种子内结合态生长素即转变为游离态生长素，并且继续合成新的生长素。例如落叶松种子经层积处理后吸水萌发时，生长抑制物质含量逐渐下降，而赤霉素（GA）的水平则逐渐升高。细胞分裂素（CTK）和乙烯（ETH）在种子萌发早期均有增加，而脱落酸（ABA）和其他抑制物质则明显减少。

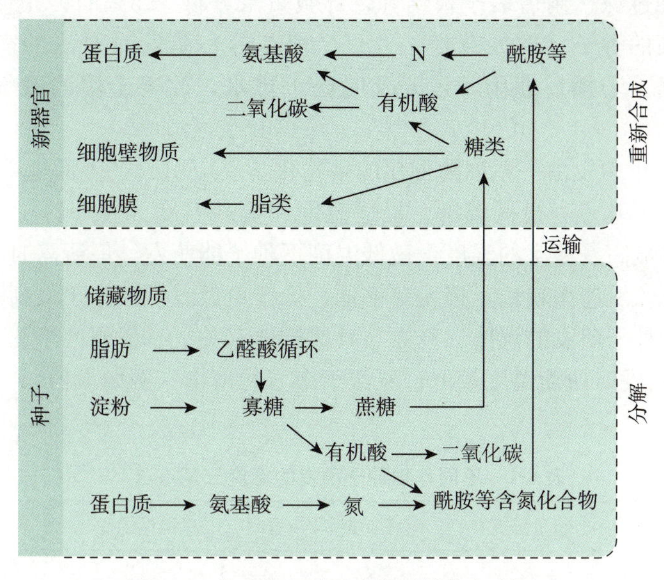

图 8-3 种子萌发过程中物质转化与利用

三、种子萌发的影响因素（Affecting Factors of Seed Germination）

（一）内部因素

种子播种到土壤后，能否正常萌发，首先是由其内部因素决定的。内部因素包括种子生活力和种子活力的高低以及是否已经解除休眠。

1. 种子生活力与种子寿命

（1）种子生活力 种子生活力（seed viability）是指种子能够萌发的潜在能力或种胚具有的生命力。通常是指一批种子中具有生命力的种子数占种子总数的比例（%）。

（2）种子寿命 种子寿命（seed longevity）是指种子从完全成熟到丧失生活力所经历的时间。种子寿命因植物种类和储藏条件的不同而有所差异。例如柳树种子的寿命极短，成熟后只在 12 h 以内有发芽能力。杨树种子的寿命一般不超过几周，而莲的种子寿命长达数百年以至千年。低温、干燥等储藏条件通常可以显著延长种子的寿命。

2. 种子活力 种子活力（seed vigor）是指种子在田间状态下迅速而整齐地萌发并形成健壮幼苗的能力，为种子发芽和出苗率、幼苗生长的潜势、植株抗逆能力和生产潜力的总和，是种子质量的重要指标。在播种时选用高活力的种子有利于形成健壮的幼苗，提高田间出苗率。

（二）外界条件

有生活力并已解除休眠的种子，其正常萌发还需有适宜的外界环境条件，主要包括充足的水分、足够的氧气和适宜的温度。有些种子萌发还受光的影响。

1. 水分 吸水是种子萌发的第一步。种子吸收足够的水分以后，各种生理生化变化才能逐渐开始。种子通常要吸收其本身质量的 25%～50%或更多的水分才能萌发，例如水稻约为 40%，棉花约为 50%，大豆约为 120%。种子吸水的程度和速率与种子成分、温度以及环境中水分有关。

2. 氧气 种子萌发过程中的物质代谢和运输都需要通过有氧呼吸来保障能量和物质的供应。因此，在种子萌发时，需要有足够的氧气。不同作物种子萌发时的需氧量不同，一般作物种子在氧浓度 10%以上才能正常萌发。若播种后氧气供应不足，例如土壤积水、播种过深、雨后表土板结等，导致氧浓度低于5%时，很多作物种子不能萌发。含脂量高的种子（例如花生、大豆、棉花等）萌发时对氧的需求更高。因此这类种子宜浅播。若播后遇雨，还要及时松土排水，改善土壤的通气条件，否则易引起烂种。

3. 温度 种子萌发由一系列酶催化的生物化学反应引起，因而也受到温度的影响。种子萌发有温度三基点：最低温度、最适温度和最高温度（表8-1）。最适温度是种子在短时间内获得最高发芽率的温度。最低温度下种子能萌发，但所需时间长，发芽不整齐。最高温度下萌发速率较快，但发芽率低。低于最低温度或高于最高温度时，种子就不能萌发。植物种子萌发的温度三基点与其原产地有关。一般原产于北方的植物（例如小麦），其种子萌发时所需温度较低；原产于南方的植物（例如水稻），其种子萌发时所需温度较高。

表8-1 不同作物种子萌发的温度三基点（℃）

作物	最低温度	最适温度	最高温度	作物	最低温度	最适温度	最高温度
小麦	0～4	20～28	30～43	水稻	8～12	30～37	40～42
大麦	0～4	20～28	30～40	烟草	10～12	25～28	35～40
大麻	0～2	37～40	50～51	棉花	10～13	25～32	38～40
高粱	6～7	30～33	40～45	花生	12～15	25～37	41～46
谷子	6～8	30～33	40～45	黄瓜	15～18	31～37	38～40
大豆	6～8	25～30	39～40	茄子	15～18	25～30	34～39
玉米	5～10	32～35	40～44	甜瓜	10～19	30～40	45～50

对于多数植物的种子，昼夜变温比恒温更有利于萌发，例如小糠草种子在21℃下萌发率为53%，在28℃下也只有72%，但在昼夜温度交替变动于28℃和21℃之间时发芽率可达95%。因此生产上常通过变温处理来提高种子萌发率。

4. 光 有些植物（例如莴苣、紫苏、胡萝卜等）的种子，在有光条件下萌发良好，在黑暗中则不能发芽或发芽很慢，这类种子称为需光种子（light seed）。另一些植物（例如韭菜、苋菜、番茄等）的种子，在光下不能正常萌发，在黑暗中反而萌发很好，这类种子称为需暗种子（dark seed）。对多数农作物的种子来说（例如水稻、大豆和棉花等），只要水、温度、氧气条件满足就能够萌发，不受光照条件的影响。

对需光种子来说，白光和波长为660 nm的红光都有促进萌发的作用，而红光效应可被随后照射的远红光（730 nm）所抵消。如果用红光和远红光交替照射处理，种子萌发状况则取决于最后一次照射光的性质（表8-2）。

表8-2 交替照射红光（R）和远红光（FR）对莴苣种子萌发率的影响

光处理	萌发率（%）	光处理	萌发率（%）
R	70	R-FR-R-FR	6
R-FR	6	R-FR-R-FR-R	76
R-FR-R	74	R-FR-R-FR-R-FR	7

注：在26℃温度下，连续以1 min的红光和4 min的远红光照射。

种子萌发需光是植物在进化过程中发展起来的一种自我保护机制，具有重要的生物学意义。需光种子一般很小，储藏物很少，只有在近地面有光条件下萌发，才能保证幼苗很快出土进行光合作用，不致在幼苗出土前因养料耗尽而死亡。杂草种子多是需光种子，处在深层土壤中保持休眠状态的杂草种子只有在耕地时被翻到地表才萌发。需暗种子则相反，因为不能在土表有光处萌发，可避免幼苗因表土水分不足而干死。

四、种子萌发的促进措施（Measures to Promote Seed Germination）

生产上常采取一些措施促进种子萌发。首先，播种时要挑选活力高的种子，出苗才能健壮、整齐。对活力偏低的种子，可通过播种前的预处理提高其活力，改善其田间成苗能力。例如将植物生长调节剂、矿质元素、杀虫剂或杀菌剂等喷施、撒施、浸种或涂于种子表面（即种子包衣）或者通过有机溶剂渗入种子，可控制有害生物的危害，同时提供种子营养，以促进萌发和提高幼苗的抗性。

渗透调节物质可通过对细胞水分的供给速度和程度的调节来控制种子萌发的速度和整齐度。常用物质是聚乙二醇（polyethylene glycol，PEG）。聚乙二醇化学稳定性高，不透过细胞壁，因而不影响细胞的生物化学反应。聚乙二醇溶液通过胶体渗透势来调控细胞吸水的程度和状态，能使种子的吸水趋于稳定和同步化，最终提高萌发率和整齐度。用氯化钙、硝酸钾等盐溶液进行引发处理，也可降低细胞渗透势，使细胞吸水趋于平稳，同时这些盐分还可以进入细胞，对代谢活动产生积极影响。

第三节　植物的生长
Section 3　Growth of Plants

一、植物生长的指标（Indexes of Plant Growth）

植物生长是一个体积或质量的不可逆增加过程。植物的株高、体积、叶面积、鲜物质量、干物质量等都可作为衡量植物生长的指标。植物生长的快慢通常用生长速率表示，有绝对生长速率和相对生长速率两种表示方法。

1. 绝对生长速率　绝对生长速率（absolute growth rate，*AGR*）指单位时间内特定植物生长指标的绝对增加量。如以 t_1、t_2 分别表示两次测定的时间，以 W_1、W_2 分别表示两次测得的数值，则有

$$AGR = (W_2 - W_1) / (t_2 - t_1) = dW/dt$$

2. 相对生长速率　相对生长速率（relative growth rate，*RGR*）指单位时间内特定植物生长指标的绝对增加量占初始值的相对比例（通常以%表示），即

$$RGR = AGR / W_1 = (W_2 - W_1) / [(t_2 - t_1) \cdot W_1] = dW / (dt \cdot W_1)$$

二、植物生长的周期性（Periodicity of Plant Growth）

（一）植物生长大周期

动画：植物生长大周期

在植物生命周期中，植株或器官的生长全过程称为生长大周期（grand period of growth）。如果以植株或器官体积等生长指标对时间作图，可得到植物的生长曲线（growth curve）。典型的生长曲线呈S形（图8-4），表现出慢→快→慢的基本规律，即开始时生长缓慢，以后逐渐加快，然后又减慢以至停止。

根据S形曲线可将植物生长大致分为4个时期：停滞期（lag phase）、对数期（logarithmic phase）、线性期（linear phase）和衰老期（senescence phase）。

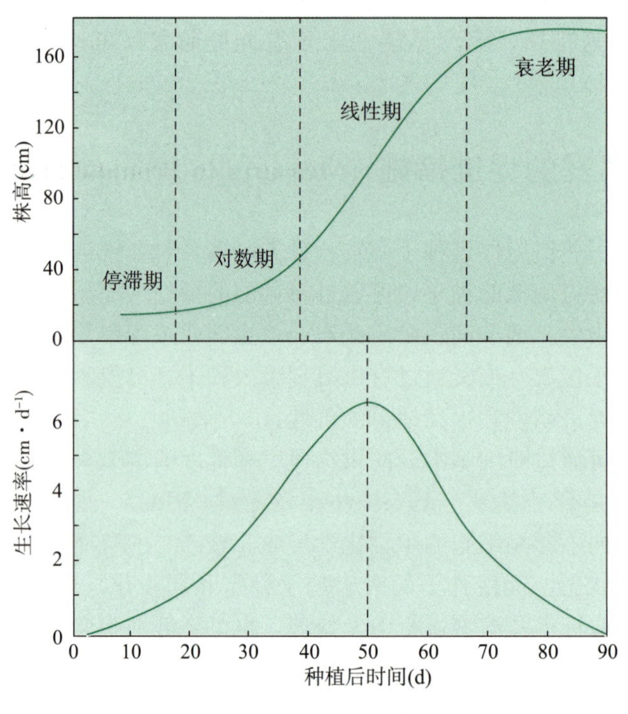

图 8-4　玉米的生长曲线

（引自李合生，2002）

植物生长曲线呈S形的原因可从细胞的生长和物质代谢的情况来分析。细胞生长经历3个时期：分裂期、伸长期和分化期，绝对生长速率呈慢→快→慢的规律性变化。器官生长初期，细胞主要处于分裂期，这时细胞数量虽能迅速增多，但物质积累和体积增大较少，因此表现出生长较慢。到了中期，则转向以细胞伸长和扩大为主，细胞内的RNA、蛋白质等原生质和细胞壁成分合成旺盛，再加上液泡渗透吸水，使细胞体积迅速增大，因而这时是器官体积和质量增加最显著的阶段，也是绝对生长速率最高的时期。到了后期，细胞内RNA、蛋白质合成停止，细胞趋向成熟与衰老，器官的体积和质量增加逐渐减慢，最后停止。

植株实际的生长曲线与典型的S形曲线通常有一定程度的偏离，这与器官和植株的发育情况及环境状况有关。

了解植株或器官的生长大周期具有重要的实践意义。根据生产需要可以在植株或器官生长最快的时期到来之前，及时地采取农业措施加以促进或抑制，以控制植株高度或器官的大小。例如为防止水稻倒伏，常用晒田来控制节间的伸长，但时间必须在基部第一节间和第二节间伸长之前，否则不仅不能控制节间伸长，还会影响幼穗的分化与生长，影响产量和品质。

（二）植物生长的昼夜周期性

自然条件下，温度的变化表现出日温较高、夜温较低的周期性。通常把植株或器官的生长速率随昼夜温度变化而发生有规律变化的现象称为温周期现象（thermoperiodicity）。植物生长的昼夜周期性变化是植物在长期进化中形成的对环境的适应性。例如番茄虽然是喜温作物，但其系统发育是在变温下进行的。在白天温度较高（23～26 ℃），而夜间温度较低（8～15 ℃）时生长最好，果实产量也最高。若将番茄放在白天与夜间都是26.5 ℃的人工气候箱中或改变昼夜的时间节奏（例如连续光照或光暗各6 h交替），虽然植株生长良好，但产量较低。如果夜温高于日温，则生长受抑更为明显。水稻在昼夜温差大的地方栽种，不仅植株健壮，而且籽粒充实，米质也好，这是因为白天气温高，光照强，有利于光合作用以及光合产物的转化与运输；夜间气温低，呼吸消耗下降，有利于同化物的积累。

（三）植物生长的季节周期性

植物的生长在一年四季中也会发生有规律的变化，称为植物生长的季节周期性（seasonal periodicity of plant growth）。这是因为一年四季中，光照、温度、水分等影响植物生长的外界因素发生有规律的变化。在温带地区，春天温度回升，日照延长，植株上的休眠芽开始萌发生长。到了夏天，温度与日照进一步升高和延长，水分较为充足，植株进行旺盛生长。到了秋天，气温逐渐下降，日照逐渐缩短，植株的生长速率下降以至停止，进入休眠状态。到了冬天，植株处于休眠状态。

植物生长的季节周期性是植物对环境周期性变化的适应。农业生产上的多种耕作模式（春播、夏长、秋收、冬藏；春播、夏收；夏播、秋收；秋播、越冬、春长和夏收）就是植物生长季节周期性的体现与应用。木材的年轮也是由于形成层在不同季节所形成的次生木质部在形态上的差异造成的。在每年生长季节的早期，由于气候温和、雨水充足，形成层的活动旺盛，所形成的木质部细胞较大，且细胞壁较薄，因而材质显得疏松，称为早材（early wood）。在生长季节的晚期，由于气候逐渐干冷，形成层活动逐渐减弱以至停止，所形成的木质部细胞小而细胞壁厚，材质显得紧密，称为晚材（late wood）。前一年的晚材和第二年的早材之间界限分明，称为年轮线。

三、植物生长的相关性（Correlation in Plant Growth）

高等植物各个器官的结构和功能虽然不同，但其生长是相互依赖和相互制约的。植物生长中器官间相互依赖和相互制约的关系被称为植物生长的相关性（correlation in plant growth）。这种相关性是通过植物体内的营养物质和植物生长物质在各器官间的相互传递或竞争来实现的。

（一）地上部与地下部的相关性

地上部与地下部的生长是相互依赖的，二者不断地进行着物质、能量和植物生长物质的交流。地下部的根系活动和生长有赖于地上部所提供的光合产物、植物激素、维生素等；而地上部的生长和活动则需要根系提供水分、矿质、植物激素、氨基酸等。例如当植物根系受到干旱胁迫时，根部会产生化学信号物质脱落酸，沿着木质部向地上部运输，导致叶片气孔导度下降，蒸腾减弱，生长变慢（图 8-5）。同时，地上部的信息变化也会沿着维管束传至地下部，例如根系可从地上部获得影响其生长的化学信号生长素（IAA）。一般而言，植物根系发达，地上部才能旺盛生长。“根深叶茂”“本固枝荣”就是这个道理。

地上部与地下部的生长还存在相互制约的一面，主要表现在二者对水分和营养的竞争上。这种竞争关系可从根冠比（root top ratio，R/T）的变化上反映出来。根冠比是指地下部根系总干物质量与地上部茎叶等器官总干物质量的比值，用于反映植物的生长状况。不同物种有不同的根冠比，同一物种在不同的生育期根冠比也有变化。例如植物在开花结实后，同化物多用于繁殖器官，加上根系逐渐衰老，使根冠比降低；而甘薯、甜菜等作物在生育后期，因大量养分向根部运输，储藏根迅速膨大，根冠比反而增高；多年生植物的根冠比还有明显的季节变化。

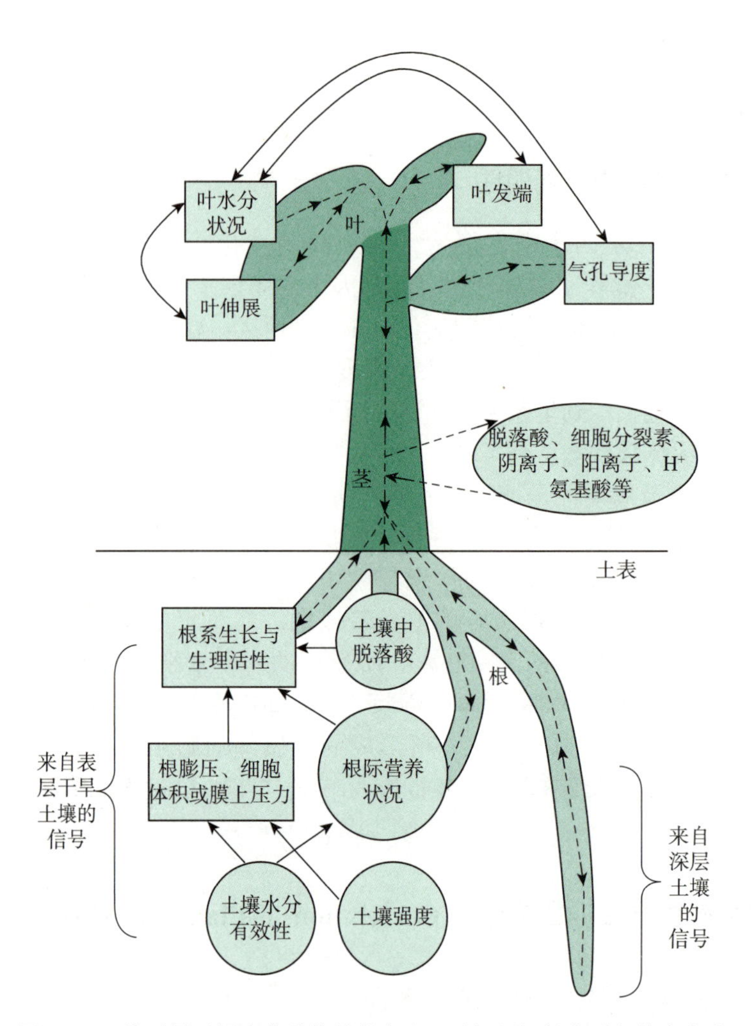

图 8-5　土壤干旱时根中化学信号的产生以及根冠间的物质与信息交流

（引自 Davies 等，1991）

（圆圈表示土壤的作用；矩形代表植物的生理过程；虚线表示化学物质的传递；
实线表示相互间影响）

土壤水分缺乏对地上部的影响远比对地下部的影响大。根系在土壤中相对容易获得水分，而地上部则依靠根系供给水分，且因枝叶大量蒸腾，所以地上部水分容易亏缺，从而使根冠比增大。反之，若土壤水分过多，氧气含量减少，则不利于根系的活动与生长，使根冠比减小。水稻栽培中的落干烤田以及旱田雨后的排水松土，能降低地下水位，增加土壤含氧量而有利于根系生长，因而能提高根冠比。

不同营养元素或不同的营养水平，对根冠比的影响有所不同。氮素少时，首先满足根的生长，运到地上部的氮素就少，其生长受抑制，使根冠比增大；氮素充足时，大部分氮素与光合产物用于枝叶生长，供应根部的数量较少，因而根的生长受到抑制，根冠比降低。磷、钾肥有调节糖类转化和运输的作用，可促进光合产物向根和储藏器官转移，通常能增加根冠比。

此外，温度和光照也会对根冠比造成一定的影响。通常根部的活动与生长所需要的温度比地上部低，故在气温低的秋末至早春，植株地上部的生长处于停滞期时，根系仍有生长，根冠比因而加大；但当气温升高，地上部生长加快时，根冠比就下降。在一定范围内，光照增强则光合产物增多，这对根与冠的生长都有利。但在强光下，空气中相对湿度下降，植株地上部蒸腾增加，组织中水势下降，茎叶的生长易受到抑制，因而使根冠比增大；光照不足时，向下输送的光合产物减少，影响根部生长，而对地上部的生长影响较小，所以根冠比降低。

在农业生产上，常通过水肥措施来调控根冠比，促进收获器官的生长，以达到增产的目的。对甘薯、胡萝卜、甜菜、马铃薯等收获地下器官的作物，在生长前期应注意氮肥和水分的供应，以增加光合面积，多制造光合产物；中后期则要施用磷钾肥，并适当控制氮素和水分的供应，加快光合产物向地下部的运输和积累，从而促进地下部的生长。

（二）顶端生长与侧向生长的相关性

1. 顶端优势及其表现 植物的顶芽长出主茎，侧芽长出侧枝，通常主茎生长很快，而侧枝或侧芽生长较慢。这种植物的顶芽或主根生长占优势而抑制侧芽或侧根生长的现象，称为顶端优势（apical dominance，terminal dominance）。除顶芽外，生长中的幼叶、节间和花序等都能抑制侧芽的生长，根尖能抑制侧根的发生和生长。

顶端优势现象普遍存在于植物界，但各种植物表现不尽相同。向日葵、玉米、黄麻等草本植物的顶端优势很强，一般不分枝。雪松、水杉等木本植物的顶端优势也较明显，越靠近顶端的侧枝生长受到抑制越强，从而形成宝塔形树冠。有些植物顶端优势不明显，例如柳树以及灌木等。同一植物在不同生育时期，其顶端优势也有变化。例如水稻、小麦在分蘖期顶端优势弱，分蘖节上可多次长出分蘖；进入拔节期后，顶端优势增强，主茎上不再长分蘖。玉米顶芽分化成雄穗后，顶端优势减弱，下部几个节间的腋芽开始分化成雌穗。许多树木在幼龄阶段顶端优势明显，树冠呈圆锥形，成年后顶端优势变弱，树冠变为圆形或平顶。由此也可以看出，植物的分枝及株型在很大程度上受到顶端优势强弱的影响。

2. 顶端优势产生的原因 关于顶端优势产生的原因，目前主要存在以下两种学说。

（1）*营养学说* Goebel（1900）提出的营养学说认为，由于顶芽分生组织比侧芽分生组织形成早，竞争优势大，能优先生长，并垄断了大部分营养物质，而侧芽因缺乏营养物质而生长受到抑制，这种情况在营养缺乏时表现得更为明显。其依据是解剖结构，侧芽与主茎之间没有维管束的连接，而顶芽输导组织发达，竞争营养的能力强。例如亚麻植株在缺乏营养时，侧芽生长完全被抑制，而在营养充足时侧芽可以生长。但该假说未涉及植物激素对芽生长的调节作用。

（2）*生长素学说* Thimann 和 Skoog（1934）提出的生长素学说，认为顶芽抑制侧芽生长是由于顶芽合成生长素并极性运输到侧芽，侧芽对生长素比顶芽敏感，因而生长受到抑制。若去除顶芽后，侧芽即可生长。外施生长素（IAA）可代替植物顶端的作用，抑制侧芽的生长。而施用生长素运输抑制剂，或对主茎作环割处理阻止生长素下运，则处理部位下方的侧芽生长。

除生长素外，其他植物激素与顶端优势也有一定的关系。独脚金内酯可抑制分枝，加强顶端优势，而细胞分裂素可以解除顶端优势，促进侧芽萌发生长。而且上述植物激素之间是互作的，即生长素、细胞分裂素和独脚金内酯互作调控顶端优势。

3. 顶端优势与农林业生产 生产上有时需要利用和保持顶端优势，例如麻类、烟草和高粱等作物以及用材树木，需控制其侧枝生长，而使主茎强壮，挺直。有时则需消除顶端优势，以促进分枝生长。例如棉花打顶和整枝、瓜类摘蔓、果树修剪等可调节营养生长，合理分配养分；花卉打顶去蕾，可控制花的数量和大小；茶树栽培中弯下主枝可长出更多侧枝，从而提高茶叶产量；绿篱修剪可促进侧芽生长，从而形成密集灌丛状。一些植物生长调节物质可调控顶端优势，例如使用三碘苯甲酸可抑制大豆顶端优势，促进腋芽成花，提高结荚率；比久（B_9）对多种果树有克服顶端优势、促进侧芽萌发的效果。

4. 根系的顶端优势 不同植物的根系也会表现出顶端优势的差异。直根系植物（例如棉花、萝卜等）主根抑制侧根生长明显；而须根系植物（例如水稻、小麦等）根系生长则没有明显的顶端优势。生产上移栽树木、棉花、菜苗时，使主根在一定程度上受伤可促进侧根生长，有利于根系吸收营养物质。对于栽培萝卜、胡萝卜、山药等以主根为收获目标的作物时，只能采用直播法，不可采取移栽法。

（三）营养生长与生殖生长的相关性

植物的营养生长（vegetative growth）是指根、茎、叶等营养器官的生长。生殖生长（reproductive growth）是指花、果实、种子等生殖器官的形成与生长。当植物的营养生长进行到一定程度后，就会转入生殖生长阶段。花芽分化是生殖生长开始的标志。在植物的生长发育进程中，营养生长和生殖生长虽是两个不同阶段，但二者相互重叠，不能截然分开，存在着既相互依存又相互制约的关系，这主要表现在对有机养料的分配上。

在营养器官中，叶是主要的同化器官，对生殖生长具有重要的作用。植物营养生长健壮，叶面积适宜，有机营养充足，果实发育好，则产量高。如果营养生长不良，叶面积小，开花数目变少，坐果少，果实发育慢，果实小，则产量低。但并不是说叶面积越大越好，在一定范围内，叶面积的增加会促进果实的生长；如果叶面积过大，茎叶生长过于旺盛，反而影响果实和种子的生长。例如水稻、小麦前期肥水过多，造成茎叶徒长，会延迟幼穗分化，空瘪粒增加；后期肥水过多，则造成贪青迟熟，影响粒重。又如果树、棉花等，若枝叶徒长，会造成不能正常开花结实甚至发生落花落果现象。

生殖器官生长也影响着营养器官生长。过早进入生殖生长，就会抑制营养生长。例如大豆在自然状态下开花结实后，营养器官的生长就日渐减弱，最后衰老死亡；如果不断摘除花芽，则营养器官就可继续生长，衰老延迟。

根据植物生长的规律可以调节植物营养生长和生殖生长的关系，使其向着有利于人们需求的方向发展。一次开花植物水稻、玉米、竹子等，营养生长在前，生殖生长在后，开花后植株逐渐衰老死亡。多次开花植物，营养生长与生殖生长往往交叉进行，开花后并不导致植株死亡，只是引起营养生长速率的降低甚至停止生长。在多年生的果树生产中，可调节营养生长与生殖生长的矛盾，达到年年丰产。例如苹果、梨、荔枝、龙眼等多年生果树，具有大小年现象，当年产量高，次年产量就低。其原因是大年时，果树生殖生长过旺，消耗了大量的养分，影响了植株当年的营养生长，从而影响来年的花芽分化，使花果减少；小年时的情况则正好相反。因此可采取疏花疏果等措施来平衡生殖生长与营养生长，消除大小年现象。对于以营养器官为收获物的植物茶树、桑树、麻类及叶菜类，则可通过供应充足的水分，增施氮肥，摘除花芽等措施来促进营养器官的生长，抑制生殖器官的生长。

四、植物的极性与再生（Polarity and Regeneration of Plant）

极性（polarity）是植物分化和形态建成中的一个基本现象，通常是指器官、组织甚至细胞在形态学两端存在生长发育和生理生化特性的显著差异。再生（regeneration）是指植物体因受伤或生理原因而失去组织或器官后，在伤口或脱落部位恢复生长形成新生组织或器官的现象。再生现象广泛存在于植物中，例如叶插长出根、茎，枝插长出叶、根，根插长出枝、叶。植物的再生对其生存和繁衍具有重要意义。

将柳树枝条挂在潮湿的空气中，会再生出根和芽，但是不管是正挂还是倒挂，总是在形态学的上端长芽、形态学下端长根，而且越靠形态学上端切口处的芽越长，越靠形态学下端切口处的根越长（图 8-6）。这种茎的形态学下端只产生根，而其形态学上端只产生芽的现象，就是茎的极性的表现。根的切段在再生植株时也有极性，通常是在近根尖的一端形成根，而在近茎端形成芽。叶片在再生时也表现出极性。不同器官的极性强弱不同，一般来说，茎>根>叶。

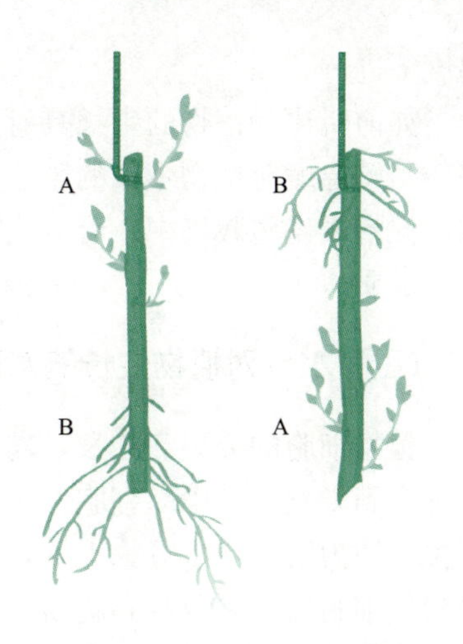

图 8-6　柳树枝条的极性
A. 形态学上端　B. 形态学下端

事实上，合子在形成后的第一次细胞分裂前就已产生极性。关于极性产生的原因，一般认为与生长素的不平衡分布和极性运输有关。由于生长素在茎中的极性运输，使形态学下端生长素与细胞分裂素的比值（IAA/CTK）较大，诱导形成愈伤组织，并分化出不定根；而生长素与细胞分裂素的比值（IAA/CTK）较小的形态学上端长出芽来。这是由于不同器官生长素的极性运输强弱不同（茎>根>叶）。

五、环境条件对植物生长的影响（Influence of Environmental Factors on Plant Growth）

植物的生长既受其遗传等内部因素的控制，又受外界环境条件的影响。在自然条件下，影响植物生长的外界环境条件主要包括温度、水分、光照、矿质营养等。

（一）温度对植物生长的影响

温度通过影响酶的活性及各种代谢过程而影响生长。温度不但影响水分与矿质的吸收，而且影响物质的合成、转化、运输与分配，从而影响细胞的分裂与分化。植物的正常生长要在一定的温度范围内才能进行，在此温度范围内，随着温度的升高，生长加快。植物生长的最低温度、最适温度和最高温度称为生长的温度三基点（three critical points）。温度三基点与植物的原产地有关，原产于热带及亚热带的植物，其温度三基点较高，而原产于温带的植物，其温度三基点则较低（表 8-3）。

表 8-3　主要农作物生长的温度三基点（℃）

作物	最低温度	最适温度	最高温度
水稻	10～12	20～30	40～44
小麦	0～5	25～31	31～37
向日葵	5～10	31～37	37～44
玉米	5～10	27～33	44～50
大豆	10～12	27～33	33～40
南瓜	10～15	37～44	44～50
棉花	15～18	25～30	30～38

生长的最适温度是指植物生长最快时的温度。这个温度对于植物健壮生长来说，往往不是最适宜的。因为植物生长最快时，物质较多用于生长，体内物质消耗太多，反而没有在较低温度下生长得那么健壮。能使植物生长健壮，比最适温度（生理最适温度）稍低的温度称为协调最适温度。在生产实践上为了培育健壮植株，往往需要在协调最适

温度下进行。

如前所述，植物的生长具有温周期性，一般在日温较高、夜温较低的情况下生长较好。了解温度对植物生长的影响，对指导农业、园艺、林业等生产实践有重要的意义。如在温室或设施栽培中，可以通过调节昼夜温度的变化，促进作物生长发育，以提高产量和品质。

（二）水分对植物生长的影响

植物细胞的分裂和伸长，需在水分充足的情况下进行。植株缺水时，细胞分裂和伸长都受到影响，其中以细胞伸长对缺水更为敏感。小麦、玉米等禾谷类作物从分蘖末期到抽穗期为第一个水分临界期，若此时缺水，不仅严重影响穗下节间的伸长，而且影响花粉母细胞的正常分裂和花粉形成。

土壤水分亏缺时，根生长慢且发生木栓化，吸水能力降低。土壤水分过多时，通气不良，根短且侧根数增多。其原因是土壤淹水情况下，形成缺氧条件，根尖的细胞分裂明显被抑制。

充足的水分促进叶片的生长，使叶片大而薄。相反，水分不足时，叶生长受阻，叶小而厚。

（三）光照对植物生长的影响

光对植物生长既有直接影响，也有间接影响。其直接影响是指光对植物形态建成的作用；间接作用是作为光合作用的能源，为植物生长提供必要的物质和能量。光促进幼叶的展开，抑制茎的伸长。例如黑暗中生长的马铃薯幼苗比光下生长的幼苗要高（图8-7）。蓝光对植物生长有明显的抑制作用，紫外线的抑制作用更强。高山上的植物长得矮小，主要因为高山上的温度较低且紫外线强的缘故。光对植物生长的抑制作用与光对生长素的破坏有关。因为光照可促进吲哚乙酸（IAA）氧化酶的活化，加速吲哚乙酸的分解，抑制植物的生长。

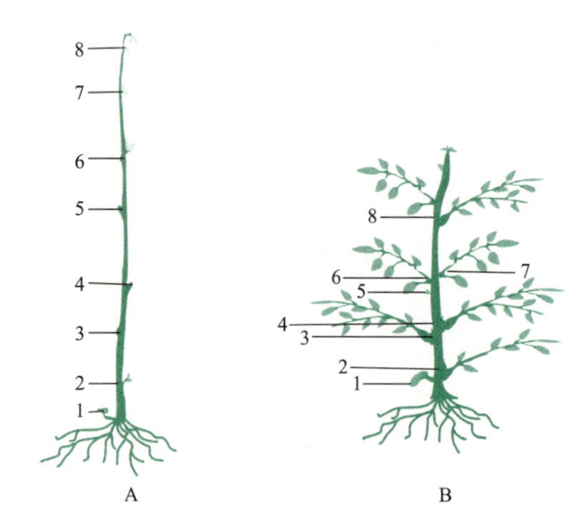

图 8-7　光对马铃薯幼苗生长的影响

A. 黑暗中生长的幼苗　B. 光下生长的幼苗　1～8. 茎节的顺序

黑暗中生长的幼苗与光下生长的幼苗在形态上也有很大差异。黑暗中生长的幼苗，茎叶黄化无叶绿素，称为黄化苗。其茎细长而柔弱，机械组织不发达，顶端呈弯钩状，节间很长，叶片细小、不能展开。黑暗中生长产生黄化苗的现象被称为**黄化现象（etiolation）**。

在农林业生产中，要根据光影响植物生长的特点，为植物生长创造适宜的光照条件。例如利用黄化现象可以在黑暗中培养韭黄、蒜黄、豆芽等，其茎内机械组织不发达，幼苗柔嫩多汁。作物栽培中，要合理密植，避免因栽种过密而导致群体内光照减弱，不但影响光合作用，而且使茎秆长得细弱，容易倒伏。在水稻育苗时，采用浅蓝色塑料薄膜有利于培育壮秧，因为浅蓝色薄膜可大量透过 400～500 nm 的蓝紫光，既可起增温效果，又可抑制幼苗的徒长，促使幼苗强壮。

(四) 其他因素对植物生长的影响

1. 土壤 土壤中常含有植物生长必需的矿质元素。植物缺乏必需元素会引起生理失调，影响生长发育，并出现特定的缺素症状。另外，土壤中还存在许多促进植物生长的有益元素和抑制植物生长的有毒元素。无氧条件下，土壤积累还原性物质如 NO_2^-、Mn^{2+}、Fe^{2+}、H_2S 等，对根生长有害。

2. 大气 大气中的氧、二氧化碳和水分等对植物生长影响很大。氧为一切需氧生物生长所必需，大气含氧量相对稳定（约 21%），所以植物的地上部通常不会缺氧，但土壤在过分板结或含水过多时，常因空气中氧不能向根系扩散而使根部因缺氧生长不良，甚至坏死。二氧化碳常成为光合作用的限制因子，田间空气的流通以及人为提高空气中二氧化碳浓度，常能促进植株生长。大气相对湿度会通过影响蒸腾作用来改变植株的水分状况，从而影响植株生长。

3. 其他生物 植株的生长还受其他生物的影响。寄生物（可以是动物、植物和微生物）有时能伤害或抑制寄主植物的生长，例如菟丝子（*Cuscuta chinensis*）寄生在大豆上会严重危害大豆植株的生长。寄生物有时能引起寄主植物的不正常生长，如形成瘤瘿。在共生情况下则双方的生长均受到促进，例如根瘤菌与豆类的共生。

第四节 植物的光形态建成
Section 4 Plant Photomorphogenesis

光不仅是绿色植物光合作用的必需因子，而且是植物生长发育的调控因子。因此在影响植物生长发育的环境因子中，光是最重要的因子之一。植物依赖光信号来控制细胞的分化以及组织和器官的建成，即光参与控制植物发育的过程，称为光形态建成（photomorphogenesis），即光控制形态发生的过程。

光合作用将光能转变为化学能，其中光是能量来源。而在光形态建成过程中，光是作为一种信号激活光受体，诱导细胞内一系列反应，最终表现为形态结构的变化。光形态建成是低能反应，所需能量远低于光合作用光补偿点的能量。

植物体内存在光受体（photoreceptor）或称为光敏受体（light sensitive receptor），以吸收不同波长、强度和方向的光。目前已知的光受体主要有 4 种：①光敏色素，吸收红光及远红光；②隐花色素，吸收蓝光和长波紫外线；③向光素，吸收蓝光和长波紫外线；④紫外线 B（UV-B）受体，吸收 280～320 nm 的紫外线。

一、光敏色素（Phytochrome，PHY）

(一) 光敏色素的发现和分布

红光（650～680 nm）对形态建成的效应可被随后照射的远红光（710～740 nm）所逆转的现象导致了光敏色素的发现。这种现象首先在莴苣种子萌发过程中得到证实，后来发现在茎叶的生长以及开花的诱导等过程中也有此现象。Flint 等（1935）发现红光能促进种子萌发，而远红光能抑制其萌发（图 8-8）。Borthwick 等（1952）用红光和远红光交替照射莴苣种子，发现种子萌发受到促进或抑制只与最后一次照射的波长有关，而与红光与远红光交替的次数无关。Butler 等（1959）研制出双波长分光光度计，通过测定黄化玉米幼苗的吸收光谱，发现吸收红光和远红光并且可以相互转化的光受体是具有两种存在形式的单一色素，并成功地分离出这种可逆转换的光受体，称为光敏色素（phytochrome）。

光敏色素广泛存在于植物中，其在植株体内各器官的分布不均匀。含蛋白质丰富的各种分生组织（例如禾本科植物的胚芽鞘尖端、黄化豌豆幼苗的弯钩等）含有较多的光敏色素。在细胞中，光敏色素主要分布在细胞质和细胞核等部位。

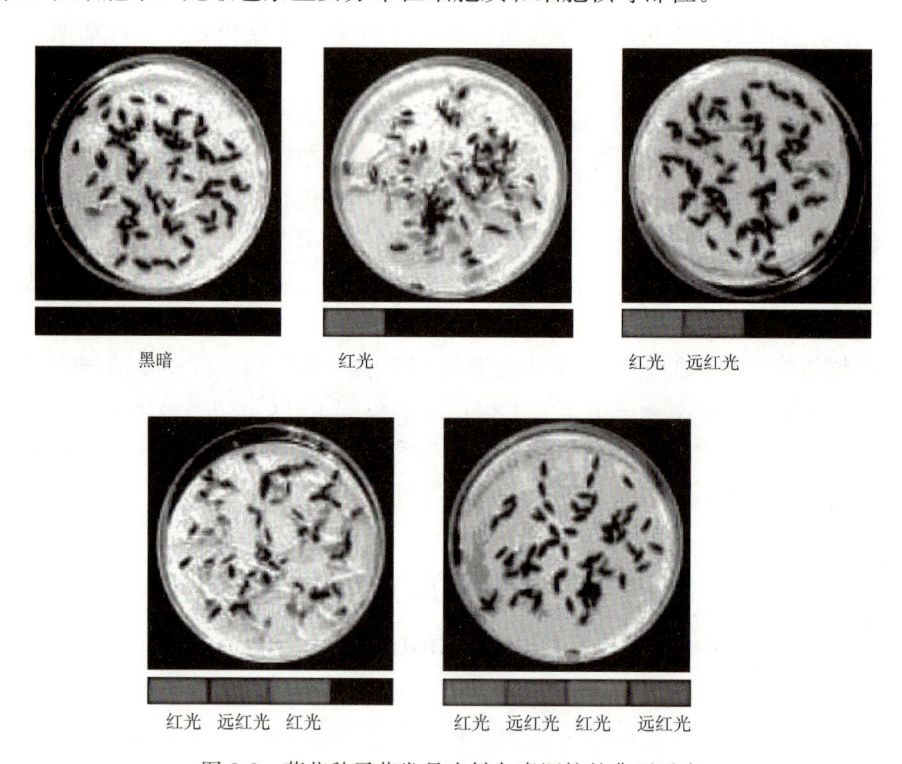

图 8-8　莴苣种子萌发是光敏色素调控的典型反应

（引自 Taiz 和 Zeiger，2010）

（红光促进莴苣种子的萌发，但这种作用可被远红光所逆转。吸胀的种子经红光与远红光交替处理，光处理的效应依赖于最后一次照光处理）

（二）光敏色素的结构与性质

光敏色素是一类易溶于水的色素蛋白质，相对分子质量约为 250 000，为 2 个亚基组成的二聚体。其中每个亚基有两个组成部分：生色团（chromophore）和脱辅蛋白质（apoprotein），二者合称为全蛋白质（holoprotein）。光敏色素生色团是长链状连接的 4 个吡咯环，与藻胆素的生色团结构相似，相对分子质量为 612，具有独特的吸光特性。光敏色素有两种类型：红光吸收型（red light absorbing form，P_r）和远红光吸收型（far-red light absorbing form，P_{fr}），在暗中生长的或黄化的植物中，光敏色素以 P_r 存在，这种蓝色的非激活型可被红光转化为蓝绿色的 P_{fr}。反过来，远红光照射后，P_{fr} 可转化成 P_r。这种转变或光逆转现象是光敏色素最显著的特征。两种类型光敏色素的吸收光谱不同，P_r 的吸收峰在 660 nm，而 P_{fr} 的吸收峰在 730 nm（图 8-9）。当 P_r 吸收 660 nm 红光后，就转变为 P_{fr}，而 P_{fr} 吸收 730 nm 远红光后，会逆转为 P_r。P_{fr} 是生理激活型，P_r 是生理钝化型。图 8-10 是 P_r 和 P_{fr} 生色团的可能结构以及与脱辅基蛋白多肽相连接的部位。脱辅基蛋白质单体的相对分子质量约为 1.25×10^5，其半胱氨酸残基通过硫醚键与生色团相连接（图 8-10）。

光敏色素生色团的生物合成是黑暗条件下在质体中进行的，类似于脱植基叶绿素的合成过程，二者都具有 4 个吡咯环。生色团在质体中合成后被运送到细胞质溶胶，与核基因编码的脱辅基蛋白质装配形成光敏色素全蛋白质（图 8-11）。

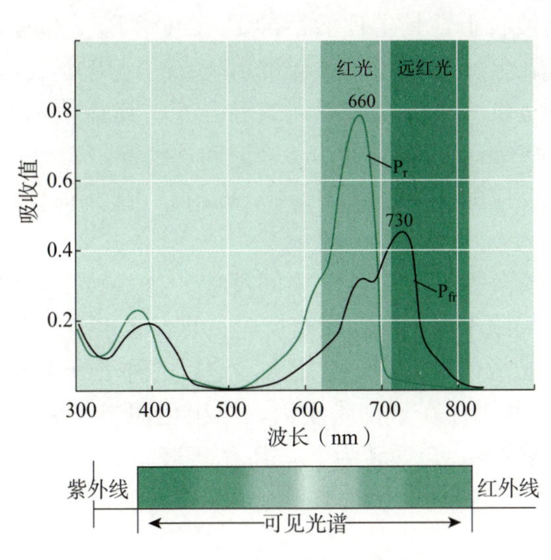

图 8-9 光敏色素的吸收光谱
（引自 Taiz 和 Zeiger，2010）

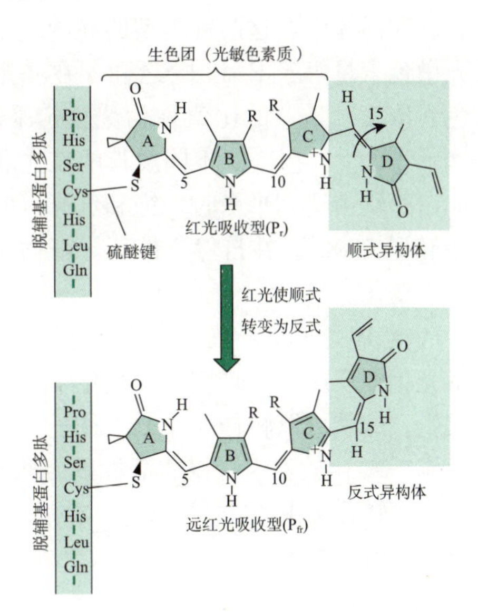

图 8-10 光敏色素生色团的结构以及与脱辅基蛋白多肽的连接
（引自 Taiz 和 Zeiger，2010）

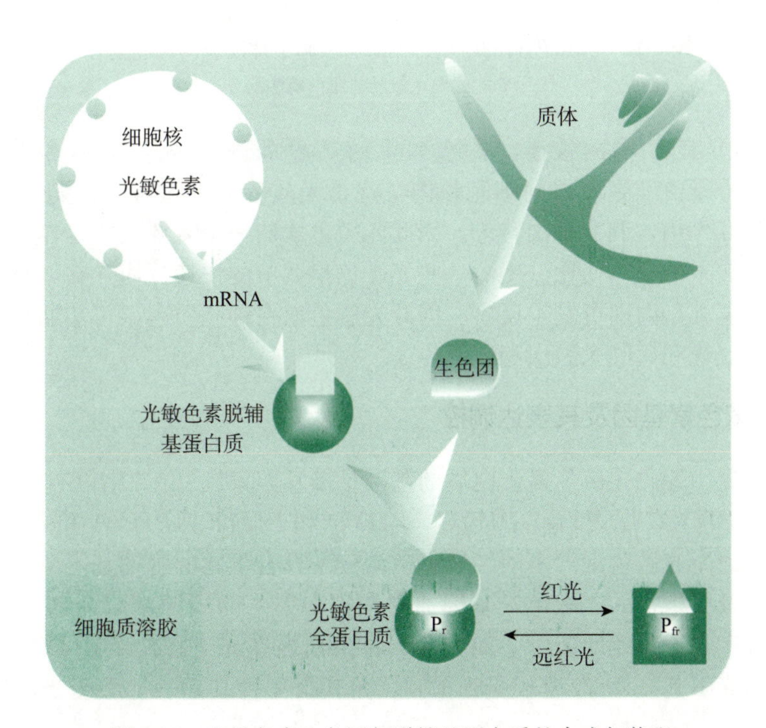

图 8-11 光敏色素生色团与脱辅基蛋白质的合成与装配
（改编自潘瑞炽，2001）

在 P_r 和 P_{fr} 相互转化的过程中，生色团和脱辅基蛋白质会发生构象变化。例如 P_r 生色团吸光后，吡咯环 D 的 C_{15} 和 C_{16} 之间的双键旋转，进行顺反异构化，导致 4 个吡咯环构象发生变化（图 8-10）。当 P_r 转变为 P_{fr}时，生色团吸光后发生变化带动脱辅基蛋白质也产生变化。P_r 氨基末端暴露在分子表面，而 P_{fr}的氨基末端隐蔽在内部。

（三）光敏色素的光化学转换

从图 8-9 可见，P_r 和 P_{fr}对短于 700 nm 的各种光都有不同程度的吸收，有相当多的重叠。在活体中，这两种类型的光敏色素是平衡的，这种平衡决定于光源的光波成分，总光敏色素量等于 P_r 和 P_{fr}之和。在一定波长下，具生理活性的 P_{fr}浓度［P_{fr}］和总光敏色素浓度［P_t］的比值称为光稳定平衡（photo-stationary equilibrium），用 Φ 表示，即 $\Phi=[P_{fr}]/[P_t]$。不同波长的红光和远红光可组合成不同的混合光，其 Φ 值不同。例如白芥幼苗达到平衡时，饱和红光（660 nm）的 Φ 值是 0.8；饱和远红光（718 nm）的 Φ 值是 0.025。在自然条件下，植物光反应的 Φ 值为 0.01～0.05 时就可以引起显著的生理变化。

P_r 与 P_{fr}之间的转变包括几个时间为数微秒至数毫秒的中间反应。这些转变过程，包括光化学反应和黑暗反应。光化学反应局限于生色团，黑暗反应只有在含水条件下才能发生。这就可以解释为什么干种子没有光敏色素反应，而用水浸泡后的种子有光敏色素反应。P_r 比较稳定，以非活性的二聚体形式存在于细胞质内，当生色团吸光后发生异构化可转化为 P_{fr}。P_{fr}不稳定，在黑暗条件下，会逆转为 P_r，P_{fr}浓度降低；P_{fr}也可被蛋白酶降解（图 8-12）。

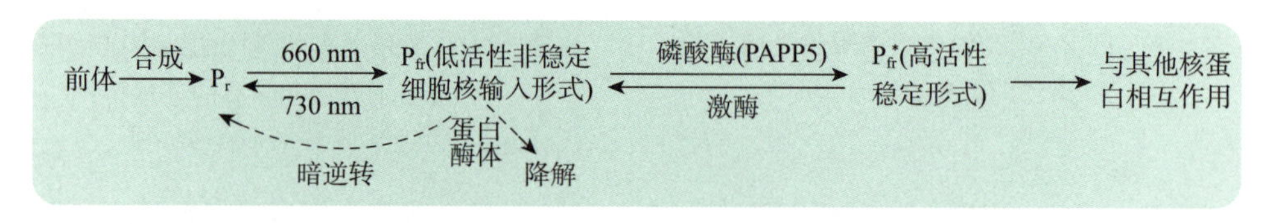

图 8-12　光敏色素的产生、代谢与引起生理反应的可能途径

PAPP5. 光敏色素相关蛋白磷酸酶 5

P_{fr}形成后，其 C 端的核定位序列（nuclear localization sequence，LS）暴露出来，导致光敏色素分子由细胞质移向细胞核内，这是光质依赖的过程。P_{fr}进入细胞核内即与转录因子相互作用，调节基因转录。因此光敏色素的一个重要功能是作为光激活的开头，调控基因转录的整体变化。然而一些光敏色素调节的快速反应，在红光或远红光处理后几分钟甚至几秒内即可发生反应。因此光敏色素在细胞质内很可能通过调节膜电势和离子流而对红光和远红光做出相应反应。

（四）光敏色素基因及其表达调控

近年来发现，编码光敏色素蛋白质的基因是多基因家族。在拟南芥中该家族至少存在 5 个成员：*PHYA*、*PHYB*、*PHYC*、*PHYD* 和 *PHYE*。*PHYA* 和 *PHYB* 编码的蛋白质可组装成全光敏色素。不同的光敏色素分子具有不同的脱辅基蛋白质，但其生色团结构相同。其他植物的光敏色素基因通常按拟南芥中的同源基因命名。PHYA 见光易分解，较多存在于黄化幼苗中，而其他 4 种蛋白质在光下稳定。*PHYA* 的表达受光的负调节，在光下其 mRNA 合成受到抑制。而其余 4 种基因表达不受光的影响，属于组成型表达。

光敏色素 N 端包括与二聚化有关的结构域 PAS、与生色团结合的结构域 GAF 和维持光敏色素 P_{fr}稳定的结构域 PHY。光敏色素分子 N 端和 C 端之间的铰链区在 P_r 和 P_{fr}相互转化中起关键作用。铰链区下游有两个 PAS 相关结构域 PRD，可调控光敏色素的二聚化。C 端是组氨酸激酶相关结构域 HKRD，为光敏色素自磷酸化所必需。

（五）光敏色素的生理作用

判断一个反应是否受光敏色素的调节，需检验此反应是否属于典型的红光、远红光可逆反应。目前已知很多反应受光敏色素的调节，包括种子萌发、茎和叶伸长、气孔分化、叶绿体和叶片运动、花的诱导和花粉育性等。以往对光敏色素生理功能的研究大都集中在植物的外部形态和生理方面，即光形态建成效应。近年来发现光敏色素可明显激活 rRNA 顺反子的转录，促进 rRNA 前体的形成，以及控制聚核糖体的形成。例如玉米照射红光 1 min 后，其叶绿体中 *PSAA*、*PSAB*、*ATPE*、*ATPH* 和 *PSBO* 等基因的转录本增加 2～4 倍，照射远红光后，其 mRNA 的增幅降低。光合碳循环中的 1,5-二磷酸核酮糖羧化酶/加氧酶（Rubisco）大亚基编码基因 *RBCL* 和小亚基编码基因 *RBCS* 的转录可被光敏色素协同调节。此外，光还能促进翻译的起始过程，加速叶绿体蛋白质的合成。

（六）光敏色素的信号途径

在光形态建成过程中，光敏色素介导光调控的基因表达发生快速改变，从而导致代谢的长期改变。基因转录级联反应的光激活与抑制过程非常快速。光敏色素蛋白质的细胞核输入是转录调控的关键控制点之一，这与激发光敏色素活性的光质密切相关。如 PHYA 的细胞核输入主要受远红光调节，而 PHYB 的细胞核输入受红光调节并可被远红光逆转。光敏色素的活性受磷酸化状态调控。光敏色素相关蛋白磷酸酶 5（phytochrome-associated protein phosphatase 5，PAPP5）是光敏色素的互作因子，其通过去磷酸化增强光敏色素的光稳定性及与下游因子的相互作用，以增强相关生理反应。未知激酶催化的光敏色素自我磷酸化可驱动其向低活性磷酸化状态变化，导致不能与下游因子有效结合，影响光敏色素的反应活性。

在光敏色素信号转导过程中，光敏色素相互作用因子（phytochrome-interacting factor，PIF）主要作为负调节子参与基因的转录调控。其中螺旋-环-螺旋（bHLH）转录因子 PIF3 研究较为明确，其可与 PHYA 和 PHYB 相互作用。光敏色素相互作用因子或类光敏色素相互作用因子蛋白（PIF-like protein，PIL）家族成员定位于细胞核内并能与 DNA 结合，该家族中至少有 5 个成员可选择性与活性 P_{fr} 光敏色素相互作用。光敏色素诱导的基因表达还涉及蛋白的降解。*COP1*（constitutive photomorphogenesis 1）编码 E_3 泛素蛋白连接酶，参与蛋白质的泛素化降解。PHYA 在光下不稳定，原因就是 COP1 催化其泛素化，促使降解。COP1 还能与一些参与光反应的蛋白质（例如转录因子 HFR1、HY5 和 LAF1）互作，使其成为黑暗条件下降解的靶标。在光下，COP1 从细胞核内转移到细胞质，解除其与细胞核定位转录因子的相互作用，这些转录因子则可与下游靶基因启动子结合，调控基因表达而影响光形态建成。

二、隐花色素（Cryptochrome，CRY）

隐花色素是吸收蓝光（400～500 nm）和长波紫外线（UV-A，320～400 nm），调节新陈代谢、形态建成和向光性的一类光受体。在藻类、苔藓、蕨类和种子植物中都存在隐花色素。隐花色素是一种黄素蛋白，分子质量为 70～80 ku，由 1 个黄素腺嘌呤二核苷酸（FAD）和 1 个蝶呤（pterin）构成。蓝光能诱导膜蛋白的磷酸化，在向光性早期信号传递中起作用。

不同植物对蓝光效应的作用光谱稍有差异。判定光控反应是否包含隐花色素参与的校验标准是：在蓝紫光区域内有 3 个吸收峰（通常在 420 nm、450 nm 和 480 nm 左右），且在近紫外线 370 nm 附近有吸收峰。

无方向性的蓝光和近紫外线可抑制茎或下胚轴的伸长生长，而有方向性的蓝光和紫外线 A 诱导不平衡生长，导致向光性弯曲。近年又发现蓝光和紫外线可促进高粱幼苗叶绿素的形成和中胚轴花青素的形成，并使中胚轴的伸长受抑制，从而证实隐花色素也调控高等植物光形态建成。

三、向光素（Phototropin，PHOT）

Gallagher 等（1988）首先报道了豌豆黄化苗有一种能够被蓝光诱导发生磷酸化作用的分子质量为 120 ku 的质膜蛋白，也是植物向光性反应的光受体，被称为向光素。向光素是继隐花色素之后发现的另一种蓝光受体，能够结合黄素单核苷酸（FMN）发生自磷酸化作用。在拟南芥、水稻、玉米等植物中发现的编码向光素的基因主要有 *PHOT1* 和 *PHOT2*。二者都含有两个重要的结构域：①对光照、氧气和电位差敏感，能与黄素单核苷酸结合的 N 末端结构域 LOV1 与 LOV2（light，oxygen，voltage，对光照、氧气及电位差敏感区）；②C 末端的 Ser/Thr 蛋白激酶结构域。

向光素存在于植物的不同器官中，在蓝光信号转导反应中启动生长素载体的运动和诱导 Ca^{2+} 的流动，从而调节光照、氧气、电位差等环境刺激诱导的反应，例如植物向光性、叶绿体移动、气孔开放等。

四、紫外线 B 受体（UV-B Receptor）

紫外线 B 受体在细胞内吸收 280～320 nm 紫外线而影响光形态建成。紫外线 B 对植物有一定的伤害作用，例如降低向日葵、大豆和水稻的株高、叶面积和光合能力等；也可以诱导玉米黄化苗的胚芽鞘和高粱第一节间形成花青素，其作用光谱峰在 290～300 nm。紫外线 B 还能诱导欧芹悬浮培养细胞大量积累黄酮类物质。研究表明，黄酮生物合成关键酶之一的苯丙氨酸解氨酶（PAL）的活性受紫外线调节。在紫外线诱导下，表皮细胞中形成能够吸收紫外线 B 的花青素和黄酮类物质，可能是植物的一种自我保护反应。

近年来，由于氯氟烃的增多引起了大气中臭氧层的破坏，导致到达地面的紫外线 B 增加。关于紫外线 B 辐射增加对植物的影响以及植物的生理响应，逐渐受到关注。

第五节　植物的休眠
Section 5　Dormancy in Plants

休眠（dormancy）是指植物生长极为缓慢或暂时停顿的现象，是植物在长期进化中形成的一种对环境变化的主动适应。

多年生木本植物在越冬以前停止生长，形成休眠芽，以保护地上部的顶端分生组织安全越冬。多年生草本植物则以休眠的根系、块根、块茎等延存器官越冬。一二年生植物一般以种子休眠。根据休眠的深度和原因，通常将休眠分为强迫休眠（epistotic dormancy）和生理休眠（physiological dormancy），前者是由于环境条件不适宜而引起的休眠，后者也称为深休眠，是植物本身的原因引起的休眠。

一、芽休眠（Bud Dormancy）

为了适应不利的冬季条件，温带树木在越冬前发生一系列形态和生理变化，各种器官和组织的代谢活性减弱，抗寒性增强，生长显著减慢甚至完全停止，直至进入休眠。进入休眠后即使提供适宜的温度也不能恢复生长，需要经过一定时间的低温才能解除休眠。

木本植物芽的休眠往往发生在其他部分停止生长1～2个月之前，而春季又最早萌动。在引种栽培实践中，芽在秋季能否适时进入休眠，关系到其能否安全越冬；在春季能否适时萌动，又关系到能否抵御晚霜侵袭。此外，芽休眠和萌动的早晚还与其生长期的长短有关。

一般认为顶芽休眠的发展过程可分为3个时期：休眠前期、深休眠期和休眠后期。休眠前期的芽本身并未休眠，而是受到来自叶片的某种物质的抑制。如果将枝条上的叶片去掉，顶芽就能恢复生长。后来随着日照长度的缩短，芽进入深休眠期，即使给以适宜的温度也不能萌发生长。经过冬季一段时间的低温，深休眠被解除。但由于温度较低，芽暂时处于抑制状态，此阶段称为休眠后期。

芽休眠与环境条件、植物激素等有着密切关系。虽然温度、光照、水分等条件均影响芽休眠，但诱导休眠的主要原因是日照缩短，而解除休眠主要靠低温的作用。在芽的休眠和萌发过程中，经常观察到赤霉素（GA）和脱落酸（ABA）水平的交错变化。因此一般认为高水平的脱落酸和低水平的赤霉素导致休眠，低水平的脱落酸、高水平的赤霉素或高水平细胞分裂素（CTK）有利于解除休眠。马铃薯块茎在收获后，也有休眠。马铃薯块茎休眠期长短因品种而异，一般为40～60 d。因此，要想收获后即用作种薯，就需要打破休眠。生产上一般采用赤霉素来破除马铃薯块茎（实质是芽）的休眠。具体的方法是将种薯切成小块，冲洗后在0.5～1 mg・L^{-1}赤霉素溶液中浸泡10 min，然后催芽。也可用5 g・L^{-1}硫脲溶液浸泡薯块8～12 h，发芽率可达90%以上。

洋葱和大蒜鳞茎等延存器官及马铃薯块茎在长期储藏中，度过休眠期就会萌发，商品价值降低。因此要设法延长休眠期。在生产上常用0.4%萘乙酸甲酯粉剂处理，有利于安全储藏。

二、种子休眠（Seed Dormancy）

多数植物的种子成熟后，如果得到适宜的外界条件，便可以发芽。但是有些植物种子在合适的萌发条件下仍不萌发，必须经过一定时期的休眠后才能萌发。根据导致植物休眠的原因，可以采取相应措施人工打破或维持休眠。种子的休眠有以下原因。

（一）种皮限制

一些种子（例如苜蓿、紫云英等的种子）的种皮不能透水或透水性弱，难以吸水萌发。另有一些种子（例如椴树种子）的种皮不透气，外界氧气不能透进种子内，种子中又有二氧化碳积累，因此会抑制胚的生长。还有一些种子（例如苋菜种子）的种皮虽能透水、透气，但因种皮太坚硬，胚不能突破种皮，也难以萌发。在自然土培条件下，细菌和真菌分泌的酶会水解种皮的多糖和其他组分，使种皮变软，水分、气体可以透过，但这个过程通常需要几周甚至几个月。在生产上，可采用物理、化学方法来破坏种皮，使种皮透水透气而促进萌发。例如用揉搓的方法使烟草、紫云英种皮磨损；用1.5%氨水处理松树种子或用浓硫酸（H_2SO_4）处理皂荚种子1 h，清水洗净，再用40 ℃温水浸泡 86 h。这些措施都可以破除休眠，提高发芽率。

（二）种子未完成后熟

有些种子的胚已经发育完全，但在适宜条件下仍不能萌发，需要经过休眠，在胚内部发生某些生理生化变化后才能萌发。这些种子在休眠期内发生的生理生化变化称为后熟（after-ripening）。一些蔷薇科植物（例如苹果、桃、梨等）和松柏类植物的种子存在后熟现象。这类种子必须经低温处理，例如用湿沙将种子分层堆积在低温（5 ℃左右）的地方 1～3 个月，经过后熟才能萌发。这种催芽方法称为层积（stratification）。

（三）胚未完全发育

有些种子在成熟收获时其中的胚并未发育完全。例如珙桐（*Davidia involucrata*）的果核，需在湿沙中层积长达 1～2 年才能发芽。据研究，新采收的珙桐种子胚轴顶端无肉眼可见的胚芽，层积 3～6 个月后，胚芽才肉眼可见，9 个月后胚芽伸长并分化为叶原基，1 年后叶原基伸长，1.5 年后叶原基分化为营养叶，此时胚芽形态分化结束，种胚完成后熟，胚根开始伸入土中，进入萌发阶段。银杏的种子成熟后从树上掉下时胚发育也未完成。

（四）抑制物质的存在

有些植物的种子不能萌发是由于存在抑制其萌发的物质。抑制物质多数是一些小分子物质，例如 HCN、NH_3等无机物，芥子油等挥发性油，没食子酸、阿魏酸、香豆素等酚类物质，肉桂醛等醛类化合物，咖啡碱、古柯碱等生物碱类，水杨酸、脱落酸等植物激素。白蜡树种子休眠是因种子和果皮内都有脱落酸，其含量分别达到 1.7 μmol·kg^{-1}和 2.8 μmol·kg^{-1}，当其脱落酸含量分别降至 0.6 μmol·kg^{-1}和 1.8 μmol·kg^{-1}时，种子就解除休眠而萌发。

种胚覆被物中的抑制物质有其重要的生物学意义。例如生长在沙漠上的某些植物，在充分降雨后，抑制物质被淋洗掉，种子即发芽并利用尚湿润的环境条件完成其生活史。如果雨量不足，不能完全冲洗掉抑制物质，种子就不萌发，继续休眠，以适应极度干旱的沙漠环境。

生产实践中有时可以去除抑制物质促进萌发。例如对果肉中存在抑制物质的西瓜、番茄、茄子等，可将种子从果实中取出，用流水除去抑制物质，可促进种子萌发。有时需要延长休眠防止发芽。例如有些小麦、水稻品种的种子休眠期太短，成熟后遇到阴雨天气，就会在穗上发芽，影响产量和品质。春花生成熟后，阴雨天土壤湿度大时，花生种仁会在土中发芽，造成损失。可在种子成熟时喷施比久（B_9）或多效唑（PP_{333}）等植物生长延缓剂，延缓种子萌发。

三、休眠期间的生理生化变化（Physiological and Biochemical Changes During Dormancy）

植物进入休眠可以看作内部的某些代谢过程处于受阻抑的状态，但仍然缓慢地进行着形态上与结构上的变化，叶芽的芽鳞继续形成，花芽继续分化，各种代谢过程极缓慢地进行。

（一）呼吸作用的变化

休眠期间呼吸速率的变化通常呈倒置的单峰曲线，即从植物进入休眠开始呼吸速率就逐渐降低，至深休眠期达到最低，然后逐渐上升，直至解除休眠。对于休眠芽，外部的芽鳞具有阻止氧气进入的作用，因而降低呼吸，如将芽鳞剥去则呼吸速率上升。随着休眠的延长，当芽内氧气分压降到引起无氧呼吸时反过来有利于休眠的解除，因为无氧呼吸的产物乙醛和乙醇可打破休眠。

（二）储藏物质的变化

植物休眠期间，休眠器官（芽、枝条）中淀粉含量与总糖含量的变化较大，而且二者表现出互相消长的关系。比如从休眠初期开始，总糖含量下降而淀粉含量逐渐上升，并且这种变化幅度迅速达到最大，即总糖含量最低，淀粉含量最高，然后向相反方向变化。同时休眠芽脂肪积累增加，至深休眠阶段脂肪积累达到最高，其原因可能是氧气不足，乙酰辅酶不能充分氧化，转而合成脂肪。总糖含量与脂肪含量的提高，可防止休眠期间原生质过度脱水，以便顺利度过严寒环境。

（三）核酸与蛋白质合成的变化

休眠期间休眠器官中依然进行极其微弱的核酸与蛋白质生物合成。休眠可能与核酸含量水平低有关，或者与DNA和mRNA活性水平低有关。休眠的开始可能是由于发生了使DNA被阻遏的变化，而解除休眠则是由于发生了DNA去阻遏的变化。

此外，植物休眠过程中植物激素（尤其是赤霉素与脱落酸）的相对含量和平衡关系发生变化，因而产生诱导休眠或解除休眠的作用。

第六节　植物的运动
Section 6　Movement in Plants

植物虽不能像动物一样自由移动，但某些器官在内外因素的作用下能发生有限的位置变化，这种植物器官的位置变化称为植物运动（plant movement）。植物的运动可分为向性运动、感性运动和近似昼夜节律的生物钟运动。

一、向性运动（Tropic Movement）

向性运动是指植物器官因环境因素的单方向刺激（或在不同方位上受到不同强度刺激）引起的定向运动。根据刺激信号的种类，可将其分为向光性、向重力性、向化性、向水性等。向性运动大多为生长运动，是由于在某种信号刺激下，一些生长器官的不均等生长所引起。因此当器官停止生长或者除去生长部位时，向性运动随即消失。

植物的向性运动一般包括3个基本步骤：① 感受刺激（stimulus perception），植物体中的感受器接收环境中的刺激信号；② 信号转导（signal transduction），感受细胞把环境刺激信号转化成细胞内的物理信号或化学信号；③ 运动反应（motor response），生长器官接收信号后，发生不均等生长，表现出向性运动。

（一）向光性

植物生长器官受单方向光照射而引起生长弯曲的现象称为向光性（phototropism）。对高等植物而言，向光性主要指植物地上部茎叶的正向光性（positive phototropism）和根的负向光性（negative phototropism）。

1. 正向光性 植物的正向光性以茎尖、胚芽鞘和暗处生长的幼苗最为敏感。生长旺盛的向日葵、棉花等植物的茎端还能朝太阳方向发生转动。燕麦、小麦、玉米等禾本科植物的黄化苗，豌豆、向日葵等植物的上下胚轴，常作为向光性的研究材料。植物的向光性运动是植物的一种生态适应性反应。例如茎叶的向光性运动，能使叶片处于接收更多光能的位置以利于光合作用的进行。植物的向光弯曲只发生在正在生长的器官中，停止生长的胚芽鞘和胚芽即使在单侧光照射下也不发生向光弯曲。

植物的向光性是由蓝光（波长为 400～500 nm）诱导的植物不对称生长和弯曲所致。蓝光具有快速抑制茎伸长的作用，这与植物体内存在的蓝光受体蛋白向光素(phototropin)有关。蓝光照射后，向光素与黄素单核苷酸（FMN）结合，并且发生依赖蓝光的自磷酸化反应，但其作用机制仍不清楚。

植物向光性也与生长素分布有关。Cholodny 和 Went（1926）发现，在单侧蓝光作用下，生长素向燕麦胚芽鞘的背光侧移动。据此认为，植物向光性是由于光照下生长素自顶端向背光侧运输，背光侧的生长素浓度高于向光侧，使背光侧生长较快而导致茎叶向光弯曲的缘故。例如玉米胚芽鞘尖端 1～2 mm 处产生游离态生长素，在光的影响下，生长素在芽鞘尖端 5 mm 以内区域发生横向运输，更多地分布到背光一侧，促进伸长区背光一侧生长更快而导致向光弯曲。

2. 负向光性 在对植物的向性研究中，通常认为茎具有正向光性和负向地性，根具有向重力性，而根对光不敏感或不具有向光性。Okada 等（1990s）用单侧光照射培育在透明的琼脂培养基中的拟南芥时发现，野生型拟南芥的根会向背光方向倾斜生长，而失去向重力性的拟南芥突变体根会表现出背光生长的现象，说明根具有负向光性。根的负向光性和向重力性既各自独立，又相互作用。

用水培法可观察到水稻种子根、不定根和分支根都明显具有负向光性（图 8-13）。对根冠遮光而给根其他部分照光时，水稻的种子根、不定根和分支根的生长都不表现出负向光性。而且蓝紫光能显著诱导水稻根的负向光性反应，而红光则无效，推测感受光的部位是根冠，且与根尖中的生长素重新分配有关（王忠，2009）。

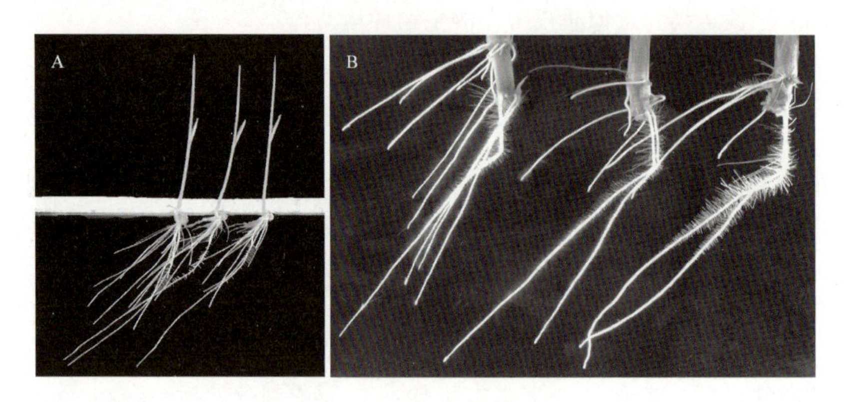

图 8-13 水稻根的负向光性

（引自王忠，2009）

A. 种子根 B. 次生根

（光照方向：从右到左）

（二）向重力性

1. 向重力性及其表现 将幼苗横放时，一定时间后就会发现根向下弯曲而茎向上弯曲，这种在重力的影响下，植物保持一定方向生长的特性，称为向重力性

(gravitropism)。根顺着重力方向向下生长，称为正向重力性；茎背离重力方向向上生长，称为负向重力性；地下茎以垂直于重力的方向水平生长，称为横向重力性。在太空舱无重力作用的条件下，植物的根和茎都不发生弯曲。种子或幼苗在地球上受到地心引力影响，不管所处的位置如何，总是根朝下生长，茎朝上生长。对重力感受的部位限于正在生长的部位（例如根冠、茎端幼嫩部位）以及其他尚未失去生长机能的节间、胚轴、花轴等。此外，禾本科植物的节间在完成生长之后一段时间内也能因重力的作用而恢复生长机能，使节在向地的一侧显著生长，故水稻、小麦在倒伏后还能恢复直立生长。

2. 感受重力信号的受体 植物感受重力信号的受体是平衡石（statolith）。平衡石原指甲壳类动物中管理平衡的沙粒。植物器官中的淀粉体（amyloplast）具有平衡石的作用，当器官位置改变时（例如横放或斜放），淀粉体将沿重力的方向“沉降”至与重力方向垂直的一侧，这个过程将刺激内质网，并被细胞感受为重力信号，引起根的向重力性生长。

根冠的中柱细胞中含有许多淀粉体，淀粉体因含淀粉密度较大（相对密度为1.3），当根由垂直方向向水平方向放置时，淀粉体会受重力作用向下沉降。若中柱细胞中淀粉体中的淀粉被耗尽，根对重力的敏感性会降低，当中柱细胞中淀粉粒重新出现后又恢复向重力性。用激光切除根尖含淀粉体的中柱细胞，则根生长失去向重力性。中柱细胞中可沉降的淀粉体具有感受和传递重力信号的作用，中柱细胞也被称为平衡细胞（statocyte）（图8-14）。

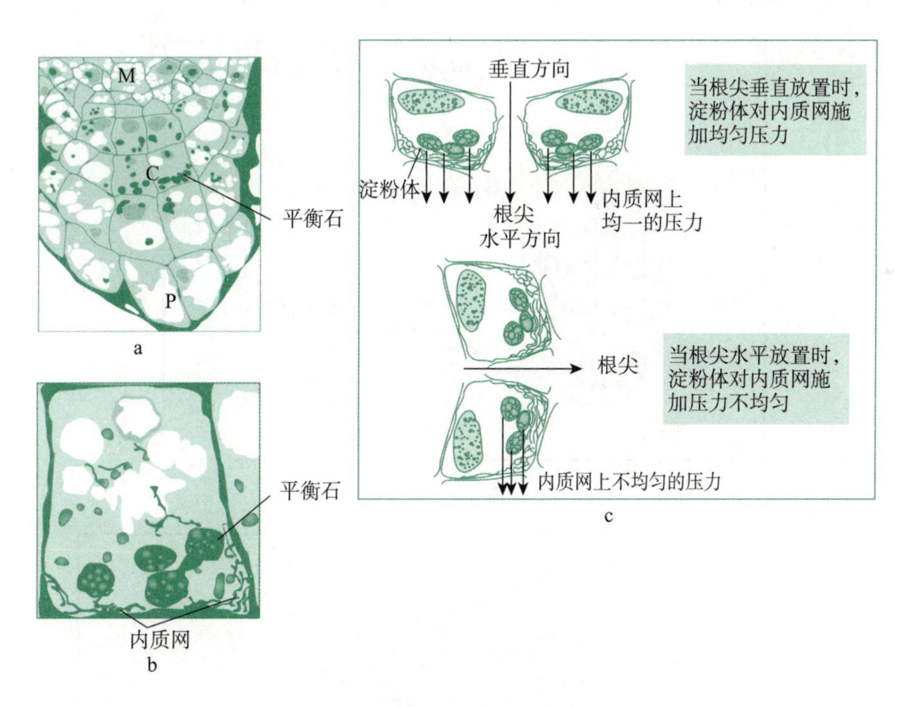

图8-14 拟南芥根冠中的平衡细胞对重力的感受作用
（改编自Taiz和Zeiger，2010）
a. 根尖顶端（M. 分生组织 C. 中柱细胞 P. 外围细胞） b. 中柱细胞的放大图像（显示位于细胞底部内质网顶部的淀粉体，淀粉体中含有淀粉粒） c. 柱细胞由竖直到水平放置过程中所发生的变化

3. 向重力性引起器官弯曲生长的主要原因

①当植株水平放置时，由于重力的影响而造成一定的电势差，上侧带负电荷，下侧带正电荷，带负电荷的生长素于是向下移动，从而导致下侧生长素含量高于上侧。由于

根对生长素很敏感，微量的生长素促进根的生长，生长素稍多时，根的生长就受到抑制。因此根横放时，下侧的生长将由于生长素增多而受抑制，根就向下弯曲生长。相反，由于茎对生长素不敏感，茎横放时下侧的生长将因生长素的增多而加快，茎就向上弯曲生长。

②根冠中含有的脱落酸也影响根的弯曲生长。根横置时，根冠内的脱落酸向下移动，然后向根的生长部位（例如分生区和伸长区）运输，该处下侧的脱落酸含量较高，于是抑制该侧细胞分裂和伸长，根向下弯曲生长。

③Ca^{2+}在向重力性反应中也起着重要的作用。均匀地外施$^{45}Ca^{2+}$于根上，水平放置，发现$^{45}Ca^{2+}$向根的下侧移动。将含有钙离子螯合剂（例如EDTA）的琼脂块放在横置玉米根的根冠上，无向重力性反应；如改用含Ca^{2+}的琼脂块，则恢复向重力性反应。进一步研究发现，玉米根内有钙调素（CaM），根冠中的钙调素浓度是伸长区的4倍。外施钙调素抑制剂于根冠，则根丧失向重力性反应。

总之，结合平衡石、生长素、脱落酸、Ca^{2+}、钙调素等在根向重力性中的作用，根对重力感受及传导过程受上述因素的协同调控。根直立生长时，由地上部合成的生长素经维管束系统运向根尖，并均匀分布在根尖细胞中。当根从垂直方向转到水平方向时，根冠柱细胞中淀粉体向重力方向沉降，对细胞两侧内质网产生不同的压力，刺激Ca^{2+}从内质网释放到胞质中和钙调素结合，激活质膜H^+-ATP酶，活化的质膜H^+-ATP酶促进生长素向下侧极性运输，造成生长素不均匀分布，下侧细胞积累超最适浓度的生长素而抑制根下侧的生长，引起根的向下弯曲（图8-15）。

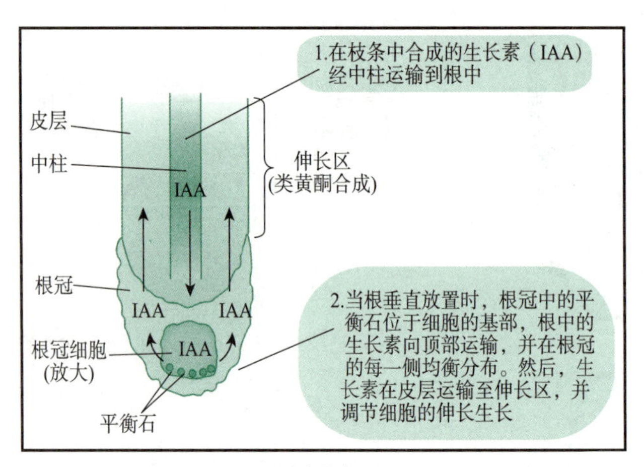

垂直方向

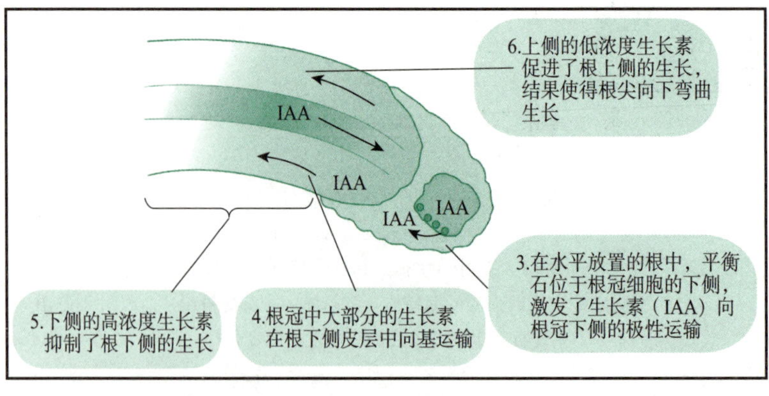

水平方向

图8-15　根在向重力性反应中Ca^{2+}和生长素的重新分布的模型
（引自Taiz和Zeiger，2010）

植物的向重力性具有重要的生物学意义。当种子播种到土中，不管胚的方位如何，总是根向下长，茎向上长。禾谷类作物倒伏后，茎节向上弯曲，可恢复直立生长。这种特性可以降低因倒伏而引起的减产。

（三）向化性和向水性

1. 向化性 由于某些化学物质在植物体内外分布不均匀所引起的向性生长，称为向化性（chemotropism）。植物根的生长具有向化性。根在土壤中总是朝着肥料多的地方生长。深层施肥的目的之一，就是使作物根向土壤深层生长，以吸收更多的肥料。此外，高等植物花粉管的生长也表现出向化性。花柱中的化学物质（例如 Ca^{2+}、生长素等）存在一定的浓度梯度，花粉落到柱头上后，引导花粉管向着胚珠生长，以准确进入胚囊。香蕉、竹等以肥引芽，也是利用了根或地下茎的向化性，在水肥充足时地上部生长较为旺盛的这个生长特点。

2. 向水性 向水性（hydrotropism）是指当土壤中水分分布不均匀时，根总是趋向较湿润的地方生长的特性。干旱土壤中根系能向土壤深处伸展，其原因之一是土壤深处的含水量较表土高。蹲苗能使植株根系向纵深发展，也与根具有向水性有关。

二、感性运动（Nastic Movement）

感性运动（nastic movement）是指由没有方向性的外界刺激（例如光暗转变、触摸等）所引起的运动，运动的方向与外界刺激的方向无关。有些感性运动是由生长的不均匀引起，例如感夜性和感热性。另一些感性运动则是由细胞膨压的变化所引起，因而也称为紧张性运动（turgor movement）或膨胀性运动，例如感震性。

（一）感夜性

感夜性运动（nyctinasty movement）是由昼夜光暗变化引起的植物器官运动。这种运动受环境信号和植物内在的生物钟相互作用所控制的，光敏色素在接受光暗变化的刺激中起重要作用。有些感夜运动是生长不均匀引起的。例如郁金香花在温度从 7 ℃上升到 17 ℃时，其花瓣基部内侧生长比外侧快，花就开放；相反变化时，花就关闭。有些感夜运动是细胞膨压改变而引起的运动。例如合欢的叶片是二回偶数羽状复叶，有两种运动方式，一是复叶的上（昼）下（夜）运动，二是小叶成对的展开（昼）和合拢（夜）运动。当叶枕腹部与背部的运动细胞（motor cell）发生可逆膨压变化时，其体积和形状也发生变化。白天，合欢小叶基部腹侧细胞吸水膨压增大，背侧细胞失水膨压降低，小叶展开；而晚上则相反，腹侧细胞失水膨压降低，背侧细胞吸水膨压增大，小叶闭合（图 8-16）。花的感夜运动有利于在适宜的温度下开花或昆虫传粉，是植物对环境条件的适应性。植物的感夜运动还可以作为判断某些植物生长健壮与否的标志，例如健壮的花生植株一到傍晚小叶就合拢，而当植株染病或缺水时，叶片的感夜性就很迟钝。

（二）感温性

植物感受温度变化引起感性运动的特性，称为感温性（thermonasty）。例如番红花和郁金香花的开放和闭合受温度的影响，是由于器官背腹两侧不均匀生长引起的。通常在白天温度升高时，适于花瓣的内侧生长，而外侧生长较少，花朵开放；夜晚温度降低时，花瓣外侧生长较快而使花朵闭合。这样，随每天内外侧的昼夜生长，花朵增大。

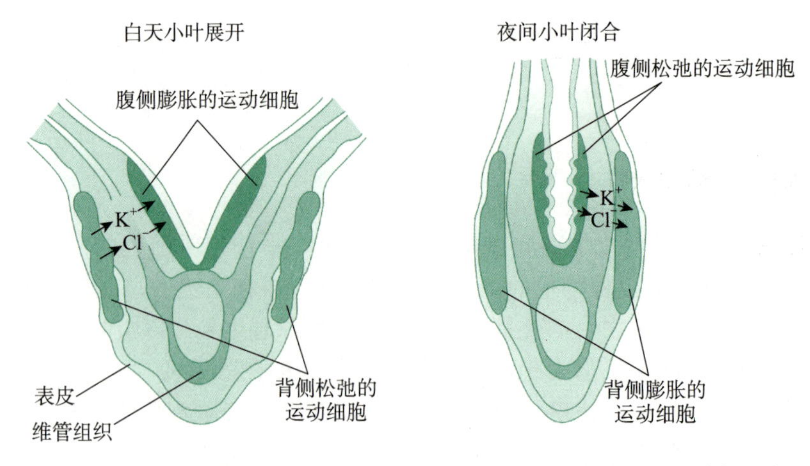

图 8-16　合欢叶背侧和腹侧运动细胞之间的离子流调节小叶的开放与闭合
（引自 Taiz 和 Zeiger，2006）

（三）感震性

由于感受外界震动而引起植物运动的特性，称为感震性（seismonasty）。含羞草叶片对震动的反应很快，在每片复叶的小叶和羽叶以及叶柄各个基部运动器官的叶枕之间，通过活动电位的传递与刺激物质的移动而相互传导，甚至能感受到叶枕以外的电、低温、创伤等的刺激。如果刺激较强，这种刺激可很快地通过电波和化学物质传递，使邻近小叶依次合拢，并可一直传到叶柄基部，使整个复叶下垂；强刺激（刺激的速度可达 15 mm/s）甚至可使整株植物的小叶合拢，复叶叶柄下垂，经过一定时间后，又可恢复原状（图 8-17）。

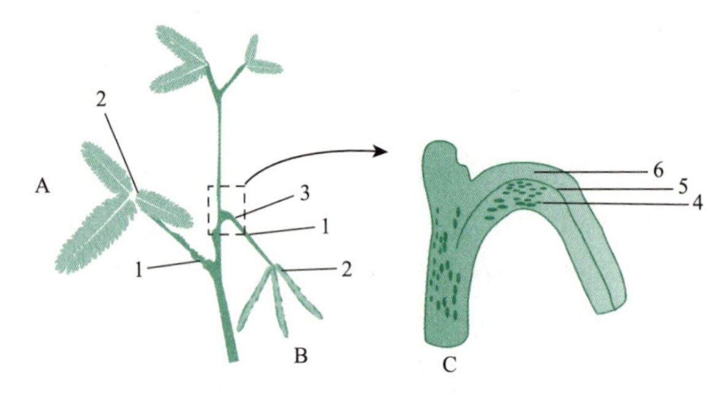

图 8-17　含羞草的感震性运动

A. 未受刺激的复叶　B. 受到刺激后下垂的复叶　C. 复叶叶枕的切面

1. 复叶叶柄　2. 小叶叶柄　3. 叶枕　4. 泡状细胞　5. 维管束　6. 保持紧张状态的细胞

含羞草叶片下垂的机制，在于小叶和复叶叶柄基部叶枕细胞膨压的改变（图 8-17 C）。含羞草复叶叶枕上下部组织结构不同。含羞草总叶柄和小叶柄基部膨大部分，称为叶枕。叶枕上部细胞的细胞壁较厚，而下部的细胞壁较薄，下部的细胞间隙比上部的大。当震动等刺激传来时，叶枕下部细胞透性迅速增大，水分和 K^+ 外流，进入细胞间隙，因而叶枕下部细胞的膨压下降，组织疲软；而上部组织由于细胞结构不同而仍保持紧张状态，复叶叶柄由叶枕处弯曲下垂。研究证明，水分和 K^+ 从叶枕下部细胞流出，是由于震动刺激促进蔗糖从韧皮部卸出，导致质外体水势降低触发的。小叶片运动原理与上述相似，只是小叶柄基部叶枕的上半和下半部分的细胞构造正好与复叶叶柄基部的叶枕相反。感震性运动不是由生长不均匀所引起，而是由细胞膨压改变所造成，因而是一种可逆运动。

食虫植物的触毛对机械触动产生的捕食运动是一种反应速度更快的感震性运动。其叶特化为精巧的捕虫器，当小动物踏上捕虫器时，触发感震运动，叶合拢，将进入的小动物捕获。其他如小檗和矢车菊等的雄蕊花丝、沟酸浆雌蕊的二裂柱头也都能进行感震性运动。

三、生物钟（Biological Clock）

植物的一些生理活动具有周期性或节律性，以近似昼夜周期的节奏（22～28 h）自由运行的过程，称为近似昼夜节律（circadian rhythm），也被称为生物钟（biological clock）或生理钟（physiological clock）。菜豆叶片的运动就是一种近似昼夜节律。在白天，菜豆叶片呈水平方向伸展，夜晚则呈下垂状态，这种周期性的运动在连续光照或连续黑暗以及恒温的条件下仍能持续进行，而且运动的周期约为 24 h（图 8-18）。此外，气孔的开闭、蒸腾速率的变化、细胞分裂、膜的透性等也具有近似昼夜节律的特性。

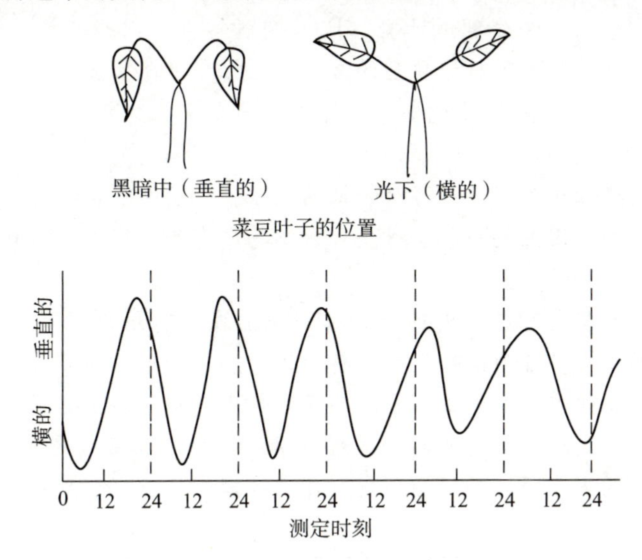

图 8-18　菜豆叶在恒定条件（微弱光及 20 ℃）下的运动
[高点代表垂直的叶（左上）；低点代表横的叶（右上）]

生物钟是植物体内生的一种测时机制，可以保证一些生理活动按时进行，例如菜豆叶片在黎明前就挺起呈水平状态，有利于吸收太阳光，进行光合作用。这种近似昼夜节律由植物体内的生物钟基因控制。目前已在拟南芥中鉴定出了多个生物钟基因（例如 *TOC1*、*LHY*、*CCA1* 和 *ELF4*）。尽管近似昼夜节律是植物自身内部产生的，但需要环境信号（例如光照、温度等）来引发节律的形成，一旦节律开始，就会以大约 24 h 的节律连续运转，并且具有自调重拨功能。

本章内容概要

生物体从发生到死亡所经历的过程称为生命周期。在生命周期中，由细胞分裂和伸长引起植物体积和质量不可逆增加过程称为生长。

植物的生长以细胞的生长和分化为基础，即通过细胞分裂、伸长和扩大增加植株体积，通过细胞分化形成各种组织和器官。植物中每个生活细胞的核中都具有母体的全部基因，具有在一定的条件下发育成完整植株潜在能力，称为植物细胞的全能性。植物组织培养的技术建立在植物细胞的全能性、脱分化和再分化的基础上。

在适宜的环境条件下，种子吸水膨胀、代谢活性加强、种胚开始膨大、胚根或胚芽突破种皮开始生长的现象，称为种子萌发。根据萌发过程中种子吸水的特点，可把种子萌发分为吸胀吸水、迟缓吸水和生长吸水 3 个阶段。种子萌发时除必须有足够的水分之外，还要适当的温度和充足的氧气，有些还受光的影响。

植物器官或整株植物的生长速率周期全过程表现为慢→快→慢的基本规律，即开始时生长缓慢，以后逐渐加快，然后又减慢以至停止。典型的有限生长曲线呈S形。

植物的生长有昼夜或季节的周期性变化。植物的根、茎、叶、花、果实和种子等各器官的生长既相互依赖又相互制约。体现在地上部与地下部的相关性、顶端生长与侧向生长的相关性以及营养生长与生殖生长的相关性上。

影响植物生长的外界因素有水分、温度、光照、矿质营养等，其中光照调控植物生长发育的过程，称为光形态建成。植物体内存在着一些光受体（也称为光敏受体）系统，包括光敏色素、隐花色素、向光素、紫外线B（UV-B）受体。光敏色素有生理钝化型（P_r）和生理激活型（P_{fr}）两种类型。判断一个反应是否受光敏色素的调节，需检验其是否属于典型的红光、远红光可逆反应。蓝光受体隐花色素和向光素通过吸收蓝光和近紫外线，引起各种蓝光反应。紫外线B受体吸收紫外线B而影响光形态建成。

休眠是植物生长极为缓慢或暂时停顿的现象。种子休眠是植物重要的适应特性之一。种子休眠的原因主要与胚、种皮和抑制物质有关。可以采取相应措施人工打破或维持休眠。

高等植物的某些器官在内外因素的作用下能发生有限的位置变化，即植物运动。高等植物的运动可分为向性运动、感性运动和生物钟运动等。向性运动是指植物器官因环境因素的单方向刺激（或在不同方位上受到不同强度刺激）所引起的定向运动。感性运动是指无方向性的外界刺激所引起的生长不均匀或者紧张性运动。生物钟运动是植物内在的一种近似昼夜节律的生理活动。

复习思考题

1. 什么是生长、分化和发育？三者之间有何区别与联系？

2. 细胞在分裂期、伸长期和分化期的形态结构和生理生化特点各是什么？细胞的分化受哪些因素的调控？

3. 简述植物组织培养的理论基础及一般程序。

4. 影响种子萌发的内外因素有哪些？如何创造有利于种子萌发的环境条件？

5. 种子萌发时储藏有机物发生哪些变化？

6. 植物的生长为何表现出生长大周期的特性？了解植物生长大周期对农业生产有何指导意义？

7. 解释“根深叶茂”“本固枝荣”“旱长根、水长苗”等现象的生理原因。

8. 试述植物生长的相关性及其在农林生产上的应用。

9. 植物生长的最适温度和协调最适温度有何不同？温度三基点对生产实践有何指导意义？

10. 光对植物生长起什么作用？参与光合作用的光与参与光形态建成的光有何区别？

11. 光敏色素具有哪些结构特点和化学性质？光敏色素的作用机制是什么？

12. 导致植物休眠的原因有哪些？如何打破休眠？

13. 植物向光性、向重力性的机制各是什么？

Chapter 9 第九章

植物的成花与生殖生理

Plant Flowering and Reproductive Physiology

教学要求： 掌握光周期现象的概念、植物对光周期的反应类型、春化作用的概念和条件；理解植物成花诱导的调控，春化作用与光周期理论的应用；了解光周期诱导和春化作用的机制，植物花器官形成与性别分化的机制，花粉生理与柱头生理。

重点与难点： 重点是光周期现象与春化作用的机制及其应用。难点是成花诱导的调控，植物花器官形成与性别分化的机制。

建议学时数： 4～5 学时。

被子植物生长到一定阶段后就会开花，每种植物开花有相对固定的季节。在植物营养生长阶段，顶端分生组织分化产生营养枝，即只着生叶芽的枝条，当植物生长到一定阶段，受某些外界环境因素诱导（例如日照时数和温度的变化），触发植物体内的“计时器”，顶端分生组织就会分化产生花序分生组织，进而产生花芽并开花。花芽分化是植物进入生殖生长的标志，植物在花芽原基分化以后即开始生殖生长。花芽原基生长锥在特定环境条件诱导下，发生一系列代谢变化，形态及结构亦发生相应变化，从而分化出花原基，这个过程称为花的发端。这是开花之前必须达到的、能够感受适宜外界条件刺激而诱导成花的生理状态，称为花熟状态（ripeness to flower state）。未达到花熟状态之前的时期为幼年期（juvenility）。花芽分化意味着植物幼年期的结束、成年期的开始，也是植物营养生长转向生殖生长的标志。

植物的成花过程本质上就是与开花或与生殖生长相关基因特异性表达的结果，一般包括 3 个过程：成花诱导、花芽分化和花器官的形成。影响植物成花诱导最敏感的因素为低温和适宜的光周期。另外，还需要适量的水、氧气和糖类等条件。

第一节 光周期现象
Section 1 Photoperiodism

一、光周期现象及其反应类型（Photoperiodism and Its Response Type）

（一）光周期现象的概念

法国学者 Tournois（1912）研究了日照时数对植物开花的影响，发现短日促进蛇麻子开花。美国学者 Garner 和 Allard（1920）发现日照长度是影响烟草开花的关键因素，缩短日照长度，烟草开花；延长日照长度，烟草保持营养生长而不开花，并提出了光周期现象（photoperiodism）的概念。光周期（photoperiod）是指昼夜周期中光期和暗期长短的交替变化，即白天和黑夜的相对长度。光周期现象是植物对昼夜光暗相对长度变化发生反应的现象。大多数一年生植物的开花取决于每日日照时间的长短。即植物开花前对昼夜相对长短有要求，不能满足其要求则不能开花或者延迟开花。除开花外，块根、块茎的形成，叶的脱落和芽的休眠等也受到光周期的调控。

（二）植物光周期反应类型

根据植物开花对光周期的反应，将植物分为短日植物、长日植物、日中性植物等基本类型。

1. 短日植物 短日植物（short day plant，SDP）是指光周期中日照长度短于一定临界值时才能开花的植物。属于短日植物的作物有水稻、玉米、大豆、扁豆、高粱、烟草、黄麻和草莓等，花卉植物有菊花、秋海棠、腊梅、日本牵牛等，药用植物有紫苏、苍耳、大麻、龙胆和牵牛花等。这类植物在缩短光照的光周期诱导下可提早开花；延长光照，则会延迟开花或不开花。

2. 长日植物 长日植物（long day plant，LDP）是指在光周期中日照长度长于一定临界值才能开花的植物。属于长日植物的植物有小麦、大麦、黑麦、油菜、菠菜、萝卜、白菜、甘蓝、芹菜、甜菜和胡萝卜等，花卉植物有金光菊、山茶、杜鹃、桂花、天仙子、红花、当归、莨菪、大葱、大蒜和芥菜等。这类植物在延长日照长度的条件下可提早开花；缩短日照长度，则延迟开花或不开花。

3. 日中性植物 日中性植物（day neutral plant，DNP）是指在任何长度的日照条件下都能开花的植物。日中性植物开花对日照长度不敏感，只要保证光合作用所需的光照时间，在自然条件下这类植物四季均能开花。属于日中性植物的农作物有黄瓜、丝瓜、茄子、番茄、辣椒、菜豆和向日葵等，花卉植物有月季、君子兰等，药用植物有荞麦、曼陀罗、颠茄、蒲公英等。

4. 其他类型植物 除上面提到的 3 种基本的光周期反应类型外，还有少数植物的开花只能在一定长度的日照条件下才能开花，而在较长和较短的日照条件下均保持营养生长状态，这类植物称为中日性植物（intermediate-day plant）。例如甘蔗只有在日长 11.5～12.5 h 的日照下才开花。与中日性植物相反，有些植物在一定的中等长度的日照条件下保持营养生长状态，而在较长和较短的日照下才能开花，这类植物称为两极光周期植物（ambiphotoperiodic plant）。其中有少数植物对日照长度的要求是双重的，即要求长、短日照或短、长日照的双重日长，在恒定的长日照或短日照下均停留在营养生长状态，例如落地生根、夜香树等是在长日照下进行成花诱导，而后在短日照条件下开花，这类植物称为长-短日植物（long-short-day plant，LSDP）。还有些植物，例如风铃草和山萝卜等则先在一定的短日照条件下进行成花诱导，而后在长日照条件下开花，这类植物称为短-长日植物（short-long-day plant，SLDP）。这些植物的成花过程，包括成花诱导和花发育均需要不同的日照长度，如果只给予一种日照长度便不能开花。

（三）临界日长和临界暗期

1. 临界日长 一些植物需要一定时数特定日照长度才能开花，这个一定时数的日照长度称为临界日长（critical daylength）。即临界日长是指长日植物开花所需要的最短日照长度或短日植物开花所需要的最长日照长度。前述长日植物和短日植物的界定，是根据植物超过或短于某临界日长时的反应来划分的，并非长日植物开花所需要的临界日长一定会长于短日植物所需要的临界日长（图 9-1）。不同植物、甚至同一植物的不同品种各有不同的临界日长（表 9-1）。某个植物品种的临界日长也会因生育期不同以及环境条件改变而发生变化。例如某大豆品种（短日植物）临界日长是 14 h，日照长度超过 14 h 就不能开花，短于 14 h 才能开花；某冬小麦（长日植物）临界日长是 12 h，日照长度超过 12 h 就可以开花，短于 12 h 则不能开花；但在 13 h 的日照条件下，这两种植物均能开花。

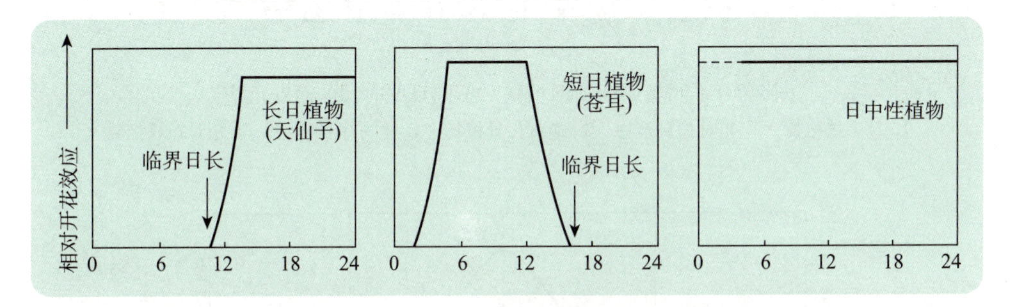

图 9-1 3 种主要光周期反应类型

表 9-1 一些植物的光周期类型及临界日长

短日植物	临界日长（h）	长日植物	临界日长（h）
落地生根（*Bryophyllum pinnatum*）	12	意大利黑麦草（*Lolium italicum*）	11
菊（大多数品种）（*Chrysanthemum*）	15	菠菜（*Spinacia oleracea*）	13
烟草（*Nicotiana tabacum*）	14	小麦（*Triticum aestivum*）	12
大豆（*Glycine max*）	14	天仙子（*Hyoscyamus niger*）	11
晚稻（*Oryza sativa*）	12	燕麦（*Avena sativa*）	9
苍耳（*Xanthium strumarium*）	15	大麦（*Hordeum vulgare*）	12

长日植物或短日植物有明确的临界日长，在短于（对长日植物而言）和长于（对短日植物而言）临界日长条件下，植物不开花，这类植物称为绝对长日植物或绝对短日植物。某些植物没有明确的临界日长，在不适宜的日照长度下，经相当长的时间以后或多或少可形成一些花，这类植物称为相对长日植物或相对短日植物。因此不同类型植物对不同日照长度发生开花反应的日照长度要求不同（图 9-2）。

热带和亚热带起源的植物大多是短日植物，温带和寒带起源的植物大多是长日植物。我国地处北半球，纬度越高的地区夏季日照长度越长，纬度越低地区夏季日照长度越短，而且一年中不同季节的日照长度也不同（图 9-3）。无论长日植物还是短日植物，分布地区纬度越高，其临界日长越长。因此在高纬度地区生长的主要是长日植物，在低纬度地区种植不能进行有性生殖；而在低纬度地区生长的主要是短日植物，短日植物在较高纬度地区也不能完成有性生殖。在中纬度地区，则是日中性植物、长日植物和短日植物都有分布。

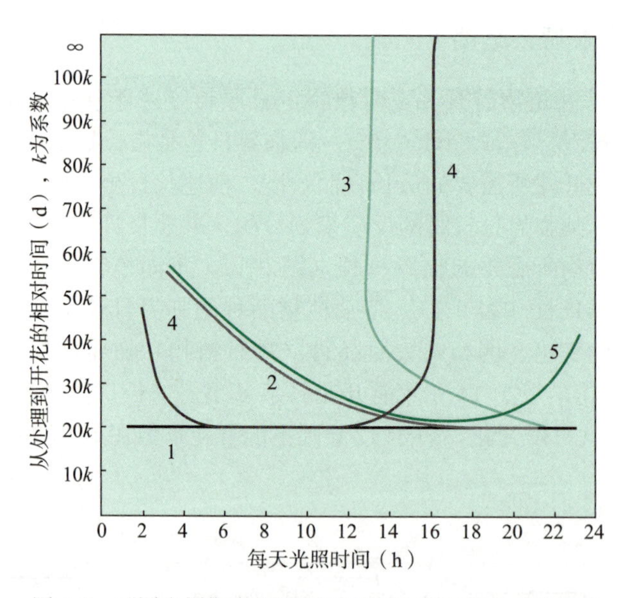

图 9-2 不同光周期类型植物对不同日照时间的开花反应

1. 日中性植物 2. 相对长日植物 3. 绝对长日植物 4. 绝对短日植物 5. 相对短日植物

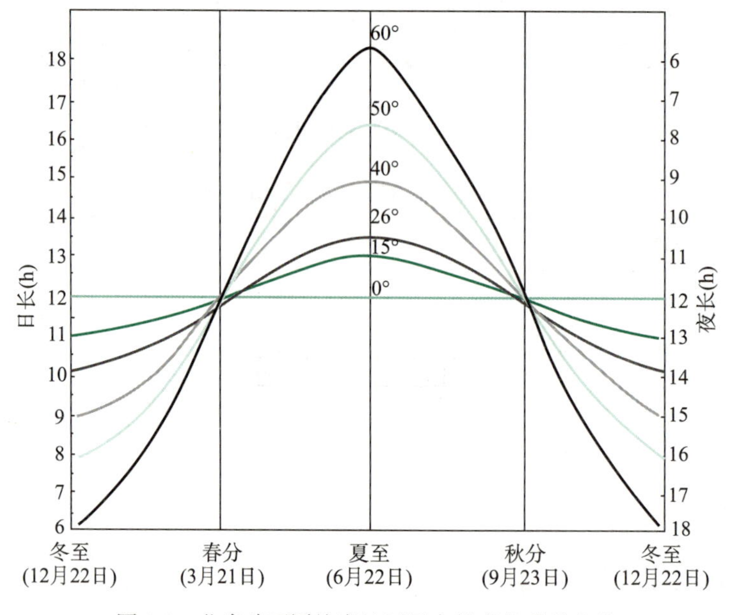

图 9-3 北半球不同纬度地区昼夜长度的季节变化

长日植物通常是在日照较长且由短变长的条件下开花结实，多在晚春和初夏开花。短日植物的光周期诱导是在日照开始由长变短的时候进行，一般在夏末秋初开花。

2. 暗期间断和临界暗期 Hamner（1942）研究短日植物大豆光周期特性时发现，大豆其实需要长达 10 h 的暗期才能成花，与光期长度无关（图 9-4），说明植物开花对暗期的反应更重要，从而提出临界暗期的概念。临界暗期（critical dark period）是相对于临界日长而言，指长日植物能开花所需要的最大暗期长度或短日植物能开花所需要的最小暗期长度。

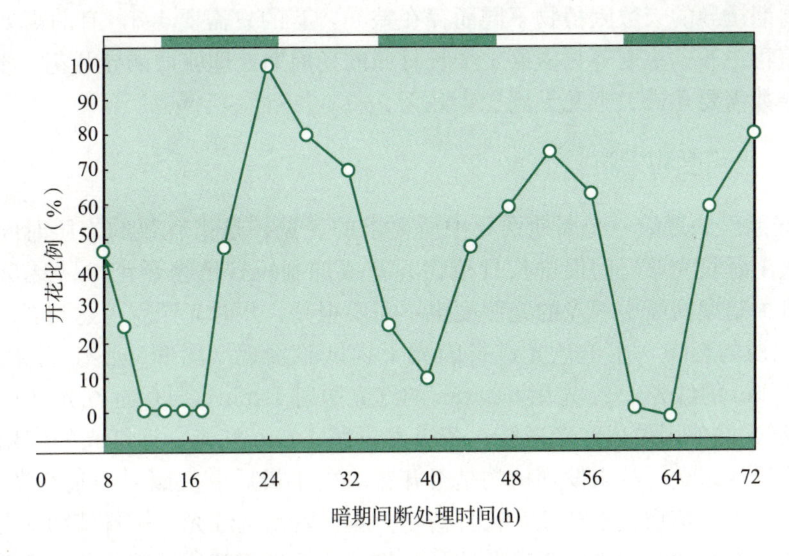

图 9-4　在长暗期不同时间光照间断时对大豆成花反应的影响

（在 64 h 的暗期中不同时间给予 4 h 的光中断。上沿时间表示自然环境下的昼夜交替；下沿时间表示 8 h 光照后 64 h 暗处理）

长日植物需要较短的黑夜才能开花，说明影响植物开花的光周期主要因素中起作用的是暗期长短。暗期间断试验进一步证明，暗期对诱导植物开花比光期更重要。以光照将短日植物的暗期中断，表现出的结果相当于将短日植物暴露在长日照条件下，短日植物开花受阻。而这种处理恰好能促进长日植物开花，说明短日植物需要的是连续的暗期，所以称短日植物为长夜植物（long night plant）更为确切。相反，长日植物不需连续黑暗，可在断续甚至连续光照下开花（图 9-5）。

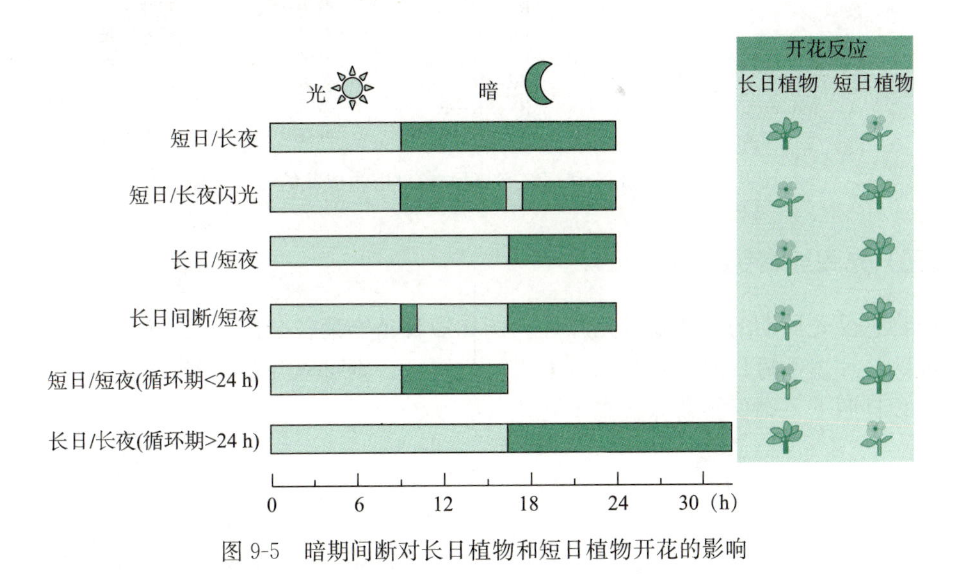

图 9-5　暗期间断对长日植物和短日植物开花的影响

二、光周期诱导（Photoperiodic Induction）

（一）诱导周期数

植物在达到花熟状态后，只要得到足够天数的适宜光周期，以后即使处在不适宜的光周期条件下也可以保持这种刺激的效果而开花，这种能产生对花芽分化有诱导作用的光周期处理称为光周期诱导（photoperiodic induction）。

光周期诱导的天数因植物不同而存在差异，有的只需要 1 d，有的需要几十天。例如长日植物白芥、小麦等只需要 1 个长日照的光周期处理就可诱导开花。多数植物的光周期诱导数需要几天、十几天到二十几天。

（二）光照度和光质

1. 光照度的影响 光周期诱导中所要求的光期，是指有效的光照时间，而不是光照度。人工延长光照时间促进长日植物开花或抑制短日植物开花，只要 50～100 lx 的弱光即可。暗期间断中闪光的光照度也不需要很高，短时光照就可达到要求。

2. 光质的影响 用单色光进行闪光干扰试验发现（图 9-6）：① 干扰最有效的是 640～660 nm 的红光；② 先用 640 nm 的红光照射 1 min，再用远红光（725 nm）照射 1 min，红光的作用被远红光逆转；若接着再照 1 min 红光，远红光的作用又被红光逆转，如此反复多次，结果发现植物是否开花取决于最后一次照射的是红光还是远红光。若是红光，短日植物就不开花，长日植物开花；若是远红光，短日植物就开花，长日植物不开花。红光和远红光中断暗期控制植物开花发生相互的逆转现象，证明最后照射的光质是决定因素。

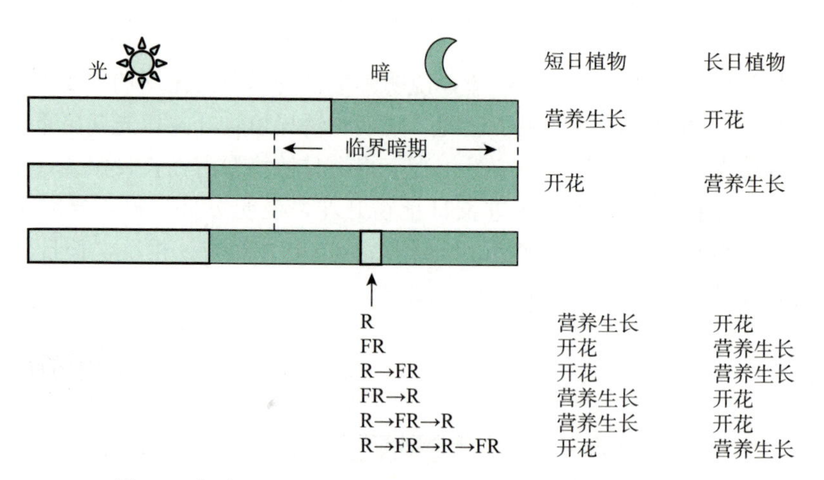

图 9-6 红光（R）和远红光（FR）对植物成花的可逆控制

（三）光周期感受部位

植物感受光周期的部位是成熟叶片。例如短日植物菊花全株在长日照下不开花，若将其成熟叶片置于短日照，其余部分处于长日照下，则可以开花。若只给芽短日照，叶片处于长日照下，则保持营养状态不开花（图 9-7）。

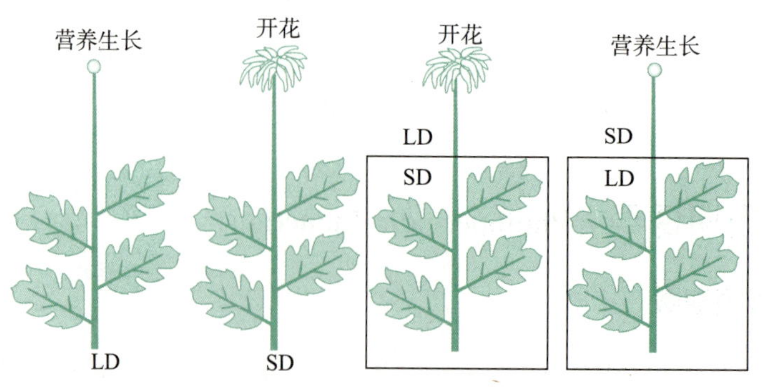

图 9-7 菊花感受光周期的部位

SD. 短日照 LD. 长日照

又如以短日植物苍耳和长日植物紫苏做嫁接试验，仅1片叶、甚至1片叶的小部分在短日照下，其余在长日照下也能有效地诱导开花。叶片接受光周期信号后，产生开花刺激物促使生长锥分化花芽（图9-8）。

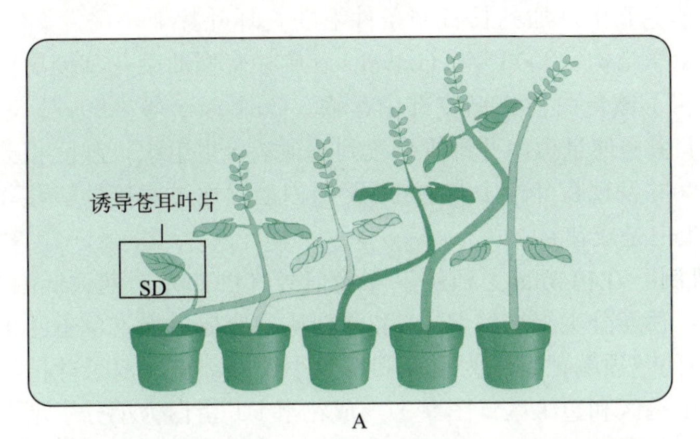

A

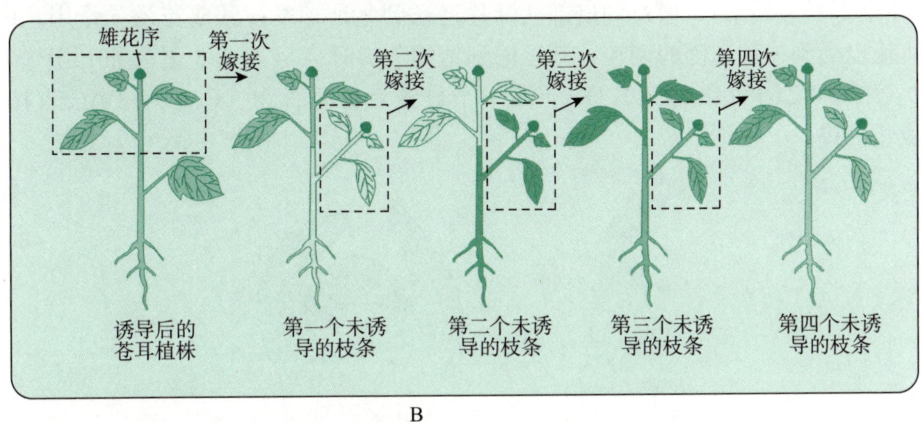

B

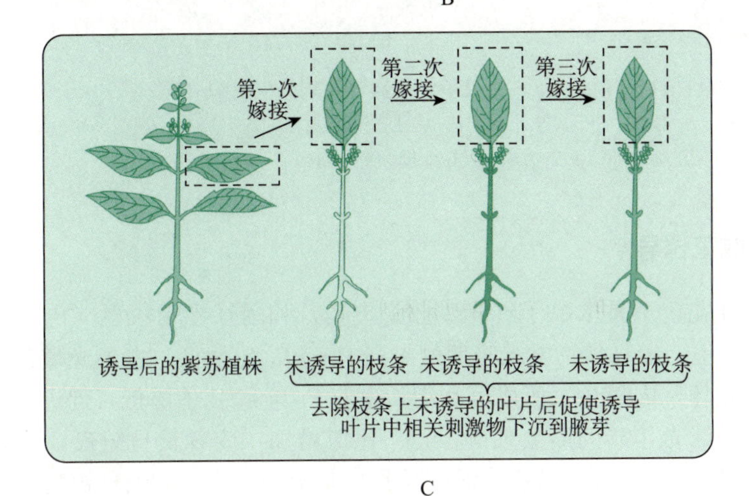

C

图9-8 苍耳和紫苏嫁接试验证明植物感受光周期的部位

（引自Lang，1965）

A、B. 苍耳嫁接试验 C. 紫苏嫁接试验

（四）成花刺激物

苏联科学家Chailakhyan（1937）最早提出“成花素”的概念，认为在适当的光周期诱导下，植物叶片中合成某种促进开花的物质，命名为florigen（成花素），运到顶端分生组织促使其形成花器官。但该假说提出后的70年内一直未证实成花素的真实性及

其化学本质。直到2007年，Corbesier等确认成花素是从叶片通过韧皮部向顶端分生组织运输并诱导植物开花的FT蛋白（FLOWERING LOCUS T）。

1. 成花刺激物的分离鉴定 Lincoln等（1961）首次从开花苍耳植株冰冻干燥组织中以纯甲醇提取，浓缩混入羊毛脂中，加到长日照条件下的苍耳叶片上，诱发50%植株开花，但尚未能鉴定出其化学结构。2006年，Giavalisco从甘蓝型油菜花茎韧皮部分泌液中分离出FT蛋白，证明了该蛋白能在韧皮部中运输。Corbesier等（2007）通过GFP标记FT蛋白追踪了FT蛋白通过拟南芥维管系统到达顶端分生组织，激活相关基因并引起植物开花的全过程，并发现在叶片中产生的FT蛋白能够通过嫁接处转移并诱导植物开花，从而确认FT蛋白是成花素。

2. 成花刺激物的作用机制 在植物感受到外界环境信号（例如光周期、低温等）及自身产生的开花信号以后，顶端分生组织的RNA和蛋白质的合成增强。单子叶植物（例如禾本科）接受成花刺激的茎顶端靶组织为顶点和发生小穗的部位。双子叶植物接受成花刺激的靶组织可分为中央区和边缘区（图9-9）。成花素FT蛋白为小分子蛋白质（约175个氨基酸残基），通过韧皮部从叶片运送到茎顶端发挥其成花诱导作用。FT蛋白的运输也受到多种基因的调控，其运输到植物茎尖时会与14-3-3蛋白和bZIP转录因子FD（FLOWERING LOCUS D）形成一个异源六聚复合物（FAC），FAC直接调控植物成花过程。

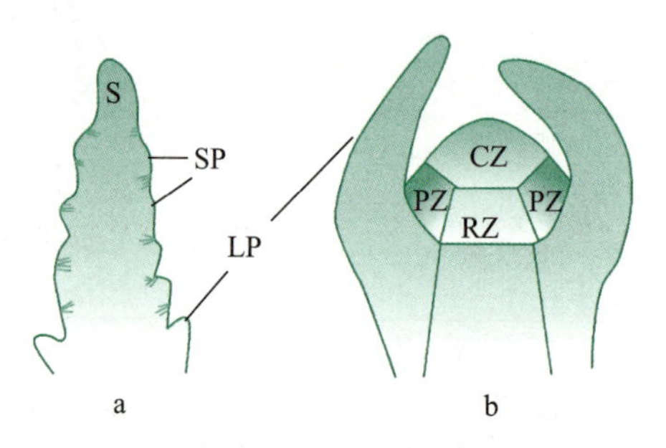

图9-9 禾本科植物茎顶端（a）和双子叶植物茎顶端分生组织（b）
S. 顶点 SP. 发生小穗的部位 LP. 叶原基
CZ. 中央区 PZ. 边缘区 RZ. 肋状分生组织

（五）光敏色素与成花诱导

光敏色素控制植物开花，不是取决于红光吸收型（P_r）和远红光吸收型（P_{fr}）的绝对含量，而是二者的比值。短日植物要求暗期的末期P_{fr}与P_r比值低，白天光敏色素P_{fr}形成，晚上则由于暗破坏，P_{fr}较少。所以可利用长夜使P_{fr}与P_r比值降低，促进短日植物成花。如果长夜中以红光作暗间断会使P_{fr}与P_r比值增加，或者长日短夜，P_{fr}增多，P_{fr}与P_r比值增加，抑制短日植物成花，促进长日植物成花。此外，短日植物在暗期初始阶段要求有高水平的P_{fr}，暗期的后期才要求低水平的P_{fr}。

（六）其他因素

除光周期外，植物开花也受其他因素影响。温度既影响已完成光周期诱导植物开花的迟早，又可改变植物对日照长度的要求。夜温降低，可使短日植物在较长的日照下开花（表现长日性），例如烟草在18 ℃夜温下需要短日诱导，而在13 ℃夜温时，长日照16～18 h也可开花。一品红、苍耳、牵牛花等在低温下也表现出长日性。低温也降低长日植物对日照的要求，可在较短日照下开花。例如在较低的夜温条件下，豌豆、甘蓝、黑麦等失去对长日照的敏感性而表现出日中性植物特征。

植物光周期诱导天数与植物年龄有关，很多植物随年龄增加，光周期诱导天数减少。

三、光周期现象在农业上的应用（Application of Photoperiodism in Agriculture）

（一）指导引种

当要从外地引进新的农作物品种时，首先要了解被引品种的光周期特性。因为作物的不同品种之间光周期特性差异很大，例如烟草既有短日性的，也有长日性和日中性的品种。因此引种时必须了解所引品种的光周期特性。一般地说，光周期敏感程度差的，适应性较强，光周期敏感性强的品种，由于对日长的要求严格，因而适应性较差。因此在引种光周期敏感的植物品种时，一定要考虑本地区的光周期条件能否满足被引品种的需要。一般来说，同纬度地区间的引种，成功的可能性较大。不同纬度地区间的引种，则因日照长度的差异。短日植物南种北引，生育期延长，应引早熟品种；北种南引，生育期缩短，应引晚熟品种。同纬度地区之间的引种，也要考虑地势高低所带来的影响。高原地区的短日植物品种引向平原，会缩短生育期；平原地区的品种引向高原地区，则生育期延长。长日植物则相反。

（二）控制开花

农作物和园艺植物的栽培中，常常由于某种特殊目的需要提早或延迟植物开花。根据光周期理论，可通过延长或缩短日照长度而使植物的开花期提早或推迟。例如短日植物菊花在自然条件下是秋季开花，如提早进行短日处理，则可使菊花提早到6—7月甚至五一国际劳动节开花。也可通过延长日照长度或暗期间断，使菊花延迟到元旦或春节期间开花。农作物的杂交育种，需要父本与母本花期相遇，对光周期敏感性强的作物品种，除了需要调整作物播种期外，往往还需要进行延长或缩短日照长度的处理，或暗期间断，以达到父本与母本花期相遇的目的。智能化的人工温室可以方便地进行光周期调控，但延长日照并不需要很强的光照，例如在15～20 m^2的面积上安装100 W的普通白炽灯，1.5 m高处照光就足够进行调控。

（三）维持营养生长

生产上，收获营养器官的作物需要抑制开花结实，否则会降低营养器官的产量和品质，因而需阻止或延迟这类作物开花。例如甘蔗通过延长光照或暗期间断可以延迟或阻止开花，提高茎产量，增加含糖量。苎麻、黄麻开花结实也会降低麻纤维的产量和品质，通过延长光照或向长日照地区引种，便可提高产量和品质。有些叶菜类的蔬菜，通过增施氮肥、加强田间管理和调节播种期，也可延长营养生长期而实现增产。

（四）缩短育种年限

为缩短育种年限，需要加速世代繁育。通过人工光周期诱导，使植物花期提前，在一年中就能培育两代或多代，从而缩短育种时间，加速良种繁育。例如在进行甘薯杂交育种时，可人为缩短光照，使甘薯开花整齐，以便进行有性杂交，培育新品种。又如根据我国气候多样性的特点，可进行植物的异地繁育，利用异地种植以满足植物对光周期的要求。短日植物品种（例如水稻和玉米），冬季可到海南省等低纬度地区繁殖；长日植物（例如油菜、小麦等），夏季可到黑龙江等高纬度地区繁育。

第二节 春化作用
Section 2 Vernalization

一、春化作用与春化植物的类型（Vernalization and Its Response Types）

（一）春化作用的概念

Gassner（1918）将小麦和黑麦分为秋播的冬性品种和春播的春性品种。其中冬性品种须越冬至次年夏季才抽穗开花。若将冬小麦春播，由于没有经过冬季低温，则不能开花结实，仅有营养生长，但用低温处理后，冬小麦可春播结实。苏联学者 Lysenko（1928）将 Gassner 的研究成果应用于生产，在春播前将萌动的种子用低温处理，冬小麦和春小麦一样可在当年夏季抽穗开花。植物需要低温阶段才能成花的现象称为春化现象，而低温诱导促使植物成花的作用，称为春化作用（vernalization）。如图 9-10 所示，未经春化作用的冬甘蓝和天仙子均不开花。

图 9-10 植物的春化作用
（引自 Amasino，2004）
A. 生长 5 年未经过春化处理的二年生冬甘蓝植株和非冬性甘蓝（未经过春化也可开花）
B、C. 天仙子与拟南芥的春化作用对比植株

（二）春化植物的类型

依据植物感受低温诱导的生育期不同，可将需要低温春化的植物划分为 3 个主要类型：冬性一年生植物、二年生植物和需冬季低温诱导的多年生植物。在一定范围内，低温处理时间越长，到开花所需的时间越短，开花比例越高（图 9-11）。

冬性一年生植物（例如冬性禾谷类植物），秋季播种，以幼苗越冬，经受冬季的低温诱导，第二年春末夏初抽穗开花。冬性一年生植物对低温的要求，大多表现为一种量的效应，即对低温的要求是相对的（图 9-12）。例如湿润的冬黑麦种子或幼苗经几周低温处理后，在常温下生长约 7 周即成花，而未经低温处理的则需 14～18 周才成花。低温促进冬黑麦开花的程度随处理时间的延长而增强，低温处理时间延长，从播种到开花所需的时间缩短，对低温表现为量的要求。但超过一定时间的过长低温处理没有更多的促花效应。

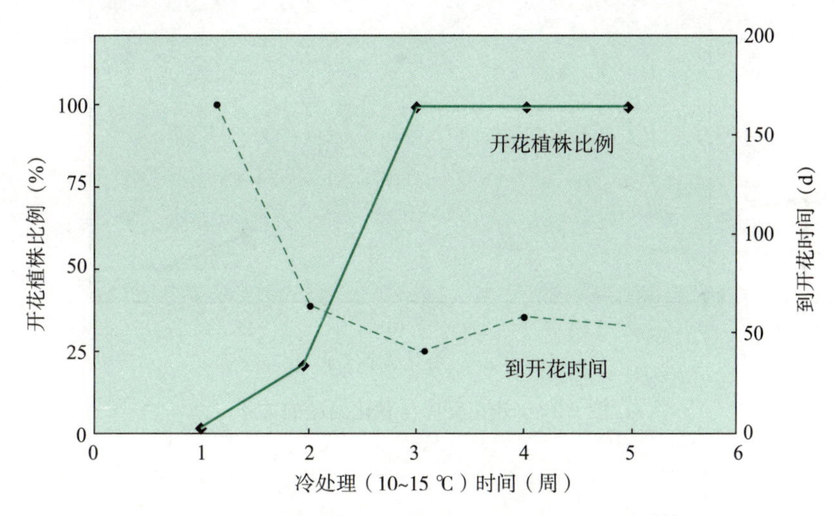

图 9-11 持续低温处理对紫罗兰属植物成花的影响
（低温处理后将植株转到较高温度）

二年生植物中，诸如甜菜、天仙子的开花也要求低温。在自然条件下，二年生植物通常是春季播种，形成莲座状的营养体越冬，于第二年春末夏初抽薹开花。许多二年生植物对低温的需要表现为质的要求，即对低温的要求是绝对的，如果不经历稍高于 0 ℃的低温下几天或几周，就始终停留在营养生长状态。例如冬季温暖地区的甘蓝，可以连续生长数年而不抽薹开花。温室中生长的毛地黄也可连续几年保持营养生长状态。许多二年生植物，低温处理后的长日照处理可促进开花，有些甚至必须经长日照处理才能开花。

许多多年生植物的开花要求每年冬季的低温诱导，如果冬季不是暴露在寒冷条件下就不开花。要求低温的多年生植物主要有：堇菜、桂竹香、紫罗兰、紫菀、石竹和黑麦草等。

有些春季开花的多年生植物，开花也要求低温，例如水仙、藏红花等是在温暖的春季成花的，而花的发育则需经过冬季的低温诱导。这些植物对低温的要求，不是为了开花诱导，而是打破花芽的休眠。

二、春化作用的条件（Conditions for Vernalization）

（一）温度

低温是春化作用的首要条件，大多数植物最有效的春化温度是 1～10 ℃，最适温度是 1～7 ℃。由于不同植物对春化的要求不同，低温春化需要的时间由数天到数十天不等，低温时间较长时，温度范围变宽。一定期限内春化的效应随低温处理时间的延长而增强（图 9-12）。

在春化过程结束之前，把植物放在较高温度下，低温的效果被解除，这种现象称为去春化或解除春化（devernalization）。解除温度一般为 25～40 ℃。例如冬小麦在 30 ℃以上 3～5 d 即可解除春化。越冬储藏的洋葱鳞茎，春种前可高温解除春化，防止开花，增加产量。通常是植物经过低温春化的时间愈长，春化效应就越稳定，解除春化就愈困难（图 9-13）。大多数去春化的植物返回到低温下，又可重新进行春化，而且低温的效应是可以累加的，这种解除春化之后再进行的春化作用称为再春化作用（revernalization）。

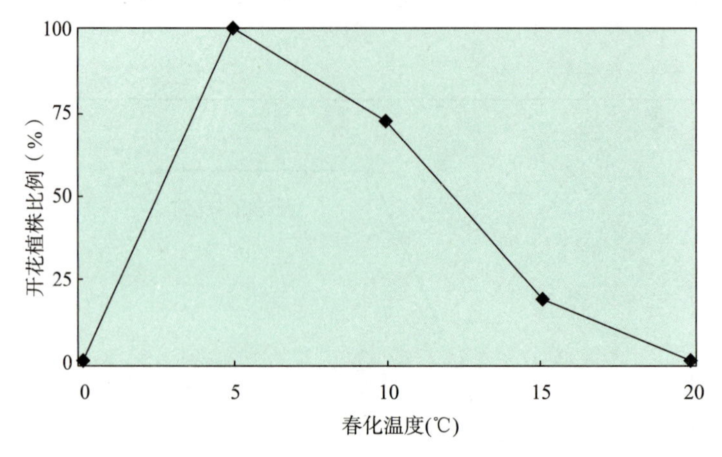

图 9-12　开花反应与春化温度的关系

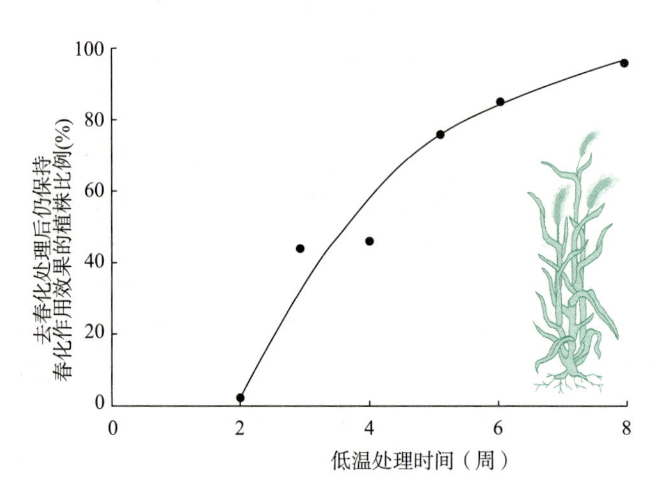

图 9-13　低温处理时间与春化作用稳定性的关系

（引自 Taiz 和 Zeiger，2010）

（冬性黑麦低温处理时间越长，在低温处理后给予去春化作用的条件，仍能保持春化作用效果的植株越多）

（二）水分、氧气、糖和光照

春化作用除了需要一定时间的低温外，还需要适量的水分、充足的氧气和作为呼吸底物的糖类。将已萌动的小麦种子脱水干燥，当其含水量低于 40%时，用低温处理种子也不能使其完成春化。同样，在缺氧条件下，即使满足了低温和水分的要求，仍不能完成春化。在春化期间，细胞内某些酶活性提高，氧化还原作用加强，呼吸作用增强，这也表明氧气是植物完成春化的必要条件。不仅高温可以解除春化，缺氧也有解除春化的效果。同时，完成春化还需要足够的营养物质，将小麦种子的胚培养在富含蔗糖的培养基中，在低温下可以被春化，但若培养基中缺乏蔗糖，则不能被春化。

此外，许多植物在感受低温后，还需经长日照诱导才能开花。例如天仙子植株，在较高温度下不能开花，经低温春化后放在短日照下，也不能开花，只有经低温春化后处于长日照的条件下植株才能抽薹开花（图 9-14）。春化过程只是对开花起诱导作用，还不能直接导致开花。

图 9-14 天仙子成花诱导对低温和长日照的要求

三、春化作用的时期和部位 (Stages and Organs for Vernalization)

(一) 春化作用类型

依据植物感受低温诱导时期的不同，可将春化植物分为种子春化型和绿体春化型。冬性一年生植物冬小麦、冬黑麦等，可以在种子萌动状态进行春化，也可在苗期进行，其中以 3 叶期春化效果最佳，这类植物属种子春化型。例如甜菜能在种子萌动状态通过春化。但是二年生和多年生植物，不能在种子萌动状态进行春化，而且幼苗在对低温变得敏感之前需要长到一定的大小（达到花熟状态）。例如甘蓝幼苗茎的直径达 0.6 cm 以上，叶宽达 5 cm 以上时，才能感受低温的刺激而通过春化；月见草至少要有 6～7 片叶时，才能进行低温春化。这类植物属绿体春化型。

(二) 春化作用时期

在植物不同生长发育时期进行春化的效果是不同的。例如拟南芥在种子萌发期和幼苗期都可接受低温春化，但敏感程度不同。在种子萌动的早期对春化处理很敏感，紧接着有一个敏感性下降的时期，然后随着年龄的增加，敏感性再度增强。

(三) 春化作用部位

1. 种子 冬性一年生植物在以萌动状态种子感受低温刺激进行春化的部位是胚（胚芽）。麦类的幼胚在母体的穗中发育时，也能接受低温的影响而进行春化，甚至是受精后 5 d 的胚都可进行春化。离体胚在适合的培养基上，也可接受低温刺激进行春化。

2. 幼苗 植物幼苗感受低温刺激进行春化的部位是茎尖的生长点。若将芹菜种植在高温条件下，由于得不到低温的诱导而不能开花；若用乳胶管把茎的顶端缠绕起来，管内通以略高于 0 ℃的冷水流，使茎尖的生长点处于低温，芹菜就能进行春化而在长日照下开花；若将芹菜放在低温条件下，而使缠绕茎尖生长点的乳胶管通入暖水流，使茎尖生长点处于较高温度下，则不能开花。

四、春化作用的机制 (Mechanism of Vernalization)

(一) 春化过程中的生理生化变化

1. 呼吸作用和蛋白质代谢的变化 植物在通过春化作用的过程中，虽然在形态上没有发生明显的变化，但是在生理生化上发生了深刻的变化，例如呼吸代谢、蛋白质代谢等。

在春化处理的前期，需要氧和糖的供应。用解偶联剂 2,4-二硝基苯酚（DNP）处理能抑制春化。在春化过程中，冬性谷类作物的末端氧化酶系统发生了变化：前期细胞色素氧化酶起主导作用，但随着低温处理时间的延长，细胞色素氧化酶活性逐渐降低，而抗坏血酸氧化酶的活性不断提高。

在低温处理过的冬小麦种子中，游离氨基酸和可溶性蛋白质含量增加。电泳分析表明，经春化处理的冬小麦有新的蛋白质谱带出现，这些蛋白质是茎尖的生长点进行穗分化的物质基础。

2. 春化作用与植物激素的关系 Melchers 和 Lang 用天仙子等进行嫁接试验，发现未春化的长日植物、短日植物、日中性植物植株都可被春化枝条诱导开花。已经春化的枝条还可以使培养在非诱导光周期条件下的植物开花。说明春化植物产生成花刺激物，可传递到未春化的植株引起开花。因此 Melchers 和 Lang（1965）提出春化作用假说（图 9-15）：植物接受低温处理后，可能产生某种称为春化素（vernalin）的特殊物质，其可通过嫁接传导，诱导未春化的植株开花。许多需低温和长日照的植物（例如莴苣、萝卜、菠菜等）、需低温的植物（例如芹菜、燕麦、甘蓝等），赤霉素处理可以不经过春化及长日照就能抽薹开花（图 9-16）。赤霉素对短日植物不起作用，而且春化与赤霉素形成之间不存在因果关系；赤霉素也不能诱导需春化的一些植物开花；对赤霉素有反应的植物，对赤霉素的反应也不同于春化反应，经赤霉素处理的丛生状态植物，先生长出营养枝，花芽再出现。而春化引起正常抽薹时，花芽形成和茎的生长基本同时出现。

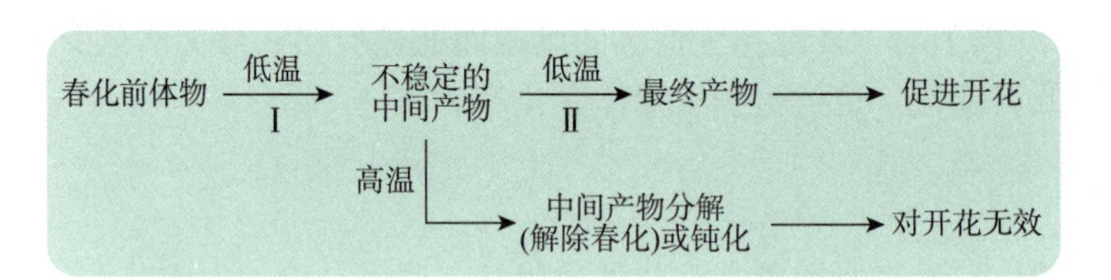

图 9-15 Melchers 和 Lang（1939）提出的春化作用假说

（阶段Ⅰ，前体物在低温下形成不稳定的中间产物。阶段Ⅱ，前体物在低温下中间产物形成终产物，促进开花。若完成阶段Ⅰ后遇高温，则中间产物分解或钝化，春化不能完成）

图 9-16 低温和外施赤霉素对胡萝卜开花的效应

A. 对照 B. 未低温处理而外施赤霉素 C. 低温处理 8 周

除赤霉素外，植物体内普遍存在另一种微量植物生长物质玉米赤霉烯酮（zearalenone）。需春化的植物在春化过程中，体内的玉米赤霉烯酮含量呈现规律性变化，达到含量高峰以后春化作用完成。此外，外施玉米赤霉烯酮可部分代替低温，但其在植物春化中的调控作用机制还不清楚。

（二）春化基因的表达调控

冬小麦在低温下 RNA 量增多，DNA 无显著变化。因此有人认为春化过程中某些特定基因被活化，促进特定 mRNA 和新的蛋白质合成，从而完成春化过程，导致花芽分化。目前已在拟南芥和小麦中克隆到一系列春化基因 *VRN1*、*VRN2*、*VER203*、*VER17*、*VRC49*、*VRC54* 等。

以 DNA 去甲基化剂 5-氮杂胞苷（5-azacytidine）处理拟南芥晚花型突变体与冬小麦，可促进提前开花；处理拟南芥早花型突变体与春小麦则表现不敏感。因此春化基因去甲基化假说认为，低温可改变基因表达，使 DNA 去甲基化而开花。

对长日植物拟南芥不同生态型及突变体的研究表明，开花抑制物基因 *FLOWERING LOCUS C*（*FLC*）可能是春化反应的关键基因。

（三）春化作用与光周期性的关系

大多要求低温春化的植物是长日植物，在感受低温后，须在长日照下才能开花，例如冬小麦、菠菜等。而菊花是需要春化的短日植物。春化与光周期效应有时可相互代替和相互影响。长日植物甜菜，如果春化期延长，短日照下也可开花；大蒜鳞茎在长日照下经低温处理，短日照下也可抽薹成花。

五、春化作用理论在农业上的应用（Application of Vernalization Theory in Agriculture）

（一）人工春化处理

在农业生产上，将萌动种子通过低温春化处理可使冬性植物提早开花、成熟。例如北方春季补种冬小麦，只进行营养生长而不能开花结实，因为麦种未经过头年秋末冬初的一段低温。在生产实践中创造“闷麦法”和“七九小麦法”两种春化处理方法，顺利解决了冬小麦的春播问题。其中“闷麦法”是将萌动的冬小麦种子闷在罐中，放在 0～5 ℃的低温下处理 40～50 d，然后在春季播种，便能当年开花结实。而“七九小麦法”是从冬至那天起，将冬小麦种子浸在井水中，次晨取出阴干，每间隔 9 d 处理 1 次，共处理 7 次，春播后能在夏季正常抽穗结实。在育种时利用春化处理，1 年内就可以培育 3～4 代冬性作物，加速育种过程。在杂交育种中可用春化处理调节花期使父本与母本花期相遇。利用春化处理可以调整播种期，避开倒春寒的影响，例如冬小麦可以先经春化处理，适时晚播，这样可以避开寒害，又可使之提早抽穗开花。

（二）指导引种

我国地域宽广，不同地区的气候条件不一样，北方纬度高、气温低，南方纬度低、气温高，所以引种时一定要考虑被引品种对温度的要求。如果北方品种引种到南方，需首先了解该品种对低温的要求以及当地的气候条件，不然会给农业生产带来损失。如果将北方的冬小麦引种到南方栽培，通常只分蘖不抽穗结实。

（三）控制花期

生产上可以利用春化处理、去春化处理、再春化处理来调控营养生长和花期。例如洋葱在前一年所形成的幼嫩鳞茎，在冬季或冷藏中会因为春化作用而提前开花，从而影响次年形成大鳞茎。在生产中常在冬季或早春高温处理以去除春化，可防止在生长期抽薹开花。又如当归为二年生药用植物，当年收获的肉质根品质差，第二年又因开花而降低根的药用价值。如果第一年入冬前将根挖出，储藏在高温条件下，便可减少次年的抽薹率，而获得品质更好的当归根。在花卉栽培中，若用低温处理，可使一二年生草本花卉改为春播，在当年开花。例如用 0～5 ℃低温春化处理石竹，可促进花芽分化。

第三节　植物成花诱导的调控
Section 3　Regulation of Plant Floral Induction

植物成花诱导是一个多因子相互作用的复杂过程。已知在长日植物拟南芥中存在 4 种成花诱导途径（图 9-17）。

一、光周期诱导途径（Photoperiodic Pathway）

光敏色素和隐花色素参与此途径。在长日照条件下，光受体与生物钟互作，使 *CO*（*CONSTANS*）基因在韧皮部表达，激活下游的 *FT* 基因表达，FT 与转录因子 FD 形成复合物，激活下游 *SOC1*（*SUPPRESSOR OF OVEX PRESSION OF CONSTANS 1*）、*AP1*（*APETALA 1*）、*LFY*（*LEAFY*）基因的表达，这些基因再启动侧生花序分生组织中的下游基因表达。

二、自主/春化途径（Autonomous/Vernalization Pathway）

植物通过对内源信号（固定的叶片数）或者低温做出反应而开花，自主开花途径相关的所有基因都在分生组织中表达。自主开花途径通过开花抑制因子 *FLC* 基因的表达来起作用，而 *FLC* 是 *SOC1* 表达的抑制因子。春化作用同样抑制 *FLC* 的表达，*FLC* 基因作为一个共同的目标基因，将自主开花途径和春化途径联系起来。

三、糖类途径（Carbohydrate Pathway）

糖类途径是指依赖糖类浓度升高来诱导开花的途径。此途径反映植物的代谢状态，在拟南芥中，蔗糖通过增强 *SOC1* 基因表达来刺激开花。

四、赤霉素途径

在已知的植物激素中，赤霉素（GA）对开花的影响最大。赤霉素可促进多种长日植物在短日条件下成花，对多种植物可代替低温。赤霉素处理可以使红杉、巨杉等植物的成花进程明显加快。无论长日植物或短日植物，在长日条件下，植株体内赤霉素都有所增加，暗期间断也增加赤霉素含量，施用赤霉素合成抑制剂则抑制长日植物成花。长日植物成花对赤霉素的需要还表现出专一性。例如用 GA_3 不能诱导高山勿忘草成花，但用 GA_4 和 GA_7 能有效地促进成花。对于高雪轮也是 GA_7 比 GA_3 更有效。

赤霉素可通过促进 *SOC1*、*LFY* 等基因的表达促进拟南芥开花。DELLA 蛋白是赤霉素途径的重要参与者，其位于细胞核中，在没有赤霉素的情况下阻遏植物的发育，当接收到赤霉素信号后，其阻遏作用便被解除，植株表现出正常的赤霉素反应和生长发育。禾谷类植物中赤霉素激活 *LFY* 表达是由转录因子 GAMYB 介导的，而 GAMYB 又被 DELLA 蛋白负调控。

上述 4 条途径通过促进 *FT*、*SOC1*、*LFY*、*AP1* 在分生组织中的表达而诱导开花，进而激活下游花器官发育所需基因如 *AG*（*AGAMOUS*）、*PI*（*PISTLLIATA*）和 *AP3*（图 9-17）。多条成花诱导途径的存在使得被子植物生长发育具有很大的灵活性，以确保其在各种环境条件下产生种子，也是被子植物多样性的根源。

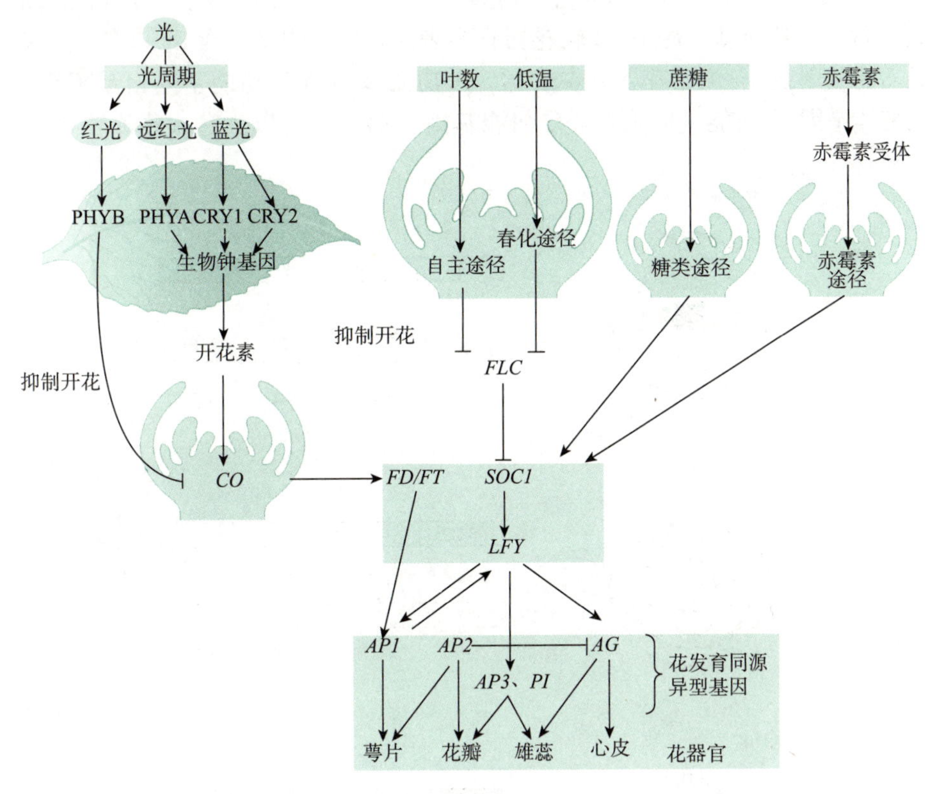

图 9-17 拟南芥开花途径
（引自 Blázquez，2000）

第四节 花器官形成与性别分化
Section 4 Floral Organ Formation and Sex Differentiation

一、花器官形成的过程（Course of Floral Organ Formation）

花器官的发育都是以花原基的形式在分生组织的侧面隆起，根据花的形态建成可将花发育早期分成以下阶段。

第一阶段：平坦的分生组织上叶原基凸起；第二阶段：花原基出现并从分生组织上

分离出来；第三阶段：萼片原基出现；第四阶段：萼片原基长大，并覆盖花分生组织；第五阶段：花瓣和雄蕊原基凸起；第六阶段：雌蕊群开始发育，花粉开始形成；第七阶段：雄蕊花丝出现，为主要标志；第八阶段：雄蕊原基明显增大，药室明显可见；第九阶段：所有的器官均伸长，花瓣原基变宽，并开始迅速生长；第十阶段：花瓣与短雄蕊齐平；第十一阶段：柱头在雌蕊群的顶端出现；第十二阶段：花瓣已达到中部雄蕊的高度。当花苞开放时就完成了花的发育。

二、花器官形成的模型（Model of Floral Organ Formation）

花器官的形成是一个受内部遗传和外部环境因素共同调控的复杂过程。Coen 和 Meyerowitz（1991）提出了花器官发育的 ABC 模型（图 9-18）：正常花的四轮结构形式是由 3 组基因共同作用而完成的，每轮花器官特征的决定分别依赖于 A、B、C 3 组基因中的 1 组或 2 组基因的正常表达。若其中任何 1 组或多组发生突变，则花的形态将会出现异常。A 功能基因在 1～2 轮花器官中表达，B 功能基因在 2～3 轮花器官中表达，C 功能基因在 3～4 轮花器官中表达。A 功能基因与 C 功能基因相互颉颃。*ap1*、*ap2* 突变体是因 A 功能基因失活，C 功能基因在第一轮得以表达，萼片转变为心皮。

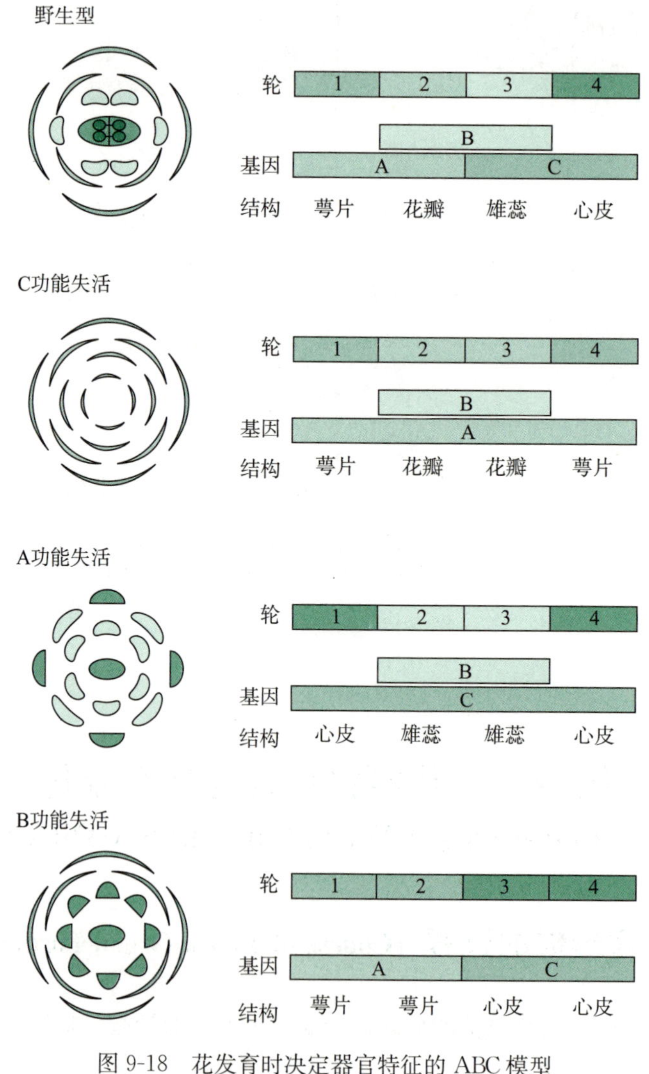

图 9-18 花发育时决定器官特征的 ABC 模型
（引自 Taiz 和 Zeiger，2010）

ag 突变体是因 C 功能基因失活，A 功能基因得以在第四轮表达，心皮转变为萼片。*ap3*、*pi*突变体是因 B 功能基因失活，第二轮只有 A 功能基因表达，花瓣转变为萼片；第三轮只有 C 功能基因表达，雄蕊转变为心皮。

随着研究的深入，人们又发现了 D 类和 E 类基因。D 类基因包括 *STK*、*SHP1* 和 *SHP2*；E 类基因包括 *SEP1*、*SEP2*、*SEP3* 和 *SEP4*。这些基因参与胚珠和整个花器官的发育调控。至此，ABC 调控模式又有了新的发展，形成了更复杂的 ABCDE 和 ABCE 调控模式。其中，A 类基因仍然是控制萼片和花瓣的发育；B 类基因仍然是控制花瓣和雄蕊的发育；C 类基因仍然是控制雄蕊和心皮的发育；但增加的 D 类基因控制胚珠的发育；E 类基因参与整个花器官的发育（图 9-19）。

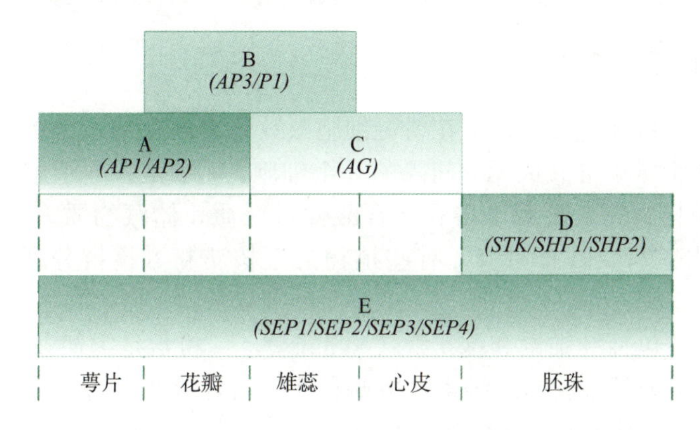

图 9-19 拟南芥花器官发育的 ABCDE 模型及相关基因
（改编自王忠，2009）

三、植物的性别分化（Sex Differentiation of Plant）

（一）植物性别分化的影响因素

植物在花芽分化过程中进行着性别分化（sex differentiation）。植物的性别表现随着年龄的增大而发生变化。对于雌雄同株植物，一般是雄花发育早于雌花，例如玉米；或是雌花分布在树冠生理年龄较老的枝条上，雄花发育在较幼嫩的枝条上，如多年生木本植物。

营养条件、光周期、温度等都能调控性别分化。例如土地干旱与氮肥有利于雌花发育；对于黄瓜来说，夜温低雌花减少，夜间温暖，促雌花形成；一氧化碳、乙炔、乙烯可刺激黄瓜雌花形成；植物激素能影响雌雄同株植物雌雄比例。

（二）植物性别分化的调控

早期常采用适当控制水分和氮肥等措施来促进植物发育和性别转变，例如增施氮肥可以使玉米雌穗增多。早期蹲苗可使黄瓜茎节提早出现雌花。黄瓜田熏烟可促进雌花形成，是因为烟气中常含有少量一氧化碳和乙烯。乙烯利促进黄瓜雌花增多，但果实小，可用于杂交制种增加种子产量。

生长素使黄瓜和西葫芦雄雌比例减少，可能是高浓度生长素引起乙烯释放，因乙烯利也使雄雌比例减少。赤霉素则增加黄瓜和丝瓜雄雌花比例。另外，矮壮素（CCC）、青鲜素（MH）和三碘苯甲酸（TIBA）等植物生长调节剂对性别分化亦有作用，主要是通过改变植物激素水平而发挥作用的。

第五节　植物的授粉与受精
Section 5　Pollination and Fertilization of Plant

植物的有性生殖过程包括花芽分化、性别分化、花的形成、雌雄花的发育、花的开放、授粉受精、胚胎发育、果实和种子形成与成熟阶段。其中，授粉受精过程与花粉活力以及花粉与柱头的识别密切相关，进而影响坐果。

一、花粉活力与萌发（Pollen Vigour and Germination）

（一）花粉构造与成分

成熟花粉称为雄配子体，是由花粉母细胞减数分裂而来的，为单倍体细胞，由 1 个单核细胞（小孢子）分裂成无壁间隔的 2 个细胞，1 个是营养细胞，1 个是生殖细胞。生殖细胞结构紧密，核膜上多孔，含酸性蛋白质，储藏物质多。有些植物为二核花粉，例如木兰科、百合科等。有些植物为三核花粉（精核分裂为二），例如禾本科。

花粉外壁成分包括纤维素和孢粉素（pollenin）。孢粉素是类胡萝卜素的氧化聚合物。花粉的内壁成分是果胶与纤维素。内壁和外壁均含活性蛋白。外壁蛋白与识别有关。内壁蛋白与花粉萌发和穿入柱头有关。

不同植物的花粉形态多种多样。花粉含糖类、多种大量元素和微量元素，氨基酸含量比其他组织高，还含类胡萝卜素、黄酮类、维生素、生长素、赤霉素、乙烯等。

（二）花粉生活力

不同植物的花粉生活力不同，例如小麦的花粉生活力仅维持几小时，梨的花粉生活力可维持 70～210 d，向日葵的花粉生活力可保持 1 年。花粉的生活力与外界条件有关，高温、干旱或特别潮湿情况下，花粉易丧失生活力，低温可延长花粉寿命。花粉的保存适温为 1～5 ℃，相对湿度 6%～40%（禾本科则是 40%以上）较好。

（三）花粉萌发与花粉管伸长

花粉粒落到雌蕊柱头上后萌发穿入柱头沿花柱进入胚囊完成受精。

硼能刺激花粉的萌发，钙刺激花粉管的伸长，子房中钙离子是引导花粉管向胚珠生长的化学刺激物（向化性）。

温度和湿度影响花粉的萌发和花粉管的伸长，适宜温度为 20～30 ℃。花粉中的生长素、赤霉素是花粉萌发和花粉管伸长的促进剂，可引导花粉管向胚珠方向生长。

花粉萌发和花粉管伸长表现集体效应（poputation effect），即在一定面积内，花粉的数量越多，花粉萌发和花粉管伸长越好。

二、花粉与柱头的相互识别（Mutual Recognition of Pollen and Stigma）

（一）识别反应与亲和性

柱头能分泌油状物黏着花粉，并促进花粉萌发。花粉萌发后产生花粉管，其内含物丰富，并含有 2 个精细胞（图 9-20）。

花柱是花粉管经过的通道。花粉落在柱头上萌发产生花粉管，花粉管尖端可产生角质酸（cutinic acid）使柱头薄膜下的角质层溶解。花粉管穿过柱头表面，沿着柱头生长直到到达子房，2个雄核被释放，其中1个移向卵细胞进行受精，另1个与极核融合形成三倍体胚乳核，完成双受精过程。被子植物的整个授粉受精过程见图9-21。

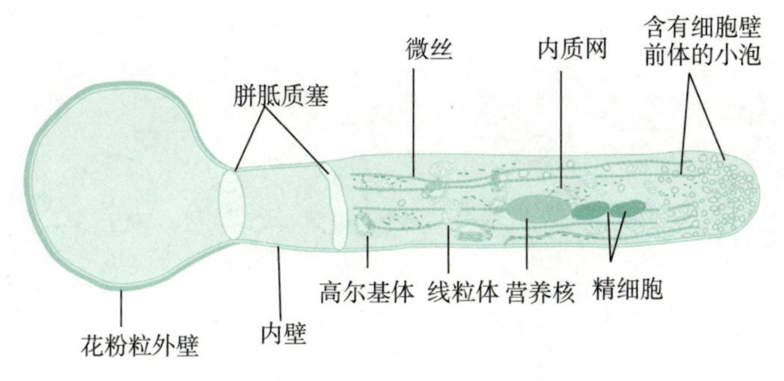

图9-20　花粉管顶端区结构
（引自Mascarenhas，1993）

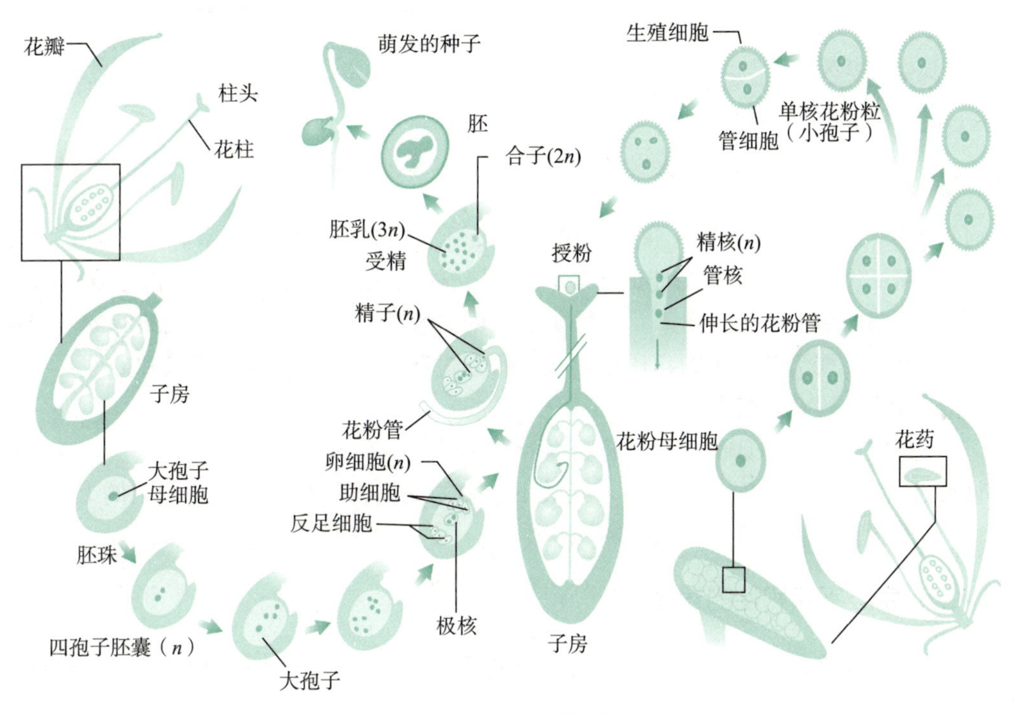

图9-21　被子植物授粉受精过程

花粉落在柱头上能否萌发以及花粉管能否伸长并完成受精过程，取决于花粉和雌蕊的亲和性（compatibility）和识别反应。在花粉方面，识别物质是壁蛋白，雌蕊的识别物质是柱头表面的亲水蛋白质膜和花柱介质中的蛋白质。花粉和柱头的亲和性有配子体和孢子体两种控制系统。

亲和性
- 配子体控制：花粉本体基因型控制，反应部位在花柱中。亲和时花粉管正常生长；不亲和时则表现为花粉管生长停顿、破裂，是由于花柱内的花粉管产生胼胝体
- 孢子体控制：花粉亲体基因型控制，反应部位在柱头表面，产生于发端的花粉管和柱头细胞。亲和时花粉管穿透柱头，不亲和时则表现为花粉管不能穿透柱头

远缘杂交不亲和常常是因为花粉管在花柱中生长缓慢不能及时进入胚囊所造成。被子植物有一半以上存在自交不亲和现象。自交不亲和性（self-incompatibility）是指植物花粉落在同一朵花的雌蕊柱头上不能受精的现象，为遗传不亲和性，是因为雌雄双方具有相同S等位基因，等位基因导致配子体自交不亲和及孢子体自交不亲和（图 9-22）。

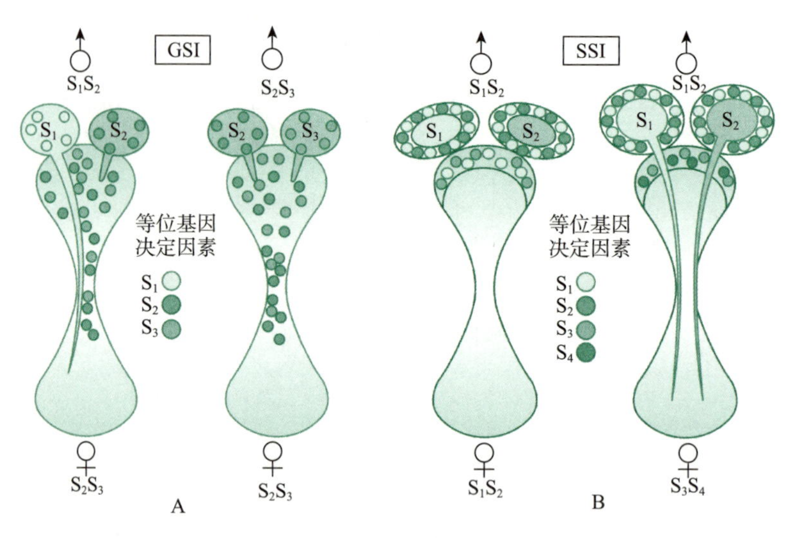

图 9-22　自交不亲和

A. 配子体自交不亲和（GSI）　B. 孢子体自交不亲和（SSI）

Heslop-Harrision（1975）提出花粉与柱头识别的假说：凡杂交亲和的植物，花粉与柱头能相互识别；杂交不亲和的植物，花粉与柱头之间相互排斥。花粉落到柱头上时，花粉外壁的蛋白质释放出来，与柱头表层的薄膜相结合。如果二者是亲和的，花粉管尖端产生角质酸溶解柱头的角质层，花粉管穿过花柱面生长；如果不亲和，柱头和乳突产生胼胝质阻碍花粉管穿过。

花粉和柱头识别的分子基础是花粉内外壁中的蛋白质和柱头上的S-糖蛋白。S-糖蛋白具核酸酶活性，又称为S-核酸酶，能被不亲和的花粉管吸收，将花粉管内的RNA降解，从而抵制花粉管生长并导致花粉死亡。

（二）克服不亲和性的途径

自交不亲和性是防止开花植物近亲繁殖的机制之一，有利于物种的稳定、繁衍与进化。

1. 增加染色体倍性　将自交不亲和的二倍体诱导成四倍体，出现自交亲和的表现，例如樱桃、梨等。

2. 利用年龄因素　雌蕊未成熟或衰老时，不育基因未定型或不亲和基因尚未表达或表达减弱，柱头表面与花柱介质中识别蛋白未形成或形成数量减少，活性减弱，对花粉萌发和花粉管伸长抑制作用降低，可在此时授粉。例如油菜剥蕾授粉可得自交系。

3. 高温处理　配子体自交不亲和植物（例如梨、番茄等），用32～60 ℃高温处理柱头可打破不亲和性。

4. 植物生长物质及抑制剂处理　抑制落花的植物生长物质例如α-萘乙酸和生长素处理花，可使花朵免于早落，花粉管可在落花前达到子房。放线菌素D可抑制花柱中DNA的转录，可部分抑制花柱的自交不亲和性。

5. 离体培养 胚珠、子房或幼胚离体培养，试管受精或杂交幼胚培养，可避开子房中的不亲和物质。

6. 其他方法 例如细胞杂交或原生质体融合。

自交不亲和程度及克服的途径见图 9-23。

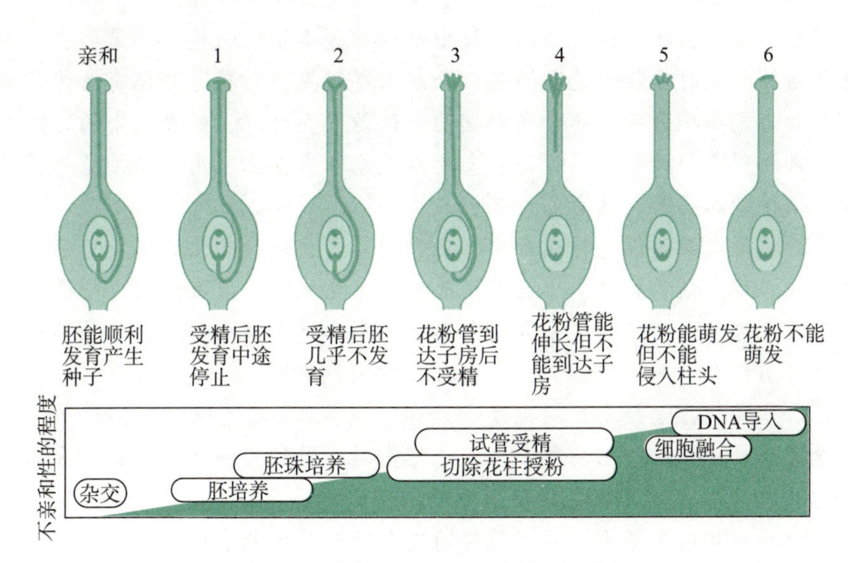

图 9-23 自交不亲和程度及其克服途径

(三) 受精过程的生理生化变化

受精过程中，植物呼吸强度升高，吸水、吸盐能力增强。受精后，雌蕊生长素含量增加，质体、线粒体、内质网膜、核糖体分散并绕核重新排列，同时游离态核糖体形成聚合态的复合物（RNA＋核糖体）。受精时引起蛋白质合成，合子核能将卵细胞中的核糖体聚合起来，产生新的聚核糖体，激发蛋白质合成，直到心形胚期才消失。

三、授粉与坐果的关系

受精后，胚和胚乳开始发育。珠被增大形成种皮；子房壁增大形成果皮，花托的一部分也参与形成果皮。同时，雄蕊和花冠脱落或枯萎，花萼脱落或宿存。这种变化标志着由花转变为幼果，称为坐果（fruit setting）。

授粉成功后子房开始迅速生长。子房的生长程度与柱头上的花粉密度呈正相关。番茄的柱头上花粉密度较大时，果实生长可明显加快。西番莲柱头上花粉密度大时坐果率明显增加，果实也较大。在植物育种中所得花粉数量少时，可以用其他花粉作载体，也能部分地起到增加花粉密度的作用。因而肉质果实发育期喷施或涂抹生长素可代替授粉，诱导果实增大。

坐果所需生长素刺激不仅来自花粉，也来自子房。授粉促使子房合成生长素。研究发现，授粉后 2 d 内烟草花的子房内生长素含量迅速增加。子房中生长素含量与花粉管在花柱中伸长的关系密切。授粉后 20 h 生长素合成主要发生在花柱顶部，50 h 延伸至基部，在 90 h 时花粉管到达胚珠，此时子房基部成为合成生长素最多的部位。但是对一些不能以生长素诱导坐果的植物，其坐果可能受其他植物激素调控，例如樱桃、扁桃、杏、桃、葡萄、苹果和梨，以赤霉素诱导坐果有效。

本章内容概要

植物的成花一般包括成花诱导、花芽分化和花器官的形成，影响植物成花诱导的最敏感的因子为适宜的光周期和低温。

光周期现象是植物对昼夜光暗相对长度变化发生反应的现象。根据植物的光周期反应可分为短日植物、长日植物、日中性植物等类型。一些植物需要在一定的日照长度或暗期长度时才能开花即临界日长或临界暗期。对花芽分化有诱导作用的光周期处理称为光周期诱导。感受光周期的部位是成熟叶片。光敏色素的远红光吸收型与红光吸收型比值控制植物开花。光周期现象在农业上可用于指导植物引种、调节花期、维持营养生长、选育品种等。

低温对植物成花的促进作用称为春化作用。需要低温春化的植物可分为冬性一年生植物、二年生植物和需冬季低温诱导的多年生植物。依据植物感受低温诱导时期的不同，也可将春化植物类型分为种子春化型和绿体春化型。春化作用理论在农业生产上可用于人工春化处理、指导引种、控制花期等。

成花诱导的调控途径有光周期诱导途径、自主/春化途径、糖类途径以及赤霉素调控途径等。在已知的植物激素中，赤霉素对开花的影响最大。花器官形成可用ABC模型与更复杂的ABCDE模型来解释。

不同植物的花粉生活力不同，花粉萌发和花粉管伸长表现集体效应。花粉落在柱头上能否萌发以及花粉管能否伸长并完成受精过程，取决于花粉和雌蕊的亲和性和识别反应。

复习思考题

1. 植物从营养生长转向生殖生长需要具备什么条件？
2. 什么是光周期现象？植物具有哪些基本光周期反应类型？
3. 为什么说暗期长度对短日植物成花比日照长度更为重要？
4. 如何用实验确定植物感受光周期的部位？
5. 如何用实验证实光周期诱导植物开花刺激物的传导？
6. 什么是春化作用？如何证实植物感受低温的部位？
7. 春化作用和光周期理论在农业生产中有哪些应用？
8. 影响植物花器官形成的条件有哪些？
9. 植物激素如何调控植物成花诱导？
10. 影响植物性别分化的外界条件有哪些？
11. 花器官发育模型的要点是什么？
12. 影响花粉生活力的外界条件有哪些？
13. 对于一种尚未确定光周期特性的植物新种，怎样确定其光周期反应类型？
14. 克服植物自交不亲和性的途径有哪些？

Chapter 10 第十章 植物的成熟与衰老生理

Plant Maturation and Senescence Physiology

教学要求： 掌握种子成熟的生理生化变化及其影响因素、果实的生长规律、肉质果实成熟时的生理生化变化；理解植物衰老的机制及其调控、植物器官脱落及其机制；了解植物衰老的生理生化变化以及植物器官脱落的影响因素。

重点与难点： 重点是种子和果实成熟时的生理生化变化及其调控。难点是植物衰老的机制及其调控。

建议学时数： 3～4 学时。

高等植物的生命周期都需要经历胚胎发生、营养生长、生殖生长、成熟和衰老等阶段。种子植物受精后的合子是新的孢子体世代的最早形态，它将经历胚胎发育、种子形成与成熟、种子萌发和幼苗生长逐渐成为成熟植株，完成生殖过程后趋向衰老。植物的成熟和衰老生理与农林业生产关系密切，研究其机制对农业生产具有重要的实践意义。

第一节　种子的发育与成熟

Section 1　Development and Maturation of Seeds

一、种子的发育（Development of Seeds）

被子植物在授粉之后，花粉管沿花柱生长进入子房，再进入胚珠，到达胚囊后，释放出 2 个精子。其中 1 个精子与卵细胞结合成为合子（zygote），另 1 个精子与两个极核结合成为胚乳核，这个过程称为双受精作用（double fertilization）。双受精后合子发育成胚（embryo），受精极核发育成胚乳（endosperm），珠被则发育成种皮（episperm）。胚、胚乳和种皮共同构成种子（seed）。

（一）胚的发育

1. 双子叶植物胚的发育 以拟南芥为例，按胚胎发生的先后顺序可分为下述5个发育阶段（图16-1）。

（1）合子期 合子期（zygotic stage）指卵细胞与精子融合后形成受精卵的单细胞阶段，以1次不对称的横向分裂结束，形成1个顶细胞和1个基细胞（图10-1 A）。

（2）球形期 顶细胞经过1次分裂后，产生2细胞胚胎（图10-1 B），再经过3次分裂，产生8细胞的球形胚胎（图10-1 C）。从配子结合开始至8细胞球形期（globular stage）大约需要30 h。细胞分裂增加球体内细胞数量，从而形成一个具有不连续表皮的原表皮层（图10-1 D）。

（3）心形期 心形期（heart stage）通过未来茎尖两侧区域的细胞快速分裂，最终形成胚胎两侧对称的子叶（图10-1 E、F）。

（4）鱼雷期 鱼雷期（torpedo stage）细胞沿胚轴延伸和子叶进一步发育形成鱼雷胚（图10-1 G）。

（5）成熟期 成熟期（mature stage）在胚胎形成的末期，这时胚胎和种子的水分和代谢活性降低，进入休眠期，这个时期储存物质在细胞中大量积累（图10-1 H）。

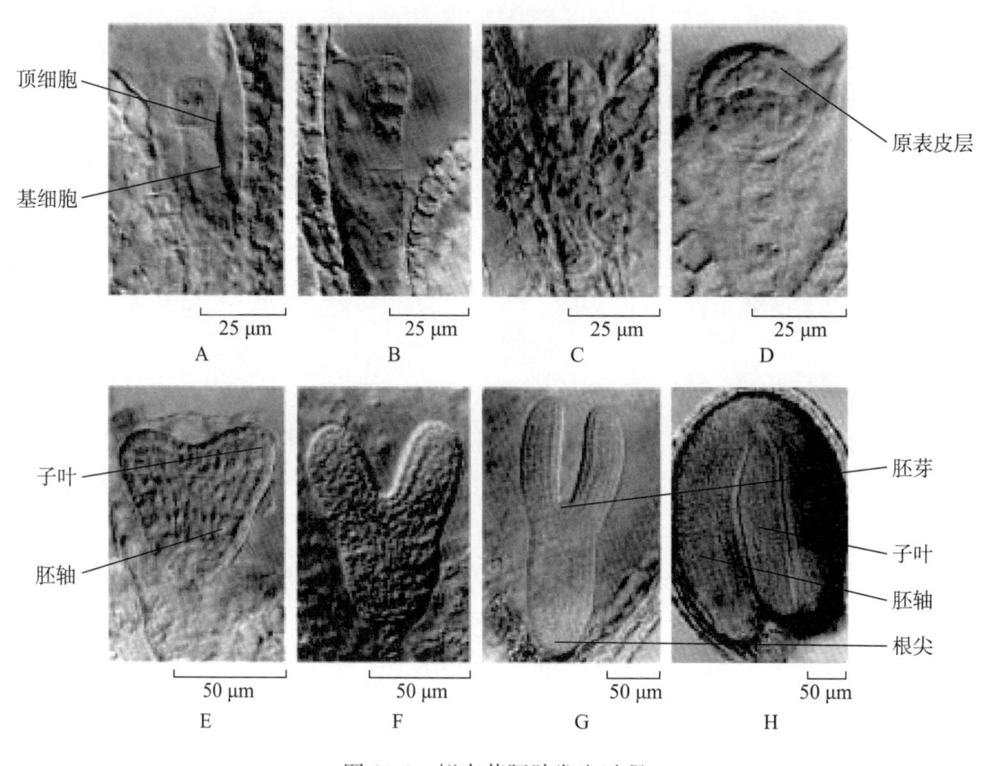

图10-1 拟南芥胚胎发生过程
（引自Taiz和Zeiger，2010）
A. 合子的第一次分裂 B. 2细胞胚胎 C. 8细胞胚胎 D. 中期球形胚胎
E. 早期心形期 F. 晚期心形期 G. 鱼雷期 H. 成熟期

2. 单子叶植物胚的发育 以水稻为例，单子叶植物胚胎发生过程中的分裂模式比拟南芥更为多样化，其胚胎发生可分为下述5个阶段。

（1）合子期 合子期（zygotic stage）指单倍体卵细胞与精子融合后形成受精卵的单细胞阶段，经1次不对称的横向分裂，产生1个小的顶细胞和1个细长的基细胞（图10-2 A）。

(2) 球形期 球形期 (globular stage)发生在授粉后的 2～4 d。经 1 次初始的横向分裂，形成顶细胞和基细胞；再经一系列多方向的细胞分裂生成多层的球状胚（图 10-2 B)。

(3) 胚芽鞘期 胚芽鞘期 (coleoptile stage)指授粉后 5 d，胚芽鞘（特化为管状的第一片叶)、茎尖分生组织、根端分生组织和胚根形成的时期（图 10-2 C)。

(4) 胚胎初期 胚胎初期 (juvenile vegetative embryo stage)指授粉后 6～10 d，茎尖分生组织长出几片营养叶的时期（图 10-2 D)。

(5) 成熟期 成熟期 (maturation stage)发生在授粉后 11～20 d，成熟相关基因表达之后即进入休眠期，这个时期储存物质在细胞中大量积累（图 10-2 E)。

通常 1 粒种子只有 1 个胚，萌发时只长出 1 株苗。但有些植物的种子中可以有 2 个以上的胚，称为多胚现象。多胚出现的原因较多。裸子植物的多胚由合子分裂产生，被子植物油茶种子的多胚由 2 个卵细胞分别受精而成，都是经精卵融合而成的。还有一些是不经精卵融合而成的，例如柑橘胚囊外的珠心、珠被细胞也能发育为胚。还有些植物可由助细胞或反足细胞不经受精而发育成胚。这种不经受精而由卵细胞或胚珠内某些细胞直接发育成胚的现象称为无融合生殖 (apomixis)。

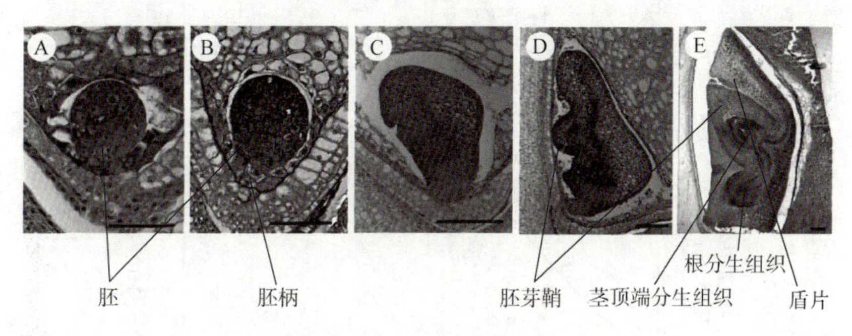

图 10-2 水稻胚胎发育
(引自 Hong 等，1996)

(二) 胚乳的发育

极核受精后，一般不经过休眠，初生胚乳核即开始分裂。胚乳核的分裂对外界条件相当敏感。例如大麦胚乳核在低温下，6 d 只分裂 2～3 次；在 30～35 ℃下，1 d 就可以分裂 8 次；但在 40～50 ℃时，胚乳核的分裂完全停止，同时幼胚也死亡。

胚乳中的储存物质主要有糖类、脂肪和蛋白质等，是种子萌发过程中所需的营养物质来源。

有些植物在胚发育时，胚乳被完全吸收，养分转入子叶，所以成熟种子只有肥大的子叶而无胚乳，例如豆科、蔷薇科、山毛榉科植物的种子。另一些植物的成熟种子中胚为胚乳所包围，例如柿科、大戟科等植物的种子。

大多数植物的种子，当胚与胚乳发育时，胚囊外的珠心组织被完全吸收。但石竹科、胡椒科和藜科植物的珠心一直保留到种子成熟，发展为类似胚乳的储藏组织，包在真胚乳外围，称为外胚乳 (perisperm)。

(三) 种皮的发育

在胚和胚乳发育的同时，珠被发育成种皮，包被在种子最外面起保护作用。如果珠被只有 1 层，种皮也只 1 层。若珠被为 2 层，则分别形成内种皮与外种皮。也有在种子形成过程中，内种皮被完全吸收而消失，只留 1 层种皮的。

少数植物在真种皮之外有假种皮，是由珠柄和胎座组织发育而来的。例如荔枝、龙眼的肉质可食部分就是珠柄发育成的假种皮。

二、种子的成熟（Maturation of Seed）

（一）种子成熟过程中的生理生化变化

一般而言，种子成熟过程中的生理生化变化与种子萌发时的变化大体相反，即营养成分以可溶性小分子状态由营养器官运送至种子，并转化为不溶性的大分子化合物储藏起来。同时，种子逐渐脱水，原生质由溶胶态变成凝胶态。

1. 呼吸速率的变化 种子的成熟过程是有机物质合成和积累的过程，此时需要消耗 ATP。因此干物质在种子中快速累积时，呼吸速率较高；当种子接近成熟时，含水量下降，呼吸速率降低（图 10-3）。

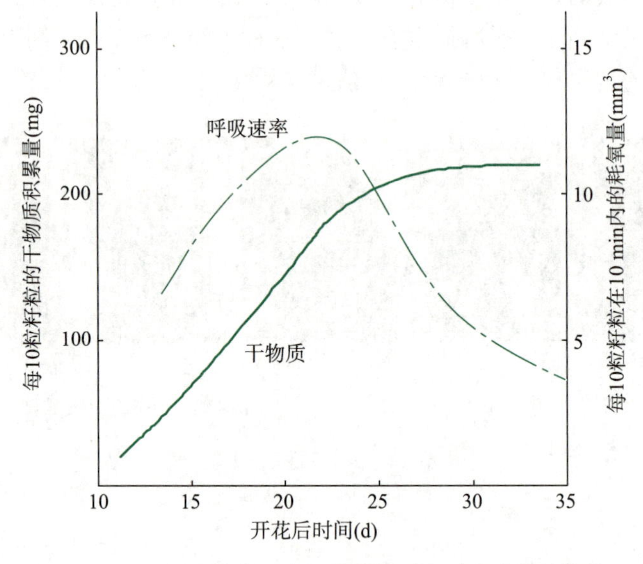

图 10-3 种子成熟过程中干物质积累和呼吸速率的变化

2. 糖类的变化 通常随着种子的成熟，可溶性糖类含量降低，不溶性糖类积累。例如在开花后 7～10 d 内，水稻胚乳中的还原糖和非还原糖增加较快，主要由营养器官运送而来。随后，淀粉的积累伴随着可溶性糖的迅速下降而上升（图 10-4）。

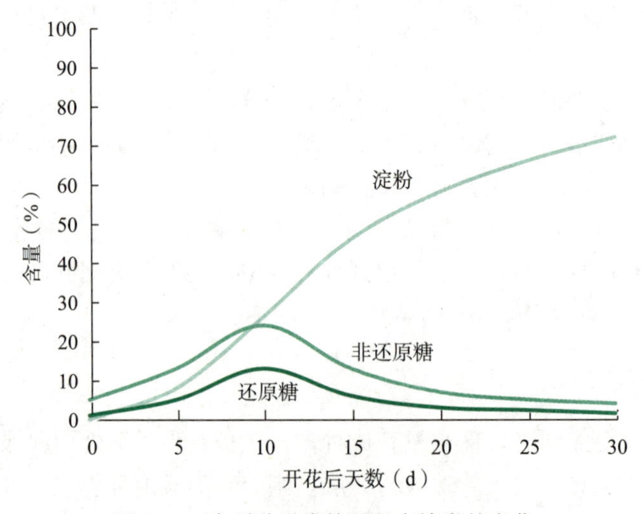

图 10-4 水稻种子成熟过程中糖类的变化

3. 油脂的变化 油菜、花生和大豆等油料作物种子形成初期先有糖类的积累，随着种子的成熟，糖类含量下降，而脂肪含量迅速增加。图 10-5 表明油菜种子在成熟过程中几种主要有机物的动态变化。

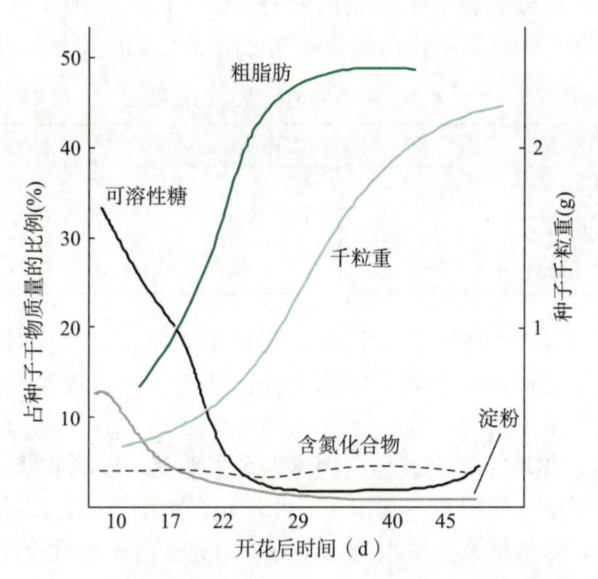

图 10-5 油菜种子成熟过程中主要有机物的动态变化

开花后 10～30 d 的大豆种子，呼吸速率急剧上升，同时脂肪与蛋白质的积累也急剧增加，说明呼吸作用与脂肪、蛋白质合成有密切关系。因为呼吸不仅可以将糖转化成脂肪酸，为脂肪合成提供原料，同时还提供脂肪合成所必需的 ATP、NADH 和 NADPH。

4. 蛋白质的变化 豆科植物的种子和禾谷类种子糊粉层富含蛋白质。由营养器官合成的含氮化合物，以氨基酸或酰胺形式运输至种子，然后再合成蛋白质。所以随着种子成熟，营养器官含氮量减少，而种子的含氮量增加。在蚕豆中，叶片合成的含氮化合物先运输至豆荚，以合成蛋白质暂时储藏，然后再以酰胺的形式转移到种子转变为氨基酸，进一步合成储藏蛋白质（图 10-6）。

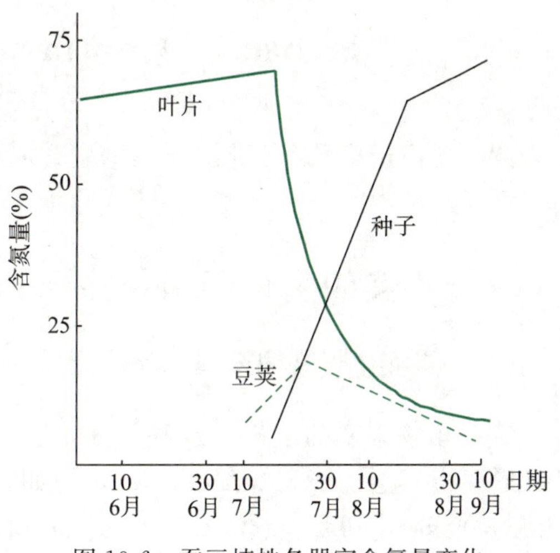

图 10-6 蚕豆植株各器官含氮量变化

5. 植物激素的变化 在种子成熟过程中，植物激素含量发生相应变化。例如受精前小麦胚珠中玉米素很少，受精后期达最高值，促进籽粒生长过程中细胞的分裂，然后减少。籽粒开始生长时赤霉素迅速增加，受精后 3 周达最高值，然后减少。受精时生长素增加，在种子鲜物质量达最大值之前增至最高峰，种子趋于成熟时又减少。在一些种子的成熟后期，脱落酸明显增加，这与种子的休眠有关。

（二）种子成熟的外界影响条件

1. 光照 光照直接影响种子有机物的积累。例如小麦籽粒 2/3 的干物质来源于抽穗后叶片及麦穗本身的光合产物，若抽穗后光照充足，叶片光合速率高，则同化产物输入籽粒中多。小麦灌浆期若遇到连续阴天，则叶片光合速率低，千粒重减小。此外，光照也影响籽粒的蛋白质含量和含油量。

2. 温度 适宜的温度及较大的昼夜温差有利于种子中干物质的积累。温度过高时呼吸消耗大，脱水过快，籽粒不饱满；温度过低不利于有机物质运输与转化，种子瘦小，成熟推迟。温度也影响种子中品质成分的含量，例如我国北方大豆成熟时气温较低，种子含油量比南方大豆高，蛋白质含量则比南方大豆低（表10-1）。

表10-1 不同地区大豆的品质

不同地区及品种	蛋白质含量（%）	油脂含量（%）
北方春大豆	39.9	20.8
黄淮海夏大豆	41.7	18.0
长江流域春夏秋大豆	42.5	16.7

3. 空气相对湿度 空气相对湿度高会延迟种子成熟，空气相对湿度较低则加速成熟。若空气相对湿度太低，就会阻碍物质运输，且使合成酶活性降低而水解酶活性增高，导致干物质积累减少。

4. 土壤含水量 土壤干旱会破坏植物体内水分平衡，影响灌浆，造成籽粒不饱满。土壤水分过多，由于缺氧使根系受到损伤，叶片光合速率下降，影响种子正常成熟。北方小麦种子成熟时，降水量及土壤水分比南方少，其蛋白质含量较高。

5. 矿质营养 施氮有利于提高种子中蛋白质含量，但施氮过量会引起贪青晚熟，或使油料种子含油量降低。适当增施磷钾肥可促进糖分向种子运输，增加淀粉含量，也有利于脂类的合成和累积。

第二节 果实的生长与成熟
Section 2 Growth and Ripening of Fruit

果实是由子房发育而来，子房壁发育成果皮。在园艺生产中，肉质果实的生长和成熟备受关注。

一、果实的生长（Growth of Fruit）

（一）果实生长规律及其影响因素

多数植物果实的生长与营养器官的生长相似，呈现生长大周期规律，其生长动态为S形曲线（sigmoid growth curve），例如苹果、番茄等。部分植物果实的生长则呈双S形曲线（double sigmoid growth curve），例如樱桃、杏、葡萄等，这与生长中期养分主要向种子集中，使果实生长减慢有关（图10-7）。

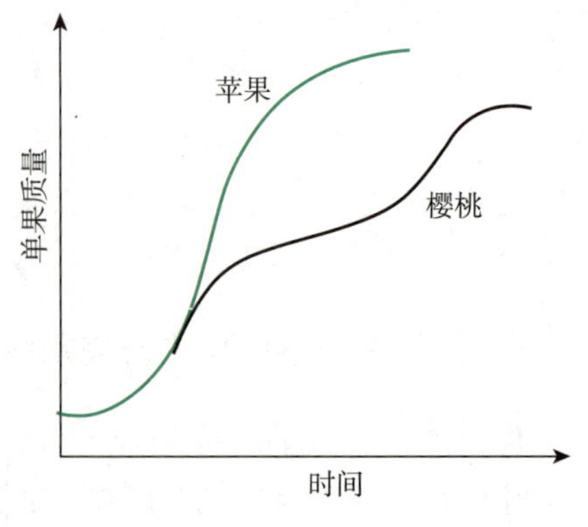

图10-7 肉质果实的生长曲线

发育的种子能合成生长素以促进果实生长。例如草莓的食用部分是肉质化的花托，花托上长着许多瘦果（含种子），如果把一侧的瘦果摘除，该侧花托就不能膨大，保留瘦果的另一侧仍能膨大，长成畸形的果实。以100 mg·L^{-1} α-萘乙酸（NAA）的羊毛脂可部分取代被摘除的瘦果，促进花托膨大。除生长素外，在葡萄、桃、海棠等果实中还发现赤霉素对果实生长也有促进作用。

在无花果中还发现，乙烯也能促进果实的生长。

果实的生长还受水、肥、光、温度等环境因素的制约。营养不良会导致部分果实生长停顿和脱落。果实生长主要是有机同化物的积累过程，要维持果实的正常生长还必须保证一定叶果比。例如苹果树中30～40片叶、桃树中10～15片叶才能保持1个果实正常生长。

（二）单性结实

有些植物能产生无籽果实，其原因是这些植物的胚珠不经过受精，子房壁仍能继续发育成为果皮，这种现象称为单性结实（parthenocarpy）。单性结实分为下列几类。

1. 天然型　天然型单性结实指未经授粉而形成果实，例如香蕉、菠萝和一些无核的柑橘，在番茄、辣椒、黄瓜中也有发生。

2. 刺激型　授粉刺激了果实的发育，但花粉管未能到达胚珠完成受精，例如兰花与一些三倍体植物的果实。

3. 败育型　败育型单性结实指受精后的胚在发育过程中败育，例如桃、葡萄、樱桃常有这种情况。

另外，异常的环境条件也能诱导单性结实，例如低温、强光照可诱导番茄单性结实，夜间低温和短日照可诱导黄瓜单性结实。

二、果实成熟时的生理生化变化（Physiological and Biochemical Changes During Fruit Ripening）

成熟是指果实发育到充分大小后至可食用的阶段，期间发生一系列复杂的生理生化变化。园艺学上又称为后熟或完熟。

（一）呼吸速率变化

多数水果，例如番茄、苹果、梨、香蕉、鳄梨、南美番荔枝、西瓜、柿、李、芒果、哈密瓜等，在完熟过程中，呼吸速率最初下降，然后突然上升，随即又急剧下降，这种现象称为呼吸跃变（respiratory climacteric）（图10-8）。具有呼吸跃变现象的果实称为跃变型果实（图10-9）。

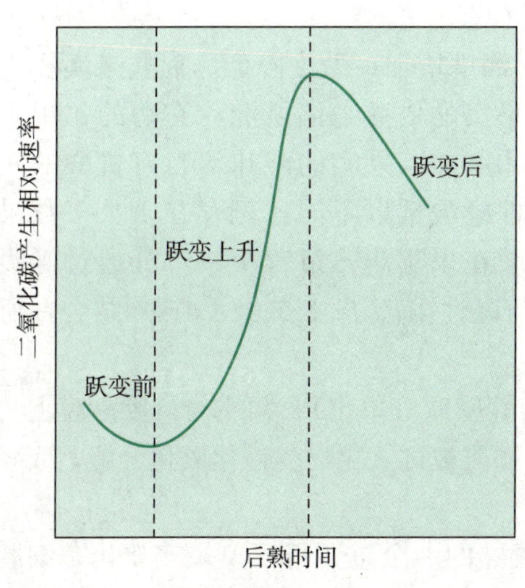

图10-8　果实完熟过程中的呼吸速率变化

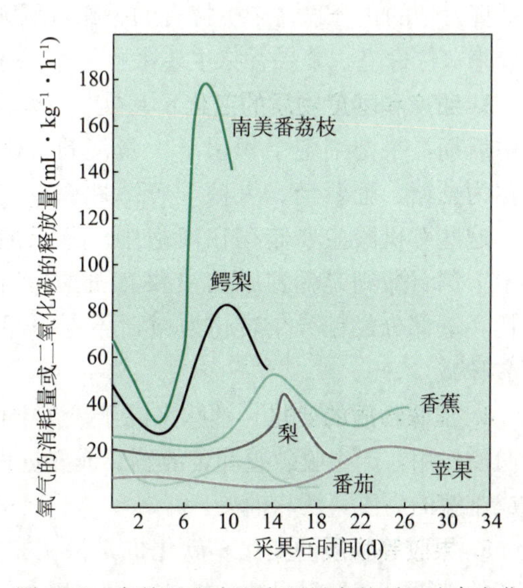

图10-9　完熟过程中跃变型果实的呼吸速率变化

但另一些水果，例如葡萄、草莓、凤梨、樱桃、柠檬、荔枝、橄榄、黄瓜等，直到完全成熟，也无明显的呼吸跃变现象，这些果实被称为非跃变型果实（图 10-10）。

呼吸跃变的出现主要由乙烯积累所引起，说明此时果实已完全成熟并开始衰老，难以继续储藏。通过推迟呼吸跃变或降低跃变高峰，可延长果实储存期。

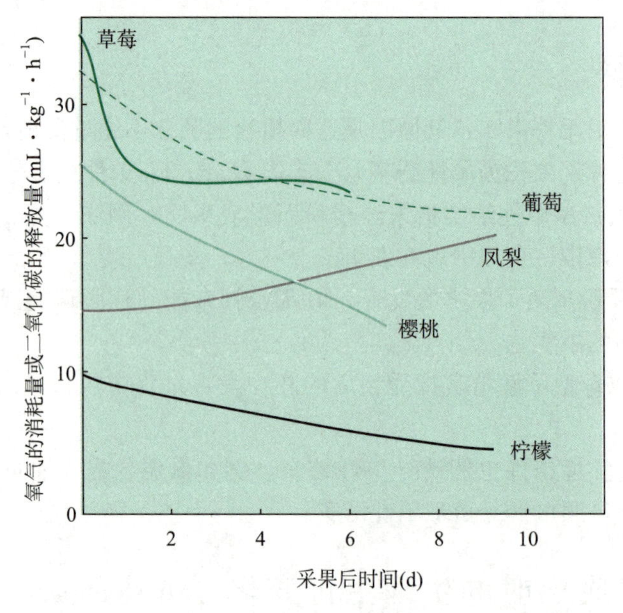

图 10-10　完熟过程中非跃变型果实的呼吸速率变化

（二）与品质相关的物质转化

1. 色素的变化　果实生长的早期，叶绿素一般存在于果皮中，果皮大多为绿色。随着果实的完全成熟，果皮中的叶绿素逐渐降解，而类胡萝卜素相对稳定，且含量较多而呈现黄色，或由于花青素的积累而呈红色或紫红色。例如苹果、柑橘、香蕉等在完全成熟时，果皮颜色由绿逐渐转变为红色、橙色和黄色。光照可促进花青素的合成，因此树冠外围果实或果实的向阳面色泽更为鲜艳。

2. 香气物质的变化　果实香气是由许多挥发性化合物引起的。这些化合物包括低分子质量的烃、醇、醛、酯、酚、杂环族、萜类、一些含硫物质等。果实成熟时，形成这些挥发性的化合物，产生特有的香味，例如香蕉的香味主要来自乙酸戊酯、橘子香味主要来自柠檬醛、苹果香味主要来自 2-甲基丁酸乙酯。

3. 甜度和酸度物质的变化　果实完全成熟时甜度增加，酸度降低。肉质果实在生长中后期，果肉细胞中积累了大量淀粉，随着果实的成熟，储藏淀粉在酶的作用下转化为蔗糖、葡萄糖、果糖等可溶性糖，使甜味增加。果实的酸味源自有机酸的积累，这些有机酸主要储存在液泡中。苹果酸和柠檬酸常以不同比例存在于大多数果实中，酒石酸则是葡萄中的主要有机酸。有机酸在果实成熟过程中一部分通过呼吸消耗，一部分经糖异生转化为糖，还有一部分与碱性阳离子（K^+ 或 Ca^{2+}）结合，所以酸味减少。

4. 涩味物质的变化　涩味来源于果实中可溶性鞣质（单宁）。鞣质与口腔黏膜上的蛋白质作用，产生收敛感和苦涩感。成熟过程中鞣质被过氧化物酶催化氧化分解，或凝结成难溶的物质，涩味消失。

5. 果胶等物质的变化　软化也是果实完全成熟的一个重要特征。果实软化是细胞分离的结果，由胞间层结构松弛、细胞壁总体结构破坏以及细胞壁物质降解引起。在果实成熟过程中，原来沉积在细胞壁中难溶的果胶质，在果胶酶和原果胶酶的作用下变成可溶性的果胶、果胶酸和半乳糖醛酸，使胞间层分离，果肉变软。此外，果肉细胞淀粉粒中的淀粉降解为可溶性糖也是果实软化的部分原因。

三、果实成熟的调控（Regulation of Fruit Maturation）

果实的成熟过程受诸多因素的影响和调控，例如乙烯的释放、果实发育相关转录因子和环境条件等，其中乙烯是调控果实成熟的关键因子之一。

乙烯主导果实成熟的复杂调控网络，涉及许多转录因子、乙烯受体和下游的靶基因。乙烯在幼嫩果实中通常含量极微，但随着果实的成熟，特别是跃变型果实的成熟启动，都伴随着呼吸强度明显增加和乙烯大量合成。果实成熟过程中乙烯合成实质是一个自我催化的过程，微量的乙烯就可启动后续大量乙烯的合成和释放。

乙烯的生理效应与信号转导和植物组织对乙烯的敏感性有关。受乙烯调控的基因包括乙烯生物合成和信号转导相关基因以及细胞壁代谢、类胡萝卜素合成、叶绿素降解、芳香气体生成和糖、酸代谢等相关酶基因，上述基因的变化均可调控果实成熟进程。二氧化碳可作为乙烯的颉颃剂，气调储藏环境中高浓度的二氧化碳有助于延缓乙烯促进成熟的作用。丙烯类物质如环丙烯（cyclopropene，CP）、1-甲基环丙烯（1-methylcyclopropene，1-MCP）和3,3-二甲基环丙烯（3,3-dimethylcyclopropene，3,3-DMCP）等是安全高效的乙烯合成抑制剂，被广泛用于生产实践。

第三节 植物的衰老
Section 3 Senescence of Plant

衰老（senescence）是指生物机体代谢活性减弱，生理机能衰退的过程。衰老通常被看作生物体自然死亡的最后发育阶段，是成熟细胞、组织、器官和整个植株自然终止生命活动的一系列过程。

一、植物衰老的类型（Types of Plant Senescence）

彩图：植物衰老的4种类型

植物衰老是一个非常复杂的生理变化过程。在自然界，植物种类繁多，衰老的类型也多种多样。Leopold（1961）曾提出植物衰老的4种类型。

（一）整株衰老

由于植株各组织的生理机能丧失，整株植物衰老死亡。例如一稔植物（monocarpic plant）或称一次结实植物的衰老。这类植物一生只开花结实一次，随着生殖器官的分化、生长与成熟而发生整株的衰老与死亡。例如一年生的玉米、水稻、番茄和黄瓜，二年生的萝卜和白菜，以及多年生的竹子和龙舌兰等属于此类。

（二）地上部衰老

由于特定季节的到来，植株地上部衰老死亡，而后由地下部生长出新的植株。例如多年生的草本植物和球茎类植物，完成有性生殖后往往地上部衰老死亡，地下部在第二年又重新生长出新的植株。

（三）落叶衰老

由于季节性环境因素（例如温度、光照和水分等）变化造成植株所有叶片衰老脱落，而茎和根仍保持生活力。例如多年生的落叶树，在秋冬叶片的同步衰老脱落十分明显。

（四）渐进衰老

叶片及其他组织器官按生长、成熟的先后顺序相继衰老退化或脱落死亡，新生的组织和器官逐渐取而代之。大多数多年生常绿植物的衰老进程属于此类。

二、植物衰老的生物学意义（Biological Significance of Plant Senescence）

衰老作为自然死亡的前奏，将影响植物叶片各种同化功能。在作物生产中，衰老会影响作物的产量和品质。另外，衰老还具有以下积极的生物学意义。

（一）保证物种延续

对于一稔植物，在整株衰老的同时，已把相当部分养分转移到果实和种子中储藏，为新生个体的生存与生长准备了物质基础。

（二）内部生理机能的恢复

对于一生中能多次开花的多稔植物（polycarpic plant），其叶片衰老时，部分营养物质也同样转运到果实、种子、根茎及新生器官中，使其得以再度利用，为植株的重新生长提供了营养。

（三）生态适应

落叶植物叶片在秋冬季节的同步衰老和脱落，可大幅度降低蒸腾作用，有利于植株渡过极度干燥和严寒的冬季。

三、植物衰老过程中的生理生化变化（Physiological and Biochemical Changes During Plant Senescence）

植物衰老以细胞、组织和器官衰老为基础，受遗传因素和环境因素共同调控，是一个主动和有序的发育过程，逆境条件往往加速衰老的进程。

（一）生物膜的破坏

细胞衰老始于生物膜，而生物膜衰老与膜脂降解密切相关。膜脂减少和组分变化会使膜的致密程度和流动性降低，部分出现液晶相至凝胶相的转变，膜失去弹性。膜脂过氧化加剧，膜结构逐步解体，膜的透性增加，选择透性逐渐丧失。

此外，一些具有膜结构的细胞器（例如叶绿体、线粒体、液泡、细胞核等），在衰老过程中其结构发生衰退、破裂甚至解体，从而丧失相应的生理功能并会释放出多种水解酶类使细胞发生自溶现象，进一步加速细胞的衰老和解体。

（二）蛋白质的变化

叶片衰老时，蛋白质分解加快。此时蛋白质的异化作用大于同化作用，使新旧交替失去平衡，表现为蛋白质含量显著下降和游离氨基酸大量积累，生理功能逐渐丧失。例如叶片中1,5-二磷酸核酮糖羧化酶/加氧酶（Rubisco）的降解，使光合能力下降。

（三）核酸的变化

叶片衰老时，核酸含量下降，RNA下降速度比DNA更快。RNA含量的下降与RNA合成能力降低有关，也与叶片衰老时核糖核酸酶活性增强使RNA分解加快有关。一般认为，叶绿体和线粒体的rRNA对衰老过程最敏感。

（四）光合速率下降

在叶片衰老过程中，叶绿体数量减少，体积变小，类囊体膨胀、裂解，叶绿素含量迅速下降，而类胡萝卜素降解较晚，因此叶片失绿变黄是衰老最明显的特征。光合色素的降解会导致光合速率下降。此外，1,5-二磷酸核酮糖羧化酶/加氧酶（Rubisco）降解、光合电子传递与光合磷酸化受阻也是光合速率下降的原因。

（五）呼吸速率下降

在植物组织衰老时，呼吸速率常发生剧烈波动。叶片衰老时线粒体的膨大和数目减少引起的呼吸速率下降常发生在后期。此外，衰老时呼吸过程中的氧化磷酸化逐步解偶联，产生的ATP数量减少，细胞中合成代谢所需的能量不足，进一步加速了衰老的进程。

四、植物衰老的机制（Mechanism of Plant Senescence）

植物衰老是一种由植物自身遗传程序控制的，并依赖能量的正常生理过程，发育信号或环境因子可引发植物的衰老。衰老是一系列预定的细胞学和生物化学过程，多数基因的表达在衰老期间降低，这些基因称为衰老下调基因（senescence down-regulated gene，SDG），例如编码光合作用相关酶的基因。而在衰老期间被诱导表达的基因称为衰老相关基因（senescence-associated gene，SAG），衰老相关基因包括编码水解酶的基因，例如蛋白酶、核糖核酸酶和脂酶，以及涉及乙烯合成的酶，如1-氨基环丙烷-1-羧酸（ACC）合酶和1-氨基环丙烷-1-羧酸氧化酶。此外，还有一类衰老相关基因编码在衰老中涉及分解产物的转化和重新运输的酶，例如谷氨酸合成酶。

诱发衰老的因素包括营养竞争、自由基伤害（例如活性氧）、环境胁迫（例如干旱、热害、冷害等）、植物激素（例如乙烯和脱落酸）和病原微生物侵袭等。

程序化细胞死亡（programmed cell death，PCD）是一种特殊类型的衰老，它是植物体内存在的由特定基因控制的细胞衰老事件。它以DNA降解为特征，通过主动的生物化学过程使某些细胞衰亡，形成特殊的组织，例如导管的形成等。程序化细胞死亡能被特定的发育信号或潜在的致死事件诱发，例如病原体攻击或细胞分裂时DNA复制的错误，它包含一组特定基因的表达，协调细胞成分的分解，最终导致细胞死亡。

五、环境条件对植物衰老的影响

光照、温度、水分、矿质营养等环境因素影响植物的衰老进程。通过耕作措施来改善环境条件可以调控植物衰老进程。

（一）光照

光照可通过光合作用和光形态建成影响植物衰老。光照可通过光合作用提供ATP，并减缓蛋白质、叶绿素和核酸的降解，延缓叶片衰老。红光可延缓烟草、大麦、水稻等植物叶片的衰老，而远红光可解除红光的作用。

（二）温度

低温可引起细胞代谢的紊乱甚至形态结构的改变，使叶片黄化衰老。稻苗受冻害后呼吸速率增加，受冻组织内电子传递与氧化磷酸化解偶联，ATP含量明显降低。高温也会加速叶片衰老，例如玉米根受热害后，地上部发育不正常，叶片发生早衰。

（三）水分

干旱使向日葵和烟草叶片衰老，蛋白质降解加快，呼吸速率提高。光合作用在接近中度干旱情况下会下降；中度或严重干旱时则明显下降，甚至使光合作用完全停止。对水分胁迫下离体叶绿体的研究证明，希尔反应减弱，光系统Ⅱ活性明显下降，电子传递和光合磷酸化受到抑制。水分胁迫下衰老的另一个原因是蛋白质合成速率降低。

（四）营养状况

营养缺乏时植物器官发生缺绿、衰老甚至坏死，此时器官间发生营养物质竞争，营养物质从老龄器官向幼嫩器官转移。去除正常发育的果实、禾谷类籽粒等对同化物需求高的器官，可延缓叶片的衰老。

第四节　植物器官的脱落
Section 4　Abscission of Plant Organ

脱落（abscission）是指植物组织或器官与母体分离的过程。脱落包括：①正常脱落，指器官成熟或衰老引起的脱落，例如果实、种子成熟后的自然脱落；②胁迫脱落，指不良环境条件引起的器官脱落，例如干旱、病虫害引起的叶片脱落；③生理脱落，指植物自身的生理活动引起的脱落，例如花、果过多时营养严重失调引起的脱落。

器官的脱落具有一定的生物学意义。正常的器官脱落有利于植物渡过不良环境，对落叶植物尤其如此。同时，部分器官的脱落，可使保留下来的器官更好地发育成长。

一、植物器官脱落的机制（Abscission Mechanisms of Plant Organ）

（一）离层形成与器官脱落

离层（abscission layer）多分布于叶柄、花柄（或果柄）和某些枝条的基部，由几层特殊的薄壁细胞组成，通常在器官尚未发育成熟之前就开始出现，且可以长期潜伏。离层细胞体积较小，原生质浓厚，淀粉粒较多。

随着器官的发育成熟，潜伏的离层细胞开始活跃起来，先进行几次分裂，使细胞层增加。脱落前，离层细胞代谢衰退，变得中空而脆弱。此时果胶酶和纤维素酶等活性明显增强，引起细胞壁和胞间层溶解，细胞彼此分离，由于重力或微弱的外力（例如微风、雨水等）作用，器官便沿离层脱落。离层近轴端的几层细胞发生木栓化，使断口愈合，形成保护层。也有一些植物不形成离层，叶片即使枯死，也不自然脱落，例如烟草等。

(二) 植物激素与脱落的关系

植物器官的脱落与多种植物激素含量及比例密切相关。生长旺盛的器官中生长素、赤霉素和细胞分裂素等含量较高，它们含量的减少往往导致器官衰老。相反，生命力较低，或者衰败的器官，脱落酸和乙烯含量都偏高，这些器官容易脱落。

生长素抑制器官的脱落。叶片产生的生长素运至叶柄后抑制离层的形成，从而抑制脱落；如果移去叶片，叶柄就迅速脱落。离层形成与器官脱落的快慢不是取决于生长素的绝对量，而是取决于离层两侧生长素浓度梯度的大小。生长素及其类似物 α-萘乙酸(NAA)、2,4-D 等施于叶柄的远轴端可以代替正常叶片的作用，抑制离层的形成，若施于近轴端，则加速叶柄的脱落。如果远轴端生长素浓度高，就不易形成离层；随着梯度减小，离层逐步形成引起脱落；如果近轴端生长素浓度高于远轴端，则加速离层的形成和器官脱落。

赤霉素、细胞分裂素能延缓器官脱落。对完整植株而言，赤霉素往往延缓器官脱落。在生产上，赤霉素被广泛用于苹果、柑橘、棉花、番茄的保花保果。秋季落叶植物根系木质部伤流液中细胞分裂素明显减少，被认为与相继而来的大量落叶有关系。例如发现棉铃脱落与细胞分裂素水平低有一定的相关性。

植物叶片及花果的脱落与乙烯含量呈正相关。在叶片或果实自然脱落中，衰老叶片或胚的败育导致乙烯产生，从而启动离层细胞的分离过程。例如棉铃脱落前，往往有大量乙烯产生。乙烯的抑制剂如二氧化碳和 Ag^{+} 能延缓器官脱落。氨基乙氧基乙烯甘氨酸（AVG）可阻断乙烯合成，也能延缓幼果和花柱脱落。对菜豆与棉花的研究证明，脱落酸能诱导和加速叶、花、果等器官的脱落。此外，脱落酸在诱导和促进器官脱落的作用中有乙烯介入，即脱落酸先刺激乙烯的形成，进而诱导果胶酶与纤维素酶活性增强，最后导致细胞壁溶解和器官脱落。

总之，各种植物激素都不是孤立地影响器官的脱落，在考察器官衰老的程度和脱落时，植物激素之间的比例关系比单一植物激素含量更为重要。

二、器官脱落的环境影响因素（Environmental Factors Affecting Organ Abscission）

(一) 温度

温度过高或过低对器官脱落都有促进作用。在大田条件下，高温能引起土壤干旱促进脱落，同时促进呼吸作用，加速有机物的消耗而引起脱落。棉花在 30 ℃以上，四季豆在 25 ℃以上脱落加快。秋季低温则是影响树木落叶的重要原因之一。

(二) 氧气

提高氧气浓度到 25%～30%，能促进乙烯的合成，还能增加光呼吸，消耗过多的光合产物，加速器官脱落。过低浓度的氧气能抑制有氧呼吸而促进无氧呼吸，从而降低根系对水分及矿质的吸收，造成植物发育不良，易导致器官脱落。淹水则使土壤中氧分压降低，使无氧呼吸升高而导致叶、花和果实的脱落。

(三) 水分

干旱胁迫引起植物叶片、花和果实的脱落，以减少水分散失，使植物适应环境而生存。干旱能破坏植物体内各种植物激素的平衡关系，提高吲哚乙酸氧化酶的活性，使吲哚乙酸（IAA）含量及细胞分裂素（CTK）活性降低，促使离层形成而导致脱落。

（四）矿质元素

缺乏氮和锌将减少吲哚乙酸的合成。缺少硼会使花粉败育，引起花而不实。钙是细胞壁中果胶酸钙的重要组分。所以缺乏氮、硼、锌、钙都能引起器官脱落。

（五）光照

通常强光能抑制或延缓器官脱落，弱光则促进脱落，例如作物密度过大时常使下部叶片过早脱落，其原因是弱光下光合速率降低，糖类物质合成减少。

三、植物器官脱落的调控（Regulations of Plant Organ Abscission）

（一）保花和保果

在果蔬、棉花等生产中，保花、保果是保证稳产高产的重要环节。除加强水肥管理和病虫害防治外，科学应用植物生长调节剂是简单有效的措施之一。表 10-2 列举了几种植物生长调节剂在苹果上用于保花保果的效果。

（二）疏花和疏果

果树生产中常出现大小年现象，即高产年份与低产年份交替出现的现象。合理疏花、疏果既能保证当年产量，又能调节大小年差异，同时使整个植株营养物质分配更趋合理，有利于维持健壮的树势，并提高果实品质。

化学疏花的效果比较稳定而且节省人力。疏花常用二硝基化合物、石灰硫黄合剂等，一般使用浓度为 0.08%～0.20%，常在盛花期到落花期使用。常用疏果剂有萘乙酸、乙烯利等（表 10-3）。

表 10-2 几种植物生长调节剂对苹果提高坐果率的作用

品种	生长调节剂	浓度（$mg \cdot L^{-1}$）	施用时间	比对照提高坐果率（%）
“金冠”	赤霉素	25	盛花期	4.7
“红星”	萘乙酸钠	25	盛花期	8.9
“祝光”	比久	1 000～2 000	花后 1 周	9～18

表 10-3 几种果树常用的疏果剂

果树	疏果剂	使用时间	使用浓度
苹果	萘乙酸	开花后 14～17 d	15～30 $mg \cdot kg^{-1}$
桃	乙烯利	开花后 8 d	60 $mg \cdot L^{-1}$
葡萄	萘乙酸	开花后 4～12 d	100～150 $mg \cdot L^{-1}$
温州蜜柑	萘乙酸	开花后 20～30 d	200～300 $mg \cdot L^{-1}$
梨	萘乙酸	开花后 40 d	20～50 $mg \cdot L^{-1}$

（三）落叶的调控

在大豆、棉花、甜菜、马铃薯等作物生产中，为实行机械化收获，往往采用化学脱叶措施。化学脱叶剂主效成分包括氯酸镁［$Mg(ClO_3)_2 \cdot 6H_2O$］、硫氰化铵［NH_4SCN］、2,3-二氯异丁酸、N-苯基-N′-1,2,3-噻二唑-5-脲（TDZ）等。在机械收获棉花前，喷洒脱叶剂，可去除残留在植株上的叶片，降低碎叶对棉絮的污染，提高采收质量，并降低生产成本。

在花卉生产中，通常需要延缓叶片的脱落与花的衰老。适当浓度的萘乙酸（NAA）、硝酸银（$AgNO_3$）和硫代硫酸银（$Ag_2S_2O_3$）均有一定效果。这些药剂延缓器官衰老的效果主要在于抑制乙烯的合成，因此具有保叶保花的效果。

本章内容概要

被子植物在双受精后，合子发育成胚，受精极核发育成胚乳，珠被发育成种皮，胚、胚乳和种皮共同构成种子。种子成熟过程中营养成分以可溶性、低分子状态由营养器官运送至种子，并转化为不溶性的高分子化合物储存起来。同时，种子逐渐脱水，原生质由溶胶态变成凝胶态。光照、温度、空气相对湿度、土壤含水量和矿质营养均影响种子的成熟。

果实的生长与营养器官生长很相似，呈现生长大周期，其生长曲线为S形或双S形曲线。果实成熟时与其品质相关的物质转化包括色素、香气物质、甜度和酸度物质、涩味物质、果胶等物质的变化。果实的成熟过程受诸多因素的影响和调控，其中乙烯是调控果实成熟的关键因子。

植物的衰老可分为4种类型：整株衰老、地上部衰老、落叶衰老和渐进衰老。植物衰老的生物学意义在于保证物种延续、生理机能恢复以及生态适应。植物衰老过程包括生物膜的破坏、蛋白质和核酸的变化、光合速率与呼吸速率下降。植物衰老的机制有膜伤害理论、程序化细胞死亡与植物激素调控等理论。光照、温度、水分、矿质营养等环境因素对植物衰老进程有重要影响。

脱落包括正常脱落、胁迫脱落和生理脱落。器官脱落往往伴随离层的形成，植物激素与脱落关系密切。其中生长素抑制脱落，乙烯和脱落酸促进脱落，其他多种植物激素对器官脱落也有影响。影响器官脱落的环境因素有温度、氧气、水分、矿质元素、光照等。生产上可用植物生长调节剂调控植物器官的脱落。

复习思考题

1. 简述种子成熟时的生理生化变化。
2. 种子中主要的储藏物质有哪些？它们的合成与积累有何特点？
3. 简述果实成熟时的生理生化变化。
4. 试述乙烯与果实成熟的关系及其作用机制。
5. 植物衰老时有哪些生理生化变化？
6. 引起植物衰老的可能因素有哪些？
7. 植物激素与脱落有何关系？
8. 影响器官脱落的外界因素有哪些？
9. 如何调控植物器官的脱落？

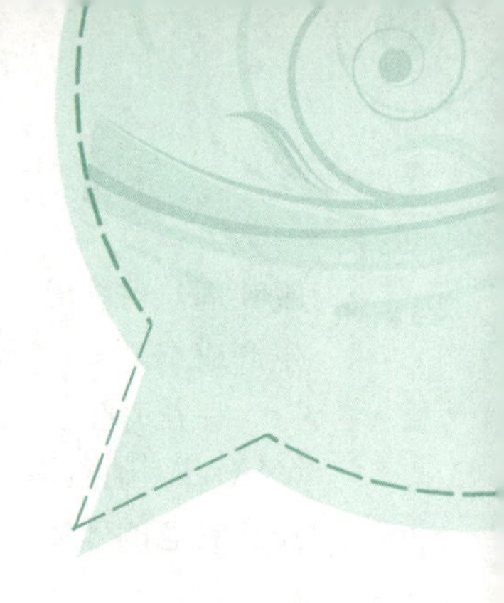

第十一章 Chapter 11 植物的抗逆生理 Plant Stress Physiology

教学要求： 掌握植物的抗性方式、逆境下植物形态结构与生理代谢的变化特点、各种逆境下植物的伤害特点及其影响因素；理解生物膜、渗透调节、植物激素、自由基、逆境蛋白等与植物抗性的关系；理解植物对各种逆境的适应能力和抗性机制以及提高植物抵抗各种逆境的措施；了解植物在各种逆境下的形态和生理变化表现。

重点与难点： 重点是逆境下植物生理代谢的变化以及生物膜、渗透调节、植物激素、自由基、逆境蛋白等与植物抗性的关系，提高植物抗逆性的措施。难点是各种逆境下植物的伤害特点及抗性机制。

建议学时数： 5～6 学时。

植物正常生长发育需要适宜的环境条件，而自然环境条件并不总是适合植物生长。不良环境条件（即逆境）不利于植物生长发育，可导致植物受伤甚至死亡。在农业生产中，各种逆境直接影响作物产量和品质。因此了解植物在各种逆境条件下的生长发育规律，提高植物的抗逆能力，具有重要的理论意义和实践意义。

第一节 植物抗逆性的生理基础 Section 1 Physiological Basis of Stress Resistance in Plants

一、逆境与植物抗逆性（Stress and Stress Resistance in Plants）

（一）逆境的概念及类别

逆境（stress）又称为胁迫，是指对植物生长与发育不利的各种环境因素的总称，可分为生物逆境（biotic stress）和非生物逆境（abiotic stress）两大类。生物逆境包括病虫草害等因素，非生物逆境包括水分胁迫、温度胁迫、大气污染等因素。这些因素又可以互相渗透和互相影响，例如高温逆境通常伴随着水分胁迫。

（二）植物抗逆性

1. 植物抗逆性的概念及类型　植物对逆境的抵抗和忍耐能力称为植物抗逆性，简称抗性（resistance）。抗逆性是植物对环境的一种适应性（adaptability）反应。植物的抗逆性有两种主要类型：逆境逃避（stress avoidance）和逆境忍耐（stress tolerance）。逆境逃避指植物通过各种方式摒拒逆境的影响，植物本身并不产生相应的抗逆响应。逆境忍耐指植物虽经受逆境影响，但通过其体内代谢响应而抵抗逆境。在可忍耐的范围和自身修复能力内，逆境所造成的损伤是可逆的，即植物可以恢复正常生长；如果超过植物可忍耐范围，其损伤不可逆。植物抵抗逆境时可同时采用逆境逃避和逆境忍耐两种方式。

2. 植物抗逆性反应的影响因素　植物对环境胁迫的响应强度与环境因子的性质及胁迫的特性有关，包括胁迫的持续时间、胁迫强度、胁迫组合、胁迫次数等。植物对环境胁迫的响应还与植物的器官或组织、植物的发育阶段、植物受胁迫锻炼的“经历”，或是与植物的种类或基因型有关（图 11-1）。

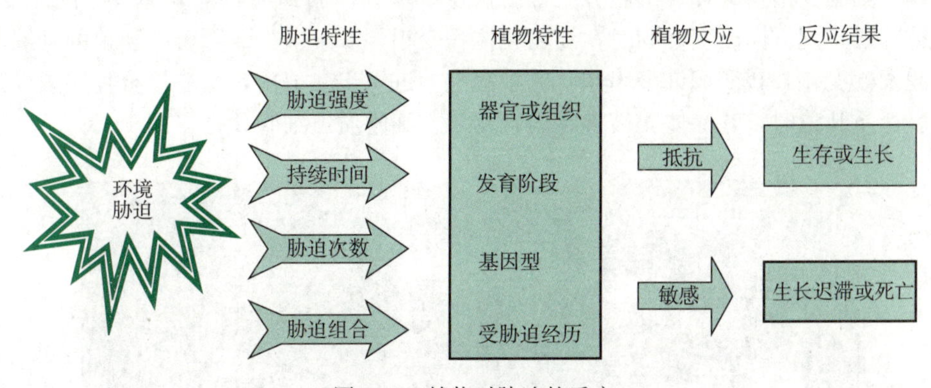

图 11-1　植物对胁迫的反应

3. 植物抗逆性反应的水平　植物对逆境的响应可同时在分子水平、细胞水平、个体水平上发生。分子水平的响应表现为基因表达的调控、酶活性的调控、逆境蛋白的产生等。细胞水平的响应表现为膜组分和结构的改变、渗透调节物质的增减、活性氧清除能力的改变、植物激素变化以及保护性物质的积累等。个体水平的响应表现为根、茎、叶等器官在各个发育时期的适应性变化。

4. 植物抗逆性反应的过程　植物响应逆境需经历一系列信号转导过程。各种逆境信号被植物体感受后，通过信号系统使植物做出各种协同响应，包括基因表达的改变，进而影响植物体的代谢与发育（图 11-2）。

二、植物在逆境下的形态结构与生理生化变化（Morphological and Physio-biochemical Variation Under Stress in Plants）

（一）形态结构变化

逆境条件下植物形态常出现明显的变化。例如干旱胁迫导致叶片和嫩茎萎蔫，气孔开度减小甚至关闭；淹水使叶片黄化干枯，根系褐变甚至腐烂；高温下叶片出现灼伤；病原菌侵染使叶片出现病斑。

植物形态结构的变化与代谢及功能的变化密切相关。逆境往往使生物膜损伤、原生

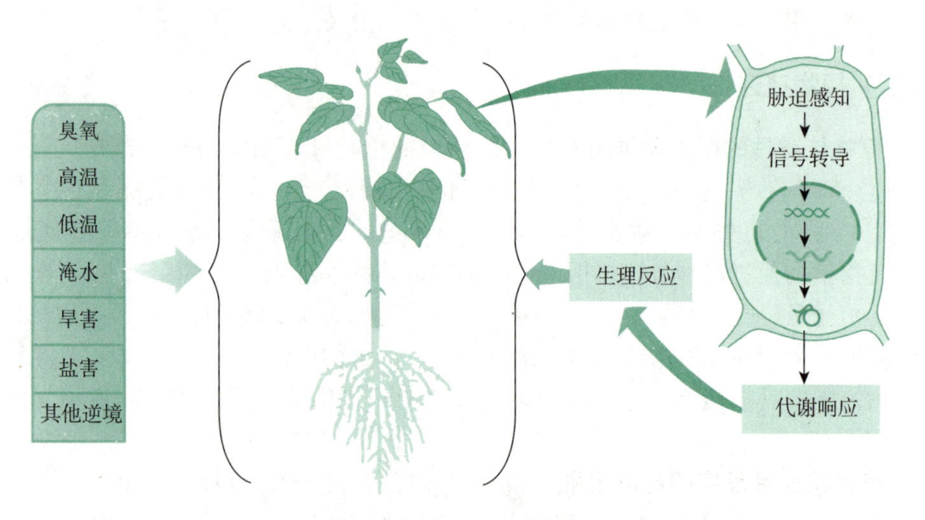

图 11-2 植物在不同水平上对环境胁迫的响应
（改编自 Buchanan，2004）

质泄漏、细胞器结构破坏、细胞分室被打破等。例如冷胁迫时，叶绿体发生膨胀变形，类囊体片层排列方向改变；同时，淀粉粒体积变小，数量减少。随着冷胁迫的延续，叶绿体膜发生变化，转变成许多串联状的小囊泡。进一步胁迫后，基粒垛叠片层减少甚至消失。严重胁迫时，叶绿体膜破裂，内含物渗入细胞质，细胞死亡（图 11-3）。

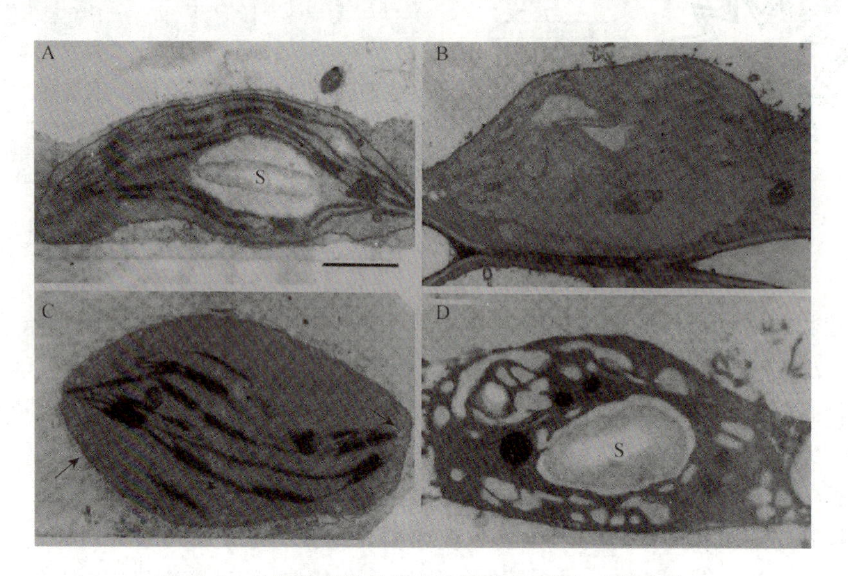

图 11-3 叶绿体超微结构在冷胁迫（5 ℃）中的变化
（引自 Kratsch 和 Wise，2000）

A. 菠菜正常生长条件下的叶绿体结构（显示清晰排列的片层结构和大的淀粉粒 S） B. 黄瓜在 5 ℃冷胁迫 9 h（叶绿体膨胀，片层排列方向改变，一些类囊体扩大，淀粉粒变小） C. 棉花在 5 ℃冷胁迫 72 h（叶绿体膨胀，被膜严重泡化） D. 菜豆在 5 ℃冷胁迫 144 h（类囊体膨胀，基质变暗）

（二）生理生化变化

在低温、高温、干旱、盐渍等逆境条件下，植物体的水分状况变化相似，表现出植物吸水力降低，蒸腾量降低，但由于蒸腾量大于吸水量，植物组织的含水量降低而产生萎蔫。植物含水量的降低使组织中束缚水含量相对增加，从而增强植物的抗逆性。逆境条件下植物的光合作用呈下降趋势，呼吸作用常呈先升后降趋势。另外，低温、高温、干旱、淹水胁迫等促进淀粉降解为葡萄糖和蔗糖，这与淀粉水解相关的磷酸化酶活力增强有关。

在蛋白质代谢中，低温、高温、干旱、盐渍胁迫促使蛋白质降解，可溶性氮增加。

三、渗透调节与抗逆性（Osmoregulation and Stress Resistance）

（一）渗透调节

低水势的环境条件（例如土壤干旱、盐渍、低温、冰冻等）对植物体产生的水分胁迫（water stress）称为渗透胁迫（osmotic stress）。在渗透胁迫下，植物细胞失水，膨压减小，生理活性降低，严重时细胞完全丧失膨压，最后导致细胞死亡。

当遭遇渗透胁迫时，植物体内积累各种有机物质和无机物质，导致细胞液浓度提高、渗透势降低，从而使植物能保持体内水分，适应水分胁迫环境，这种现象称为渗透调节（osmoregulation）。渗透调节可完全或部分维持由膨压直接调控的膜运输活性，在维持部分气孔开放与一定的光合强度及保持细胞继续生长等方面具有重要意义。

（二）渗透调节物质

渗透调节物质指可作为溶质在原生质中能显著影响细胞渗透势的物质。通常可分为两大类：一类是由外界进入细胞的无机离子，另一类是在细胞内合成的有机物质。渗透调节物质具有如下共同特点：①分子质量小，容易溶解；②能稳定酶的构象；③迅速积累到一定的浓度足以调节渗透势。图 11-4 为几种渗透调节物质。

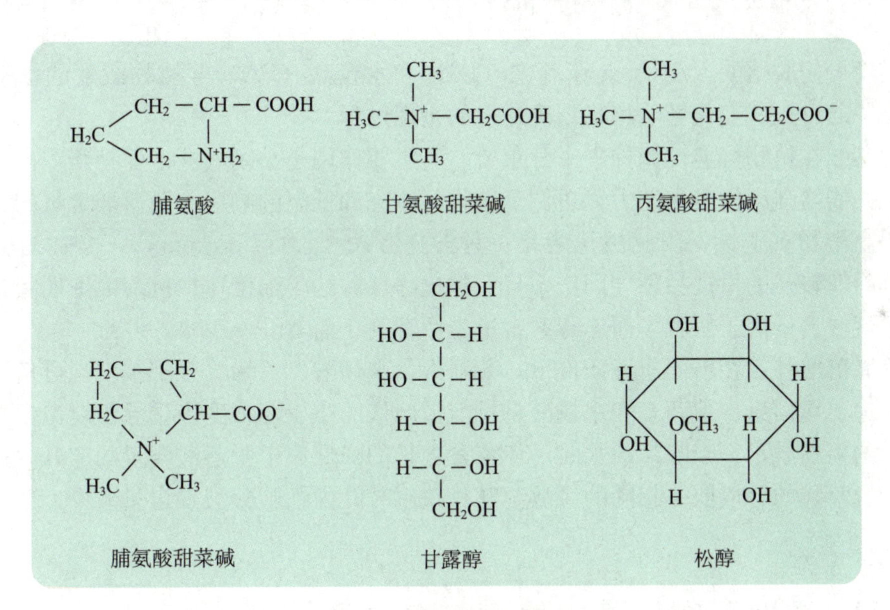

图 11-4 几种渗透调节物质
（引自 Smith，2010）

1. 无机离子 逆境下细胞内常常累积无机离子以调节渗透势，特别是盐生植物（halophyte）主要靠细胞内无机离子的累积来进行渗透调节。无机离子类型及累积量因植物种类和器官的不同而有差异。无机离子进入细胞后主要累积在液泡中。

2. 脯氨酸 Kemble 等（1950）发现，在受干旱的多年生黑麦草叶片中有游离脯氨酸（proline）累积，随后发现在许多植物中都存在这种现象。外施脯氨酸可以减轻高等植物的渗透胁迫。脯氨酸在抗逆中具有保持原生质与环境的渗透平衡和膜结构完整性的作用；并能增加蛋白质的可溶性和减少可溶性蛋白的沉淀，增强蛋白质的水合作用。除脯氨酸外，其他游离氨基酸和酰胺也可在逆境下积累，起渗透调节作用。例如水分胁迫下小麦叶片中天冬酰胺、谷氨酸等含量增加，但这些氨基酸的积累通常没有脯氨酸显著。

3. 甜菜碱　Storey等发现水分胁迫可引起大麦积累甜菜碱（betaine），之后发现多种植物在逆境下都有甜菜碱的积累。甜菜碱为季铵类化合物，主要包括甘氨酸甜菜碱（glycinebetaine）、丙氨酸甜菜碱（alaninebetaine）和脯氨酸甜菜碱（prolinebetaine）等。

4. 可溶性糖　逆境下植物积累的可溶性糖包括蔗糖、葡萄糖、果糖和半乳糖等，主要来自淀粉等大分子碳水化合物的降解，以及光合作用中直接合成的低分子糖类。

5. 多元醇　甘露醇、山梨醇、肌醇、甘油、松醇等多元醇亲水性强，在植物抵御干旱和高盐等逆境时积累，能有效维持细胞的膨压，减轻非生物胁迫对植物所造成的危害。

（三）渗透调节的生理意义

植物在逆境下产生渗透调节是对逆境的一种适应性反应，不同植物对逆境的反应不同，因而细胞内累积的渗透调节物质也不同，但都在渗透调节过程中发挥作用。

渗透调节物质浓度的增加不同于通过细胞脱水和收缩所形成的溶质浓度增加，即渗透调节是每个细胞溶质浓度的净增加，而不是细胞失水体积变化引起溶质相对浓度的增加。虽然后者也可以达到降低溶质势的目的，而前者才是渗透调节。在生产实践中，也可用外施渗透调节物质的方法来改善植物的抗性。

四、植物激素与抗逆性（Phytohormones and Stress Resistance）

逆境可使脱落酸（ABA）、茉莉素（JA）和水杨酸（SA）等植物激素的水平发生变化，并通过这些变化影响植物抵抗逆境的生理过程。

脱落酸在植物抗逆性调控中十分重要。其主要作用是关闭气孔，保持组织内的水分平衡，并能增强根的吸水能力，也调节植物对冰冻和低温的响应。脱落酸含量的增加往往会提高植物抗逆性，因此被认为是一种胁迫激素（stress hormone），又称为应激激素。抗冷性较强的柑橘品种"国庆1号"和抗冷性弱的"锦橙"在抗冷锻炼期间，前者体内脱落酸含量高于后者，而赤霉素含量是后者高于前者。

除脱落酸外，在不同逆境条件下，茉莉素、水杨酸、乙烯等也都被发现可作为信号分子传递逆境信息。茉莉素和水杨酸是目前被确认的在生理浓度下诱导出对微生物病原体抗性的植物激素。当叶片缺水时，赤霉素含量的降低先于脱落酸含量的上升，这是赤霉素和脱落酸的合成前体相同的缘故。叶片缺水时叶内细胞分裂素含量减少，生长素含量下降。

五、逆境下生物膜的改变与自由基平衡（Changes of Biomembrane and Balance of Free Radicals Under Stress）

（一）逆境下生物膜的变化

生物膜的透性对逆境敏感。膜伤害学说认为，在逆境发生时，质膜透性增大，内膜系统膨胀、收缩甚至破损。在正常条件下，生物膜的膜脂呈液晶态，当温度下降到一定程度时，膜脂变为凝胶态。膜脂相变会导致原生质停止流动，透性加大。膜脂碳链越长，固化温度越高；相同长度的碳链不饱和键数越多，固化温度越低。膜不饱和度影响膜结合酶活性，膜不饱和脂肪酸越多，不饱和度就越大，固化温度越低，膜流动性越好，抗冷性越强。膜蛋白与植物抗逆性也有关系。例如甘薯块茎在0 ℃低温下处理几天后，线粒体膜蛋白对磷脂的结合力明显减弱，磷脂中的磷脂酰胆碱（phosphatidyl choline)和脱脂磷脂酰胆碱从膜上游离下来，导致膜解体，组织坏死。

（二）自由基平衡

自由基（free radical）是指具有不配对（奇数）外层电子的原子、原子团、分子或离子。自由基具有不稳定、寿命短、化学性质活泼、氧化还原能力强、能持续进行链式反应等特点。生物体内自身代谢产生的自由基，称为生物自由基，主要包括含氧自由基（如$O_2^{\cdot-}$、$\cdot OH$、$ROO^{\cdot}$）和非含氧自由基（如$\cdot CH_3$等）。自由基极易与周围物质发生反应，并能持续进行连锁反应，对细胞及生物大分子有破坏作用，对生物系统造成危害。细胞内也存在消除这些自由基的多种途径，例如超氧化物歧化酶（superoxide dismutase，SOD）可以消除$O_2^{\cdot-}$。细胞中过氧化氢（H_2O_2）的积累可使二氧化碳的固定效率降低，而过氧化氢酶（catalase，CAT）和过氧化物酶（peroxidase，POD）能分解过氧化氢。只有超氧化物歧化酶、过氧化氢酶和过氧化物酶三者的活性协调一致，才能使自由基维持在一个低水平。此外，谷胱甘肽还原酶（glutathion reductase，GR）等也有清除自由基能力。以上这些酶由于能有效地清除自由基，称为保护酶（protective enzymes）。

植物体内还有一些非酶类的有机分子，如细胞色素 f、还原型谷胱甘肽、甘露糖醇、抗坏血酸、氢醌、维生素 E、胡萝卜素等，能直接或间接清除自由基。自由基易引起膜的伤害，因而这些内源的抗氧化剂和保护酶称为膜保护系统（membrane protective system）。

正常情况下，细胞内自由基的产生与清除处于动态平衡状态，自由基水平很低，不会伤害细胞。当植物受到胁迫时，自由基累积过多，动态平衡被打破，形成了氧化胁迫（oxidative stress），会对植物造成极大伤害。自由基对细胞的伤害主要是自由基导致膜脂过氧化作用（membrane lipid peroxidation），产生较多的膜脂过氧化产物，如丙二醛（malondialdehyde，MDA），使膜的完整性被破坏。膜系统的破坏会引起一系列生理生化紊乱，再加上自由基对一些核酸、蛋白质等生物大分子的直接破坏，就会造成对植物的伤害，如果胁迫强度增大，或胁迫时间延长，就会导致植物死亡（图 11-5）。

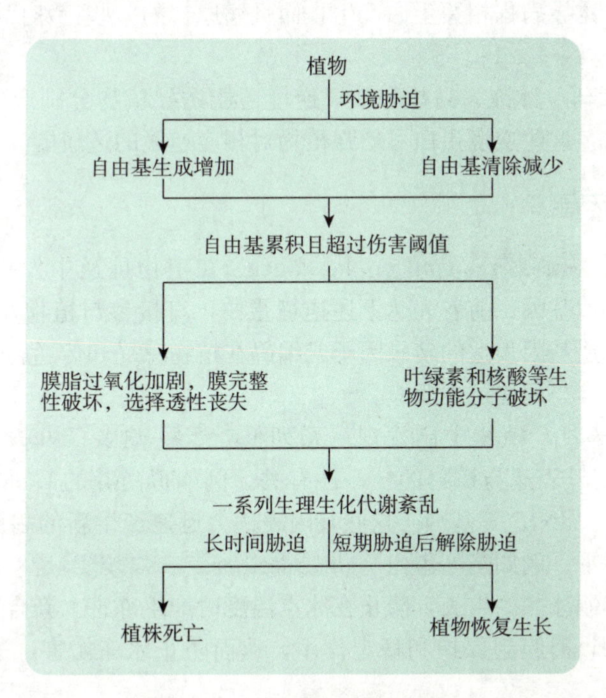

图 11-5 自由基对生物膜的伤害

干旱、大气污染、低温胁迫等逆境还会降低超氧化物歧化酶等抗氧化酶的活性，对自由基的清除能力下降，从而使自由基平衡被打破。例如干旱胁迫下不同抗旱性小麦叶片中超氧化物歧化酶、过氧化氢酶和过氧化物酶活性与膜透性、膜脂过氧化水平之间存在着负相关。一些植物生长调节剂（例如芸薹素内酯）和具有自由基清除作用的物质（例如维生素C和类胡萝卜素）在胁迫下也有提高保护酶活性对膜系统起保护作用的效果。

六、植物逆境蛋白与抗逆相关基因（Stress Proteins and Stress Resistance Related Genes）

（一）逆境蛋白

已发现植物在多种逆境诱导下形成新的蛋白质（或酶），这些蛋白质统称为逆境蛋白（stress protein）。逆境蛋白与抗逆相关基因的表达，使植物在代谢和结构上发生改变，进而增强抵抗外界不良环境的能力。植物逆境蛋白主要有以下几种。

1. 热激蛋白 在高于植物正常生长温度下诱导合成热激蛋白（又称为热休克蛋白，heat shock protein，HSP）的现象广泛存在。热激蛋白主要是作为分子伴侣（chaperone），参与生物体内新生肽的折叠、运输、组装、定位以及变性蛋白的复性和降解，维持生物膜和蛋白质结构稳定，保护胞内蛋白质免受应激损伤，提高植物耐热性，调节生理过程等。

热激处理诱导热激蛋白形成所需温度因植物种类的不同而异。除高温刺激外，冻害期、种子萌发期和成熟期均有相应的热激蛋白表达，脱落酸及水分胁迫等其他逆境因子也可以诱导热激蛋白的表达。热激蛋白不仅提高抗热性，也抵抗其他环境胁迫，例如缺水、低温、盐害等，即对其他胁迫有交叉保护（cross protection）作用。

2. 病程相关蛋白 植物被病原菌感染后也能形成与抗病性有关的一类蛋白质，称为病程相关蛋白（pathogenesis-related protein，PR）。现已在多种植物中发现了病程相关蛋白，例如大麦被白粉病侵染后产生过敏反应，可诱导产生多种新的蛋白。不但细菌等病原物本身可以诱导病程相关蛋白产生，而且病原物的一些特殊代谢物也可诱导这类蛋白质产生。

3. 其他逆境蛋白 冰冻、高盐和缺氧逆境还能诱导植物分别产生抗冻蛋白、盐逆境蛋白和厌氧蛋白，这些逆境蛋白可增强植物对相应逆境的适应能力。

（二）抗逆相关基因

抗逆相关基因（stress resistance related gene）在植物抗逆中发挥重要作用，包括相应功能基因和调节基因。前者表达上述逆境蛋白，直接参与植物对逆境的保护反应，后者编码可调节抗逆基因表达的转录因子或编码在植物感受和传递胁迫信号中的信号蛋白、蛋白激酶等，参与调控抗逆反应。

1. 低温诱导基因 植物中已发现一系列低温诱导基因（low-temperature-induced gene）或基因家族，其表达与植物的抗冷性有关。例如拟南芥的*COR15*、*COR6.6*等基因，油菜的*BN28*、*BN15*等基因。这些基因表达会迅速产生新的多肽，在低温锻炼过程中一直维持高水平。例如抗冻蛋白（antifreeze protein，AFP）是一类由冷胁迫诱导表达的蛋白质，能抑制冰晶的生长，防止在冰点温度时产生冻害。新合成的蛋白质进入膜内或附着于膜表面，对膜起保护和稳定作用，从而防止冰冻伤害，进而提高植物的抗冻性。

2. 渗透调节基因 渗透调节基因（osmosis regulating gene）一是指直接或间接参与渗透调节物质运输的基因，二是指参与渗透调节物质合成的酶类的编码基因，三是指植物细胞水孔蛋白的编码基因及调控基因。在渗透胁迫下，植物细胞中参与渗透调节的物质有的是从外界进入的，也有的是在细胞内合成的，例如在盐胁迫下诱导甜菜碱生物合成的关键酶甜菜碱醛脱氢酶的转录本明显增加。

3. 干旱应答基因　干旱应答基因（responsive gene to drought）编码的功能蛋白及相关调节酶，能保护细胞不受水分胁迫的伤害，使植物在低水势下维持其一定程度的生长发育和忍耐脱水能力。这些干旱应答基因产物不仅通过重要蛋白保护细胞结构，而且调节信号转导和基因表达。例如通过水孔蛋白、ATP酶、受体蛋白、离子通道等膜蛋白加强细胞与环境的信息交流和物质交换。

4. 抗病基因　抗病基因（disease resistant gene）是决定寄主植物对病原菌的特异识别并激发抗病反应的基因。其编码产物与病原菌无毒基因的直接或者间接编码产物互作，启动信号转导，诱导植物防卫反应基因表达，引起抗病反应。自1992年在玉米中发现第一个抗病基因 *Hm1* 以来，已有数十个抗病基因被鉴定。

第二节　抗 寒 性
Section 2　Cold Resistance

低于植物生理代谢及生长发育所需的最低温度时，植物将会受到寒害（cold injury），包括冷害和冻害。抗寒性是指植物对低温逆境的适应能力，包括抗冷性和抗冻性。

一、抗冷性（Chilling Resistance）

（一）冷害与抗冷性

很多热带和亚热带植物不能经受冰点以上低温的影响，这种冰点以上低温对植物的伤害称为冷害（chilling injury），常引起植物叶片变褐、干枯，果皮变色等外部形态变化。植物对冰点以上低温的适应能力称为抗冷性（chilling resistance）。冷害对植物的伤害包括直接伤害与间接伤害。直接伤害是指低温直接破坏原生质活性，间接伤害是指低温引起代谢失调。

（二）冷害时植物体内的生理生化变化

冷害时植物体内发生一系列生理生化变化，表现为膜透性增加、原生质流动减慢或停止、水分代谢失调、光合作用减弱、呼吸速率大起大落、分解代谢相对合成代谢占优势地位等。

1. 膜脂发生变化　低温冷害下生物膜的脂类发生相变，由液晶态变为凝胶态，引起与膜相结合的蛋白质解离或使酶亚基分解失去活性（图11-6）。膜脂相变转化的温度因其组成成分不同而异，随脂肪酸链的长度增加而升高，而随不饱和脂肪酸所占比例增加而降低。膜不饱和脂肪酸指数（unsaturated fatty acid index，UFAI）指不饱和脂肪酸在总脂肪酸中的相对比值，可作为衡量植物抗冷性的重要生理指标。温带植物比热带植物更耐低温的原因之一在于其膜脂中不饱和脂肪酸含量较高，即不饱和脂肪酸指数较高。

2. 膜的结构改变　在缓慢降温条件下，由于膜脂的固化使得膜结构紧缩，降低了膜对水和溶质的透性。若寒流突然来临，由于膜脂的不对称性，膜体紧缩不匀而出现断裂，会造成膜的破损渗漏，细胞内溶质外流。低温对膜透性改变的两种相反效应，对植物的正常代谢都是不利的。植物在低温下细胞内电解质外渗的增加与否已成为鉴定植物耐冷性的一项重要指标，例如常用的相对电导率。

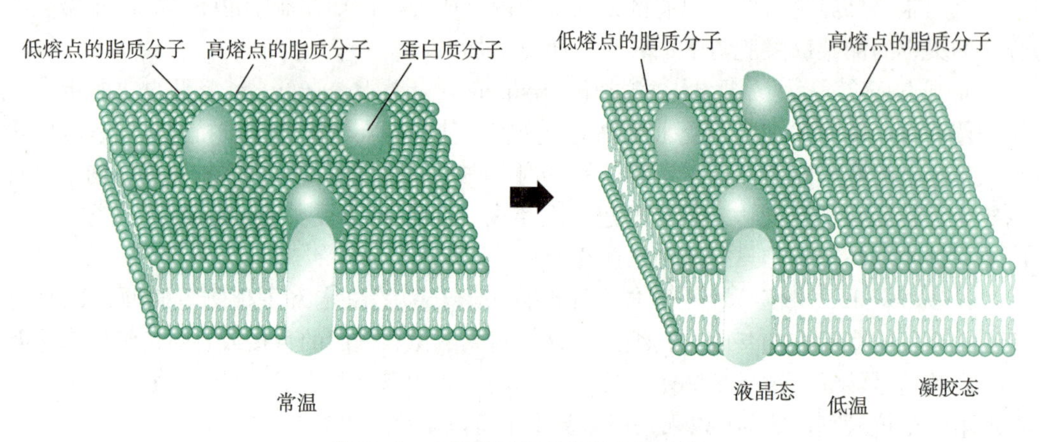

图 11-6　由低温引起的生物膜相分离

（改编自王忠，2009）

3. 代谢紊乱　低温使生物膜结构发生显著变化，导致植物体内新陈代谢的区域化有序性被打破，特别是光合速率与呼吸速率改变，使植物处于饥饿状态，并积累有毒的中间产物。低温冷害下酶活性及酶系统多态性也会受到影响。多酶系统中需要各种酶协同行使正常的功能，如果其中某些酶的活性受低温的影响，与其他酶产生显著差异，代谢就会产生紊乱。

以上形态结构和生理变化的异常反应将使植物遭受冷害（图 11-7）。

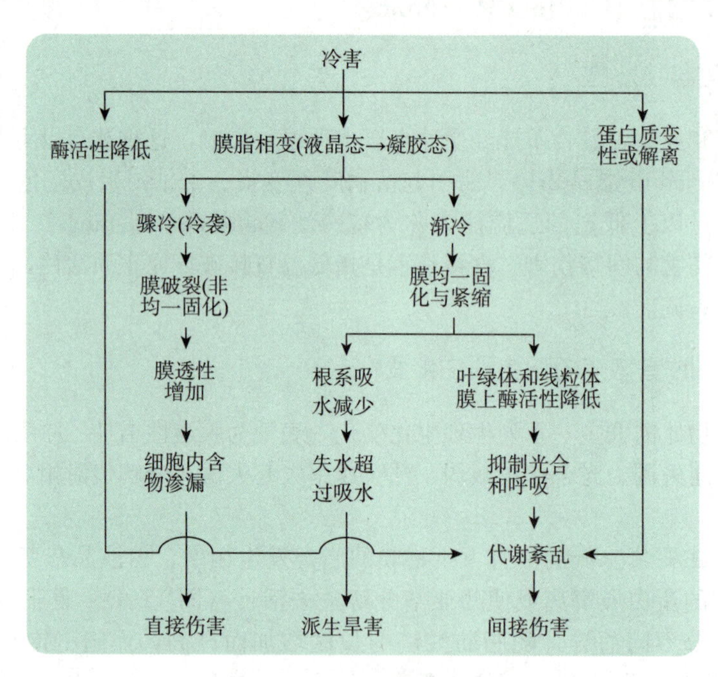

图 11-7　冷害的可能机制

（引自 Levitt，1980）

（三）提高植物抗冷性的措施

1. 低温锻炼　植物对低温的抵抗往往是一个适应性锻炼过程。如果预先给予可忍受的低温锻炼，很多植物的低温抗性可得到一定程度提高，否则就会在突然遇到低温时遭到突发性损害。

2. 化学诱导　一些植物生长调节物质或化合物可诱导提高植物的抗冷性。例如脱落酸可明显提高植物抗冷性，因为脱落酸可改变细胞的水分平衡，使低温不致派生干旱的影响。瓜类叶面喷施 2,4-D 和 KCl 也可提高其抗冷性。多效唑（PP_{333}）、抗坏血酸和芸薹素内酯（BL）等在苗期喷施或浸种，也有提高水稻幼苗抗冷性的作用。

3. 合理施肥　调节氮磷钾肥的比例，增加磷钾肥比重能明显提高作物抗冷性。

二、抗冻性（Freezing Resistance）

（一）冻害与抗冻性

冰点以下低温对植物的伤害称为冻害（freezing injury）。植物对冰点以下低温逐渐形成的适应能力称为抗冻性（freezing resistance）。冻害发生的温度限度，因植物种类、生育时期和生理状态以及不同器官而不同，也因经受低温的时间长短而有很大差异。大麦、小麦、苜蓿等越冬作物一般可忍耐－12～－7 ℃或以下的严寒；白桦、颤杨、网脉柳等树木可以忍受－45 ℃以下的严冬。

植物受冻害时，叶片细胞失去膨压，组织变软、叶色变褐，最终干枯死亡。植物组织结冰可分为两种方式：胞外结冰与胞内结冰。胞外结冰又称为胞间结冰，是指在环境温度缓慢下降时，细胞间隙和细胞壁附近的水分结成冰晶。胞内结冰是指温度迅速下降，除了胞间结冰外，细胞内的水分也可结冰。一般先在原生质内结冰，然后在液泡内结冰。

（二）冻害的原因

冻害的原因主要有结冰伤害、蛋白质结构破坏和膜结构损伤。

1. 结冰伤害　结冰会对植物体造成危害，但细胞间结冰和细胞内结冰对细胞的影响各有特点。

（1）细胞间结冰　细胞间结冰引起植物受害主要原因有如下几个。

①原生质过度脱水：由于细胞外出现冰晶，细胞间隙内的水蒸气压降低，但细胞内含水量较大，水蒸气压仍然较高。这个压力差使细胞内水分迁移到细胞间后又结冰，使冰晶愈结愈大，细胞内水分不断被夺取，最终使原生质发生严重脱水，甚至发生原生质不可逆的凝胶化。

②冰晶对细胞的机械损伤：由于细胞间冰晶的逐渐膨大，对细胞造成机械压力，会使细胞变形，甚至可能将细胞壁和质膜挤碎，使原生质暴露于细胞外而受冻害。同时细胞亚显微结构受损，区域化被破坏，影响代谢的正常进行。

③解冻过快对细胞的损伤：结冰的植物若遇温度骤然回升，冰晶迅速融化，细胞壁吸水膨胀，而原生质尚来不及吸水膨胀，有可能被撕裂损伤。

（2）细胞内结冰　细胞内结冰对细胞的危害更为直接。因为原生质是有高度精细结构的组织，冰晶形成以及融化时对质膜与细胞器以及整个细胞质产生破坏作用。细胞内结冰常给植物带来致命的损伤。

2. 蛋白质结构破坏　当组织结冰脱水时，巯基（—SH）减少，而二硫键（—S—S—）增加。二硫键由肽链内部或相邻肽链的巯基失水而成。当解冻再度吸水时，肽链松散，氢键断裂但二硫键还保存，蛋白质分子的空间构象改变，导致活性中心被破坏，蛋白质失活（图 11-8）。所以抗冻性的基础在于阻止蛋白质分子间二硫键的形成。当植株受冻脱水后，组织内—SH 多，—S—S—少的植株，抗冻性强。

3. 膜结构损伤　膜对结冰非常敏感，例如柑橘的细胞在－6.7～－4.4 ℃时所有的膜（质膜、液泡膜、叶绿体膜和线粒体膜）都被破坏。低温造成细胞间结冰时，使蛋白质变性或改变膜中蛋白质和膜脂的排列，膜受到伤害，透性增大，溶质大量外流。另一方面膜脂相变使得一部分与膜结合的酶解离而失去活性，光合磷酸化解偶联和氧化磷酸化解偶联，ATP 形成明显下降，引起代谢失调，甚至使细胞死亡（图 11-9）。

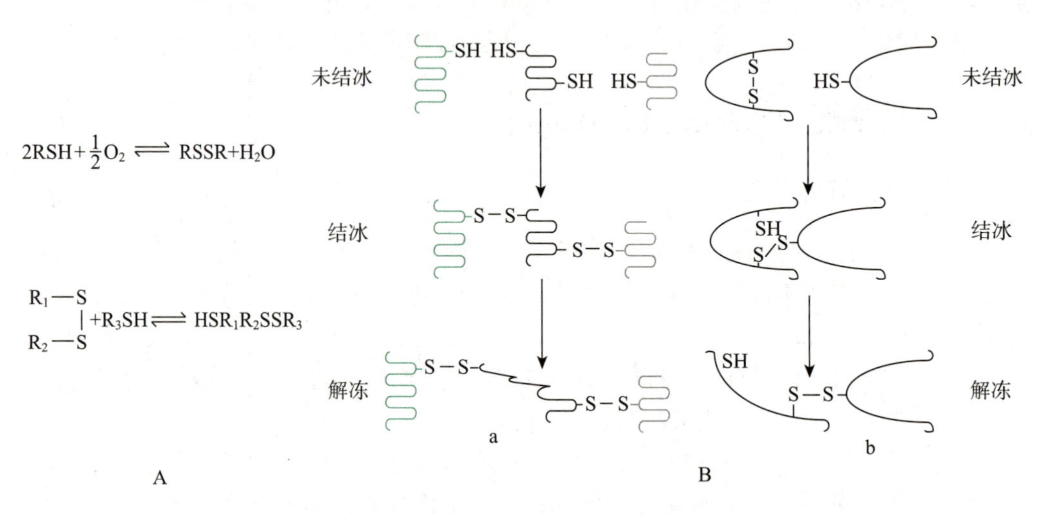

图 11-8　冰冻时分子间（—S—S—）的形成而使蛋白质分子变化假说

A. 二硫键形成的两种反应　B. 蛋白质分子内与分子间二硫键形成（a. 相邻肽键外部的—SH 相互靠近，发生氧化形成—S—S—　b. 一个蛋白质分子的—SH 与另一个蛋白质分子内部的—S—S—作用形成分子间的—S—S—）

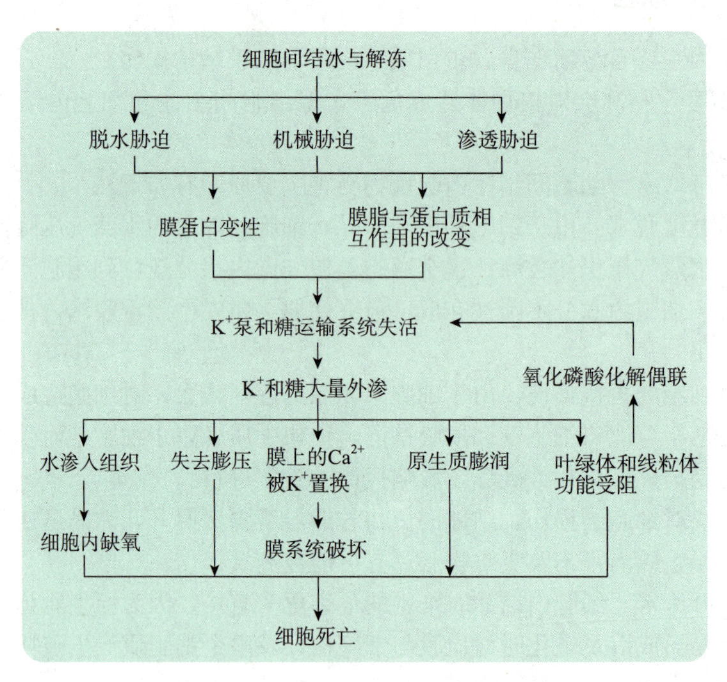

图 11-9　细胞间结冰伤害

（三）提高植物抗冻性的措施

1. 抗冻锻炼　在植物遭遇低温冻害之前，逐步降低温度可提高植物抗冻能力。这是一项有效的锻炼措施。锻炼之后植物会发生多种生理生化变化，其抗冻能力在一定程度上得到提高。

2. 化学调控　一些植物生长调节物质可以提高植物的抗冻性。如用生长延缓剂 Amo-1618 与比久（B_9）处理，可提高槭树的抗冻力。脱落酸也具有提高植物抗冻性的作用。

3. 农艺措施　作物抗冻性的形成是多种因素综合作用的结果。其中，环境条件（例如日照长短、雨水多少、温度变幅等）都可影响抗冻性强弱。环境条件不良会影响植物的锻炼过程，降低抗冻能力。因此要加强田间管理，可防止或减轻冻害发生。例如可采取下述措施：①及时播种、培土、控肥、通气，促进幼苗健壮，防止徒长，增强秧苗素质；②寒流霜冻来临之前实行冬灌、盖草，以抵御强寒流袭击；③实行合理施肥，适当增施钾肥，也可用厩肥与绿肥压青，提高越冬或早春作物的御寒能力；④设施育秧，例如采用薄膜苗床、地膜覆盖等育秧，能防止早春冻害。

第三节　抗 热 性
Section 3　Heat Resistance

一、热害与抗热性（Heat Injury and Heat Resistance）

高温引起植物的伤害称为热害（heat injury）。植物对高温胁迫（high temperature stress）的适应称为抗热性（heat resistance）。不同植物对高温的忍耐程度有很大的差异。发生热害的温度还和作用时间有关，暴露时间较短时，植物可忍耐的温度较高。虽然高温伤害的直接原因是高温下蛋白质变性与凝固，但伴随高温发生的是植株蒸腾加强与细胞脱水，因此抗热性与抗旱性的机制常相互交叉而不易划分。在我国许多地方发生的干热风（又称火南风），即高温低湿，并伴有一定风力的农业气象灾害性天气，是高温和干旱组合危害农作物的典型事例。

二、热害的机制（Mechanism of Heat Injury）

植物受高温伤害后会出现以下症状：树干（特别是向阳部分）干燥、开裂；叶片出现坏死斑，叶色变黄、变褐；果实（例如葡萄、番茄等）灼伤，随后受伤处与健康处之间形成木栓，有时甚至整个果实坏死；出现雄性不育、花序或子房脱落等异常现象。尽管高温对植物的危害很复杂，归纳起来可分为直接伤害与间接伤害。

（一）直接伤害

直接伤害是高温直接影响细胞的结构，在短期即出现症状，并可从受热部位向非受热部位传递蔓延。其伤害实质较复杂，可能原因是由于高温引起蛋白质变性以及膜脂的液化相变，使膜失去半透性和主动吸收的特性。

（二）间接伤害

间接伤害是指高温导致的代谢异常，其过程是缓慢的。高温常引起植物过度蒸腾失水，此时同旱害相似，因细胞失水而造成一系列代谢失调，导致生长发育不良。

1. 饥饿　在高温下呼吸作用大于光合作用，使消耗多于合成，若高温时间长，植物体则出现饥饿甚至死亡。饥饿的产生也可能是由于高温使物质运输受阻或接纳能力降低所致。

2. 毒性　高温下氧气的溶解度减小，因而植物的有氧呼吸减弱。为维持代谢所需，无氧呼吸将增强而导致有毒物质积累，例如乙醇、乙醛、氨等，毒害细胞。

3. 缺乏某些代谢物质　高温使某些生物化学环节发生障碍，使得植物生长所必需的活性物质（例如维生素、核苷酸）缺乏，引起生长不良或出现伤害。

4. 蛋白质合成下降 高温一方面使细胞产生自溶的水解酶类，或溶酶体破裂释放出水解酶使蛋白质分解；另一方面破坏氧化磷酸化的偶联，因而丧失为蛋白质生物合成提供能量的能力，使蛋白质合成速率下降。此外，高温还破坏核糖体和核酸的生物活性，从根本上降低蛋白质合成能力。

高温对植物的伤害可用图 11-10 归纳总结。

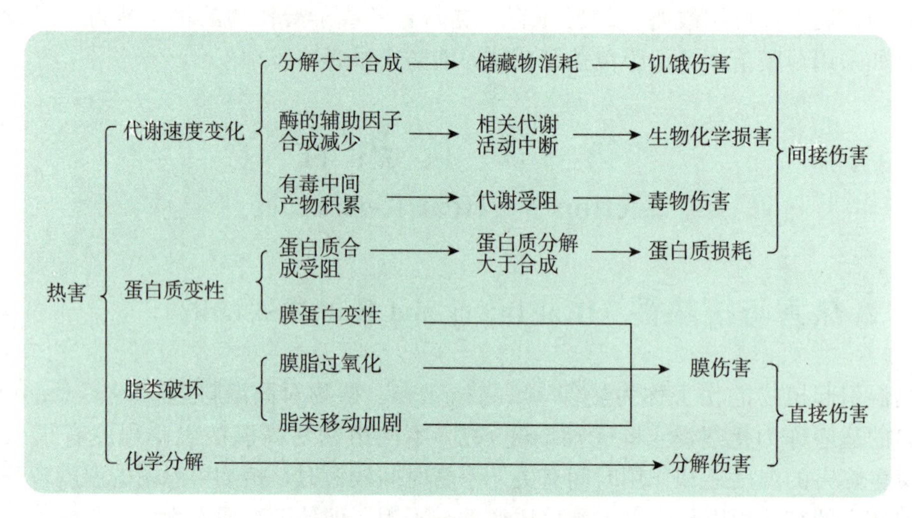

图 11-10 高温对植物的危害

三、植物耐热的机制（Mechanism of Heat Tolerance in Plants）

不同生长习性的高等植物的耐热性是不同的。一般说来，生长在干燥和炎热环境的植物，其耐热性高于生长在潮湿和冷凉环境的植物。C_4 植物起源于热带或亚热带地区，故耐热性一般高于 C_3 植物，二者光合作用最适温度也不同。植物不同的生育时期、不同部位，其耐热性也有差异。成熟叶片的耐热性大于嫩叶，更大于衰老叶；种子休眠时耐热性最强，随着种子吸水膨胀，耐热性下降；果实越成熟，耐热性越强。

耐热性强的植物在代谢上的基本特点是构成原生质的蛋白质对热稳定，即在高温下仍可维持一定的正常代谢。蛋白质的热稳定性主要决定于构建其高级结构化学键的牢固程度与键能大小。疏水键、二硫键越多的蛋白质其耐热性就越强，因此蛋白质在较高温度下不会发生不可逆变性。高温胁迫时热激蛋白（HSP）可与部分变性的蛋白质结合，阻止蛋白质不可逆集聚，维持蛋白质的结构功能，起分子伴侣的作用。热激蛋白还能维护生物膜结构稳定。另外，耐热植物体内合成蛋白质的速度快，可以及时补偿因热害造成的蛋白质损耗。

四、提高植物耐热性的措施（Measures for Plant Heat Tolerance Improvement）

1. 高温锻炼 环境温度对植物耐热性有直接影响。例如在干旱环境下生长的藓类，在夏天高温时耐热性强，冬天低温时耐热性差。高温锻炼能提高植物的抗热性。例如把鸭跖草在 28 ℃下培养 5 周，与对照（在 20 ℃下培养 5 周）相比，其叶片耐热性可从 47 ℃提高到 51 ℃，因为高温锻炼会诱导形成一些新的热激蛋白。热激蛋白有稳定细胞膜结构与保护线粒体的功能。

2. 化学调控 用 $CaCl_2$、$ZnSO_4$、KH_2PO_4 等矿质喷施植株可增加生物膜的热稳定性；施用生长素、激动素等植物生长调节物质也能够减缓高温造成的损伤。

3. 农艺措施 环境湿度也影响植物的耐热性。作物栽培时控制灌水使细胞含水量不同，其抗热性有很大差别。通常湿度高时，细胞含水量高，抗热性降低。调节氮磷钾肥的比例，增加磷钾肥比重也能明显提高植物耐热性。

第四节 抗旱性与抗涝性
Section 4 Drought Resistance and Flood Resistance

一、抗旱性（Drought Resistance）

（一）旱害与抗旱性

水分胁迫（water stress）包括干旱和涝害。当植物耗水大于吸水时，其组织内水分少于正常生理水平，这种植物过度水分亏缺（water deficit）的现象，称为干旱（drought）。旱害（drought injury）则是指土壤水分缺乏或大气相对湿度过低对植物的危害。植物抵抗旱害的能力称为抗旱性（drought resistance）。我国西北、华北干旱缺水是影响农林生产的重要因子，南方各省虽然雨水充沛，但由于各月分布不均，也时有旱害。

1. 干旱类型

（1）大气干旱 大气干旱（atmosphere drought）是指空气过度干燥，相对湿度过低，伴随高温和干风，这时植物蒸腾过强，根系吸水补偿不了失水，从而受到危害。我国西北、华北地区常有大气干旱发生。

（2）土壤干旱 土壤干旱（soil drought）是指土壤中没有或只有少量的有效水，严重降低植物吸水，使其水分亏缺引起永久萎蔫。

（3）生理干旱 生理干旱（physiological drought）指土壤中的水分并不缺乏，只因土壤温度过低、土壤溶液中矿质浓度过高或积累有毒物质等原因，妨碍根系吸水，造成植物体内水分平衡失调，从而使植物受到的干旱危害。

2. 旱害与植物生理过程的关系 从水对植物生理过程的重要性可以理解到，干旱对植物的影响是多方面的。干旱对植株影响的外观表现，最直接观察到的是萎蔫。旱害的核心问题是原生质脱水。由于土壤干旱时土壤有效水分亏缺，叶片蒸腾失水得不到补偿，使得原生质脱水，细胞水势不断下降。很多植物的细胞水势降低到－1.5～－1.4 MPa 时，其生理活动与植株的生长都降到很低水平，甚至完全停止。

（二）旱害的机制

原生质脱水是旱害的核心。由此带来一系列生理生化变化而导致植物受到伤害（图 11-11）。

1. 细胞膨压降低 干旱使细胞膨压降低，植株萎蔫，导致生长受阻。

2. 膜结构及透性改变 当植物细胞脱水时，原生质膜的透性增加，细胞区域化被破坏，大量的无机离子和氨基酸、可溶性糖等小分子被动向细胞外渗漏。

3. 正常代谢过程破坏 细胞脱水对代谢破坏的特点是抑制合成代谢而加强分解代谢。干旱使水解酶活性加强，合成酶活性降低甚至完全停止。主要表现在：①水分不足可使光合作用显著下降，直至趋于停止。②干旱对呼吸作用的影响较为复杂，一般呼吸强度随水势的下降而缓慢地减弱。有时水分亏缺会使呼吸短时间上升，而后下降，这是因为干旱使呼吸基质增多的缘故。③蛋白质分解，脯氨酸积累。④核酸代谢遭到破坏。⑤植物激素发生变化，如干旱时脱落酸含量增加。脱落酸含量增加还与干旱时气孔关闭、蒸腾强度下降直接相关。干旱时乙烯含量也提高，从而加快植物部分器官的脱落。⑥水分失衡，干旱植物组织间的水分按各部位的水势大小重新分配。一般在干旱时幼叶向老叶吸水，促使老叶枯萎死亡。有些蒸腾强烈的幼叶，进一步向其他幼嫩的分生组织和生长旺盛的组织夺水，影响这些组织间物质的运输速度甚至改变方向。

4. 机械性损伤 干旱对细胞的机械性损伤可能导致细胞死亡。细胞干旱脱水时，液泡收缩，对原生质产生一种向内的拉力，使原生质及与其相连的细胞壁同时向内收缩，在细胞壁上形成很多锐利的折叠，从而破坏原生质的结构。如果此时细胞骤然吸水复原，可引起细胞质和细胞壁不协调膨胀把粘在细胞壁上的原生质撕破，导致细胞死亡。

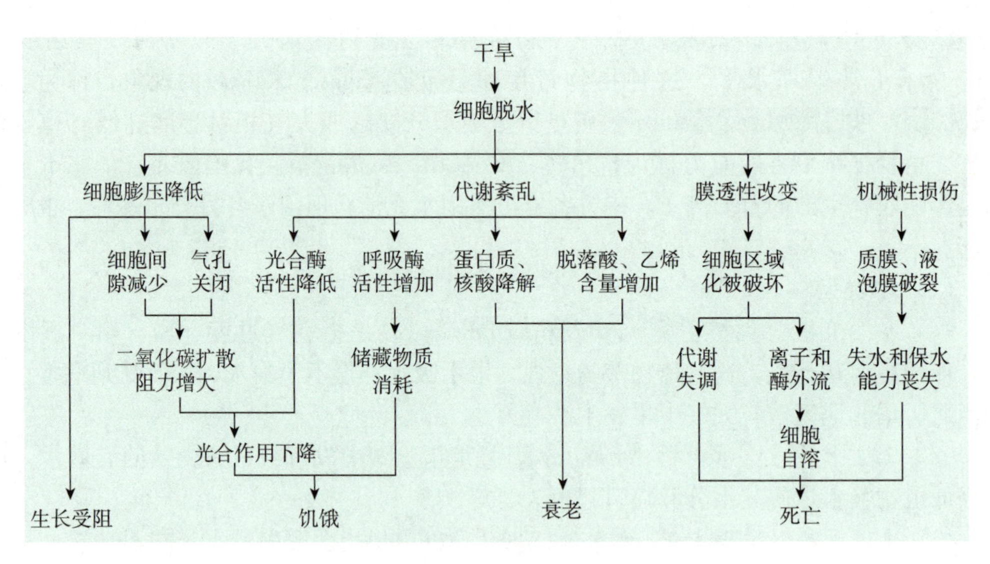

图 11-11 干旱引起的伤害

（三）植物抗旱的生理基础

由于旱害影响的多样性，所以不同物种或同一物种不同品种的适应方式与能力也不同，因而其抗旱性的强弱也有很大差别。抗旱性强的种类或品种往往根系发达，而且伸入土层较深，根冠比大，能更有效地利用土壤水分，保持水分平衡。此外，抗旱作物叶片细胞体积小，可减少失水时细胞收缩产生的机械性伤害；维管束发达，叶脉致密，单位面积气孔数目多，加强蒸腾作用和水分传导，有利于植物吸水。不同植物可通过不同形态特征适应干旱环境。有的植物在干旱时叶片卷成筒状，以减少蒸腾损失。有的植物通过叶片折叠来减小叶片的表面积（图 11-12）。

抗旱性是植物对旱害的一种适应，通过相应生理生化适应而减少干旱的伤害。保持细胞的高亲水力，可防止细胞严重脱水；稳定水解酶活性，可减少其对生物大分子的分解。这样既可保持原生质体（尤其是质膜）不受破坏，又可使细胞内有较高的黏性与弹性，防止机械性损伤；保持原生质结构的稳定，使细胞代谢不至于发生紊乱，光合作用与呼吸作用在干旱下仍维持较高水平。此外，脯氨酸、甜菜碱、脱落酸等物质积累变化也是衡量植物抗旱能力的重要特征。

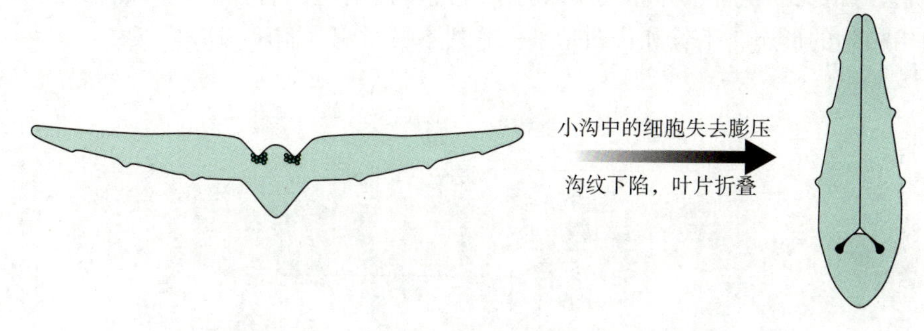

图 11-12 草地早熟禾（*Poa pratensis*）通过叶片折叠来减小表面积
（引自 Smith，2012）

（四）提高植物抗旱性的措施

1. 抗旱锻炼 植物经受轻度干旱锻炼，可提高其对干旱的适应能力。例如玉米、棉花、大麦等在苗期适当控制水分、抑制生长，称为蹲苗。蔬菜苗移栽前拔起让其适当萎蔫一段时间后再栽，称为饿苗。蹲苗与饿苗处理可使植株根系发达，保水能力增强，适应干旱胁迫的能力提高。

2. 化学诱导 用一些化学试剂处理种子或植株（例如用 0.05% $ZnSO_4$ 喷洒叶面），可产生诱导作用，提高植物抗旱性。适当浓度的脱落酸、多效唑、矮壮素和比久等植物生长调节剂处理均有提高植物抗旱性的作用。

3. 矿质营养 合理施肥可提高植物抗旱性。磷肥和钾肥能促进根系生长，提高根冠比，促进蛋白质合成，提高原生质的水合能力，提高保水力。一些微量元素也有助于作物抗旱。氮素过多或不足对作物抗旱都不利，枝叶徒长或生长纤弱的作物，其蒸腾失水增多，而根系吸水能力则减弱，抗旱性差。

4. 抗蒸腾剂的使用 抗蒸腾剂（antitranspirant）是可降低植物蒸腾失水的一类药剂。包括：①薄膜性物质，例如硅酮，喷于作物叶面，形成单分子层薄膜，以阻断水分的散失，显著降低叶面蒸腾；②光反射剂，例如高岭土，对光有反射性，从而减少用于叶面蒸腾的能量；③气孔抑制剂，例如阿特拉津，可改变气孔开度，或改变细胞膜的透性，达到降低蒸腾的目的。

二、抗涝性（Flood Resistance）

水分过多对植物的伤害称为涝害（flood injury）。植物对涝害的适应力和抵抗力称为植物的抗涝性（flood resistance）。

（一）涝害类型

涝害可分为湿害和典型涝害。湿害（waterlogging）指土壤过湿、水分处于饱和状态，土壤含水量超过了田间最大持水量，根系完全生长在沼泽化的泥浆中。典型涝害是指地面积水，淹没了作物的部分或全部。在低洼、沼泽地带与河边，遇洪水或暴雨之后，常有涝害发生，涝害会使植物生长不良，甚至死亡。

（二）涝害对植物的影响

涝害引起的伤害并不在于水分本身，而是由于水分过多引起植物缺氧，从而导致一系列危害。如果排除了这些间接原因，植物即使在水溶液中也能正常生长（例如溶液培养）。涝害对植物的伤害也并非仅仅因为水分过多而引起的直接效应，往往是诱导的次生胁迫给植物的形态、生长和代谢带来一系列不良影响（图 11-13）。

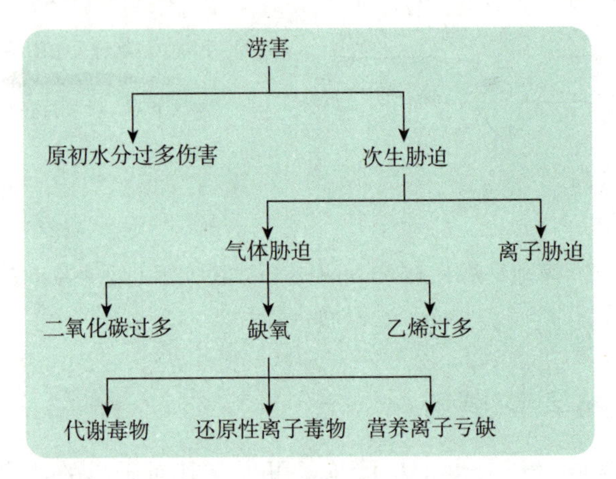

图 11-13　涝害对植物的胁迫

1. 缺氧对植物形态与生长的损害　涝害缺氧可降低植物生长量。受害的植株矮小，叶片黄化，根尖变黑，叶柄偏上生长。淹水对种子萌发的抑制作用尤为明显。细胞亚显微结构在缺氧下也发生显著变化，例如线粒体数目和内部结构异常。

2. 缺氧对代谢的损害　涝害缺氧主要限制了有氧呼吸，促进了无氧呼吸，产生大量无氧呼吸产物，例如乙醇、乳酸等，使代谢紊乱。无氧呼吸还使根系缺乏能量，阻碍矿质养分的正常吸收。

许多植物被淹时，苹果酸脱氢酶（有氧呼吸酶）活性降低，乙醇脱氢酶和乳酸脱氢酶（无氧呼吸酶）活性升高，导致乙醇和乳酸等有害物质积累，损伤植物代谢。同时，这些变化可作为作物涝害的生理生化指标（图 11-14）。

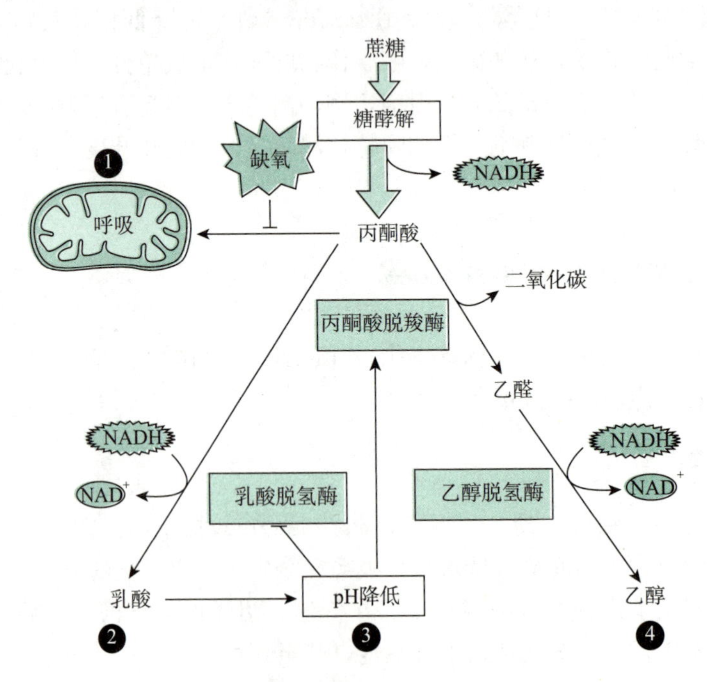

图 11-14　涝害缺氧引起植物代谢紊乱

（引自 Buchanan，2004）

（水分过多①缺氧限制了有氧呼吸，促进了无氧呼吸，使代谢紊乱，导致②乳酸、④乙醇等积累，还使③细胞质酸中毒）

3. 营养失调 涝害缺氧使土壤中的好气性细菌（例如硝化细菌）的正常生长活动受抑；相反，使土壤厌气性细菌（例如丁酸细菌）活跃，会增加土壤溶液的酸度，降低其氧化还原电位，使土壤内形成大量有害的还原性物质（例如 H_2S、Fe^{2+} 等）；一些元素（例如锰、锌和铁）也易被还原而流失，影响矿质元素供应，引起植株营养缺乏。另外，在淹水条件下植物根系大量合成乙烯前体 1-氨基环丙烷-1-羧酸（ACC），1-氨基环丙烷-1-羧酸上运到茎叶后，接触空气转变成乙烯。高浓度的乙烯引起叶片卷曲、偏上生长、脱落；茎膨大加粗；根系生长减慢；花瓣褪色等。

（三）植物的抗涝性

不同植物抗涝能力有差别。作物抗涝性的强弱决定于对缺氧的适应能力。陆生喜湿作物中，芋比甘薯抗涝。旱生作物中，油菜比马铃薯和番茄抗涝，荞麦比胡萝卜和紫云英抗涝。同种作物不同生育期抗涝程度不同。水稻在幼穗形成期到孕穗中期对涝害最敏感，其次是开花期，其他生育期较抗涝。

1. 发达的通气系统 很多植物可以通过胞间空隙把地上部吸收的氧输送至根部或缺氧部位，其发达的通气系统可增强植物对缺氧的耐力。据推算，水生植物的胞间隙约占地上部总体积的 70%，而陆生植物胞间隙体积仅占 20%。

2. 较强的抗缺氧能力 缺氧所引起的无氧呼吸使体内积累有毒物质，而耐缺氧的生物化学机制就是要消除有毒物质，或对有毒物质具忍耐力。一些植物（例如甜茅属）在淹水时改变呼吸途径，抑制糖酵解途径，促使磷酸戊糖途径占优势，这样可从根本上减少有毒物质的积累。

淹水缺氧可引起植物基因表达发生变化，合成厌氧胁迫蛋白（anaerobic stress protein，ANP）。部分厌氧蛋白是糖酵解酶或与糖代谢有关的酶。厌氧蛋白有利于改善细胞的能量状况，调节碳代谢以减少有毒物质的形成和积累，提高植物抗缺氧能力。在玉米、水稻和大豆等作物中都发现了淹水条件下厌氧蛋白的表达。

第五节 抗 盐 性
Section 5 Salt Resistance

一、盐害与抗盐性（Salt Injury and Salt Resistance）

土壤中可溶性盐过多对植物的不利影响称为盐害（salt injury）。植物对土壤中盐分过多的适应能力称为抗盐性（salt resistance）。

在气候干燥，地势低洼或地下水位高的地区，随着地下水分蒸发把盐分带到土壤表层（耕作层），易造成土壤盐分过多。海滨地区因土壤蒸发或咸水灌溉、海水倒灌等因素，可使土壤表层的盐分升高到 1%以上。当土壤中盐类以碳酸钠（Na_2CO_3）和碳酸氢钠（$NaHCO_3$）为主要成分时称为碱土（alkaline soil）；以氯化钠（NaCl）和硫酸钠（Na_2SO_4）等为主时，则称为盐土（saline soil）。因盐土和碱土常混合在一起，故习惯上称为盐碱土（saline and alkaline soil）。

我国盐碱土主要分布于北方和沿海地区，约 2×10^7 hm^2，另外还有 7×10^6 hm^2 盐化土壤。盐分过多使土壤水势下降，影响植物根系的水分吸收，严重地阻碍植物生长发育，成为盐碱地区限制作物生产的重要因素。

二、盐害的机制（Mechanism of Salt Injury）

（一）渗透胁迫

由于高浓度的盐分降低了土壤水势，使植物吸水受阻，甚至引发体内水分外渗。因此盐害的通常表现是引起植物的生理干旱。一般植物在土壤含盐量达 0.20%～0.25%时，吸水困难；含盐量高于 0.4%时就易外渗脱水。盐害导致植株矮小，叶色暗绿。

（二）离子胁迫与单盐毒害

离子胁迫（ionic stress）是盐害的重要原因。由于盐碱土中 Na^+、Mg^{2+}、SO_4^{2-} 等含量过高，会引起 K^+、HPO_4^{2-}、NO_3^- 等元素的缺乏。Na^+ 浓度过高时，植物对 K^+ 的吸收减少，同时也易发生磷和钙的缺乏症。植物对离子的不平衡吸收，不仅使植物发生营养失调，生长受抑制，而且还会使植物积累某种金属离子，产生单盐毒害作用，致使植物受害而死。

（三）膜透性改变

盐浓度增高，会造成植物细胞膜渗漏的增加。由于膜透性的改变，从而引发一系列伤害。

（四）生理代谢紊乱

盐分胁迫抑制植物的生长和发育，并引起一系列代谢失调：光合作用受到抑制；呼吸作用改变；蛋白质合成降低，分解增加；有毒物质积累。

三、植物抗盐性及其提高途径（Salt Resistance and Its Promoting Ways in Plants）

（一）抗盐方式

根据植物抗盐性将植物分为盐生植物（halophyte）和非盐生植物（nonhalophyte），其中非盐生植物也称为淡土植物（glycophyte）。总体上非盐生植物的抗盐能力有限，但是植物种类不同，其抗盐能力存在一定差别。植物对盐胁迫的抵抗方式主要有以下两种。

1. 避盐 植物回避周围环境盐胁迫的抗盐方式称为避盐（salt avoidance）。植物避盐方式包括被动拒盐、主动排盐和稀释。

2. 耐盐 耐盐（salt tolerance）是通过生理或代谢的适应，忍受已进入细胞内的盐分，维持生理或代谢的正常进行。

（二）盐超敏感信号转导途径

过量 Na^+ 对植物有毒。许多植物在盐胁迫下通过限制 Na^+ 吸收、增加 Na^+ 外排，同时保证 K^+ 的吸收，来维持细胞质较低的 Na^+/K^+ 比值，从而提高耐盐性。在植物细胞膜中已发现多种高亲和 K^+ 转运载体（high affinity K^+ transport，HKT）、非选择性阳离子通道（nonselective cation channel，NSCC）等，用于调节细胞中的 Na^+/K^+ 比值。

盐超敏感（salt overly sensitive，SOS）信号转导途径是调控细胞内外离子稳态（ion homeostasis）的信号转导途径之一，介导盐胁迫下细胞内钠离子的外排及向液泡内的区域化积累。在高盐胁迫下，胁迫信号通过质膜上的受体，激活钙通道，促进胞内 Ca^{2+} 浓度增加，同时还可活化钙调素（CaM），激活盐超敏感信号转导，从而阻止 Na^+

向胞内转移，并将胞内的 Na^+ 转移到液泡中或输出细胞外，维持细胞内的离子平衡。例如拟南芥的 *SOS1*、*SOS2* 和 *SOS3* 等基因参与细胞内离子稳态的调控（图 11-15）。*SOS1* 基因编码质膜 Na^+/H^+ 逆向转运因子（plasma membrane Na^+/H^+ antiporter），*SOS2* 基因编码丝氨酸/苏氨酸蛋白激酶（serine/threonine kinase），*SOS3* 基因编码钙离子结合蛋白（Ca^{2+}-binding protein）。

盐胁迫激活一个钙离子通道，导致细胞质钙离子增加，从而通过 SOS3 激活盐超敏感级联反应。盐超敏感级联反应负调节 HKT1，正调节 AKT1；同时增加 SOS1 和 AKT1 的活性。在低钙浓度下，非选择性阳离子通道也能选择性地输入钠离子，但在高钙水平，这种作用被抑制。跨膜电位差在质膜是120～200 mV，细胞质为负值；在液泡膜为 0～20 mV，液泡为正值。

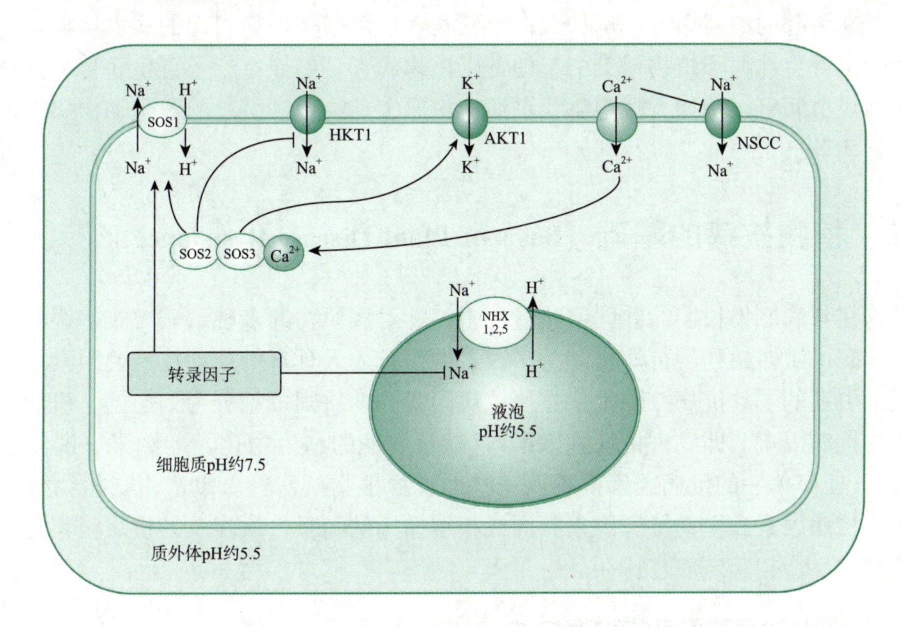

图 11-15 盐超敏感（SOS）信号转导途径

（引自 Taiz 和 Zeiger，2006）

SOS1. 质膜 Na^+/H^+ 逆向转运因子 SOS2. 丝氨酸/苏氨酸蛋白激酶 SOS3. 钙离子结合蛋白
AtHKT1.（拟南芥的）Na^+ 输入转运因子 AKT1. 输入调整 K^+ 通道 NSCC. 非选择性阳离子通道
AtNHX 1，2，5.（拟南芥的）内膜 Na^+/H^+ 逆向转运因子 Ca^{2+}. 一个未确定的钙离子通道蛋白

（三）提高抗盐性的途径

植物耐盐能力常随生育时期的不同而异，且对盐分的抵抗力有一个适应锻炼过程。种子在一定浓度的盐溶液中吸水膨胀，然后再播种萌发，例如用 3% NaCl 溶液预浸1 h，可提高作物生育期的抗盐能力。喷施生长素或生长素浸种，可促进作物生长和吸水，提高抗盐性。用脱落酸诱导气孔关闭，可减少蒸腾作用和盐的被动吸收，提高作物的抗盐能力。

第六节 植物的抗病性
Section 6 Plant Disease Resistance

一、植物病害的种类（Types of Plant Diseases）

植物因受到病原生物的侵染或不良环境的影响，超过了植物的忍受限度，而使植物的局部或整体的生理活动和生长发育出现异常，称为植物病害（plant disease）。植物抵抗病害的能力称为抗病性（disease resistance）。引起植物病害的寄生物称为病原物（pathogen），被寄生的植物称为寄主（host）。病原物种类繁多，主要有真菌、细菌、病毒、类菌原体、线虫等。

植物病害发生受植物自身遗传因素、不良环境条件、病原物等因素的影响。常将植物病害划分为传染性（侵染性）病害和非传染性（非侵染性）病害。传染性病害由生物病原物引起，而非传染性病害由不适宜的环境因素引起，除特别指明的情况外，通常所称的植物病害指传染性病害。

由生物病原物引起的病害称为传染性病害。传染性病害（又称为侵染性病害）按病原生物种类不同，还可以进一步分为：由真菌侵染引起的真菌病害，例如稻瘟病；由原核生物侵染引起的细菌病害，例如大白菜软腐病；由病毒侵染引起的病毒病害，如烟草花叶病；由寄生性种子植物侵染引起的寄生植物病害，例如菟丝子寄生病害；由线虫侵染引起的线虫病害，例如大豆胞囊线虫病；由原生动物侵染引起的原生动物病害，例如椰子心腐病等。

二、植物抗病的基础（Basis of Plant Disease Resistance）

植物在与病原物长期的共同演化过程中，针对病原物的多种致病方式，逐渐形成了复杂的抗病机制。植物的抗病机制是多因素的，有先天具有的被动抗病性因素，也有病原物侵染引发的主动抗病性因素。按照抗病因素的性质则可划分为形态的、机能的和组织结构的抗病因素（即物理抗病性因素），以及生理的和生物化学的因素（即化学抗病性因素）。任何单一的抗病因素都难以完整地解释植物抗病性。事实上，植物抗病性是多种被动抗病因素和主动抗病因素共同或相继作用的结果，所涉及的抗病因素越多，抗病强度就越高、越稳定而且持久。

（一）植物对病害固有的物理抗性

1. 抗接触 表皮蜡质层、角质层厚的植物对病原物抗接触能力强；同样，具有植株直立、表皮毛多、闭颖授粉等性状的植物接触病原物的机会减少；早熟品种不易受后期叶锈病、秆锈病的危害。

2. 抗侵入 基于植物的形态特征，表皮组织结构以及体表角质层等结构，阻止病原物的侵入或减少病原物的侵染机会。

3. 抗扩展 病原物潜伏期的长短、病斑数量的多少、病斑的大小、病斑扩展的速度、产孢量的大小和细胞壁的物理和化学结构的特性影响病原物的扩展。

（二）植物对病害固有的化学抗性

1. 直接化学作用 酚类化合物、植物根部分泌的某些糖和氨基酸对病原物有抑制作用。酚类化合物是植物体内重要的次生代谢物质，植物受到病原菌侵染后，酚类物质和一系列酚类氧化酶都发生明显的变化，这些变化与植物的抗病机制有密切关系，酚类物质及其氧化产物醌的积累是植物对病原菌侵染和损伤的非专化性反应。醌类物质比酚类对病原菌的毒性高，能钝化病原菌的蛋白质、酶和核酸。染病植物体内积累的酚类前体物质经一系列生物化学反应后可形成植物保卫素和木质素，发挥重要的抗病作用。

2. 间接化学作用 有些植物的分泌物能刺激叶围和根际颉颃生物的生长，从而间接地对病原物产生影响。例如菊科植物叶片受刺激产生的分泌物能抑制灰霉菌孢子的萌发；植物表面活力强的腐生菌由于对营养的竞争而抑制病原物的生长和发育；植物中的酚类化合物能抑制病原物分泌的细胞壁降解相关酶类，破坏病原物的致病机制，从而保护植物。

（三）诱发的结构抗性

植物在病原菌或植物激素的影响下将主动诱导乳突的产生，细胞壁加厚，凝胶物质、侵填体和木栓化的形成来抵抗病原菌的侵入。

（四）诱发的化学抗性

诱发的化学抗性也称为主动抗病性，其抗病反应主要有过敏性坏死反应、活性氧迸发、植物保卫素形成、病程相关蛋白的积累和植物对毒素的降解作用等。

1. 过敏性坏死反应 过敏性坏死反应又称为超敏反应（hypersensitive reaction，HR）或保卫性坏死反应，是病原物侵染后，侵染点附近的寄主细胞和组织迅速坏死，使病原物不能进一步扩展的现象，也是植物对不亲和性病原物侵染表现高度敏感的现象。植物受病原物侵染的细胞及邻近细胞迅速死亡，可使病原物被遏制、饿死或封锁在植物坏死组织中。过敏性坏死反应是植物发生最普遍的一种防卫反应类型，是一种程序化细胞死亡（programmed cell death，PCD）。例如抗病品种的坏死斑出现早、坏死斑小，病菌的发展明显受抑制，从而控制病害发生和流行的速度，减轻了病害的发生。

2. 活性氧迸发 在植物与病原菌互作过程中，植物会产生一系列防卫反应来抵御病原菌的入侵与扩展。在这些防卫反应中，寄主最快的抗病反应就是在短时间内产生大量的活性氧物质，即活性氧迸发（reactive oxygen burst）。虽然过量的活性氧积累会对植物细胞造成很强的毒害，但活性氧不仅直接杀灭病原菌，还能作为一种信号分子诱导寄主细胞过敏性坏死反应和启动抗病基因的转录，在植物抗病反应中起重要作用。

3. 植物保卫素形成 植物保卫素（phytoalexin）是植物受到病原物侵染后或受到多种生理的、物理的刺激后所产生或积累的一类低分子质量抗菌性次生代谢物。现在已知 30 多科 150 种以上的植物可以产生植物保卫素，其中豆科、茄科、锦葵科、菊科和旋花科植物产生的植物保卫素最多。约 100 种植物保卫素的化学结构已被确定，其中多数为类异黄酮和类萜化合物；常见的有豌豆素（pisatin）、菜豆素（phaseollin）、基维酮（kievitone）、大豆素（glyceollin）、日齐素（rishitin）、块茎防疫素（phytuberin）、甜椒醇（capsidiol）等。

4. 病程相关蛋白的积累 病程相关蛋白（pathogenesis related protein，PR）是植物受病原体或其他外界因子的胁迫而诱导表达、在植物抵御疾病和响应外界压力以及适应不良环境方面发挥着重要作用的一类蛋白质，也称为防卫相关蛋白。在遗传上病程相关蛋白都是由多基因编码，通常成为基因家族。目前已有 20 多种植物被证实能产生病程相关蛋白。病程相关蛋白可以攻击病原物，分解病菌细胞壁大分子、降解病原物的毒素和抑制病毒外壳蛋白与植物受体的结合。植物中的病程相关蛋白主要有几丁质酶、葡聚糖酶、脱乙酰壳多糖酶、过氧化物酶、淀粉酶和溶菌酶等。

5. 植物对毒素的降解作用 植物能够代谢或分解病原菌产生的毒素，将毒素转化为无毒害作用的物质。例如镰刀菌酸是由镰刀菌属中能引起植物萎蔫的病原菌所产生的一种非特异性毒素，其在番茄组织中能被降解和转化，枯萎病的发生被抑制。

三、植物抗病相关基因（Genes related to Plant Disease Resistance）

Flor（1946）提出的基因对基因学说认为，对应于寄主方面的每个调节抗病性的基因，病原物方面也存在 1 个相应的基因调节其对寄主致病性的基因。反之，对应于病原物方面的每个决定致病性的基因，寄主方面也存在 1 个决定抗病性的基因。基因对基因学说不仅可以应用于改进品种抗病基因型与病原物致病性基因型的鉴定方法，预测病原物新小种的出现，而且对于抗病性机制和植物与病原物共同进化理论的研究也有指导作用。现已证实 40 多个寄主-病原物系统中存在基因对基因关系。

（一）植物抗病基因

目前已经从不同植物中克隆到数十个抗病基因（resistance gene，R 基因），根据这些抗病基因编码的蛋白质产物的保守结构域，将抗病基因编码的蛋白质分为 5 类：①富含亮氨酸重复单元（leucine rich repeat，LRR）蛋白，主要参与蛋白质与蛋白质互作；②含有核苷酸结合位点（nucleotide-binding site，NBS）蛋白，具有核苷酸结合活性，主要参与抗病信号转导；③含果蝇 Toll 蛋白和哺乳动物白细胞介素Ⅰ受体同源域（Toll/interleukin-Ⅰ receptor homology region，TIR）蛋白，主要参与抗病信号转导；④含蛋白激酶域（protein kinase，PK）和卷曲螺旋域（coiled coil，CC）蛋白，参与细胞内信号转导；⑤核定位信号（nuclear localization signal，NLS）蛋白，主要作用是使蛋白定位于细胞核内。

（二）病原物无毒基因

病原物的无毒基因（avirulent gene，AVR）产物能与寄主抗病基因产物直接相互作用而诱导植物产生抗性。目前已从真菌、细菌、病毒和卵菌中克隆到无毒基因。一种病毒可诱发多种植物产生过敏性坏死反应。针对不同种植物的不同抗病基因，同种病毒中被识别的无毒因子不同，例如 TMV 诱导烟草 *1Y* 基因、毛叶烟（*Nicotiana sylvestris*）*N* 基因、番茄 Tm-2 和 Tm-7 介导过敏性坏死反应的无毒因子分别编码复制酶、外壳蛋白及运动蛋白。细菌无毒基因产物在植物细胞内的定位及其与激发过敏性坏死反应的关系是近些年来的研究热点。细菌无毒基因产物需要从细菌体内转移至寄主植物细胞胞质内，才能实现其激发子功能。迄今只克隆到数种无毒基因，例如十字花科黑胫病菌（*Longidorus* sp.）无毒基因 *AvrLml*、大豆疫霉菌（*Phytophthora sojae*）的 *avr1b*、致病疫霉菌（*Phytophthora infestans*）的 *avr3a* 及拟南芥霜霉菌（*Peronospora parasitica*）的 *ATR1* 和 *ATR13*。

第七节　环境污染与植物抗性
Section 7　Environmental Pollution and Resistance in Plants

一、环境污染与植物生长（Environmental Pollution and Plant Growth）

随着经济的发展，厂矿居民区和现代交通工具等排放的废渣、废水和废气越来越多，扩散范围越来越大，再加上现代农业大量应用农药化肥所残留的有害物质，远远超过环境的自然净化能力，容易造成环境污染（environmental pollution）。

环境污染不仅直接危害人们的健康与安全，也对植物生长发育造成严重影响。环境污染轻则造成作物显著减产，重则造成植物死亡，甚至可以破坏整个生态系统。环境污染分为大气污染、水体污染、土壤污染和生物污染。其中以大气污染和水体污染对植物的影响最大，不仅污染的范围较广、接触面积较大，而且容易转化为土壤污染和生物污染。

二、大气污染（Atmospheric Pollution）

（一）大气污染物

大气污染（atmospheric pollution）是指有害物质进入大气，对生物造成危害的现象。大气中的有害物质称为大气污染物（atmospheric pollutant）。对植物有毒的大气污染物主要有二氧化硫、氟硅酸盐、氟化氢（HF）、氯气以及各种矿物燃烧的废物等。有机物不完全燃烧时产生的碳氢化合物（例如乙炔、丙烯等）对某些敏感植物也可产生毒害作用。臭氧（ozone，O_3）及氮的氧化物（例如二氧化氮）等也对植物有毒害。其他如一氧化碳超过一定浓度对植物也有毒害作用。

（二）主要大气污染物对植物的危害

很多植物对大气污染敏感，容易受到伤害。因为植物有庞大的叶面积，在不断地与空气进行着活跃的气体交换，无法躲避大气污染物的侵入。大气污染对植物的危害可用图 11-16 表示。

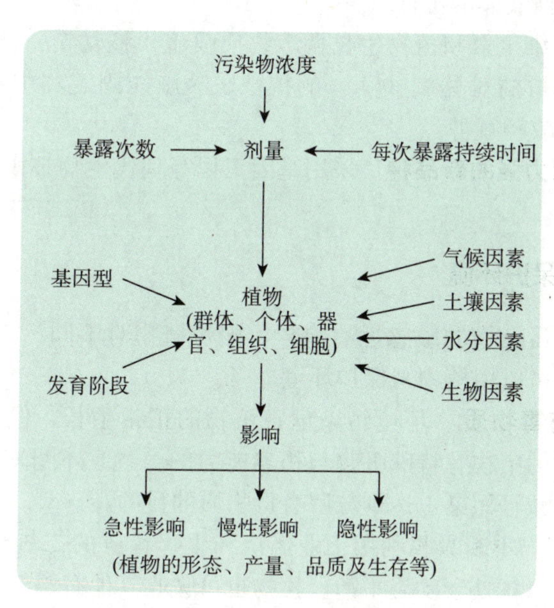

图 11-16　大气污染对植物的伤害及影响因素

三、水体污染与土壤污染（Water Pollution and Soil Pollution）

（一）水体污染物与土壤污染物

水体污染物（water pollutant）种类繁多，包括各种金属污染物、有机污染物等，例如各种重金属、盐类、洗涤剂、酚类化合物、氰化物、有机酸、含氮化合物、油脂、染料等。还有一些含病菌污水（例如城市下水道污水等）也会污染植物。

土壤污染物（soil pollutant）主要来自水体和大气。以污水灌溉农田，有毒物质会沉积于土壤。大气污染物受重力作用或随雨、雪落于地表渗入土壤内。这些途径都可造成土壤污染。施用某些残留量较高的化学农药，也会污染土壤。

(二) 水体污染物与土壤污染物对植物的危害

水体和土壤的重金属污染物有汞、铬、铅、铝、镉、铜、锌、镍等，尽管其中有些是植物必需的微量元素，但在水中含量太高，也会对植物造成严重危害，主要是因为这些重金属元素可抑制酶的活性，或与蛋白质结合使蛋白变性，破坏质膜的选择透性，阻碍植物的正常代谢活动。另外，水中酚类化合物含量超过 50 $\mu g \cdot L^{-1}$时，就会使植物生长受抑制，叶色变黄；当含量再增高时，叶片会失水、内卷，根系变褐，逐渐腐烂。氰化物浓度过高对植物呼吸作用有强烈抑制作用。

四、提高植物抗污染能力与保护环境 (Promoting Pollution Resistance of Plant and Protecting Environment)

(一) 提高植物抗污染能力的措施

1. 对种子和幼苗进行抗性锻炼 用较低浓度的污染物来处理种子或幼苗后，植株对这些污染物的抗性会有提高。

2. 改善土壤营养条件 通过改善土壤条件，促进植株生长发育，可增强对污染的抵抗力。例如当土壤 pH 过低时，施入石灰可以中和酸性，改变植物吸收阳离子的成分，可增强植物对酸性气体的抗性。

3. 化学调控 用维生素和植物生长调节物质喷施柑橘幼苗，或将其加入营养液通过根系吸收，可提高柑橘对臭氧（O_3）的抗性。喷施能固定和中和有害气体的物质，例如喷石灰溶液，可减轻氟害。

4. 培育抗污染能力强的新品种 采用基因工程等现代生物技术筛选抗污染突变体，以培育抗污染新品种。

(二) 利用植物保护环境

不同植物对各种污染物的敏感性有差异，同种植物对不同污染物的敏感性也不一样。利用这些特点，可以用植物来保护环境。

1. 吸收和分解有毒物质 环境污染危害植物的正常生长，但植物也能改造环境。通过植物（特别是对污染物有特殊吸收与积累能力的植物）本身对各种污染物的吸收、积累和代谢作用，能减轻污染，达到分解有毒物质的目的。

2. 净化环境 植物不断吸收利用工业燃烧和生物释放的二氧化碳并放出氧气，使大气层的二氧化碳和氧气处于动态平衡。植物也可吸收其他有毒气体并将其固定或转化为无毒物质，从而净化空气。另外，一些植物对重金属等污染物具有超积累能力，可以用于修复被污染的环境，称为植物修复。

此外，叶片表面的绒毛、气孔及分泌的油脂等可以阻挡、吸附和黏着粉尘。例如每公顷树木每年阻滞的粉尘量，山毛榉约为 68 t，云杉约为 32 t，松林约为 36 t。另外，有的植物像松、柏、桉、樟等可分泌挥发性物质，杀灭细菌，有效减少大气中的细菌数。

本章内容概要

逆境可分为生物逆境和非生物逆境两大类。抗性是植物在对环境的逐步适应过程中形成的，主要有逆境逃避和逆境忍耐。植物对环境胁迫的反应与环境因子的性质和胁迫的特性有关。逆境条件下植物形态表现出明显的变化。植物形态结构的变化又与代谢和功能的变化密切相关。

渗透胁迫是指环境的低水势对植物体产生的水分胁迫。植物通过渗透调节可完全或部分抵御渗透胁迫。渗透调节物质具有共同特点，可以调节细胞的渗透势。植物对逆境的适应受遗传、植物激素等多种因素制约。逆境可促使植物激素的含量和活性发生变化，并通过这些变化影响生理过程。生物膜对逆境的反应敏感。膜脂、膜蛋白特性与植物抗逆性有关。植物体内自由基平衡涉及植物抗性强弱。逆境蛋白与抗逆相关基因的表达，使植物在代谢和结构上发生改变，进而增强抵抗外界不良环境的能力。

寒害包括冷害和冻害。冷害的可能机制包括膜脂发生相变、膜的结构改变、代谢紊乱等。结冰引起植物受害主要原因是原生质过度脱水、冰晶体对细胞的机械性损伤、解冻过快对细胞的损伤。细胞内结冰常给植物带来致命的损伤。

高温对植物的危害可分为直接伤害与间接伤害。直接伤害是高温直接影响细胞的结构。间接伤害是指高温导致代谢的异常，包括饥饿、积累有毒物质、缺乏某些代谢物质、蛋白质合成下降等。

干旱类型有大气干旱、土壤干旱以及生理干旱。旱害导致一系列生理生化变化，例如改变膜的结构及透性、破坏正常代谢过程、造成机械性损伤。水分过多的危害是由于植物缺氧产生的一系列危害包括对形态与生长的损害、代谢的损害以及营养失调等。

盐害的机制包括渗透胁迫、离子失调与单盐毒害、膜透性改变及生理代谢紊乱。植物对盐渍环境的抵抗方式主要有避盐和耐盐。盐超敏感（SOS）信号转导途径是盐胁迫下的植物维持离子平衡的重要分子机制。植物的抗病性是指植物避免、中止或阻滞病原物侵入与扩展，减轻发病或损失程度的一类特性，是植物与病原物在长期的协同进化过程中相互适应、相互选择的结果。

环境污染中以大气污染和水体污染对植物的影响最大，且容易转化为土壤污染和生物污染。提高植物抗污染能力的措施包括对种子和幼苗进行抗性锻炼、改善土壤营养条件、化学调控以及培育抗污染能力强的新品种。同时可以利用植物对环境的净化能力来治理污染和保护环境。

复习思考题

1. 逆境条件下植物形态结构和代谢发生哪些变化？
2. 简述生物膜的结构和功能及其与植物抗逆性的关系。
3. 渗透调节物质主要有哪些？其提高植物抗逆性的途径是什么？
4. 试述植物逆境蛋白产生的生物学意义。
5. 试述低温对植物的伤害及植物抗寒机制。
6. 试述高温对植物的伤害及植物抗热机制。
7. 试述干旱的类型及其对植物的伤害。如何提高植物抗旱性？
8. 简述涝害对植物的伤害及抗涝植株的特征。
9. 植物抗盐性有哪些方式？如何提高植物抗盐性？
10. 植物抗病性的分子机制是什么？
11. 什么叫大气污染？主要大气污染物有哪些？对植物有哪些危害？
12. 植物在环境保护中可起什么作用？

主要参考文献

蔡新忠，徐幼平，郑重，2002. 植物病原物无毒基因及其功能［J］. 生物工程学报，18（1）：5-9.

陈晓亚，汤章城，2007. 植物生理与分子生物学［M］. 3 版. 北京：高等教育出版社.

陈晓亚，薛红卫，2012. 植物生理与分子生物学［M］. 4 版. 北京：高等教育出版社.

丁海东，朱晓红，刘慧，等，2011. ABA 信号转导途径中的 MAPKs［J］. 植物生理学报，47（12）：1137-1144.

范怀忠，王焕如，1985. 植物病理学［M］. 北京：农业出版社.

范玉琴，李德红，2004. 植物的蓝光受体及其信号转导［J］. 激光生物学报，8：314-320.

高必达，陈捷，2006. 生理植物病理学［M］. 北京：科学出版社.

简令成，王红，2009. 逆境植物细胞生物学［M］. 北京：科学出版社.

蒋科技，皮妍，侯嵘，等，2010. 植物内源茉莉酸类物质的生物合成途径及其生物学意义［J］. 植物学报，45（2）：137-148.

李合生，2002. 现代植物生理学［M］. 北京：高等教育出版社.

李合生，2012. 现代植物生理学［M］. 3 版. 北京：高等教育出版社.

李玲，肖浪涛，谭伟明，2018. 现代植物生长调节剂技术手册［M］. 北京：化学工业出版社.

李唯，胡自治，万长贵，等，2008. 苜蓿、玉米根系提水作用与土壤水势，植物根系提水作用机理研究Ⅲ［J］. 草地学报，16（1）：11-16.

李彦连，张爱民，2012. 植物营养生长与生殖生长辩证关系解析［J］. 中国园艺文摘，2：36-37.

芦光新，2002. 活性氧与植物抗病性的关系［J］. 青海大学学报（自然科学版），20（2）：11-15.

潘瑞炽，2012. 植物生理学［M］. 7 版. 北京：高等教育出版社.

潘瑞炽，董愚得，2001. 植物生理学［M］. 4 版. 北京：高等教育出版社.

宋丽，李李，储昭庆，等，2006. 拟南芥油菜素内酯信号转导研究进展［J］. 植物学通报，23（5）：556-563.

孙朝煜，张蜀秋，娄成后，2002. 细胞编程性死亡在高等植物发育中的作用［J］. 植物生理学通讯，38（4）：389-393.

童哲，连汉平，1985. 隐花色素［J］. 植物学通报，3（2）：6-9.

王沙生，高荣孚，吴贯明，1997. 植物生理学［M］. 北京：中国林业出版社.

王忠，2000. 植物生理学［M］. 北京：中国农业出版社.

王忠，2009. 植物生理学［M］. 2 版. 北京：中国农业出版社.

温明章，陈越，谷瑞升，等，2008. 谈中国植物科学基础研究与农业发展［J］. 植物学通报，25（6）：633-637.

武维华，2008. 植物生理学［M］. 2 版. 北京：科学出版社.

萧浪涛，王三根，2004. 植物生理学［M］. 北京：中国农业出版社.

徐秉良，曹克强，2012. 植物病理学［M］. 北京：中国林业出版社.

许智宏，薛红卫，2012. 植物激素作用的分子机理［M］. 上海：上海科学技术出版社.

郑彩霞，2013. 植物生理学［M］. 3 版. 北京：中国林业出版社.

周波，李玉花，2006. 植物的光敏色素与光信号传导［J］. 植物生理学通讯，42（1）：134-140.

朱玉贤，李毅，2007. 现代分子生物学 [M]. 3 版 . 北京：高等教育出版社 .

Marschner P，2013. 高等植物矿质营养 [M]. 3 版 . 北京：科学出版社 .

Smith A M，et al，2012. 植物生物学 [M]. 瞿礼嘉，等译 . 北京：科学出版社 .

Amasino R M，2004. Vernalization，competence，and the epigenetic memory of winter [J]. Plant cell，16：2553-2559.

Amasino R M，2010. Seasonal and developmental timing of flowering [J]. Plant Journal，61：1001-1013.

Atkin O K，Tjoelker M G，2003. Thermal acclimation and the dynamic response of plant respiration to temperature [J]. Trends in Plant Science，8 (7)：343-351.

Beitz E，Wu B，Holm L M，et al，2006. Point mutations in the aromatic/arginine region in aquaporin 1 allow passage of urea，glycerol，ammonia，and protons [J]. Proc Natl Acad Sci USA，103：269-274.

Braun H P，Binder S，Brennicke A，et al，2014. The life of plant mitochondrial complex Ⅰ [J]. Mitochondrion，19：295-313.

Buchanan B B，Gruissem W，Jones R L，2000. Biochemistry and molecular biology of plants [M]. Rockville：American Society of Plant Physiologists.

Corbesier L，Coupland G，2005. Photoperiodic flowering of *Arabidopsis*：integrating genetic and physiological approaches to characterization of the floral stimulus [J]. Plant，Cell and Environment，28：54-66.

Davies W J，Zhang J，1991. Root signals and the regulation of growth and development of plants in drying soil [J]. Annual Review Biol Plant Physi Plant Molecule，42：55-76.

Epstein E，1972. Mineral nutrition of plants：principles and perspectives [J]. Bulletin of the Torrey Botanical Club，36 (4)：viii.

Fenson D S，1975. Work withisolated phloem strands，in transport in plants Ⅰ [M]. Berlin：Springer Berlin Heidelberg.

Frensch J，Hsiao T C，Steudle E，1996. Water and solute transport along developing maize roots [J]. Planta，198：348-355.

Fujiyoshi Y，Mitsuoka K，de Groot B L，2002. Structure and function of water channels [J]. Curr Opin Struct Biol，12：509-515.

Hopkins W，Hüner N P A，2004. Introduction to plant physiology [M]. 3rd ed. Hoboken：John Wiley and Sons，Inc.

Hsu C Y，Liu Y，Luthe D S，et al，2006. Poplar FT2 shortens the juvenile phase and promotes seasonal flowering [J]. The Plant Cell，18：1846-1861.

Huang S，Millar A H，2013. Succinate dehydrogenase：the complex roles of a simple enzyme [J]. Current Opinion in Plant Biology，16：344-349.

Jiang Liang，Liu Xue，Xiong Guosheng，et al，2013. DWARF 53 acts as a repressor of strigolactone signalling in rice [J]. Nature，504：401-405.

Johanson U，Karlsson M，Johanson I，2001. The complete set of genes encoding major intrinsic proteins in *Arabidopsis* provides a framework for a new nomenclature for major intrinsic proteins in plants [J]. Plant Physiol，126：1358-1369.

Kratsch H A，Wise R R，2000. The ultrastructure of chilling stress [J]. Plant Cell & Environment，23 (4)：337-350.

Lang A，1965. Physiology of flower initiation [M]//Ruhland W. Encyclopedia of plant physiology. Berlin：Springer.

Levitt J，1980. Chilling，freezing，and high temperature stresses [J]. Responses of Plants to

Environmental Stresses, 1 (1): 10-19.

Mascarenhas J, 1993. Molecular mechanisms of pollen tube growth and differentiation [J]. Plant Cell (5): 1303-1314.

Maurel C, Verdoucq L, Luu D T, 2008. Plant aquaporins: membrane channels with multiple integrated functions [J]. Annu Rev Plant Biol, 59: 595-624.

Nunes-Nesi A, Araújo W L, Obata T, et al, 2013. Regulation of the mitochondrial tricarboxylic acid cycle [J]. Current Opinion in Plant Biology, 16: 335-343.

Palevitz B A, 1981. The structure and development of guard cells [M]//Jarvis P G, Mansfield T A. Stomatal physiology. Cambridge: Cambridge University Press.

Postaire, O, Verdoucq L, Maurel C, 2008. Aquaporins in plants: from molecular structures to integrated functions [J]. Adv Bot Res, 46: 75-136.

Robards A W, 1971. The ultrastructure of plasmodesmata [J]. Protoplasma, 72: 315-323.

Salisbury F B, Ross C, 1991. Plant physiology [M]. 4th ed. Belmont: Wadsworth Publishing Company.

Schertl P, Braun H P, 2014. Respiratory electron transfer pathways in plant [J]. Frontiers in Plant Science (5): 163.

Sung S, Amasino R M, 2005. Remembering winter: toward a molecular understanding of vernalization [J]. Annual Review Plant Biology, 56: 491-508.

Taiz L, Zeiger E, 1991. Plant Physiology [M]. San Francisco: Benjamin/Cummings Publishing Inc.

Taiz L, Zeiger E, 2002. Plant Physiology [M]. 3rd ed. Sunderland: Sinauer Associates Inc, Publishers.

Taiz L, Zeiger E, 2006. Plant Physiology [M]. 4th ed. Sunderland: Sinauer Associates Inc, Publishers.

Taiz L, Zeiger E, 2010. Plant Physiology [M]. 5th ed. Sunderland: Sinauer Associates Inc, Publishers.

Wallace I S, Roberts D M, 2004. Homology modeling of representative subfamilies of *Arabidopsis* major intrinsic proteins: classification based on the aromatic/arginine selectivity filter [J]. Plant Physiol, 135 (2): 1059-1068.

图书在版编目（CIP）数据

植物生理学 / 萧浪涛，王三根主编．—北京：中国农业出版社，2019.8（2024.12 重印）

普通高等教育农业农村部“十三五”规划教材　全国高等农林院校“十三五”规划教材

ISBN 978-7-109-24903-5

Ⅰ．①植…　Ⅱ．①萧…　②王…　Ⅲ．①植物生理学—高等学校—教材　Ⅳ．①Q945

中国版本图书馆 CIP 数据核字（2019）第 264989 号

植物生理学

ZHIWU SHENGLIXUE

中国农业出版社出版

地址：北京市朝阳区麦子店街 18 号楼

邮编：100125

责任编辑：刘　梁　宋美仙　郑璐颖　　文字编辑：李国忠

版式设计：王　晨　　　　责任校对：周丽芳

印刷：中农印务有限公司

版次：2019 年 8 月第 1 版

印次：2024 年 12 月北京第 5 次印刷

发行：新华书店北京发行所

开本：889mm×1194mm　1/16

印张：18.75

字数：480 千字

定价：49.50 元
